R- 함수로 배우는

확률통계

Probability & Statistics
with R

임태진 지음

생능출판

저자 소개

임태진(Tae-Jin LIM)

서울대학교 산업공학과 학사
미국 Cornell 대학교 산업공학과 석사
미국 Cornell 대학교 산업공학과 박사
미국 GIT 산업공학과 교환교수
현재 숭실대학교 산업 · 정보시스템공학과 교수
한국품질경영학회 이사, 편집위원 역임
저서: R-확률통계(생능출판사)
공학도를 위한 통계학(창민사)
시스템 신뢰도 공학(숭실대학 출판부)
공정능력분석 및 관리도 설계(숭실대학 출판부)
환경규제 동향과 대응(숭실대학 출판부)
기후변화 대응과 온실가스 저감(숭실대학 출판부)
에너지경영시스템(ISO 50001)의 효율적 구축(숭실대학 출판부)
청정생산기술(숭실대학 출판부)
역서: 공업통계학(사이텍미디어)
공학설계입문(ITC)

R-함수로 배우는 확률통계

초판발행 2019년 1월 30일
제1판3쇄 2023년 1월 27일

지은이 임태진
펴낸이 김승기
펴낸곳 (주)생능출판사 / **주소** 경기도 파주시 광인사길 143
출판사 등록일 2005년 1월 21일 / **신고번호** 제406-2005-000002호
대표전화 (031)955-0761 / **팩스** (031)955-0768
홈페이지 www.booksr.co.kr

책임편집 신성민 / **편집** 이종무, 김민보, 유제훈 / **디자인** 유준범, 표혜린
마케팅 최복락, 김민수, 심수경, 차종필, 백수정, 송성환, 최태웅, 명하나, 김민정
인쇄 · 제본 교보P&B

ISBN 978-89-7050-968-6 93000
정가 30,000원

- 이 도서의 국립중앙도서관 출판예정도서목록(CIP)은 서지정보유통지원시스템 홈페이지(http://seoji.nl.go.kr)와 국가자료공동목록시스템(http://www.nl.go.kr/kolisnet)에서 이용하실 수 있습니다.
(CIP제어번호: CIP2019001493)

머리말

딱딱하고 지겨운 통계 교재를 학생들이 직접 자신만의 창의적인 교재로 삼을 수 있는 책을 만들겠다고 야심차게 'R-확률통계'를 출간한지 어느덧 2년의 세월이 흘렀습니다. 몇몇 소수의 특이한 학생들만이 유익하고 흥미로웠다는 반응을 보였지만, 대다수 학생들의 반응은 의외로 냉담했습니다. 확률통계만 배우기도 벅찬데 R 프로그램까지 익혀야 한다는데 상당한 불만을 표출하기도 했습니다. 통계에 대한 '적개심'을 '재미'로 바꾸기는커녕, '공포심'까지 키웠는지도 모르겠습니다. 어렵게 느껴지는 통계학을 쉽게 가르치고자 한 의도는 산산이 조각나버린 것입니다.

처음에는 학생들이 공부안한다고 화가 나기도 하고 섭섭하기도 했지만, 학생들의 눈높이에 맞추지 못한 나 자신을 반성하기 시작했습니다. 초심으로 돌아가서 R에 매료되게 되었던 이유를 생각해 보았습니다. 간단한 함수 하나로 감동적인 결과를 보여주었기 때문이었습니다. 결국 확률통계에서 어려운 부분을 쉬운 함수로 바꿀 필요를 깨닫게 되었습니다. 다만, 기존의 함수와는 달리 결과 뿐 아니라 **계산과정까지 보여줄 수 있는 함수**가 필요했습니다.

하나하나의 계산 과정을 함수로 바꾸기 시작했습니다. 그러다 보니 함수에 대한 매뉴얼과 데이터 목록까지 필요하게 되었고, 결국 아름아름 배워서 패키지를 만들게 되었습니다. 라이브러리 폴더에 **'Rstat' 패키지** 압축 파일을 풀어 저장하면 이 책에서 사용하는 복잡한 계산이나 그래픽 작업을 쉽게 할 수 있도록 하였습니다. 이렇게 고된 작업의 결과가 학생들의 흥미를 얼마나 유발할 수 있을지는 알 수 없지만, '확률통계가 그다지 어렵지 않은데……'라는 반응을 조심스럽게 기대해 봅니다.

비록 학생 여러분의 평가가 '여전히 어려운데……'로 나온다고 해도, 언젠가 이루어질 '쉽고 재미있는 확률통계'의 꿈을 실현하기 위한 방법을 계속 찾아나갈 것입니다. 제발 부탁하고 싶은 것은 **모든 예제를 직접 실행**해보길 바랍니다. 수식을 따라가기 어렵다면, 먼저 'Rstat' 패키지의 함수로 결과를 얻고 수식과 대조해보길 권합니다. 작은 성공들이 쌓이면 자신감을 얻게 되고 언젠가 '확률통계'를 넘어 '빅데이터' 전문가에 이를 수도 있을 것이라고 믿습니다. 여러분의 실력이 좀 더 쌓여서 수식에 대한 증명이나 함수들을 어떻게 만들었는지 궁금해지면 'R-확률통계'를 살펴보면 도움이 될 것입니다.

이 책은 확률통계 입문서이지만 R에 대한 흥미를 키우고자 하는 의도도 다분히 있으므로, 1장에서 R에 대한 기본적인 내용을 다루었습니다. 그러나 1장의 설명이 어렵고 지겹다면 바로 2장의 예제로 들어가길 권합니다. 나중에 궁금해지면 다시 1장을 공부해도 무관할 것입니다. 다른 통계서적과는 달리 **이 책에는 [부록]의 확률분포 표가 없습니다**. R에서 모든 표 값을 구할 수 있으므로 이제 더 이상 표를 찾는 지겨운 일은 없었으면 하는 바램에서입니다.

이 책의 분량은 두 학기 동안 통계학을 학습하는 데 적합하지만, 별표(*) 표시된 단원은 건너뛰고 예제 위주로 학습하면 한 학기만으로도 무난히 독파할 수 있을 것입니다. 두 학기 동안 자세히 다룬다면, 첫 학기에는 **1장에서 9장까지 확률통계의 기초이론**을 학습하고, 두 번째 학기에는 **10장부터 15장까지 통계적 추론 및 응용분야**에 대해 학습하면 적당할 것입니다.

확률 단원에서 사용했던 'prob' 패키지가 2017년 갑자기 중단되는 바람에 여러분의 원성이 있었습니다. 어설프게나마 대체 함수들을 만들어서 3장에 수록했으므로, 이제 더 이상 'prob' 패키지 없이도 확률 연습을 할 수 있을 것입니다. 참고로 13장 분산분석에서 사용한 함수는 anova1()과 anova2() 2개뿐이지만, 단계(step)별로 차근차근 분산분석을 따라갈 수 있습니다. 14장 회귀분석의 corr.reg1()과 corr.mreg() 함수도 상관분석과 회귀분석을 단계별로 수행할 수 있도록 작성하였습니다. 이 책에서 사용한 예제와 연습문제의 데이터 또한 'Rstat' 패키지에서 직접 불러 쓸 수 있도록 하였습니다.

몇 번이고 원고를 되살펴보았지만, 저자가 미처 깨닫지 못한 오류와 불충분한 설명, 그리고 재미없거나 어려운 부분에 대해서는 심심한 사과의 뜻을 표하며, 앞으로도 꾸준히 고쳐나갈 것을 약속합니다.

끝으로 R을 개발해서 무료로 사용하게 해준 R Core Team*, 본서의 출판을 위하여 노력하신 생능출판사의 김승기 대표님 이하 관계자 여러분께 감사를 드리며, 사랑하는 가족과 모든 여건을 허락해주신 하나님께 깊은 감사를 드립니다.

2018년 12월

임태진

* R Core Team(2016). R: A language and environment for statistical computing. R Foundation for Statistical Computing, Vienna, Austria. URL https://www.R-project.org/

책의 구성

이 책은 'R-확률통계'와 동일하게 구성되어 있으므로, 수식에 대한 증명이나 함수의 작동 원리를 알고자 할 때 해당 단원을 찾아보면 도움을 얻을 수 있습니다. 기본개념, 예제와 연습문제 위주로 학습한다면 한 학기에도 독파할 수 있을 것입니다. 두 학기에 걸쳐 학습한다면 1부와 2부로 나누어 공부할 것을 권합니다.

제1부는 1장에서 9장까지 확률·통계의 기본이 되는 내용을 다룹니다. 1장에서는 먼저 R의 기본개념과 통계학의 개념과 중요성을 소개하고, 2장에서는 표본 데이터를 정리 요약하는 기술통계 분야를 살펴봅니다. 3장에서는 모집단과 표본의 관계를 설명하는 확률이론을 다루고, 4장에서는 모집단의 부분집합을 숫자로 나타내는 확률변수와 확률분포에 대해 설명합니다. 5장에서는 확률변수의 특성을 요약해서 나타내는 기댓값과 다양한 모수를 소개하고 계산 방법을 설명합니다.

6장에서는 셀 수 있는 값으로 나타나는 확률변수의 주요 확률분포를 소개하고, 7장에서는 연속적인 수치로 나타나는 확률변수의 주요 확률분포를 소개합니다. 8장에서는 가장 주요한 연속형 확률분포인 정규분포와 관련 분포를 소개하고, 9장에서는 이를 활용하여 표본 통계량의 분포와 중심극한정리에 대해 그래프와 시뮬레이션을 통하여 설명합니다. 이상의 내용은 모두 기술통계와 추측통계를 위한 기초가 됩니다.

10장부터 시작되는 2부에서는 본격적으로 추측통계 분야를 소개합니다. 10장에서는 모집단이 하나인 경우 모집단의 평균, 분산, 비율 등에 대해 추정하고 검정하는 방법을 설명합니다. 이 책에서는 검정에서 매우 중요한 p-값의 개념과 신뢰구간의 개념을 그래프로 설명하는데 중점을 두었습니다. 또한 11장에서는 모집단이 둘인 경우로 확장하여 두 모집단의 평균, 분산, 비율 등을 비교하기 위한 추정 및 검정 방법을 설명합니다. 이러한 방법들은 모두 9장까지 배운 표본 통계량의 확률분포 이론을 바탕으로 하는 것입니다.

12장부터는 다소 발전된 유형의 추측통계 분야를 소개합니다. 12장에서는 그룹별로 정리된 범주형 데이터의 분석 방법을 소개하고, 13장에서는 우리가 관심을 갖는 변수에 영향을 미치는 요인들을 선별하는 분산분석 방법에 대해 단계별로 설명합니다. 14장에서는 두 변수간의 선형관계를 규명하는 상관분석과 단순회귀분석, 그리고 보다 일반적인 함수관계를 규명하는 다중회귀분석에 대해 단계별로 설명합니다. 끝으로 15장에서는 모집단의 분포에 대한 가정을 사용하지 않고 표본 데이터를 통해 모집단의 통계적 특성을 분석하는 비모수적 방법을 소개합니다.

이상의 내용은 확률·통계 입문서로서 다루어야 할 거의 모든 분야를 망라하고 있습니다. 또한 확률·통계가 결코 이론에만 머무는 학문이 아니라 '살아 있는 학문'임을 체험할 수 있도록 대부분의 표와 그림은 여러분 스스로 만들어 볼 수 있도록 구성하였습니다.

학습 연계도

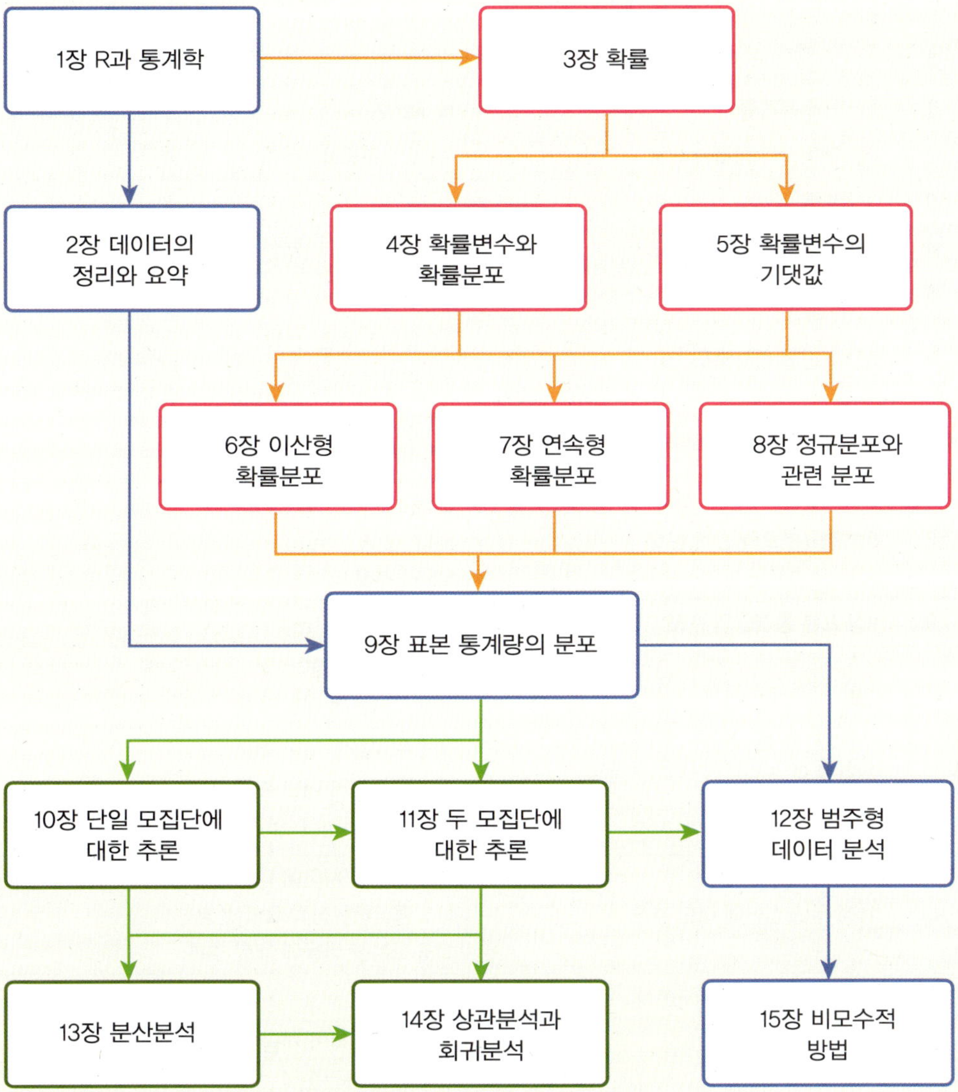
1장 R과 통계학
3장 확률
2장 데이터의 정리와 요약
4장 확률변수와 확률분포
5장 확률변수의 기댓값
6장 이산형 확률분포
7장 연속형 확률분포
8장 정규분포와 관련 분포
9장 표본 통계량의 분포
10장 단일 모집단에 대한 추론
11장 두 모집단에 대한 추론
12장 범주형 데이터 분석
13장 분산분석
14장 상관분석과 회귀분석
15장 비모수적 방법

강의 계획안

● 한 학기 강의 계획안

주	주제	비고
1	1장 R과 통계학	R-패키지 소개
2	2장 데이터의 정리와 요약	2.1 도수분포표 생략
3	3장 확률	
4	4장 확률변수와 확률분포	4.6 확률변수의 변환* 생략
5	5장 확률변수의 기댓값	
6	6장 이산형 확률분포	6.6 음이항분포* 생략 6.7 다항분포* 생략
7	8장 정규분포와 관련 분포	8.1 정규분포 8.2 이항분포의 정규근사
8	8장 정규분포와 관련 분포	8.3 카이제곱분포 8.4 t-분포 8.5 F-분포
9	9장 표본 통계량의 분포	9.5~9.6 생략 가능
10	10장 단일 모집단에 대한 추론	10.1 통계적 추론 10.2 모평균에 대한 추론
11	10장 단일 모집단에 대한 추론	10.3 모비율에 대한 추론 10.4 모분산에 대한 추론
12	11장 두 모집단에 대한 추론	11.1~11.4 모평균 차이에 대한 추론
13	11장 두 모집단에 대한 추론	11.5 모비율 차이에 대한 추론 (9.5 중심극한정리 요약 설명) 11.6 모분산 비율에 대한 추론
14	12장 범주형 데이터의 분석	
15	13장 분산분석	13.1 분산분석의 개념 13.2 일원 분산분석
16	14장 상관분석과 회귀분석	14.1 상관분석 14.2 회귀분석의 개념 14.3 단순회귀분석

● 두 학기 강의 계획안(두 학기 강의 중 첫 번째 학기)

주	주제	비고
1	1장 R과 통계학	R-패키지 소개
2	2장 데이터의 정리와 요약	2.1 도수분포표 2.2 체크시트 2.3 히스토그램
3	2장 데이터의 정리와 요약	2.4 각종 그래프 2.5 중심위치의 척도 2.6 산포의 척도
4	3장 확률	3.1 표본공간과 사상 3.2 확률의 정의
5	3장 확률	3.3 조건부 확률 3.4 베이즈 정리
6	4장 확률변수와 확률분포	4.1 확률변수와 확률분포의 개념 4.2 결합확률분포 4.3 주변확률분포
7	4장 확률변수와 확률분포	4.4 조건부확률분포 4.5 확률변수의 독립 4.6 확률변수의 변환
8	5장 확률변수의 기댓값	5.1 확률변수의 기댓값 5.2 분산과 표준편차
9	5장 확률변수의 기댓값	5.3 공분산 5.4 상관계수
10	6장 이산형 확률분포	
11	7장 연속형 확률분포	7.1 균일분포 7.2 지수분포 7.3 감마분포*
12	8장 정규분포와 관련 분포	8.1 정규분포 8.2 이항분포의 정규근사
13	8장 정규분포와 관련 분포	8.3 카이제곱분포 8.4 t-분포 8.5 F-분포
14	9장 표본 통계량의 분포	9.1 통계량과 추정량 9.2 정규모집단 표본평균의 분포
15	9장 표본 통계량의 분포	9.3 정규모집단 표본분산의 분포 9.4 두 정규모집단 표본분산비의 분포
16	9장 표본 통계량의 분포	9.5 중심극한정리 9.6 정규모집단이 아닌 경우의 표본분포

● 두 학기 강의 계획안(두 학기 강의 중 두 번째 학기)

주	주제	비고
1	9장 표본 통계량의 분포	요약 복습, R-패키지 소개
2	10장 단일 모집단에 대한 추론	10.1 통계적 추론 10.2 모평균에 대한 추론
3	10장 단일 모집단에 대한 추론	10.3 모비율에 대한 추론 10.4 모분산에 대한 추론
4	10장 단일 모집단에 대한 추론	10.5 신뢰구간의 이해 10.6 검사특성곡선*
5	11장 두 모집단에 대한 추론	11.1~11.2 모평균 차이에 대한 추론 1
6	11장 두 모집단에 대한 추론	11.3~11.4 모평균 차이에 대한 추론 2
7	11장 두 모집단에 대한 추론	11.5 모비율 차이에 대한 추론 11.6 모분산 비율에 대한 추론
8	12장 범주형 데이터의 분석	
9	13장 분산분석	13.1 분산분석의 개념 13.2 일원 분산분석
10	13장 분산분석	13.3 이원 분산분석
11	14장 상관분석과 회귀분석	14.1 상관분석 14.2 회귀분석의 개념
12	14장 상관분석과 회귀분석	14.3 단순회귀분석
13	14장 상관분석과 회귀분석	14.4 다중회귀분석* (14.5 회귀모형 진단*)
14	15장 비모수적 방법	15.1 모수적 방법의 한계 15.2 부호 검정 15.3 런 검정 15.4 Spearman의 순위 상관계수
15	15장 비모수적 방법	15.5 Wilcoxon 순위합 검정 15.6 Wilcoxon 부호 있는 순위 검정 15.7 Kruskal-Wallis 검정 15.8 Friedman 검정
16	전체 정리 요약	

차례

CHAPTER 03 확률

CHAPTER 04 확률변수와 확률분포

CHAPTER 07 연속형 확률분포

CHAPTER 08 정규분포와 관련 분포

CHAPTER 09 표본 통계량의 분포

CHAPTER 10 단일 모집단에 대한 추론

CHAPTER 11 두 모집단에 대한 추론

CHAPTER 01

R과 통계학

Rstat

contents

01 R과 통계학

1장에서는 R 패키지에 대한 소개와 기초적 사용법을 설명하고, 통계학의 개념을 익히기 위한 용어를 설명한다.

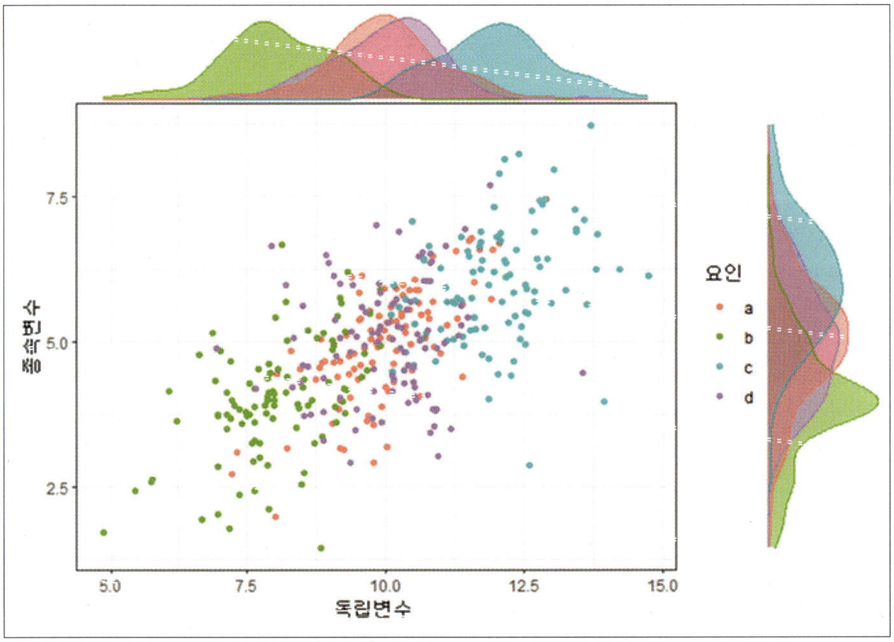

1.1 R 소개

통계분석에 많이 사용되는 소프트웨어는 사무용 MS-Excel, 현장용 Minitab, 고급 분석용 SAS, SPSS, S-Plus 등 매우 다양하지만, 굳이 R 패키지를 소개하고자 하는 것은 그만큼 매력적이기 때문이다. 그 배경에 대해 간략히 설명한다.

1.1.1 R의 역사

R은 1976년 벨 연구소(Bell Lab.)에서 만든 통계분석용 S-언어에 뿌리를 두고 있다. 1995년 뉴질랜드 Auckland 대학의 Ross Ihahka 교수와 당시 연구년 중이던 Waterloo 대학의 Robert Gentleman 교수가 만나 R 패키지 개발을 시작하였다. 1997년 Kurt Hornik, Fritz Leisch 등 여러 학자들이 R-Core Team을 결성하여 오스트리아 Vienna에 본부(the CRAN archive)를 두고 연구를 거듭하여 마침내 2000년 2월, R 버전 1.0을 출시하였다. 2004년 10월, 버전 2.0이 출시된 이후 9년 만인 2013년 4월, 버전 3.0이 출시되었으며, 해마다 2번 정도 소규모의 업데이트 버전이 나오고 있으나, 전문가가 아니라면 사용하는데 큰 차이는 없다.

전 세계의 연구자들은 특정한 목적을 위한 패키지를 개발하여 공유해오고 있다. 2022년 8월 현재 이미 18,500개가 넘는 패키지가 출시되어 거의 모든 인문, 사회, 과학기술 분야의 주제를 다루고 있다. 다음 그림은 R 패키지 개발 추이를 나타낸다.

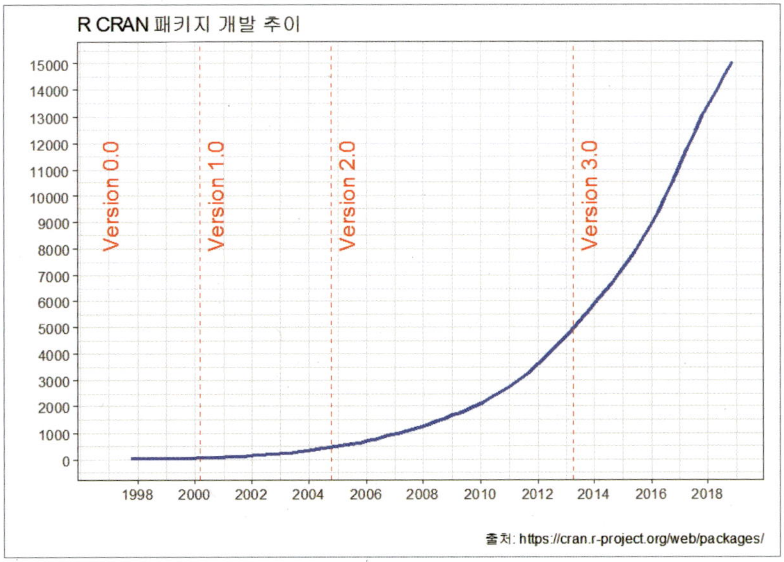

[그림 1-1] R 패키지 개발 추이

1.1.2 R의 특징

무엇보다도 R의 가장 큰 장점은 무료로 다운 받아 사용할 수 있다는 점이다. 일반인, 대학생 뿐 아니라 가난한 중고생도 누구나 접근할 수 있는 것이다. 또한 통계분석용 S-언어에 뿌리를 두고 있기 때문에 통계분석 기능이 매우 다양하다.

(1) R의 장점

R의 장점을 나름대로 정리해보면 다음과 같다.

① **무료로 제공**된다. R의 가장 큰 장점은 무료 소프트웨어라는 점이다. R 패키지를 사용하여 얻은 결과를 발표할 때도 단지 개발자에 대한 감사의 표시만 하면 된다.

② **다양한 분석 기능**이 제공된다. 통계분석은 물론이고 지도 제작, 텍스트 검색 등 다양한 분야에서 사용할 수 있는 패키지를 역시 무료로 다운 받아 사용할 수 있다. 2018년 11월 현재 전 세계 연구 개발자들이 만든 14,000개 이상의 패키지가 제공되고 있다. 물론 여러분도 실력이 쌓이면 패키지를 만들어 올릴 수도 있다.

③ **프로그램**하기 쉽다. 대화식 프로그램으로서, 강력한 기능의 함수가 많아 간단한 명령어로 결과를 얻을 수 있다. 물론 상당히 고급스런 결과를 얻기 위해서는 여러 줄의 코딩이 필요할 때도 있지만, 다른 언어에 비해 간결한 편이다.

④ **벡터-행렬 연산** 방식을 사용하므로, 명령어가 간결하고 반복문의 사용을 피할 수 있는 경우가 많다.

⑤ **객체지향형 프로그램**으로서, 하나의 함수로부터 다양한 결과를 하나의 객체에 담아 얻어낼 수 있다.

⑥ **데이터의 시각적 표현** 기능이 강력하다. R의 그래픽 기능은 다른 상용 통계 패키지들을 능가한다. 특히 'ggplot2' 패키지는 매우 전문적인 그래픽 출력을 제공한다.

⑦ **오픈 소스** 원칙을 고수하기 때문에 연구자가 기존의 분석 방법에 더욱 상세하고 발전된 분석을 추가할 수 있어 확장성과 범용성이 매우 높다. 이 부분은 기존의 상용 소프트웨어가 따라오기 힘든 특징이다.

⑧ **입출력의 호환성**이 높다. 다양한 인터페이스를 제공하므로 다른 소프트웨어의 입력이나 출력 파일을 불러 쓸 수 있고, 데이터와 분석 결과를 다양한 형태로 저장할 수 있다.

⑨ **학계의 관심**을 가장 많이 받고 있어, 최첨단 이론을 구현한 패키지를 가장 빨리 접할 수 있다. 고급 통계 기법은 물론이고, 최근 인공지능(artificial intelligence)에 활용되는 기계학습(machine learning) 분야에서의 발전 속도는 놀라울 정도다.

⑩ **패키지 설치 용량**이 수십Mb에 불과하며 효율적이다.

(2) R의 주요 기능

R로 할 수 있는 일들을 살펴보면, 이미 일만 개를 넘어선 패키지가 각각 고유한 목적을 갖기 때문에 모두 알기는 어렵지만, 이 중의 극히 일부만 주요 기능 위주로 정리해보면 다음과 같다.

① **데이터 정리 및 시각화**(visualization): 기본적으로 R은 데이터를 처리하여 유용한 통계량을 계산하고, 데이터를 보기 쉽게 그래프로 나타내는 기능이 탁월하다. 특히 'dplyr'과 'ggplot2' 패키지는 전문적인 그래픽 출력을 제공하여 전 세계적으로 많은 사랑을 받고 있다.

② **통계분석**: R은 통계분석용 S-언어에 뿌리를 두고 있기 때문에 매우 다양하고 편리한 통계분석 기능을 제공한다. 기본적인 통계분석 뿐 아니라 전 세계 최고의 석학들이 심오한 연구를 통해 만든 최첨단 통계 이론 또한 패키지로 제공되고 있어 초보자부터 전문가까지 많은 도움을 받을 수 있다.

③ **언어 데이터 처리**: 어떤 이들은 R을 '빅-데이터(Big-Data)' 언어라고도 하는데, 이는 R의 언어 데이터 처리 능력 때문일 것이다. 사실상 R에서 '빅-데이터'를 편하게 다루기 위해서는 메모리 관리, 속도, 효율성 차원에서 아직 넘어야 할 산이 많은 것은 사실이다. 다만 R에서 제공하는 웹 접근 기능과 문자열 데이터 처리 기능은 상당히 강력하여 많은 잠재력을 갖고 있다.

④ **기계학습**: 인공지능 분야의 기본이 되는 다양한 기계학습 패키지를 제공한다. 기계 학습 분야를 처음 공부하고자 한다면, 전공서적과 더불어 관련된 R 패키지를 찾아서 시작하는 것도 좋은 방법일 것이다. 일예로 'caret' 패키지는 기계학습을 실행할 수 있는 매우 실용적인 방법을 제공한다.

⑤ **공간**(spatial) **데이터 처리**: R은 Google Map 뿐 아니라 다양한 지도 제작 기능과 공간 데이터 처리 기능, 그리고 지도와 관련 통계량을 연계하여 시각화하는 기능을 제공한다.

⑥ **애니메이션**(animation): 중요한 부분이 아닐 수도 있지만, 확률통계를 학습하는데 있어서 도움이 되는 애니메이션 기능을 제공한다. 일예로 'animation' 패키지는 '대수의 법칙', '중심극한정리' 등 기본 통계이론을 체득하는데 도움을 준다.

⑦ **연구 모델 분석**: 전 세계 연구자들의 관심 분야에 대한 연구 모델을 분석하기 위한 다양한 도구를 제공한다.

⑧ **파일 관리**: 잘 알려지지 않은 기능이지만, R은 파일을 관리하는 데도 유용한 기능을 제공한다. 파일을 찾고, 파일 이름을 바꾸고, 파일을 복사하고, 원하는 디렉터리로 옮기고, 심지어는 파일 안에 들어있는 키워드를 찾아내는 등의 다양한 기능을 제공한다.

(3) R의 약점

R에는 장점만 있는 것이 아니라 약점 또한 있는데, 가장 큰 이유는 R이 무료이기 때문에 약점을 보완하는 연구에 필요한 개발 비용이 부족하기 때문이다. 그럼에도 불구하고 헌신적인 연구자들이 꾸준히 약점을 보완해 나가고 있다고 한다. 몇 가지 약점을 살펴보면 다음과 같다.

① **수행 속도**: 개인적으로는 R의 수행 속도에 전혀 불만이 없지만, 천문학적 크기의 데이터를 처리해야 하는 전문가들에겐 아직 만족할만한 처리 속도를 제공하지 못한다고 한다.

② **메모리 관리**: R이 '빅-데이터' 언어라고 불리기엔 아직도 불충분한 메모리의 한계가 있다고 한다. 설계 특성상 데이터를 물리적 메모리에 저장해야하기 때문에 매우 큰 데이터를 다루는 작업을 수행할 때 문제가 발생할 수 있다. 하지만 컴퓨터 메모리 용량이 비약적으로 증가함에 따라 이 문제도 과거만큼 심각하진 않다고 한다. 개인적 경험으로 100만 라인 정도의 데이터프레임을 처리하는 데는 별다른 어려움은 없었다.

③ **계산 오차**: R은 벡터-행렬 연산을 수행하기 때문에 전체 데이터의 정확도(precision)를 동일하게 유지하여 일부 데이터의 계산 오차가 크게 나타날 수 있다. 일부 학자들은 이런 현상을 'R Inferno!'라고 부르는데, 데이터를 정수로 변환하여 연산을 수행하면 계산 오차를 줄일 수 있다.

1.1.3 R의 미래

어떤 이들은 R의 수익 모델이 없기 때문에 언젠가는 R이 자연 소멸할 것이라고 예측하기도 한다. 그러나 [그림 1-1]에서와 같이 R 관련 패키지는 지난 10여 년간 기하급수적으로 증가하여왔다. 이는 막대한 개발 비용을 지원받는 상용 패키지와는 달리 R은 자생적으로 저변을 확대해왔음을 시사한다. 개인적으로도 R 개발자들로부터 받은 혜택을 생각하면 뭔가 빚은 갚아야한다는 생각은 간절하지만 실력이 부족한 것이 아쉬울 따름이다.

기존의 통계 패키지 시장을 양분하고 있는 SAS와 SPSS에서도 R과의 연동 기능을 개발하여 출시하고 있다. 이는 R의 강력한 그래픽 기능과 섬세한 부분까지 다루는 분석 능력이 인정받고 있음을 시사한다. 다소 아쉬운 부분은 과거 MS Excel과 R을 연동시킨 'RExcel' 패키지처럼 인기 있는 패키지들이 상용화되어 더 이상 무료로 사용할 수 없다는 점이다. 그러나 전 세계의 뛰어난 연구자들이 앞 다투어 새로운 패키지를 개발하고 있기 때문에 R은 앞으로도 끊임없이 발전할 것으로 전망된다.

1.2 R의 기초적 사용법

1.2.1 R 설치하기

MS Window 사용자라면 R 패키지를 다운 받아 설치하는 것은 매우 간단하다. Google 등의 인터넷 검색사이트에 들어가서 'R package download'라고 치면 다음의 주소 [http://cran.r-project.org/windows/base]로 바로 연결할 수 있다. 주소를 연결하면 [그림 1-2]와 같은 화면이 나타나고, 적색 사각형 부분을 클릭하면 다운로드가 진행된다. (매킨토시나 Linux 사용자는 'R package download for mac' 또는 'R package download for linux'로 검색하면 주소를 찾을 수 있다.)

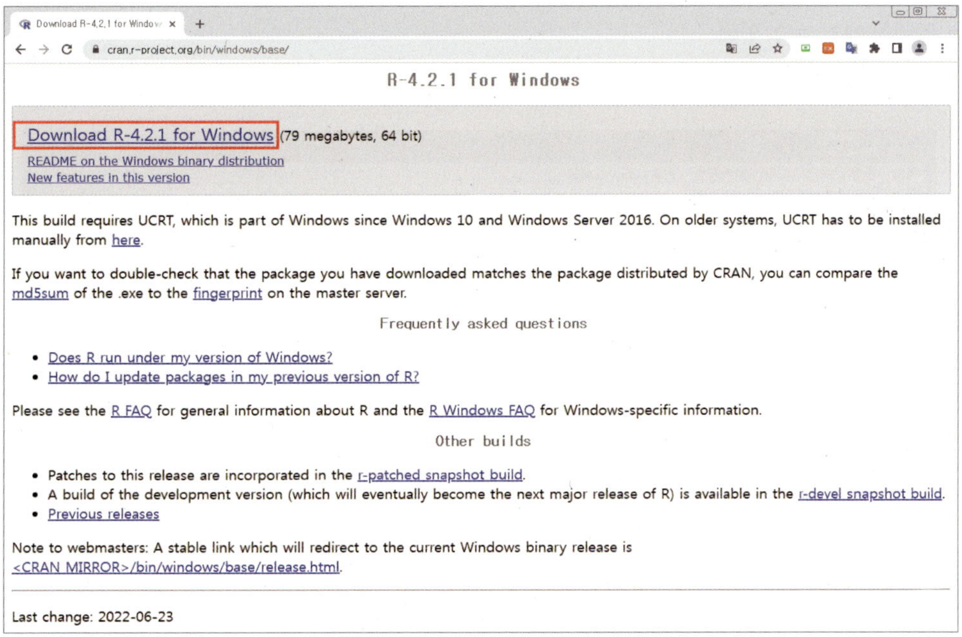

[그림 1-2] R 패키지 다운로드 화면

깨알 같은 영어를 독해할 필요 없이 맨 윗줄 링크 'Download R-4.*.* for Windows'를 클릭하여 실행파일(R-4.*.*-win.exe)을 다운받고, 이를 클릭하여 '설치' 팝업창이 뜨면 '계속' 버튼을 클릭하여 설치를 진행한다. (버전이 R-4.3.1 등으로 업그레이드 된 경우에도 해당 링크를 따라가면 된다.) 바탕화면에 'R' 아이콘이 뜨면 설치가 완료된 것이다.

1.2.2 R 시작과 종료

앞으로는 대다수의 사용자를 감안하여 MS-Window 기준으로 설명한다. R을 시작하는 방법은 다음 둘 중의 하나를 실행하면 다음 그림과 같이 실행창이 뜬다.

① 바탕화면에서 R-아이콘 더블클릭
② 시작 메뉴에서 R 선택

R을 종료하는 방법은 다음 세 가지 중 하나를 실행한다. 단, 바로 종료되지 않고 '작업공간 이미지를 저장하시겠습니까?'라고 묻는 창이 나타난다. 특별한 이유가 없는 한 저장할 필요가 없기 때문에 '아니요'를 선택한다.

① R 실행창의 종료 버튼 클릭
② 입력창에서 q() 입력
③ File 메뉴에서 Exit 선택

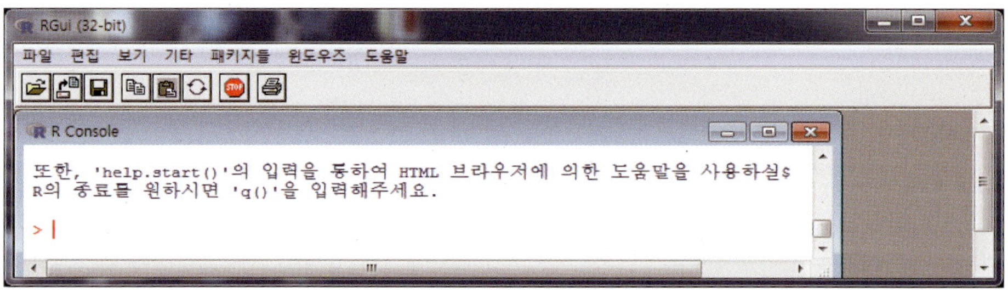

[그림 1-3] R 실행창 화면

1.2.3 R 메뉴 구성

R의 실행창에 나타나는 메뉴는 매우 간단하며, 다음과 같다. 개인적으로는 메뉴를 잘 사용하지 않는 편인데, 패키지 설치나 업데이트를 위한 [패키지들] 메뉴, [도움말] 메뉴, 입력창의 글자 크기가 너무 작아 이를 바꾸기 위해 [편집] 메뉴의 [GUI 설정]을 선택하여 글자 크기 키우기 정도를 사용한다.

① **파일**(File): 파일 입출력, R 종료 등
② **편집**(Edit): 복사, 붙여넣기, 입력창 지우기, GUI 설정 변경 등
③ **보기**(View): 툴바, 상태줄 등 표시
④ **기타**(Misc): 실행 중지(Esc), 객체 나열, 객체 제거 등
⑤ **패키지들**(Packages): 패키지 적재, 설치, 업데이트, 서버(CRAN Mirror) 선택 등
⑥ **윈도우즈**(Windows): 창 배열 설정
⑦ **도움말**(Help): 도움말 표시

1.2.4 R 기본 문법

R은 기본적으로 대화식으로 수행되기 때문에 입력창에 명령어를 직접 입력한다. 명령어에서 '#' 기호 이후의 내용은 주석(R-코드에 대한 설명)으로서 실행되지 않으며, 실행문은 다음과 같이 빨간색으로 나타내고, 실행결과는 그 다음과 같이 파란색으로 나타낸다. 실행문 맨 앞의 '>' 기호는 자동적으로 나오므로 입력하지 않는다. 이 기호를 입력하면 오류가 발생하므로 주의할 필요가 있다.

```
# 주석(comment) 1+2+3+4=10
sum(1:4)
[1] 10
(sum(1:4))
[1] 10
print(sum(1:4))
[1] 10
x = sum(1:4)
```

위의 실행문은 1부터 4까지의 정수를 더한 결과를 출력한다. 두 번째와 세 번째 실행문도 같은 결과를 얻는다. 전체를 괄호로 감싼 것은 괄호 안의 결과를 출력하라는 의미이며, 보다 명확하게 `print()` 함수를 사용하여 결과를 출력할 수도 있다. 이를 모두 생략해도 결과가 출력되는데, 이는 R이 스마트하기 때문일 것이다. 하지만 네 번째 실행문을 수행하면 결과가 출력되지 않는다. 실행 결과가 변수 'x'에 저장되었기 때문에 별도의 지시가 없는 한 출력하지 않는 것이다.

변수에 저장된 결과를 화면에 출력하고자 할 때는 다음 세 가지 중 하나의 방법을 택하여 실행한다.

```
x               # 변수 x를 출력하라는 의미
print(x)        # 변수 x를 출력하라는 함수를 명시
(x = sum(1:4))  # 전체를 ()로 감싸 실행 결과를 출력
```

이와 같이 R 실행문은 객체와 연산자로 구성된다. 객체는 주로 변수와 함수로 구성되지만, 그 밖에도 매우 다양한 유형의 객체가 있다. 여기서 변수는 데이터를 저장하는 객체를 말한다. 때로는 단순히 변수라고 부르기엔 너무 많은 내용을 담을 수도 있다. 예를 들면, 메모리 용량이 허락하는 한 하나의 변수에 100만 레코드 이상의 스프레드시트를 담을 수도 있고, 책 1,000권의 내용을 담을 수도 있다. 또한 변수 아래 변수, 그 아래의 변수, 또 그

아래의 변수 등 여러 단계로 변수를 지정할 수도 있다. 함수는 입력된 변수를 이용하여 새로운 변수를 만들어 내거나 출력하는 기능을 수행한다.

(1) R 데이터 유형

R에서 사용하는 데이터는 다음과 같은 유형으로 구분된다. 간단한 변수를 지정하고 typeof() 함수를 써서 데이터 유형을 확인해 볼 수 있다. 요인형 데이터는 좀 특이한데, 요인의 수준은 문자열로 표현되지만 실제 저장되는 값은 자연수(1, 2, 3, …) 형태이다.

```
① 논리형(logical): TRUE(1), FALSE(0)
(a = c(T, F, F, T))
[1]  TRUE FALSE FALSE  TRUE
typeof(a)
[1] "logical"
② 정수형(integer): 정수
(b = 1:5)
[1] 1 2 3 4 5
typeof(b)
[1] "integer"
③ 실수형(double): 실수
(c = c(1.2, 3.4))
[1] 1.2 3.4
typeof(c)
[1] "double"
④ 복소수형(complex): 복소수
(d = c(1+2i, 3+4i))
[1] 1+2i 3+4i
typeof(d)
[1] "complex"
⑤ 문자형(character): 문자열
(e = LETTERS[1:4])
[1] "A" "B" "C" "D"
typeof(e)
[1] "character"
⑥ 요인형(factor): 그룹을 구분하는 요인 수준의 번호
(f = as.factor(e))
[1] A B C D
Levels: A B C D
typeof(f)
[1] "integer"
```

하나의 벡터에 서로 다른 유형의 데이터가 혼합되면 다음과 같은 우선순위에 따라 같은 유형의 데이터 벡터가 된다. 이 때 논리형의 TRUE = 1, FALSE = 0으로 저장된다.

논리형 < 정수형, 요인형 < 실수형 < 복소수형 < 문자형

```
# 논리형 + 정수형 ⇒ 정수형
(u = c(a, b))
[1] 1 0 0 1 1 2 3 4 5
typeof(u)
[1] "integer"
# 정수형 + 실수형 ⇒ 실수형
(v = c(b, c))
[1] 1.0 2.0 3.0 4.0 5.0 1.2 3.4
typeof(v)
[1] "double"
# 실수형 + 복소수형 ⇒ 복소수형
(w = c(c, d))
[1] 1.2+0i 3.4+0i 1.0+2i 3.0+4i
typeof(w)
[1] "complex"
# 복소수형 + 문자형 ⇒ 문자형
(x = c(d, e))
[1] "1+2i" "3+4i" "A"    "B"    "C"    "D"
typeof(x)
[1] "character"
# 논리형 + 요인형 ⇒ 정수형
(y = c(a, f))
[1] 1 0 0 1 1 2 3 4
typeof(y)
[1] "integer"
# 실수형 + 요인형 ⇒ 실수형
(z = c(c, f))
[1] 1.2 3.4 1.0 2.0 3.0 4.0
typeof(z)
[1] "double"
# 문자형 + 요인형 ⇒ 문자형 (요인형은 자연수가 문자열로 바뀜)
(w = c(e, f))
[1] "A" "B" "C" "D" "1" "2" "3" "4"
```

(2) R 변수 유형

R 변수는 기본적으로 벡터 형태를 갖는다. 필요에 따라 이를 행렬 또는 배열 형태로 바꿔 사용할 수 있다. 서로 다른 데이터 유형을 갖는 같은 길이의 벡터들은 데이터프레임 형태로 저장하며, 다양한 유형의 변수들을 하나의 변수로 묶고자 할 때는 리스트를 사용한다. 이상의 R 변수 유형을 정리하면 다음과 같다.

① **벡터**(vector): 동일한 데이터 유형으로 구성된 데이터 집합
- 벡터는 c(a, b, c, d)와 같이 c( ) 함수로 만들 수 있음
- 한 벡터에 논리형과 정수형 데이터가 섞이면 모두 정수형이 됨 (TRUE=1, FALSE=0)
- 한 벡터에 정수형과 수치형 데이터가 섞이면 모두 수치형이 됨
- 한 벡터에 수치형과 복소수형이 섞이면 모두 복소수형이 됨
- 한 벡터에 문자형 데이터가 있으면 전체가 문자형이 됨

② **행렬**(matrix): 동일한 종류로 구성된 2차원 데이터 집합
- 벡터와 같은 방법으로 동일한 데이터 종류로 자동 변환됨

③ **배열**(array): 동일한 데이터 종류로 구성된 2차원 이상의 구조
- 벡터와 같은 방법으로 동일한 데이터 종류로 자동 변환됨

④ **데이터프레임**(data frame): 각 열마다 같은 길이의 벡터를 갖는 구조
- 한 열은 수치형, 한열은 요인형, 한열은 논리형 등 달라도 됨
- 엑셀에서 만든 csv 파일을 읽으면 자동으로 데이터프레임이 됨
- 열별 길이가 같아야 하므로, 짧은 열은 결측치(NA)로 채워짐
- 데이터프레임(x)의 열 변수(a) 지정 ⇒ x$a

⑤ **리스트**(list): 여러 유형의 변수를 자유롭게 결합한 구조
- 리스트 아래 리스트, 그 아래 리스트 등 확장이 자유로움
- 리스트 객체(x)에 속한 하부객체(a) 지정 ⇒ x$a
- 여러 층 아래의 하부객체(d) 지정 ⇒ xabcd
- 결국 데이터프레임은 일정한 틀로 한정된 리스트임

```
x1 = c(9, 4, 3, 7, 6)          # 5개 원소를 갖는 벡터
x2 = matrix(1:12, 3, 4)        # 3행-4열 행렬
x3 = array(1:24, c(3,4,2))     # 3×4×2 배열
x4 = data.frame(a=1:5, b=letters[1:5], c=as.factor(1:5))  # 5행-3열 데이터프레임
x = list(x1, x2, x3, x4)       # 벡터, 행렬, 배열, 데이터프레임을 원소로 갖는 리스트
x[[2]]                         # x의 두 번째 원소 (즉, x2)
```

(3) R 변수 이름

R 변수 이름을 지정하는 방법은 다음과 같으며, 영문 알파벳 대신 한글을 사용할 수도 있다.

① 문자와 숫자 모두 사용 가능

② 대소문자 구별됨

③ 한글 문자 사용 가능

④ 특수문자는 '_'와 '.'만 사용 가능

⑤ 숫자로 시작할 수 없음

⑥ 특수문자로 시작하는 경우 바로 숫자가 뒤따를 수 없음

(4) R 도움말

R에서 목적에 적합한 함수를 적절히 사용하는 것이 매우 중요한데, 함수의 사용법을 알기 위해서는 다음의 두 가지 중 하나를 선택해서 도움말 웹 창을 띄운다. 이 때 함수이름의 철자를 정확히 입력해야 하며, 철자가 틀리면 오류가 발생한다.

```
help(함수이름)
?함수이름
```

함수 이름을 정확히 기억하지 못하고 대략적인 이름만 기억나는 경우 다음과 같이 입력하면, 해당 문자열을 포함하는 함수들이 출력된다. 예를 들면 평균(mean) 계산과 연관된 함수를 찾고자 할 때 다음과 같이 입력한다. 처음에는 [ ] 안의 숫자를 보고 당황하기도 하는데, 이는 단지 원소의 순서를 알려주는 보조 역할을 할 뿐이다.

```
apropos("mean")
[1] ".colMeans"      ".rowMeans"      "colMeans"       "kmeans"
[5] "mean"           "mean.Date"      "mean.default"   "mean.difftime"
[9] "mean.POSIXct"   "mean.POSIXlt"   "rowMeans"       "weighted.mean"
```

1.2.5 R 주요 연산자

R에는 객체와 객체간의 작업을 수행하기 위한 다양한 연산자가 있는데, 그 중 중요한 것들은 다음과 같다. 먼저 할당 연산자는 변수(객체)에 데이터를 저장하기 위한 것인데, 다음과 같이 매우 다양하다.

(1) 할당 연산자

```
a <- b          # b를 a에 할당
a = b           # b를 a에 할당 (<- 연산자에 비해 우선순위에서 밀림)
a <<- b         # b를 a에 할당
a -> b          # a를 b에 할당
a ->> b         # a를 b에 할당
```

최근까지도 할당 연산자로 '=' 대신 '<-'를 사용하는 것이 대세였다. 그 이유는 연산 우선순위에서 '=' 보다 '<-' 연산자가 더 앞서기 때문인데, R 버전 3.0부터는 이런 구분이 큰 의미가 없어졌기 때문에 이 책에서는 입력이 편리한 '=' 연산자를 사용하기로 한다. 그러나 전문적인 프로그램을 작성하는 경우에는 '<-' 연산자 사용을 권한다.

(2) 산술 연산자

```
a + b           # a와 b를 더함
a - b           # a에서 b를 뺌
a * b           # a와 b를 곱함
a / b           # a를 b로 나눔
a %% b          # a를 b로 나눈 나머지
a %/% b         # a를 b로 나눈 몫
a^b             # a를 b번 곱함 (a의 b승)
```

이상의 산술 연산자에서는 변수 a와 b를 모두 벡터로 인식하여 대응되는 원소별로 각각 연산을 수행한다. 변수 a와 b의 길이가 다른 경우에는 길이가 짧은 벡터를 다시 사용하여 연산하기(**재사용 규칙**) 때문에 길이가 배수 관계가 아닌 경우 경고 메시지가 발생한다.

변수가 행렬인 경우, 열 우선순위로 연산을 수행한다. 몇 가지 예를 살펴보자.

```
# 연속 숫자 벡터 3개 지정
(a = 1:10); (b = 1:5); (c = 4:1)
[1]  1  2  3  4  5  6  7  8  9 10
[1] 1 2 3 4 5
[1] 4 3 2 1
# a, b가 배수 관계이므로 더 짧은 b를 두 번 사용하여 계산
a + b
[1]  2  4  6  8 10  7  9 11 13 15
# a, c가 배수 관계가 아니므로 경고메시지가 출력됨 (c는 2.5번 사용됨)
a + c
[1]  5  5  5  5  9  9  9  9 13 13
```

```
경고메시지(들):
In a + c : 두 객체의 길이가 서로 배수관계에 있지 않습니다
# 3행, 4열의 행렬. 데이터가 열 우선으로 배정됨
(x = matrix(1:12, 3, 4))
     [,1] [,2] [,3] [,4]
[1,]    1    4    7   10
[2,]    2    5    8   11
[3,]    3    6    9   12
# 4행, 3열의 행렬. 데이터가 행 우선으로 배정됨
(y = matrix(1:12, 4, 3, byrow=T))
     [,1] [,2] [,3]
[1,]    1    2    3
[2,]    4    5    6
[3,]    7    8    9
[4,]   10   11   12
# a의 길이가 x의 전체 길이보다 짧으므로 1~10 이후 1, 2까지 반복됨
a + x
     [,1] [,2] [,3] [,4]
[1,]    2    8   14   20
[2,]    4   10   16   12
[3,]    6   12   18   14
경고메시지(들):
In a + x : 두 객체의 길이가 서로 배수관계에 있지 않습니다
# x의 전체 길이가 c의 세 배이므로 벡터 c가 3회 반복됨
c + x
     [,1] [,2] [,3] [,4]
[1,]    5    5    9   13
[2,]    5    9    9   13
[3,]    5    9   13   13
# x와 y의 전체 길이는 같지만, 행렬의 차원이 다르므로 오류 발생
x + y
Error in x + y : 배열의 크기가 올바르지 않습니다
# x와 같은 차원(3행, 4열)의 행렬 지정
z = matrix(12:1, 3, 4)
# x와 z의 차원이 같으므로 연산이 수행됨
x + z
     [,1] [,2] [,3] [,4]
[1,]   13   13   13   13
[2,]   13   13   13   13
[3,]   13   13   13   13
```

(3) 관계 연산자

```
a > b          # a가 b보다 크면 TRUE, 아니면 FALSE
a < b          # a가 b보다 작으면 TRUE, 아니면 FALSE
a == b         # a와 b가 같으면 TRUE, 아니면 FALSE
a >= b         # a가 b보다 크거나 같으면 TRUE, 아니면 FALSE
a <= b         # a가 b보다 작거나 같으면 TRUE, 아니면 FALSE
a != b         # a가 b와 다르면 TRUE, 아니면 FALSE
```

이상의 관계 연산자 또한 변수 a와 b를 모두 벡터로 인식하여 대응되는 원소별로 각각 연산을 수행한다. 길이가 다른 경우의 **재사용 규칙**은 산술 연산자의 경우와 같다.

```
# a, b가 배수 관계이므로 더 짧은 b를 두 번 사용하여 계산
a > b
[1] FALSE FALSE FALSE FALSE FALSE  TRUE  TRUE  TRUE  TRUE  TRUE
# a, c가 배수 관계가 아니므로 경고메시지가 출력됨 (c는 2.5번 사용됨)
a > c
[1] FALSE FALSE  TRUE  TRUE  TRUE  TRUE  TRUE  TRUE  TRUE  TRUE
경고메시지(들): In a > c : 두 객체의 길이가 서로 배수관계에 있지 않습니다
# a의 길이가 x의 전체 길이보다 짧으므로 1~10 이후 1, 2까지 반복됨
a >= x
     [,1] [,2] [,3]  [,4]
[1,] TRUE TRUE TRUE  TRUE
[2,] TRUE TRUE TRUE FALSE
[3,] TRUE TRUE TRUE FALSE
경고메시지(들): In a >= x : 두 객체의 길이가 서로 배수관계에 있지 않습니다
# x의 전체 길이가 c의 세 배이므로 벡터 c가 3회 반복됨
c <= x
      [,1] [,2] [,3] [,4]
[1,] FALSE TRUE TRUE TRUE
[2,] FALSE TRUE TRUE TRUE
[3,]  TRUE TRUE TRUE TRUE
# x와 y의 전체 길이는 같지만, 차원이 다르므로 오류 발생
x > y
Error in x > y : 배열의 크기가 올바르지 않습니다
# x와 z의 차원이 같으므로 연산이 수행됨
x > z
      [,1]  [,2] [,3] [,4]
[1,] FALSE FALSE TRUE TRUE
[2,] FALSE FALSE TRUE TRUE
[3,] FALSE FALSE TRUE TRUE
```

(4) 논리 연산자

```
# logic1과 logic2의 대응되는 원소별로 OR 논리 연산
logic1 | logic2
# logic1과 logic2의 대응되는 원소별로 AND 논리 연산
logic1 & logic2
# logic의 원소별로 TRUE이면 FALSE, FALSE면 TRUE 반환 (NOT 논리)
!logic
# logic1과 logic의 첫 번째 원소에 대해 OR 논리 연산
logic1 || logic2
# logic1과 logic의 첫 번째 원소에 대해 AND 논리 연산
logic1 && logic2
```

위의 세 가지 논리 연산자 또한 논리변수를 모두 벡터로 인식하여 대응되는 원소별로 각각 연산을 수행한다. 길이가 다른 경우의 **재사용 규칙**은 산술 연산자의 경우와 같다. 그러나 아래의 두 연산자는 벡터 연산을 수행하지 않고 첫 번째 원소에 대해서만 논리 연산을 수행한다. 몇 가지 예를 살펴보자.

```
# 세 가지 길이의 논리 벡터 3개 지정
(a = c(T, T, F, F))
[1]  TRUE  TRUE FALSE FALSE
(b = c(T, F))
[1]  TRUE FALSE
(c = c(T, F, F))
[1]  TRUE FALSE FALSE
# a, b가 배수 관계이므로 더 짧은 b를 두 번 사용하여 계산
a | b
[1]  TRUE  TRUE  TRUE FALSE
a & b
[1]  TRUE FALSE FALSE FALSE
# a, c가 배수 관계가 아니므로 경고메시지가 출력됨 (c는 1번+'T'까지 사용됨)
a | c
[1]  TRUE  TRUE FALSE  TRUE
경고메시지(들):
In a | c : 두 객체의 길이가 서로 배수관계에 있지 않습니다
# 첫 번째 원소에 대해서만 OR 논리 연산 수행
a || c
[1] TRUE
```

(5) 특수 연산자

```
# a부터 b까지 1씩 증가(감소)하는 벡터 생성
# 연속 숫자 채우기 : a < b이면 1씩 증가, a > b이면 1씩 감소
a : b
# 포함 관계 연산 : a의 각 원소별로 b에 포함되면 TRUE, 아니면 FALSE
a %in% b
# 행렬 a와 b의 행렬곱 계산, a의 열수와 b의 행수가 같아야 함
# a와 b가 같은 길이의 벡터인 경우, a와 b의 내적(inner product) 계산
a %*% b
# 벡터 a와 b의 외적(outer product) 계산, a는 행벡터, b는 열벡터로 간주함
a %o% b
# 외 함수(outer function) 계산
outer(a, b, "함수")
```

R의 특수 연산자는 다소 이상하게 생겼지만, 그 기능은 매우 편리하다. 예를 들어 천만 개의 연속된 숫자를 순식간에 만들 수도 있고, 원하는 데이터를 찾을 수도 있다. 몇 가지 예를 살펴보자.

```
# 1부터 1000만까지 연속 숫자 만들기 & 벡터 길이 확인
x = 1:1E7;  length(x)
[1] 10000000
# 1부터 100까지의 연속 숫자 중 10개를 뽑은 경우, 7번 추측해서 맞추기 게임
x = 1:100
# 재현성 확보를 위해 씨드 설정 후 10개 샘플링 (결과는 비밀)
set.seed(1234);  y = sample(x, 10)
# 여러분 마음대로 7개의 숫자 선택
guess = c(25, 33, 47, 59, 78, 66, 92)
# 추측 결과 (우연히 세 번째 숫자(47)가 맞은 경우)
guess %in% y
[1] FALSE FALSE  TRUE FALSE FALSE FALSE FALSE
y  # 결과 확인
 [1] 12 62 60 61 83 97  1 22 99 47
# 행렬 곱 계산
x = matrix(1:6, 2, 3);  y = matrix(1, 3, 4)
x %*% y
     [,1] [,2] [,3] [,4]
[1,]    9    9    9    9
[2,]   12   12   12   12
```

```
# 외적(outer product) 계산
x = 1:3;  y = 1:4;  x %o% y
     [,1] [,2] [,3] [,4]
[1,]    1    2    3    4
[2,]    2    4    6    8
[3,]    3    6    9   12
# 외적(outer) 함수를 사용하여 논리 연산 표 만들기
a = c(T, T, F, F);  b = c(T, F)
names(a) = as.character(a);  names(b) = as.character(b)
outer(b, a, "*") # 숫자형 AND 연산 표
      TRUE TRUE FALSE FALSE
TRUE     1    1     0     0
FALSE    0    0     0     0
outer(b, a, "&") # 논리형 AND 연산 표
       TRUE  TRUE FALSE FALSE
TRUE   TRUE  TRUE FALSE FALSE
FALSE FALSE FALSE FALSE FALSE
```

(6) 부분원소 선택 및 제거

```
# [1] x가 벡터인 경우 ---------------------------------------------
x[d]            # 벡터 x의 d번째 원소 선택
x[-d]           # 벡터 x의 d번째 원소 제거
x[logic]        # 논리 벡터(logic) 중 TRUE인 원소에 해당하는 x의 원소만을 선택
# [2] x가 데이터프레임(또는 행렬)인 경우 ----------------------
x[d, ]          # x의 d번째 행 선택
x[, d]          # x의 d번째 열 선택
x[-d, ]         # x의 d번째 행 제거
x[, -d]         # x의 d번째 열 제거
x[logic, ]      # 논리벡터(logic) 중 TRUE인 원소에 해당하는 x의 행만을 선택
x[ , logic]     # 논리벡터(logic) 중 TRUE인 원소에 해당하는 x의 열만을 선택
```

처음에는 다소 적응하기 어렵겠지만, R의 부분원소 선택 및 제거 기능 또한 편리한 경우가 많다. 선택기준 d를 벡터로 설정하면, 여러 개의 요소(또는 행과 열)를 한 번에 선택하거나 제거가 가능하다. 선택기준으로 논리 벡터를 사용하는 경우, 벡터(x)와 논리벡터(logic)의 길이는 같게 하는 것이 바람직하다. 길이가 다르더라도 **재사용 규칙**에 따라 연산은 수행되지만 결과를 해석하기 어렵게 된다. 몇 가지 예를 살펴보자.

```
# 11부터 20까지 연속 숫자 만들기
x = 11:20
# 홀수만 뽑는 방법 1 (선택할 원소의 위치 지정)
x[c(1,3,5,7,9)]
[1] 11 13 15 17 19
# 홀수만 뽑는 방법 2 (TRUE와 FALSE 반복)
x[c(T, F)]
[1] 11 13 15 17 19
# 홀수만 뽑는 방법 3 (2로 나눈 나머지가 1인 경우만 선택)
x[x %% 2 ==1]
[1] 11 13 15 17 19
# 홀수만 뽑는 방법 4 (제외할 원소의 위치 지정)
x[-c(2,4,6,8,10)]
[1] 11 13 15 17 19
# 홀수만 뽑는 방법 5 (FALSE와 TRUE 반복을 반대로)
x[!c(F,T)]
[1] 11 13 15 17 19
# 홀수만 뽑는 방법 6 (2로 나눈 나머지가 0이 아닌 경우만 선택)
x[!(x %% 2 ==0)]
[1] 11 13 15 17 19
# 데이터프레임 예 (R의 내장 데이터 mtcars 사용) -----------------------------
x = mtcars
# 데이터 구조 탐색 (11개 변수 별로 32개 관측치)
str(x)
'data.frame':   32 obs. of  11 variables:
 이하 줄임 ...
names(x)
[1] "mpg"  "cyl"  "disp" "hp"   "drat" "wt"   "qsec" "vs" "am"   "gear" "carb"
# 연비(mpg)가 30 이상인 데이터만 추출
x[x$mpg >=30, ]
                mpg cyl disp  hp drat    wt  qsec vs am gear carb
Fiat 128       32.4   4 78.7  66 4.08 2.200 19.47  1  1    4    1
Honda Civic    30.4   4 75.7  52 4.93 1.615 18.52  1  1    4    2
Toyota Corolla 33.9   4 71.1  65 4.22 1.835 19.90  1  1    4    1
Lotus Europa   30.4   4 95.1 113 3.77 1.513 16.90  1  1    5    2
# 연비(mpg), 중량(wt), 기어(gear) 열 데이터만 추출(1열, 6열, 10열)
x[, c(1, 6, 10)]
x[, c("mpg", "wt", "gear")]
```

1.2.6 기본 함수

R에서 제공하는 기본적인 함수는 매우 다양하다. 수학 함수, 통계 함수는 물론이고 문자열 처리 함수, 그래픽 함수 등 유용한 함수들이 많다. 그 중에 중요한 것들만 정리해보면 다음과 같다.

(1) 데이터 함수

가장 자주 사용하는 데이터 관련 함수로는 다음과 같은 것들이 있다. 이 함수들은 자주 사용하므로 빨리 익숙해질 수 있을 것이다.

```
length(x)              # 변수 x의 원소의 개수
str(x)                 # 변수 x의 구조
class(x)               # 변수 x의 유형
names(x)               # 변수 x 원소의 이름
c(x, y, ...)           # 벡터 x와 벡터 y, ...를 결합
cbind(x, y, ...)       # 벡터 x와 벡터 y, ...를 열별로 결합
rbind(x, y, ...)       # 벡터 x와 벡터 y, ...를 행별로 결합
ls()                   # 사용 중인 변수의 목록
rm(x)                  # 변수 x를 제거
```

앞에서의 데이터 함수를 사용한 몇 가지 예를 살펴보자. 한 줄에 두 개 이상의 명령문을 넣고자 할 때는 ';' 기호로 구분하면 된다.

```
# 변수의 구조: str() (R 내장 데이터 'iris' 사용)
str(iris)
'data.frame':	150 obs. of  5 variables:
 $ Sepal.Length: num  5.1 4.9 4.7 4.6 5 5.4 4.6 5 4.4 4.9 ...
 $ Sepal.Width : num  3.5 3 3.2 3.1 3.6 3.9 3.4 3.4 2.9 3.1 ...
 $ Petal.Length: num  1.4 1.4 1.3 1.5 1.4 1.7 1.4 1.5 1.4 1.5 ...
 $ Petal.Width : num  0.2 0.2 0.2 0.2 0.2 0.4 0.3 0.2 0.2 0.1 ...
 $ Species     : Factor w/ 3 levels "setosa","versicolor",..: 1 1 1 1 1 1 1 ...
# 변수의 유형: class()
class(iris)
[1] "data.frame"
# 각 원소(혹은 열)의 이름: names()
names(iris)
[1] "Sepal.Length" "Sepal.Width"  "Petal.Length" "Petal.Width"  "Species"
length(iris)  # 원소(혹은 열)의 개수: length()
[1]  5
```

```
# 원소의 개수: length()
x = c(6,9,8,7,3,5,10); length(x)
[1] 7
class(x)  # 변수의 유형: class()
[1] "numeric"
# 각 원소의 이름: names()
names(x) = LETTERS[1:length(x)]; x
 A  B  C  D  E  F  G
 6  9  8  7  3  5 10
names(x)
[1] "A" "B" "C" "D" "E" "F" "G"
# 벡터 x와 벡터 y, ...를 결합: c()
x = c(6,9,8,7,3,5,10); y = 3:7
c(x, y)
[1]  6  9  8  7  3  5 10  3  4  5  6  7
# 벡터 x와 벡터 y, ...를 열별로 결합: cbind()
x = 1:2; y = 3:4; z = 5:6
cbind(x, y, z)
     x y z
[1,] 1 3 5
[2,] 2 4 6
# 벡터 x와 벡터 y, ...를 행별로 결합: rbind()
x = 1:10; y = 11:20; z = 21:30
rbind(x, y, z)
  [,1] [,2] [,3] [,4] [,5] [,6] [,7] [,8] [,9] [,10]
x    1    2    3    4    5    6    7    8    9    10
y   11   12   13   14   15   16   17   18   19    20
z   21   22   23   24   25   26   27   28   29    30
# 사용 중인 변수의 목록: ls()
ls()
[1] "x" "y" "z"
# 변수 x와 y를 제거: rm()
rm(x, y); ls()
[1] "z"
# 모든 변수를 제거
rm(list=ls())
```

다음으로 자주 사용하는 데이터 관련 함수로는 다음과 같은 것들이 있다. 이 함수들은 앞의 함수들에 비해 어려워 보이지만, 반복해서 사용하다 보면 익숙해질 수 있을 것이다.

```
seq(from, to, by, length, ...)    # 일련의 수열 생성
rep(x, times, each, ...)          # 벡터 x를 반복
cut(x, breaks, labels, ...)       # 벡터 x를 분할
sort(x, decreasing = FALSE, ...) # 벡터 x를 크기순으로 정렬
order(x)                          # 벡터 x의 순서 (정렬된 데이터의 원래 순서)
```

앞에서의 데이터 함수를 사용한 몇 가지 예를 살펴보자.

```
# 1에서 10까지 2 간격으로 일련의 수열 생성
seq(1, 10, 2)
[1] 1 3 5 7 9
# 1에서 5.5까지 같은 간격으로 10개
seq(1, 5.5, length=10)
[1] 1.0 1.5 2.0 2.5 3.0 3.5 4.0 4.5 5.0 5.5
# 1에서 0.5 간격으로 10개
seq(1, by=0.5, length=10)
[1] 1.0 1.5 2.0 2.5 3.0 3.5 4.0 4.5 5.0 5.5
# (1, 2, 3)을 4회 반복
rep(1:3, 4)
[1] 1 2 3 1 2 3 1 2 3 1 2 3
# (1, 2, 3)을 각각 4회씩 반복
rep(1:3, each=4)
[1] 1 1 1 1 2 2 2 2 3 3 3 3
# 0에서 10까지 5개 구간으로 분할 (각 원소가 속한 구간이 표시됨)
cut(0:10, 5)
[1] (-0.01,2] (-0.01,2] (-0.01,2] (2,4]     (2,4]     (4,6]     (4,6]
[8] (6,8]     (6,8]     (8,10]    (8,10]
Levels: (-0.01,2] (2,4] (4,6] (6,8] (8,10]
# 벡터를 크기순으로 정렬
sort(c(5,1,4,9,6,3,2))
[1] 1 2 3 4 5 6 9
sort(c(5,1,4,9,6,3,2), decreasing = T)
[1] 9 6 5 4 3 2 1
# 오름차순으로 정렬된 데이터의 원래 순서
order(c(5,1,4,9,6,3,2))
[1] 2 7 6 3 1 5 4
# 내림차순으로 정렬된 데이터의 원래 순서
order(c(5,1,4,9,6,3,2), decreasing = T)
[1] 4 5 1 3 6 7 2
```

다음으로 행렬과 데이터프레임을 만들고 관리하는 함수는 다음과 같다.

```
matrix(x, nrow, ncol)          # 행렬 만들기
rownames(x)                    # 행 이름 지정
colnames(x)                    # 열 이름 지정
data.frame(...)                # 데이터프레임 만들기
list(...)                      # 리스트 만들기
```

행렬과 데이터프레임을 만들고 관리하는 함수를 사용한 예를 살펴보자.

```
# 행렬 만들기 (3행, 5열)
(x = matrix(1:15, nrow=3, ncol=5))
     [,1] [,2] [,3] [,4] [,5]
[1,]    1    4    7   10   13
[2,]    2    5    8   11   14
[3,]    3    6    9   12   15
# 행/열 이름 지정
rownames(x) = letters[1:3]
colnames(x) = paste0("c", 1:5); x
  c1 c2 c3 c4 c5
a  1  4  7 10 13
b  2  5  8 11 14
c  3  6  9 12 15
# 행렬의 열, 행, 원소 추출 및 제거
x[, 4]                      # 4열 추출
 a  b  c
10 11 12
x[-c(1,3), ]                # 1행, 3행 제거
c1 c2 c3 c4 c5
 2  5  8 11 14
x[c("a", "c"), ]            # 1행, 3행 추출
  c1 c2 c3 c4 c5
a  1  4  7 10 13
c  3  6  9 12 15
x[c(1,3), 2:5]              # 1행과 3행의 2열~5열 추출
  c2 c3 c4 c5
a  4  7 10 13
c  6  9 12 15
x[c("a", "c"), 2:5]         # 1행과 3행의 2열~5열 추출
  c2 c3 c4 c5
a  4  7 10 13
c  6  9 12 15
```

```
# 데이터프레임 만들기 (각 열의 길이가 같아야 함)
df1 = data.frame(c1=letters[1:20], c2=1:20, c3=(1:20 %% 3) == 0)
names(df1) = c("요인", "숫자", "논리");  str(df1)
'data.frame':   20 obs. of  3 variables:
 $ 요인: Factor w/ 20 levels "a","b","c","d",..: 1 2 3 4 5 6 7 8 9 10 ...
 $ 숫자: int  1 2 3 4 5 6 7 8 9 10 ...
 $ 논리: logi  FALSE FALSE TRUE FALSE FALSE TRUE ...
# 데이터프레임 행 추출
df1[c(1,3), ]
  요인  숫자   논리
1   a     1   FALSE
3   c     3    TRUE
# 데이터프레임 열 추출
df1[c(2,3)]
출력 생략...
# 데이터프레임 '숫자' 열의 평균 계산
mean(df1$숫자)
[1] 50.5
# 리스트 만들기 (각 원소의 유형, 형태, 길이가 달라도 가능함)
x = list(c1=letters[1:10], c2=1:15, c3=(1:7 %% 3) == 0)
names(x) = c("요인", "숫자", "논리")
str(x)
List of 3
 $ 요인: chr [1:10] "a" "b" "c" "d" ...
 $ 숫자: int [1:15] 1 2 3 4 5 6 7 8 9 10 ...
 $ 논리: logi [1:7] FALSE FALSE TRUE FALSE FALSE TRUE ...
# 리스트의 원소 추출
x[c(1,3)]
$요인
 [1] "a" "b" "c" "d" "e" "f" "g" "h" "i" "j"
$논리
[1] FALSE FALSE  TRUE FALSE FALSE  TRUE FALSE
x[c("숫자", "논리")]
$숫자
 [1]  1  2  3  4  5  6  7  8  9 10 11 12 13 14 15
$논리
[1] FALSE FALSE  TRUE FALSE FALSE  TRUE FALSE
x$숫자
[1]  1  2  3  4  5  6  7  8  9 10 11 12 13 14 15
```

데이터프레임 변수를 다루는 함수로는 다음과 같은 것들이 있다. 지금 당장은 사용하지 않더라도 앞으로 데이터 관리에서 유용하게 사용할 수 있다. 간단한 예만 소개한다.

```
# 예제 데이터프레임 만들기
x = data.frame(ID=1:4, Age=c(27, 23, 25, 29), Class=c("A","B","B","A"))
y = data.frame(ID=4:1, Name=c("John","Tom","Mary","Candy"))
# 열 결합 ⇒ ID가 일치하지 않으므로 무의미함
cbind(x, y)
  ID Age Class ID  Name
1  1  27     A  4  John
2  2  23     B  3   Tom
3  3  25     B  2  Mary
4  4  29     A  1 Candy
# 데이터프레임 x에서 2열(Age) 기준 오름차순 정렬
x[order(x[[2]]), ]
  ID Age Class
2  2  23     B
3  3  25     B
1  1  27     A
4  4  29     A
# 데이터프레임 x에서 3열(Class) 기준으로 구분하여 Age 변수의 평균 계산
aggregate(x$Age, by=list(x[[3]]), FUN=mean)
  Group.1  x
1       A 28
2       B 24
# 데이터프레임 x와 y를 "ID"열 기준으로 통합 (x와 y 모두 "ID"열이 있어야 함)
merge(x, y, by="ID")
  ID Age Class  Name
1  1  27     A Candy
2  2  23     B  Mary
3  3  25     B   Tom
4  4  29     A  John
# 데이터프레임 x와 y를 "ID"열과 "Age"열 기준으로 통합
# (x와 y 모두 "ID"열과 "Age"열이 있어야 하므로 이 예에서는 오류 발생)
merge(x, y, by=c("ID", "Age"))
Error in fix.by(by.y, y) : 'by' must specify a uniquely valid column
```

R에서 제공하는 기본 데이터프레임을 검색하거나 불러오는 함수는 data() 함수이며, 다음과 같이 사용한다.

```
data() # 데이터 탐색 ⇒ 선택 창이 열림
# 'iris' 데이터를 변수 x로 지정하여 사용하고자 하는 경우
x = data(iris)
```

(2) 수학 함수

R에서 제공하는 수학 함수는 다른 프로그램 언어와 크게 차이나지 않으며, 함수 이름만 보면 그 용도를 짐작할 수 있다. 주요 수학 함수는 다음과 같다.

```
abs(x)                          # 절대값
sqrt(x)                         # 제곱근
ceiling(x)                      # x 이상 최소 정수
floor(x)                        # x 이하 최대 정수
trunc(x)                        # 소수점 미만 버림
round(x, digits=n)              # 소수점 아래 n자리까지 반올림
signif(x, digits=n)             # 유효 숫자 n자리로 반올림
cos(x), sin(x), tan(x)          # 삼각함수
acos(x), cosh(x), acosh(x)      # 기타 삼각함수
log(x)                          # 자연 로그
log10(x)                        # 대수 로그
exp(x)                          # 지수함수 e^x
```

여기서 모든 수학 함수를 다 살펴볼 필요는 없고, 다음의 예를 통해 올림, 내림, 버림, 반올림 함수들을 비교해 본다.

```
x = c(5.5, -5.5)
ceiling(x)        # 올림
[1]  6 -5
floor(x)          # 내림
[1]  5 -6
trunc(x)          # 버림
[1]  5 -5
round(x, 0)       # 반올림 (소숫점 아래 자릿수=0)
[1]  6 -6
signif(x, 1)      # 반올림 (유효 숫자=1)
[1]  6 -6
# 함수 속의 함수 사용 예
round(sqrt(1:10), 3)
 [1] 1.000 1.414 1.732 2.000 2.236 2.449 2.646 2.828 3.000 3.162
```

(3) 통계 함수

R에서 제공하는 기본적인 통계 함수는 다음과 같다. 함수 이름만 보면 그 용도를 짐작할 수 있지만 표준편차를 계산하는 'sd' 함수 같은 경우는 'std'나 'stdev'로 혼동하기 쉬우므로 주의가 필요하다.

```
# 단일 변수(벡터, 행렬)만 사용 가능한 통계 함수
mean(x, trim=0, na.rm=FALSE)                # x의 평균
sd(x, na.rm=FALSE)                          # x의 표준편차
median(x, na.rm=FALSE)                      # x의 중앙값(중위수)
quantile(x, probs=seq(0, 1, 0.25), na.rm=FALSE, ...)     # x의 분위수
fivenum(x, na.rm=TRUE)                      # x의 최소치, 분위수(25%, 50%, 75%), 최대치
diff(x, lag=1, differences=1, ...)          # x의 열별 lag 간격 원소별 차이

# 여러 변수 사용이 가능한 통계 함수
range(..., na.rm=FALSE, finite=FALSE)       # ... 전체의 최소치와 최대치
sum(..., na.rm=FALSE)                       # ...전체의 합
max(..., na.rm=FALSE)                       # ...전체의 최대치
min(..., na.rm=FALSE)                       # ...전체의 최소치
pmax(..., na.rm=FALSE)                      # ...의 대응되는 원소별 최대치
pmin(..., na.rm=FALSE)                      # ...의 대응되는 원소별 최소치

# 열별로 적용되는 통계 함수
summary(x)               # 열별 최소치, 분위수(25%, 50%), 평균, 분위수(75%), 최대치
var(x, na.rm=FALSE)                         # x의 분산, 또는 분산-공분산 행렬
scale(x, center=TRUE, scale=TRUE)           # x의 열별 표준화 값

# 전체(벡터, 행렬, 데이터프레임)에 적용되는 통계 함수
cumsum(x)                                   # x의 원소별 누적 합
cumprod(x)                                  # x의 원소별 누적 곱
cummax(x)                                   # x의 원소별 누적 최대치
cummin(x)                                   # x의 원소별 누적 최소치
```

위의 함수 목록을 보고 벌써 R에 대해 정이 떨어지는 학생도 있으리라 걱정된다. 사실 이런 함수들을 자유자재로 사용하려면 상당한 노력이 필요한 것은 사실이다. 하지만 모든 것을 한 번에 다 익힐 필요는 없다. 문제를 해결하다 보면 필요한 함수를 찾게 되고, 함수를 사용하다 보면 복잡해 보이는 인수들의 용도를 알게 될 것이다. 몇 가지 중요한 내용만 간단히 설명하기로 한다.

① 우선 'na.rm' 인수가 자주 등장하는데, 이는 데이터에 결측치가 있는 경우 무시할 것인지에 관한 것이다.

```
# 결측치(NA)가 있는 벡터
(x = c(1:10, NA))
[1]  1  2  3  4  5  6  7  8  9 10 NA
# 결측치(NA)를 포함하여 계산하여 결과가 NA로 나옴
mean(x)
[1] NA
# 결측치(NA)를 제외하고 계산하여 결과가 5.5로 나옴
mean(x, na.rm=TRUE)
[1] 5.5
# 결측치(NA)를 포함하여 계산하여 오류 발생
quantile(x)
Error in quantile.default(x) :
  만약 'na.rm'이 FALSE라면 결측값들과 NaN은 허용되지 않습니다
# 결측치(NA)를 제외하고 계산하여 결과가 나옴
# 확률(probs)을 지정하지 않으면 자동으로 25% 간격으로 배정됨
quantile(x, na.rm=T)
   0%    25%    50%    75%    100%
 1.00   3.25   5.50   7.75   10.00
```

② 첫 번째 인수가 'x'인 함수와 '...'인 함수의 차이를 이해할 필요가 있다. 첫 번째 인수가 'x'인 경우는 하나의 변수만 입력해야 하는 반면, '...'인 경우는 여러 개의 변수를 입력할 수 있다는 의미를 갖는다.

```
# 세 개의 벡터
x = 1:3;  y = 4:7;  z = 8:10
# 여러 개의 변수 입력이 허용되는 함수
sum(x, y, z)
[1] 55
# 여러 개의 변수 입력이 허용되지 않는 함수
mean(x, y, z)
Error in mean.default(x, y, z) :
  'trim'은 반드시 길이가 1인 수치형이어야 합니다
# 올바른 사용법
mean(c(x, y, z))
[1] 5.5
```

③ 다음으로 비슷해 보이는 함수 간에 큰 차이가 있음을 이해할 필요가 있다. 최소치를 구하는 함수의 예를 살펴보자.

```
# 모든 변수를 통합한 전체의 최소치
min(5:1, 2.4)
[1] 1
# 두 변수의 대응되는 원소별 최소치 (두 번째 변수 2.4는 5회 반복 사용됨)
pmin(5:1, 2.4)
[1] 2.4 2.4 2.4 2.0 1.0
```

④ 'cum'으로 시작하는 함수는 누적된 결과를 계산한다.

```
cumsum(1:10)             # 누적 합
[1]  1  3  6 10 15 21 28 36 45 55
cumprod(1:10)            # 누적 곱
[1]     1     2     6    24   120    720    5040   40320  362880 3628800
cummin(c(3:1, 2:0, 4:2)) # 누적 최소치
[1] 3 2 1 1 1 0 0 0 0
cummax(c(3:1, 2:0, 4:2)) # 누적 최대치
[1] 3 3 3 3 3 3 4 4 4
```

⑤ diff(), scale() 같이 고급스런 함수들도 많이 있다. 처음에는 이런 함수들을 사용할 일이 별로 없겠지만, 여러 가지 문제들을 해결하다 보면 가장 효율적인 함수를 찾게 된다.

```
# 연속된 데이터의 차이를 구함 (뒤의 데이터 - 앞의 데이터)
diff(1:10)
[1] 1 1 1 1 1 1 1 1 1
diff(10:1)
[1] -1 -1 -1 -1 -1 -1 -1 -1 -1
# 2 간격으로 연속된 데이터의 차이를 구함
diff(1:10, 2)
[1] 2 2 2 2 2 2 2 2
# 2회 반복하여 연속된 데이터의 차이를 구함
diff(1:10, 1, 2)
[1] 0 0 0 0 0 0 0 0
# 0에서 10까지 정수를 2회 반복하여 누적
(x = cumsum(cumsum(0:10)))
[1]   0   1   4  10  20  35  56  84 120 165 220
# 2 간격으로 연속된 데이터의 차이를 구함 (n의 제곱이 나옴)
diff(x, lag = 2)
[1]   4   9  16  25  36  49  64  81 100
```

(4) 표 함수

표 함수는 하나의 변수, 또는 여러 변수들의 값에 따라 도수를 구하는 함수로서, 범주형 데이터의 정리 요약을 위해 많이 사용된다.

```
table(x)              # 단일 변수를 표로 요약
table(...)            # 여러 변수를 분할표로 요약
addmargins(tab)       # 표의 합계를 구함
prop.table(tab)       # 표의 도수 비율 계산
```

R에 내장된 기본 데이터프레임 'mtcars'를 사용하여 기초적인 사용법을 살펴본다.

```
# 변수 이름 조사
x = mtcars; names(x)
 [1] "mpg"  "cyl"  "disp" "hp"   "drat" "wt"   "qsec" "vs"   "am"   "gear" "carb"
# 단일 변수를 표로 요약 ⇒ (4기통 11, 6기통 7, 8기통 14)
(t1 = table(x$cyl))
 4  6  8
11  7 14
# 두 변수를 표로 요약 ⇒ 수동(1), 자동(0) 별로 기통 수(4, 6, 8) 분류
(t2 = table(x$am, x$cyl))
     4  6  8
  0  3  4 12
  1  8  3  2
# 표의 합계를 구함
addmargins(t1)
  4   6   8 Sum
 11   7  14  32
addmargins(t2)
       4  6  8 Sum
  0    3  4 12  19
  1    8  3  2  13
  Sum 11  7 14  32
# 표의 도수 비율 계산
prop.table(t2)
          4       6       8
  0 0.09375 0.12500 0.37500
  1 0.25000 0.09375 0.06250
addmargins(prop.table(t2))
            4       6       8     Sum
  0   0.09375 0.12500 0.37500 0.59375
  1   0.25000 0.09375 0.06250 0.40625
  Sum 0.34375 0.21875 0.43750 1.00000
```

(5) 확률분포 함수

R에서 제공하는 확률분포 함수는 매우 체계적이다. 앞으로 학습할 모든 확률분포에 대해 확률분포, 누적확률, 분위수, 확률변수(난수)를 쉽게 구할 수 있다. 다음에 보는 바와 같이 'd'로 시작하면 확률분포, 'p'로 시작하면 누적확률, 'q'로 시작하면 분위수, 'r'로 시작하면 확률변수(난수) 생성 함수를 의미한다. 그 뒤에는 확률분포의 이름이 따르는데, 축약해서 사용하는 경우가 많으므로 잘 기억할 필요가 있다.

```
d****(… )                # 확률분포 (density)
p****(… )                # 누적확률 (probability)
q****(… )                # 분위수 (quantile)
r****(n, … )             # 확률변수(난수) (random number)
# d, p, q, r 뒤에 따르는 확률분포 이름 (이 외에도 많이 있음)
*norm(x, m=0, sd=1)      # 정규분포
*t(x, df)                # t-분포
*chisq(x, df)            # 카이제곱분포
*f(x, df1, df2)          # F-분포
*binom(x, size, prob)    # 이항분포
*pois(x, lambda)         # 포아송분포
*unif(x, min=0, max=1)   # 균일분포
```

(6) 문자열 함수

R의 문자열 처리 함수 또한 매우 유용하다. '빅데이터'나 '텍스트마이닝' 전문가가 되려면 문자열 함수에 익숙해져야 한다. 이런 함수들로 인해 다양한 텍스트 처리 패키지들이 등장하게 되었으며, 'tm'과 같이 유명한 텍스트 마이닝 패키지가 개발될 수 있었다.

```
substr(x, start, stop)          # x의 원소별로 start에서 stop까지 문자 추출
substring(x, a, b)              # x의 원소별로 a[i]에서 b[i]까지 문자 추출 벡터
grep(pattern, x)                # pattern 문자열을 포함하는 x의 원소 번호를 찾음
grepl(pattern, x)               # pattern 문자열을 포함하는 x의 원소를 TRUE로 반환
sub(pattern, replacement, x)    # x의 pattern 문자열을 replacement로 바꿈
                                # 원소별로 첫 번째 pattern만 교체
gsub(pattern, replacement, x)   # x의 pattern 문자열을 replacement로 바꿈
                                # 해당되는 모든 pattern 교체
strsplit(x, split)              #  x의 원소별로 split 기준으로 분할
paste(..., sep="")              # ...의 변수들을 원소별로 sep을 넣어 결합
toupper(x)                      # 대문자로 변환
tolower(x)                      # 소문자로 변환
```

문자열 함수의 간단한 예를 살펴보면 다음과 같다.

```
# x의 원소별로 3~4번째 문자열 추출
x = c(11710001, 31720002, 42730003, 51740004, 11750005)
substr(x, 3, 4)
[1] "71" "72" "73" "74" "75"
# x의 원소별로 3~4번째 문자열 치환 (먼저 문자열 변수로 바꿔야 함)
(xc = as.character(x))
[1] "11710001" "31720002" "42730003" "51740004" "11750005"
substr(xc, 3, 4) = "99";  xc
[1] "11990001" "31990002" "42990003" "51990004" "11990005"
# 벡터 연산 (1,1), (2,2), (3,3), (1,4), (2,5), (3,6) 적용
substring("abcdef", 1:3, 1:6)
[1] "a"    "b"    "c"    "abcd" "bcde" "cdef"
# substr() 함수는 첫 원소 (1,1)에만 적용됨
substr("abcdef", 1:3, 1:6)
[1] "a"
# '국어'를 포함하는 수상명을 찾음
x = c("최우수 국어", "수학 우수", "국어 1등급", "영어 수석", "중국어&국어")
grep("국어", x) # 번호로 찾음
[1] 1 3 5
grepl("국어", x) # 논리로 찾음
[1]  TRUE FALSE  TRUE FALSE  TRUE
grep("국어", x, value=TRUE) # 값으로 찾음
[1] "최우수 국어" "국어 1등급"  "중국어&국어"
# '국어'를 '지리'로 바꿈 (sub()은 원소별로 하나만, gsub()은 모두 바꿈)
sub("국어", "지리", x)
[1] "최우수 지리" "수학 우수"  "지리 1등급"  "영어 수석"  "중지리&국어"
gsub("국어", "지리", x)
[1] "최우수 지리" "수학 우수"  "지리 1등급"  "영어 수석"  "중지리&지리"
# 수상명을 공란 기준으로 분할 (x가 벡터인 경우 리스트가 됨)
strsplit(x, " ")
[[1]] [1] "최우수" "국어"
[[2]] [1] "수학" "우수"
[[3]] [1] "국어"  "1등급"
[[4]] [1] "영어" "수석"
[[5]] [1] "중국어&국어"
# 수상명 끝에 "상"자를 붙임
paste(x, "상", sep="")
[1] "최우수 국어상" "수학 우수상" "국어 1등급상" "영어 수석상" "중국어&국어상"
```

(7) 제어(조건, 반복) 함수

```
if-else         # 괄호() 안의 조건이 맞으면 수행
for             # 괄호() 안의 인수 변화에 따라 반복 수행
while           # 괄호() 안의 조건이 맞는 한 반복 수행
switch          # 괄호() 안의 조건에 따라 수행
```

제어 함수의 예를 몇 가지 살펴보자.

```
x = 1:10
# 조건이 맞을 때만 실행: if() 함수
if (sum(x)==55) print("정답")
[1] "정답"
# 조건의 결과에 따라 선택 실행: if-else() 함수
if (sum(x)>=60) print("60 이상") else print("60 미만")
[1] "60 미만"
# 조건의 결과에 따라 선택 실행: ifelse() 함수
ifelse(x > 5, "High", "Low")
[1] "Low"  "Low"  "Low"  "Low"  "Low"  "High" "High" "High" "High" "High"
# 인수 변화에 따라 반복 수행: for() 함수
for (i in 1:10) cat(i^2," ")
1  4  9  16  25  36  49  64  81  100
# 조건이 맞는 한 반복 수행: while() 함수
i = 0
while (i < 10) {i = i+1; cat(i^2," ")}
1  4  9  16  25  36  49  64  81  100
# 조건의 결과(1,2,3,...)에 따라 선택 수행: switch() 함수
# 3으로 나눈 나머지 표시
for (i in 1:10) cat(switch(i %% 3+1, 0, 1, 2)," ")
1  2  0  1  2  0  1  2  0  1
# 현명한 방법
1:10 %% 3
[1] 1 2 0 1 2 0 1 2 0 1
```

1.2.7 작업 환경 관리

(1) 작업영역 관리

R에서 작업영역을 미리 설정해 놓으면 파일을 읽거나 쓸 때 파일 경로를 따로 지정할 필요가 없기 때문에 편리하다. 작업영역은 다음과 같이 setwd() 함수를 이용해서 설정할 수 있다. 현재의 작업영역은 getwd() 함수를 이용해서 확인할 수 있다.

R에서 특수한 용도의 패키지를 일정한 장소에 설치하거나 불러 쓰고자 할 때는 다음과 같이 .libPaths() 함수를 사용하여 경로를 지정한다. 패키지를 설치하는 함수는 install.packages() 함수이며, 설치된 패키지를 불러오는 함수는 library() 함수이다.

경로를 지정하지 않으면 자동적으로 "C:/Program Files/R/R-3.5.1/library" 폴더를 사용하게 되는데, 읽는 것은 허용되지만 쓰는 것은 허용되지 않으므로 이 폴더에 설치하려면 R을 시작할 때 '관리자 권한으로 실행'해야 한다. 개인 소유의 PC를 사용하는 경우에는 이 방법이 더 간편하지만, 공용 PC를 사용하는 경우에는 USB에 라이브러리 폴더를 만들어서 설치해두면 다음에 불러 쓰기가 편하다.

```
setwd("경로")                      # 작업영역 설정
getwd()                            # 현재 작업영역
.libPaths("경로")                  # 패키지 설치 경로설정
install.packages("패키지 이름")    # 패키지 설치
library(패키지 이름)               # 패키지 적재
```

작업영역 관리 함수의 예를 몇 가지 살펴보자.

```
# 작업영역 설정 (오류) '\'는 '\\'로 표기해야 함
setwd("c:\R-통계")
# 작업영역 설정 (아래 두 가지 중 한 가지 방법 사용)
setwd("c:\\R-통계")
setwd("c:/R-통계")
# 패키지를 c:/내문서/R-연습/library 디렉터리에 설치하고자 하는 경우
.libPaths("c:/내문서/R-연습/library")
# animation 패키지 설치
install.packages("animation")
# 설치된 animation 패키지를 불러옴
library(animation)
```

(2) 객체 관리

현재 작업 중인 객체를 나열하거나 제거하는 함수는 다음과 같다.

```
ls()            # 객체 열거
rm(...)         # 객체 제거
# 객체 x1, x2, x3 제거
rm(x1, x2, x3)
# 현재 작업 중인 모든 객체 제거
rm(list=ls())
```

(3) 옵션 설정

현재 옵션을 확인하거나 변경하고자 할 때 다음의 함수를 사용한다.

```
options()
$add.smooth
[1] TRUE
$defaultPackages
[1] "datasets"  "utils"     "grDevices" "graphics"  "stats"     "methods"
$digits
[1] 7
$max.print
[1] 99999
$na.action
[1] "na.omit"
$nwarnings
[1] 50
$prompt
[1] "> "
$stringsAsFactors
[1] TRUE
# 옵션 변경 예
# 유효숫자 자릿수 7에서 3으로
options(digits=3)
# 명령문 시작 기호 변경
options(prompt = "^^")
```

(4) 명령문과 출력 관리

공들여 작성한 명령문이나 출력 결과를 조회하거나 저장하고자 할 때 다음의 함수를 사용한다.

```
history()         # 기 수행 명령문 열거
savehistory()     # 명령문 저장
loadhistory()     # 명령문 불러오기
sink()            # 출력을 파일로 보내어 저장
source()          # 파일에 저장된 명령어 일괄 실행

# 명령문 개수 제한(max.show=25) 없이 모두 표시
history(max.show=Inf)
# D 드라이브 R 폴더 아래 myfile.txt 파일에 저장
savehistory(file="D:/R/myfile.txt")
# D 드라이브 R 폴더 아래 myfile.txt 파일에 저장된 명령문 불러오기
loadhistory(file="D:/R/myfile.txt")
# 출력을 D 드라이브 R 폴더 아래 outfile.txt 파일에 저장 (덮어씀)
sink(file="D:/R/outfile.txt")
# 출력을 D 드라이브 R 폴더 아래 outfile.txt 파일에 이어서 저장
sink(file="D:/R/outfile.txt", append=TRUE)
# 화면으로 출력 (복귀)
sink()
# D 드라이브 R 폴더 아래 myexe.txt 파일에 저장된 명령문 일괄 실행
source(file="D:/R/myexe.txt")
```

(5) 도움말

사용하고자 하는 함수에 대한 도움말을 얻고자 할 때 다음과 같은 방법을 사용한다. 예를 들어 분산(variance)을 구하는 함수의 사용법을 알고자 할 때 다음과 같은 방법을 사용할 수 있다.

```
help(var)
# Correlation, Variance and Covariance (Matrices) 관련 도움말 창이 열림
?var
# help(var)와 동일함
apropos("var") # 'var'를 포함하는 함수 목록
[1] ".expand_R_libs_env_var" "all.vars"             "estVar"
[4] "get_all_vars"           "globalVariables"      "var"
[7] "var.test"               "variable.names"       "varimax"
example(var)
RSiteSearch("var")
# 관련 웹사이트 페이지 목록이 열림
```

1.2.8 파일 입출력

엑셀 파일을 'csv' 형식으로 저장하면, R에서 다음과 같이 쉽게 읽어 들일 수 있고, 반대로 R에서 데이터프레임 형태로 만든 객체는 'csv' 형식으로 쉽게 저장할 수 있다. 주의할 점은 데이터 파일이 현재의 작업 디렉터리에 있으면 경로를 따로 설정할 필요가 없으나, 다른 디렉터리에 있는 경우 경로까지 지정해 주어야 한다.

```
read.table()     # 텍스트 파일(csv 형식 포함)로부터 데이터를 읽어 들임
read.csv()       # csv 파일로부터 데이터를 읽어 들임
write.table()    # 텍스트 파일 출력
write.csv()      # csv 파일 출력

# 열 제목이 있는 mydat.csv 파일로부터 데이터를 읽어 들임
x = read.table("파일경로/mydat.csv", header=TRUE, sep=",")
# 열 제목이 있는 mydat.csv 파일로부터 데이터를 읽어 들임
x = read.csv("파일경로/mydat.csv")
# 객체 x를 현재 작업 디렉터리에 탭으로 구분한 텍스트 파일로 출력
write.table(x, "mydat.txt", sep="\t")
# 객체 x를 원하는 디렉터리에 csv 파일로 출력
write.csv(x, "파일경로/mydata.csv")
```

다른 통계 패키지에서 작성한 파일을 읽어 들이거나 쓰고자 할 때는 전용 패키지가 필요하며, 다양한 패키지들이 개발되어 있으며 각각의 장단점이 있다. 여기서는 몇 가지 쉬운 방법만 소개한다.

```
# 'xlxs' 패키지 사용
library(xlsx)
① 엑셀 파일(xlsx) 읽기
# 원하는 데이터가 "Sheet1"에 있는 경우
x = read.xlsx("mydat.xlsx", sheetName = "Sheet1")
# 원하는 데이터가 첫 번째 시트에 있는 경우
x = read.xlsx("mydat.xlsx", 1)
② 엑셀 파일(xlsx) 쓰기
# 객체 x의 데이터를 "Sheet1"에 쓰고자 하는 경우
write.xlsx(x, file="mydat.xlsx", sheetName = "Sheet1")
# 'foreign' 패키지 사용
library(foreign)
```

```
③ SAS 파일(xpt 형식) 읽기
x = read.xport("mydat.xpt")
④ SAS 파일 쓰기
# 객체 x의 데이터를 텍스트 형식으로 출력한 후 SAS 파일로 변환
write.foreign(x, "mydat.txt", "mydat.sas", package="SAS")
⑤ SPSS 파일 읽기
x = read.spss("mydat.sav")
⑥ SPSS 파일 쓰기
# 객체 x의 데이터를 텍스트 형식으로 출력한 후 SPSS 파일로 변환
write.foreign(x, "mydat.txt", "mydat.sps", package="SPSS")
⑦ Stata 파일 읽기
x = read.dta("mydat.dta")
⑧ Stata 파일 쓰기
write.dta(x, "mydat.dta")
⑨ DBF 파일 읽기
x = read.dbf("mydat.dbf")
⑩ DBF 파일 쓰기
write.dbf(x, "mydat.dbf")
⑪ Minitab 파일 읽기
x = read.mtp("mydat.mtp")
```

작성한 그래프를 다양한 형식의 파일로 저장하는 방법은 다음의 표와 같다. 파일을 저장한 후에는 **dev.off()** 함수를 사용하여 디바이스를 닫아주는 것이 바람직하다.

저장 함수	저장 파일 형식
pdf("mygraph.pdf")	pdf file
win.metafile("mygraph.wmf")	windows metafile
png("mygraph.png")	png file
jpeg("mygraph.jpg")	jpeg file
bmp("mygraph.bmp")	bmp file
postscript("mygraph.ps")	postscript file

1.3 통계학의 개념

1.3.1 의사결정과 통계적 사고

유능한 의사결정자(decision maker)는 가장 과학적이고 합리적인 기준에 의해 당면한 문제에 대한 최선의 해결 방안을 제시한다. 올바른 의사결정을 내리기 위해서는 정확한 정보와 판단기준이 필수적이며, 정확한 정보는 우리가 사용할 수 있는 모든 데이터를 통해 얻게 된다.

요즘 우리는 '데이터 홍수'의 시대를 살고 있다. '빅데이터(big data)'라는 이슈가 미디어 매체 상에 자주 등장한다. 그 어느 때보다도 많은 데이터에 둘러싸여 있지만, '구슬이 서 말이라도 꿰어야 보배'라는 속담처럼 데이터로부터 정확하고 유용한 정보를 얻어내는 일은 쉽지 않은 일이다.

최선의 의사결정을 내리기 위해서는 가장 적절한 데이터를 선별하고, 그로부터 정확한 정보를 가장 효율적으로 얻어낼 수 있어야 한다. 이러한 의사결정 과정에서 통계학의 역할은 매우 중요하다고 할 수 있다. 문제해결을 위한 의사결정 프로세스의 단계는 다음과 같이 정리할 수 있다.

① 핵심 이슈를 간결하고 명료하게 정리한다.
② 핵심 이슈와 관련된 조사 대상을 선별한다.
③ 조사 대상의 특성을 파악하기 위해 필요한 데이터를 규명하고, 공정한 데이터를 수집하기 위한 실험이나 조사 방법을 수립한다.
④ 데이터를 수집하고, 수집된 데이터를 정리하고 통계적으로 처리하여 유용한 정보를 얻어 낸다.
⑤ 정리된 데이터를 통해 문제해결에 있어서 중요한 역할을 하는 요인을 발견해낸다.
⑥ 핵심 이슈에 미치는 요인들의 영향을 설명할 수 있는 통계적 모형을 개발하고 추정한다.
⑦ 통계적 모형의 적합성을 검증하고, 모형을 최적화하여 문제에 대한 해답을 찾아나간다.
⑧ 해답에 근거해서 결론을 도출하거나 적절한 의사결정 제안을 한다.

위의 의사결정 단계에서 통계적 사고는 매우 중요한 역할을 한다. 2단계까지는 해당 분야의 지식과 경험을 활용하여 수행되지만, 3단계부터는 실험을 설계하고 데이터를 분석하여 의미 있는 정보를 도출해내는 통계적 방법론이 필수적으로 요구되는 것이다. 따라서 통계학을 모르는 의사결정자는 문제해결에 있어서 경험과 직관에만 의존하게 되므로 반쪽짜리 역할 밖에 못하게 되는 것이다. 주변을 살펴보면 기업체 중견간부인 친지들이 중년의 나이에도 불구하고 머리를 싸매고 밤늦게까지 통계 공부를 하는 모습을 종종 보게 된다. 조금이라도 젊은 시절 습득한 통계적 방법 및 사고는 평생을 통해 유능한 의사결정자로서의 경쟁력을 키워줄 것이다.

하나 더 강조하고 싶은 것은, 각 단계의 결과를 시각적으로 표현한다면 매우 효율적인 분석이 가능해진다는 점이다. 데이터를 시각화하여 우리가 필요로 하는 정보를 가장 잘 나타낼 수 있는 도구로서 R 패키지를 들고 싶다. '백문이 불여일견'이라는 속담처럼 데이터를 그림으로 들여다 볼 수 있다면, 이전에 생각하지 못하던 참신한 아이디어를 얻을 수 있다. 또한 나의 아이디어를 상대방에게 설명하고자 할 때도 시각적 표현 방식은 매우 효과적이다.

1.3.2 통계학이란

(1) 통계학의 정의

통계학이란 불확실한 상황 하에서 과학적인 의사결정을 도출하기 위한 이론과 방법의 체계를 말한다. 통계학은 매우 다양한 분야의 연구에서 주어진 문제에 대하여 적절한 데이터를 수집하고 분석하여 해답을 구하는 과정을 연구하는 과학의 한 분야이다.

정의 1-1 통계학(statistics)

불확실한 상황 하에서 데이터에 근거하여 과학적인 의사결정을 도출하기 위한 이론과 방법의 체계

학문적 관점에서 보면 통계학은 응용 수학의 한 분야로서, 실험 및 조사를 통하여 얻을 수 있는 데이터로부터 응용 수학의 기법을 이용해 관심 대상의 특성을 찾아내는 것이다. 통계적 기법은, 실험계획, 데이터의 요약이나 해석을 실시하는데 있어서 근거를 제공하는 학문이며, 폭넓은 분야에서 응용되어 실생활에 적용되고 있다.

통계학의 어원을 살펴보면, 영어의 statistics(통계학, 통계)는 확률을 뜻하는 라틴어의 statisticus(확률) 또는 statisticum(상태), 이탈리아어의 statista(나라, 정치가) 등에서 유래했다고 한다. 특히 국가라는 의미가 담긴 이탈리아어 statista의 영향을 받아, 국가의 인력, 재력 등 국가적 데이터를 비교 검토하는 학문을 의미하게 되었다. 어찌 보면 통계학은 군주의 배를 채우기 위해 백성을 착취하려는 불순한 의도에서 시작되었는지도 모른다. 하지만 세종대왕 같은 현명한 군주는 통계를 사용하여 관료들의 착취를 예방함으로써 백성의 부담을 덜어주기도 했으며, 의학 분야에서는 통계학의 도움을 받아 수많은 생명을 살리기도 했으니, 통계학은 누가 어떻게 사용하느냐에 따라 그 얼굴이 달라진다고 하겠다.

따라서 우리는 통계라는 강력한 무기를 옳은 일에만 사용해야 할 것이다.

(2) 통계학의 활용 분야

통계학의 영역에는 데이터의 수집, 분류, 표현, 분석, 추론, 해석 등 다양한 분야가 포함된다. 통계학은 공학 뿐 아니라 농업, 생명과학, 환경과학, 경제학, 경영학, 산업연구, 품질보증, 시장조사, 여론조사 등 거의 모든 분야에서 활용된다. 통계학자는 주어진 문제에 대하여 필요한 데이터의 형태, 데이터를 수집하는 방법, 문제에 대한 최선의 답을 구하기 위한 분석방법을 결정하는 등의 역할을 수행한다.

오늘날 통계학은 우리의 일상생활에서 흔히 접하는 일기예보, 여론조사, 취업률 분석 등에서부터 수요예측, 주가예측, 물가지수 산출, 수주 성공확률 분석, 가상 전쟁(war game) 분석 등에 이르기까지 수많은 분야에 걸쳐 중요한 역할을 담당하고 있다. 통계학은 불확실성을 내포하고 있는 미지의 자연현상과 현대의 복잡한 사회현상에 대한 데이터를 수집·정리·요약하며, 수집된 데이터와 정보를 이용하여 불확실한 미래에 대해 과학적인 판단을 내릴 수 있는 방법을 제시한다. 경쟁력 있는 전문가는 통계학을 통해 효율적인 데이터 수집 능력과 다양한 데이터 분석 방법을 배움으로써, 정보화 시대에 필연적으로 요구되는 논리적 사고와 컴퓨터 활용 능력을 갖춘 전문 인력으로서 조직의 의사결정에 중추적인 역할을 담당할 수 있게 된다.

(3) 통계학의 연구 분야

통계학의 연구 분야에는 통계이론을 연구하는 분야, 방법론을 개발하는 분야, 그리고 실제적인 문제해결을 위해 통계이론과 방법론을 응용하는 분야 등이 있다.

① 통계적 이론과 방법론 개발: 통계학의 기초가 되는 이론들을 연구하고 응용분야에 필요한 통계적 방법론을 개발하는 분야이다. 주로 통계학자들이 담당하는 영역이지만, 계량경제학, 생명정보학, 공학 등 응용분야에서도 필요에 따라 새로운 방법론을 개발하기도 한다. 연구 분야로는 확률론, 확률과정론, 수리통계, 점근적 추론, 선형/비선형모형, 회귀분석, 실험계획, 통계계산, 베이지안 추론, 비모수추론, 시계열 분석 등이 있다.

② 통계적 방법론 응용: 다양한 분야에서 발생하는 실제적인 문제를 해결하기 위해 효율적으로 통계이론과 방법론을 적용하는 분야이다. 대표적인 응용분야로는 임상시험을 계획하고 그 결과를 분석하는 생물통계, 유전자 관련 데이터를 분석하기 위한 생명정보학, 제품의 균일성을 관리하는 품질관리와 시스템의 수명을 분석하는 신뢰성분석 및 각종 공학 분야에서 사용되는 공업통계, 그리고 정부와 민간기업 등에서 정책을 수립하는 과정에서 필요한 정보를 얻기 위하여 사용하는 계량경제, 금융과 경영분야에 쓰이는

금융통계, 각종 보험요율 산정에 필요한 보험통계, 기상관련 데이터 분석 위한 기상통계 등 무궁무진하게 많은 분야가 있다.

1.3.3 모집단과 표본

(1) 모집단과 모수

모집단이란 통계분석의 연구대상이 되는 모든 개체들의 집합을 말한다. 쉽게 말하면, 통계분석자가 관심을 갖는 대상이 모집단이다. 예를 들면, 대선 여론조사에서는 유권자의 대선 후보에 대한 선호도가 모집단이 되고, 어떤 공정(process)에 대한 품질관리에서는 그 공정에서 생산된 제품의 품질이 모집단이 된다. 한미 자유무역협정(FTA)에 대한 여론조사에서는 전 국민의 찬반의견이 모집단이 될 것이다. 이와 같이 모집단은 고정된 것이 아니라 상황에 따라 달라지는 것이다.

정의 1-2 모집단(population)

올바른 의사결정을 도출하기 위해 관심을 갖고 연구해야 할 대상. 즉 통계분석의 연구대상이 되는 모든 개체들의 집합

좁은 의미로 보면, 연구대상이 되는 모든 가능한 관측치나 측정치의 집합을 모집단 또는 통계적 모집단이라 한다. 모집단이 유한개의 추출단위를 가질 때 **유한모집단**(finite population)이라 하며, 무한개의 추출단위를 가질 때 **무한모집단**(infinite population)이라 한다. 로트(lot)의 품질에 대한 검사를 실시할 경우, 로트는 정해진 개수의 제품으로 구성되므로 유한모집단이 되는 반면, 공정에 대한 품질관리에서는 무한한 제품이 생산되므로 무한모집단에 해당된다. 유권자 집단은 유한하지만, 그 크기가 매우 크므로 무한모집단으로 간주하는 것이 보통이다.

모집단의 정의에서 주의해야 할 점은 통계적 모집단은 반드시 실존하는 개체들의 집합일 필요는 없다는 것이다. 예를 들어 어떤 약의 치료효과를 생각 할 경우 미래의 환자에 대한 치료효과는 실제로 존재하는 것이 아니며 이 경우에 모집단은 추상적인 개념이 된다.

정의 1-3 모수(parameter)

모집단의 특성을 나타내는 수치로서, 평균, 표준편차, 분산, 비율 등 다양함. 통계학에서는 의사결정을 위해 특별히 관심을 갖는 모수만을 선택하여 분석 대상으로 함

모수란 모집단의 특성을 나타내는 수치를 말한다. 모집단의 특성은 매우 다양하므로, 이 모든 특성을 모두 표현하기는 어렵고, 우리가 특별히 관심을 갖는 특성만을 선별하여 데이터 분석을 통해 추측하게 된다. 대표적인 모수로는 평균(mean), 표준편차(standard deviation), 분산(variance), 왜도(skewness), 첨도(kurtosis), 비율(ratio) 등이 있다. 모수는 변하지 않는 값이지만, 모집단이 상당히 큰 경우에는 정확한 값을 알 수는 없다. 여론조사의 결과가 종종 틀리는 이유도 이 때문이다.

(2) 표본과 통계량

표본이란 모집단으로부터 일정한 규칙에 의해 추출한 모집단의 부분집합이다. 구체적으로 말하면, 통계처리를 위하여 모집단에서 실제로 추출한 관측치나 측정치의 집합을 표본이라 한다. 표본은 모집단에 비해 크기가 작기 때문에 정확한 정보를 주지 못하는 것이 보통이다. 그렇다면 왜 표본을 추출하는지 의아해 할 수 있다. 그 이유는 한 마디로 시간과 자원의 제약 때문이다. 모집단을 전부 조사하면 정확한 정보를 얻을 수 있겠지만, 대부분의 경우 이렇게 모두 조사하는 것은 불가능하며, 설사 가능하다고해도 무의미한 경우가 많다. 한 대선후보가 유권자들의 정확한 지지율을 알고자 모든 유권자들의 선호도를 조사한다고 가정하면, 그 여론조사는 대선이 끝날 때까지, 심지어 그 후보가 사망할 때까지조차 완수되기 어려울 것이므로 아무런 의미가 없게 될 것이다.

정의 1-4 표본(sample)

모집단의 특성을 파악하기 위해 모집단으로부터 일정한 규칙에 의해 추출한 모집단의 부분집합

표본은 부정확하지만 모집단에 대한 정보를 제공함으로써 모집단의 특성을 추측할 수 있는 가장 유용한 통로이다. 통계학이란 한 마디로 일부분을 통해 전체에 대해서 판단하는 것이다. 구체적으로, 표본에 담긴 정보를 사용하여 모집단의 특성을 추측하는 것인데, 이를 통계적 **추론**(inference)이라 한다. 추론은 크게 **추정**(estimation)과 **가설검정**(hypothesis test)으로 나뉜다. 확률과 통계의 기초 이론을 학습한 후에 통계적 추론은 10장 이후에서 다룰 것이다.

추정과 검정에 있어서 표본 데이터로부터 **통계량**(statistic)을 구하는 것이 가장 중요한데, 통계량은 하나의 수치가 아니라 분포를 갖는 확률변수이며, 그 정의는 제9장에서 다시 설명한다. 모수를 추정하는데 사용하는 통계량을 **추정량**(estimator)이라 하는데, 표본평균,

표본분산, 표본비율 등이 많이 사용된다. 우리는 표본평균을 통해 모집단의 평균을 추측하고, 표본분산을 통해 모집단의 분산을 추측하며, 표본비율을 통해 모집단의 비율을 추측한다. 추정량과 구별하기 위해 모집단의 평균을 모평균, 모집단의 분산을 모분산, 모집단의 비율을 모비율 등으로 나타내기도 한다. 표본을 추출할 때 마다 통계량의 값은 조금씩 변하는 것이 일반적이다.

1.3.4 데이터의 종류

인문 사회적 현상이나 의견을 나타내는 데이터는 주로 관측이나 조사를 통해 얻게 된다. 이 경우 실험은 필요하지 않으나, 모집단의 특성에 맞는 적절한 샘플링 방식을 선택해야 한다. 이런 예로는 인구 및 주택 등에 대한 조사(census), 여론조사, 교통량조사, 각종 설문조사 등이 있다. 사전에 조사방법과 설문을 구성하는 일은 연구의 성패를 가르는 중요한 문제가 된다.

이공학에서 다루는 데이터는 연구자가 입증하고자 하는 어떤 특정한 현상(주제, 사실)에 대해 조사하기 위하여 설계한 실험을 통해 얻게 되는 경우가 많다. 이런 종류의 실험 데이터는 신기술 개발, 프로세스 개선 등의 효과를 입증하는데 많이 사용된다. 공학자들은 실험 데이터를 분석하여 신기술을 입증하는 일에만 몰입할 것이 아니라, 자원을 효율적으로 사용하고 오차를 최소화하기 위해 사전에 실험을 설계하는데도 관심을 둘 필요가 있다.

실험설계(design of experiment)는 데이터를 수집하기 전에 미리 어떻게 실험할 것인지를 계획하여, 원하는 데이터를 정확하게 수집하고 기록할 수 있도록 하는 것이다. 데이터 수집의 규모와 대상, 할당 방법을 바르게 결정하고 적절한 데이터를 수집할 수 있도록 검토한다. 이공학적 실험설계 뿐 아니라 설문 작성법 등도 여기에 포함된다.

실험이나 샘플링을 통해 얻은 데이터는 측정수준이나 문제의 성격에 따라 다양한 유형으로 나타나므로 데이터 분석 시 유의해야 한다. 데이터의 척도(측정수준)는 다음과 같이 분류되며, 척도에 따라 적용할 통계적 방법이 달라지므로 주의한다.

① **명목척도**(nominal scale): 데이터가 순서나 크기의 의미를 갖지는 않는 경우로서, 예로는 전화번호, 등록번호, 성별, 혈액형, 주소 등이 있다. 남성을 1, 여성을 2로 나타냈을 때, 1과 2는 크기나 순서와는 무관한 것이다.

② **순서척도**(ordinal scale): 데이터가 순서나 차례, 서열 등의 의미를 갖지만 간격에는 의미가 없는 경우로서, 예로는 직급, 계급, 순위, 등급 등이 있다. 말단사원을 1, 계장을 2, 과장을 3, 부장을 4, 임원을 5로 나타냈을 때, 서열의 의미는 있지만, 2-1과

5-4는 아무런 의미가 없다.

③ **구간척도**(interval scale): 데이터의 순서뿐만 아니라 그 간격에도 의미가 있으나, 절대 영점이 없으므로 비율은 의미를 갖지 못하는 경우이다. 예로는 섭씨온도 지능지수 등이 있다. 섭씨 20도가 10도보다 두 배 덥다고 할 수 없다. 그리고 섭씨 0도는 열이 없는 온도가 아니라 얼음이 얼기 시작하는 온도이다.

④ **비율척도**(ratio scale): 데이터에 절대 영점이 있으며, 간격뿐만 아니라 비율에도 의미를 갖는 경우로서. 예로는 절대온도, 농도, 몸무게, 키 등이 있다. 20% 희석액은 10% 희석액에 비해 2배의 농도를 갖는다.

1.3.5 기술통계와 추측통계

통계학은 [그림 1-4]와 같이 크게 기술통계학과 추측통계학으로 구분할 수 있다. **기술통계학**(descriptive statistics)은 수집된 데이터를 정리하고 그 내용을 특정 짓는 몇 가지의 대표치를 산정하거나 그래프로 나타내서, 모집단의 특성을 파악하는 방법을 다루는 분야를 말한다. 기술통계는 측정이나 실험에서 수집한 데이터의 정리, 표현, 요약, 해석 등을 통해 데이터의 특성을 규명하는 통계적 방법이다. 데이터에서의 측정값은 조사자에게 중요한 정보이지만 데이터의 양이 방대할 때에는 이의 전반적인 내용을 파악하기 쉽지 않다. 따라서 대표치, 변동의 크기, 분포의 형태 등을 요약해 놓으면 방대한 데이터집합의 특징을 쉽게 알아볼 수 있다. 과거에 비해 기술통계의 역할이 매우 중요해지고 있는데, IT와 BT의 발달로 인해 상상을 초월하는 분량의 데이터가 수집되어 활용되고 있기 때문이다.

2장에서 설명할 히스토그램, 상자그림, 파레토그림, 산점도 등 다양한 그래프들은 기술통계의 유용한 도구가 된다. 예를 들면, 학생의 교과 성적을 평가하는데 있어서 학기별 성적을 그래프로 정리해 놓으면 교과 성적의 추이를 파악하기 쉽고, 과목별 성적을 그래프로 나타내면 잘하는 과목과 못하는 과목을 한 눈에 알아볼 수 있으므로 매우 편리하다. 이와 같이 기술통계학은 직접적인 판단을 하지는 않지만, 올바른 판단을 내리기 위한 직관적인 정보를 제공한다.

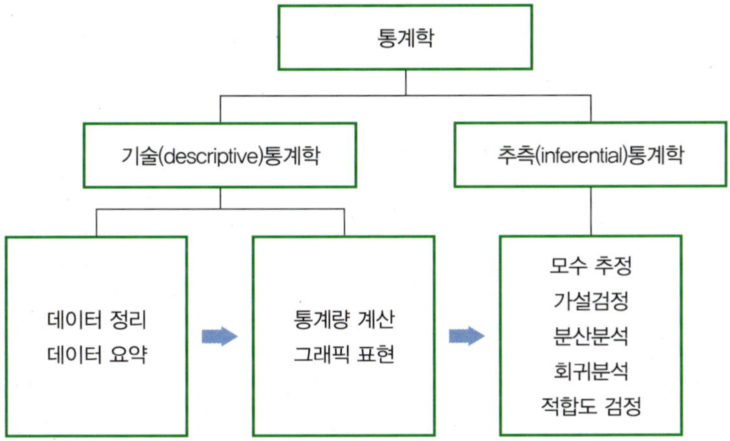

[그림 1-4] 통계학의 구성 체계

추측통계학(inferential statistics)은 실험이나 조사를 통해 얻은 데이터를 어떤 모집단에서 얻어낸 확률표본이라고 보고, 그 통계량으로부터 모집단의 분포를 특정 짓는 모수를 추측하려는 것이다. 즉, 추측통계학은 데이터에 내포되어 있는 정보를 분석하여 불확실한 사실에 대한 추론을 하는 분야이다. 추측통계는 기술통계로 구한 표본정보를 이용하여 모집단의 특성 및 가설의 진위 등을 추론해내는 통계적 방법이다. 보통 수집된 데이터를 분석하는 방법을 미리 정해 놓기도 하지만, 많은 경우에 있어서 획득한 데이터를 탐색하는 가운데 별개의 분석방법을 추가로 채택할 필요성을 느끼게 된다. 추측통계학에서는 통계적 모형을 설정하고, 또한 설정된 모형이 합리적인지의 여부를 평가하며, 데이터로부터 얻어지는 정보를 근거로 하여 미지의 특성에 대한 결론을 내리고 미래에 일어날 현상에 대한 예측을 하게 된다.

예를 들어 어떤 화학공정에서 온도의 변화가 수율(yield)에 영향을 미치는지 알기 위해 온도를 바꿔가면서 실험해서 수율 데이터를 얻었다고 하자. 분산분석(analysis of variance)을 수행하면 온도가 수율에 영향을 미치는지 아닌지 여부를 판정할 수 있다. 그 원리는 간단하다. 온도에 따라 수율이 많이 변했다면 영향을 미치는 것이고, 수율이 별로 변하지 않았다면 영향이 없는 것이다. 물론 판정의 기준은 통계적인 원리에 의해 정해진다. 이렇게 단순히 데이터의 정리에 그치지 않고 우리가 관심을 갖는 문제에 대한 답을 구하는 것이 추측통계학의 영역이라 할 수 있다.

이상 살펴본 주요 개념들이 통계적 의사결정 절차에서 차지하는 역할은 [그림 1-5]와 같이 요약할 수 있다. 이 책의 내용은 확률·통계 입문서로서 다루어야 할 거의 모든 분야를 망라하고 있으며, [그림 1-5]의 모집단 → 표본 → 기술통계 → 추측통계 → 정보로 이어지는 핵심부분을 다루고 있다.

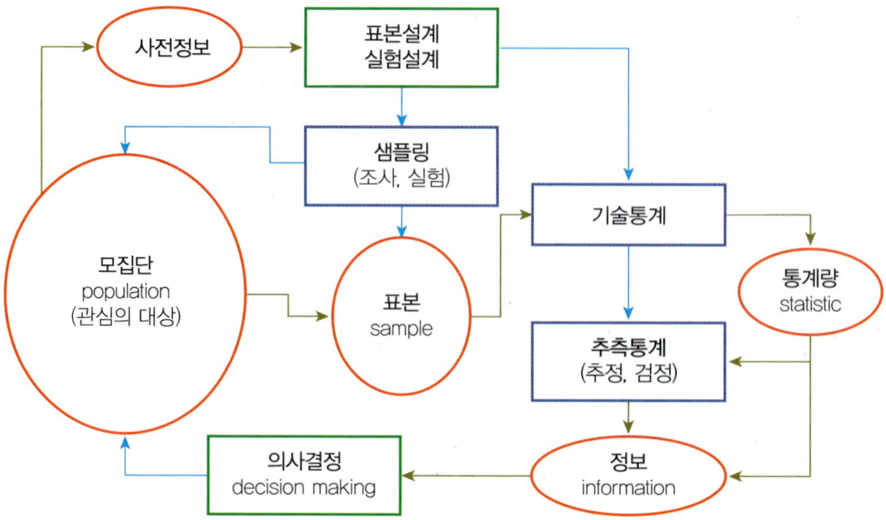

[그림 1-5] 통계적 의사결정 절차

연습문제

1 한 후보가 인구 40만 명인 지역구에서 출마하기 위해 자신에 대한 지지율을 조사하고자 한다. 이 지역구의 유권자는 20대 4만, 30대 6만, 40대 7만, 50대 5만, 60대 이상 3만 명 등 총 25만 명이다.

(1) 이 후보의 모집단은 무엇인가?

(2) 위의 모집단은 유한모집단인가, 아니면 무한모집단인가? 이 경우 이런 구분이 필요한가?

(3) 샘플링을 통하여 지지율을 조사하고자 한다면, 어떤 샘플링 방식이 가장 적합하겠는가?

(4) 1,000명의 표본을 얻기 위한 샘플링 방법을 설계하시오.

2 다음의 데이터는 어떤 척도인지 설명하시오.

(1) 절대온도 (2) 화씨온도(°F) (3) 기압 (4) 전화번호
(5) 군번 (6) 학점(GPA) (7) 수능 등급

3 한 시멘트 생산 공장에 매일 10톤 트럭 5대씩 입하되는 원료의 품질을 검사하고자 한다.

(1) 각각의 트럭에서 원료를 샘플링 하여 검사한 후 불합격된 트럭을 돌려보낸다면, 모집단은 무엇인가?

(2) 장기간에 걸쳐 검사한 품질데이터를 토대로 시멘트 원료의 합격, 불합격을 결정한다면, 모집단은 무엇인가?

4 자신의 주변에서 해결하고자 하는 중요한 통계적 문제 하나를 생각하고 다음 질문에 답하시오.

(1) 해결해야 할 문제는 무엇인가?

(2) 이 문제를 해결하기 위해 무엇을 알아야 하는가?

(3) 이 문제의 모집단은 무엇인가?

(4) 어떤 방식으로 샘플링 하여 몇 개의 데이터를 수집할 것인가?

(5) 수집된 데이터를 어떤 식으로 정리할 것인가?

(6) 정리된 데이터를 통해 어떤 정보를 얻고자 하는가?

(7) 도출된 정보를 통해 어떤 결론을 도출하고자 하는가?

5 아래의 그림은 선수 A(왼쪽)와 선수 B(오른쪽)가 각각 10발씩 사격한 결과 얻은 탄착군이다.

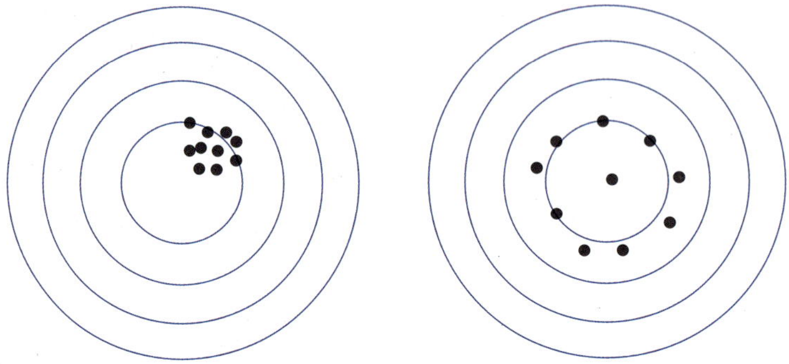

(1) 어느 선수의 정확도가 더 높은가? 그 이유는?

(2) 어느 선수의 정밀도가 더 높은가? 그 이유는?

(3) 정확도와 정밀도 중 무엇이 더 중요하다고 생각하는가? 그 이유는?

R1 R에서 기본적으로 제공하는 'iris' 데이터의 1~4열을 사용하여 다음의 통계 함수가 각각 어떻게 적용되는지 확인하시오.

```
# 수치형 데이터프레임
x = iris[1:4]
# 단일 변수(벡터, 행렬)만 사용 가능한 통계 함수
mean(x); sd(x); median(x); quantile(x); fivenum(x); diff(x)
# 여러 변수 사용이 가능한 통계 함수
range(x); sum(x); max(x); min(x)
# 열별로 적용되는 통계 함수
summary(x); var(x)
# 전체(벡터, 행렬, 데이터프레임)에 적용되는 통계 함수
cumsum(x); cumprod(x); cummax(x); cummin(x)
```

CHAPTER 02

데이터의 정리와 요약

Rstat

contents

02 데이터의 정리와 요약

앞장에서는 통계학의 필요성과 개념 등에 대하여 살펴보았다. 2장에서는 데이터의 정리와 요약을 다루는 기술통계 방법을 설명한다. 도수분포표, 체크시트, 히스토그램, 각종 그래프 등 데이터의 표현 방법을 설명하고, 데이터로부터 중심위치의 척도와 산포의 척도를 계산하는 방법을 설명한다. 먼저 2장에서 사용할 함수를 다음과 같이 정의한다.

```
# 압축 파일을 기본 라이브러리 폴더 아래 "Rstat" 폴더명으로 풀어서 패키지 'Rstat' 설치
# 기본 라이브러리 폴더를 찾는 방법('3.5.1'은 설치 버전에 따라 변함)
.libPaths()
[1] "C:/Program Files/R/R-3.5.1/library"
# USB와 같은 이동식 저장장치(예: "G:/Rstat/") 폴더에도 설치 가능
# 이 경우 다음과 같이 라이브러리 경로를 지정해 주어야 함
.libPaths("G:/Rstat/")
# 패키지 'Rstat'을 불러옴
library(Rstat)

# 2장 함수 목록 확인: 패키지 생성에 한글 사용이 제한되어, 부득이 영어로 표기됨 (번역)
ch2.man()
[1] freq.table      도수분포표 작성 함수
[2] unstable.hist   불안정 프로세스의 히스토그램 작성 함수
[3] strat.hist      여러 그룹으로 구성된 프로세스의 히스토그램 작성 함수
[4] corr.plot6      여러 가지 경우의 산점도 작성 함수
[5] scat.lm         산점도와 회귀직선 작성 함수
[6] location.est    중심위치의 척도 계산 함수
[7] spread.est      산포의 척도 계산 함수
# 해당 함수의 사용법 확인 방법 (예: 4번 함수)
ch2.man(4)
# 또는 직접 함수이름을 직접 사용하여 도움말(html 형식) 호출
help(corr.plot6)
```

2.1 도수분포표

도수분포표(frequency table)는 관측된 데이터의 구간별 도수, 상대도수 등을 알기 쉽게 표로 정리한 것으로서, 일원(one way) 도수분포표와 *n*차원 교차표(n–way cross table) 등이 있다. 도수분포표는 계급(class), 대푯값, 도수(frequency), 상대도수(relative frequency), 누적도수(cumulative frequency), 상대누적도수(relative cumulative frequency)를 나타낸다.

예제 2-1 R 패키지는 다양한 데이터를 제공하는데, 기본 패키지에 있는 'iris' 데이터의 두 번째 열 '꽃받침 너비'(Sepal.Width)의 도수분포표를 작성하시오.

| 풀이 |

```
# 저장된 데이터 불러오기
data(iris)
# 데이터 구조 확인 ⇒ str() 함수 사용 (str = structure의 준말로서, 데이터의 구조를 보여줌)
str(iris)
'data.frame':	150 obs. of  5 variables:
 $ Sepal.Length: num  5.1 4.9 4.7 4.6 5 5.4 4.6 5 4.4 4.9 ...
 $ Sepal.Width : num  3.5 3 3.2 3.1 3.6 3.9 3.4 3.4 2.9 3.1 ...
 $ Petal.Length: num  1.4 1.4 1.3 1.5 1.4 1.7 1.4 1.5 1.4 1.5 ...
 $ Petal.Width : num  0.2 0.2 0.2 0.2 0.2 0.4 0.3 0.2 0.2 0.1 ...
 $ Species     : Factor w/ 3 levels "setosa","versicolor",..: 1 1 1 1 1 ...
# ⇒ 150개씩의 데이터를 갖는 5개 변수(열)로 구성됨을 알 수 있음
# 사용할 데이터 지정 (두 번째 열)
x = iris[[2]]
# 도수분포표 작성 ⇒ 함수[1] freq.table() 실행
freq.table(x)
            Center  Freq  Cum-Fr  Rel-Fr  Rel-CFr
(2, 2.2]       2.1     4       4  0.0267   0.0267
(2.2, 2.4]     2.3     7      11  0.0467   0.0733
(2.4, 2.6]     2.5    13      24  0.0867   0.1600
(2.6, 2.8]     2.7    23      47  0.1533   0.3133
(2.8, 3]       2.9    36      83  0.2400   0.5533
(3, 3.2]       3.1    24     107  0.1600   0.7133
(3.2, 3.4]     3.3    18     125  0.1200   0.8333
(3.4, 3.6]     3.5    10     135  0.0667   0.9000
(3.6, 3.8]     3.7     9     144  0.0600   0.9600
(3.8, 4]       3.9     3     147  0.0200   0.9800
(4, 4.2]       4.1     2     149  0.0133   0.9933
(4.2, 4.4]     4.3     1     150  0.0067   1.0000
# [참고] 도수분포표 작성 함수 freq.table() 사용법 확인
```

```
ch2.man(1)
# [응용 1] 노란색 히스토그램도 같이 작성 (그래프 생략)
freq.table(x, mp=TRUE, col=7)
# [응용 2] (급 구간을 0.5 간격으로 바꾼 경우)
(mycut = seq(2, 4.5, by=0.5))
[1] 2.0 2.5 3.0 3.5 4.0 4.5
freq.table(x, cuts=mycut)
```

2.2 체크시트

도수분포표를 작성하기 위해서는 사전에 체크시트(check sheet)를 사용하여 데이터를 집계하는 과정이 필요하다. 체크시트는 데이터의 속성 또는 분류항목 별로 관측횟수를 기록하는 도구이다. 체크시트는 데이터를 쉽고 정확하게 게 모을 수 있도록 하고, 효과적 분석이 가능하도록 데이터를 정리하여준다. 체크시트는 일상 데이터기록 용지를 사용하여 데이터의 수집 과정을 쉽게 알 수 있다.

일반적으로 사용되는 체크시트의 형태는 〈표 2-1〉과 같은 계수표로서, 도수분포표나 파레토 그림을 작성하는 데 사용 가능하다. 또 다른 형태는 〈표 2-2〉와 같은 분할표로서, 두 개의 범주형 변수간의 상호관계를 알아보는 데 사용할 수 있다.

2.2.1 계수표

계수표(tally sheets)는 데이터의 속성 또는 분류항목 별로 관측횟수를 기록한 것이며, 수집된 데이터들은 도수분포표, 히스토그램, 파레토그림 등에 사용된다. 〈표 2-1〉을 보면, 결점유형 중 '복원력' 결점이 가장 많고, 다음으로 '색상' 결점이 많았음을 알 수 있다.

〈표 2-1〉 계수표의 적용 사례

결점유형	5	10	15	20	25	30	35	도수
색상	𝍸	𝍸	𝍷𝍷					12
마무리	𝍷							1
인쇄	𝍷𝍷							2
복원력	𝍸	𝍸	𝍸	𝍷				16
얼룩	𝍷							1
선명도	𝍸	𝍷𝍷𝍷						8
흠집	𝍸	𝍸						10

2.2.2 분할표

분할표(contingency table)는 두 개의 범주형 변수가 복합적인 표로 표현되어 두 변수에 대한 결합분포를 보여주며, 두 변수간의 상호관계를 나타낸다. 〈표 2-2〉를 살펴보면, 결점 유형 중 '복원력' 결점이 가장 많고, 저녁에 가장 많은 결점이 발생했음을 알 수 있다. 또한 대다수의 결점은 저녁에 많이 발생한 반면, '선명도' 결점은 밤 시간에 많이 발생한 것을 알 수 있다.

〈표 2-2〉 분할표의 적용 사례

		교	대	
결점의 유형	낮	저녁	밤	합계
복원력	\	卌 卌	卌	16
색상	\\	卌 \\	\\\	12
흠집	\\	卌	\\\	10
선명도		\	卌 \\	8
	5	23	18	46

예제 2-2 S대학 A학부 신입생 210명에 대해 조사한 데이터가 [exa2_2]와 같을 때, 아래의 표를 작성하시오.

(1) 이들 신입생의 입학전형 분포표

(2) 이들 신입생이 중점적으로 참여한 활동 분포표

(3) 이들 신입생의 입학전형과 참여활동 결합분포표

| 풀이 |

```
# 저장된 데이터(exa2_2) 불러오기 ⇒ data() 함수 사용
data(exa2_2)
x = exa2_2
# 데이터 구조 확인 ⇒ str() 함수 사용
str(x)
'data.frame':    210 obs. of  4 variables:
 $ 성별      : Factor w/ 2 levels "남","여": 2 1 2 2 2 2 1 1 2 2 ...
 $ 입학전형  : Factor w/ 4 levels "논술우수","정시일반",..: 4 4 4 3 ...
 $ 참여활동  : Factor w/ 5 levels "교과활동","동아리",..: 4 1 4 1 1 ...
 $ GPA      : num  2.5 4.2 3 4.1 3.3 3.5 3.3 3.4 2.6 3.2 ...
# (1) 신입생의 입학전형 분포표
# 도수 계산 ⇒ table() 함수 사용
```

```
table(x$입학전형)
  논술우수    정시일반  학생부교과  학생부종합
       43          87          51          29
# 상대빈도 계산 ⇒ prop.table() 함수 사용
prop.table(table(x$입학전형))
   논술우수      정시일반     학생부교과    학생부종합
 0.2047619   0.4142857   0.2428571   0.1380952
# (2) 신입생의 참여활동 분포표
table(x$참여활동)
교과활동    동아리  봉사활동  자율활동  진로활동
      86        31         9        62        22
prop.table(table(x$참여활동))
  교과활동      동아리      봉사활동      자율활동      진로활동
0.40952381 0.14761905 0.04285714 0.29523810 0.10476190
# (3) 신입생의 입학전형과 참여활동 결합분포표
table(x$입학전형, x$참여활동)
             교과활동 동아리 봉사활동 자율활동 진로활동
  논술우수         22      6        1        8        6
  정시일반         35     16        1       28        7
  학생부교과       26      5        4       13        3
  학생부종합        3      4        3       13        6

# [참고] 'x$'를 안 쓰는 방법 ⇒ with() 함수 사용
with(x, table(입학전형, 참여활동))
# 같은 결과
# 결합도수표의 주변도수 계산 ⇒ addmargins() 함수 사용
with(x, addmargins(table(입학전형, 참여활동)))
            참여활동
입학전형     교과활동 동아리 봉사활동 자율활동 진로활동 Sum
  논술우수         22      6        1        8        6  43
  정시일반         35     16        1       28        7  87
  학생부교과       26      5        4       13        3  51
  학생부종합        3      4        3       13        6  29
  Sum              86     31        9       62       22 210
# 상대빈도 계산 ⇒ prop.table() 함수 사용, round() 함수로 자릿수 조정
with(x, round(addmargins(prop.table(table(입학전형, 참여활동))), 4))
            참여활동
입학전형     교과활동 동아리 봉사활동 자율활동 진로활동    Sum
  논술우수    0.1048 0.0286  0.0048   0.0381  0.0286  0.2048
  정시일반    0.1667 0.0762  0.0048   0.1333  0.0333  0.4143
  학생부교과  0.1238 0.0238  0.0190   0.0619  0.0143  0.2429
  학생부종합  0.0143 0.0190  0.0143   0.0619  0.0286  0.1381
  Sum         0.4095 0.1476  0.0429   0.2952  0.1048  1.0000
```

2.3 히스토그램

히스토그램(histogram)은 계량치 데이터의 분포를 파악하고 집단으로서의 정보(분포형태, 중심위치, 산포 등)를 얻기 위한 시각적 도구이다. 히스토그램을 그리는 목적은 표본 데이터로부터 모집단 분포의 특성을 추측해내기 위함이다. 히스토그램을 통하여 다음과 같은 모집단의 분포 특성을 육안으로 살펴볼 수 있다.

① 모집단 분포의 형태(shape)
② 모집단 분포의 중심위치(location)
③ 모집단 분포의 산포(spread)

예제 2-3 R 기본 패키지에 있는 'iris' 데이터의 1열에서 4열까지 변수의 히스토그램을 한 화면에 작성하고, 변수별 분포의 특성을 분석하시오.

| 풀이 |

```
# 데이터 구조 확인 ⇒ str() 함수 사용
str(iris)
'data.frame':   150 obs. of  5 variables:
 $ Sepal.Length: num  5.1 4.9 4.7 4.6 5 5.4 4.6 5 4.4 4.9 ...
 $ Sepal.Width : num  3.5 3 3.2 3.1 3.6 3.9 3.4 3.4 2.9 3.1 ...
 $ Petal.Length: num  1.4 1.4 1.3 1.5 1.4 1.7 1.4 1.5 1.4 1.5 ...
 $ Petal.Width : num  0.2 0.2 0.2 0.2 0.2 0.4 0.3 0.2 0.2 0.1 ...
 $ Species     : Factor w/ 3 levels "setosa","versicolor",..: 1 1 1 1 1 ...
# 그래픽 화면 분할 ⇒ par(mfrow=) 함수 사용 ⇒ (2행, 2열)
par(mfrow=c(2,2))
# 4개의 히스토그램 작성 ⇒ 반복 실행을 위해 for() 함수 사용
for (k in 1:4) hist(iris[[k]])
# 그래픽 창이 열리고 4개의 히스토그램이 작성됨 (다소 밋밋함)

# 그래프 꾸미기 ---------------------------------------------------
# 그래프 제목 만들기
제목 = paste0(colnames(iris[1:4]), "의 히스토그램"); 제목
[1] "Sepal.Length의 히스토그램" "Sepal.Width의 히스토그램"
[3] "Petal.Length의 히스토그램" "Petal.Width의 히스토그램"
# 색상 지정
색상 = c("yellow", "lightgreen", "lightpink", "skyblue")
# 히스토그램 다시 작성 ⇒ [그림 2-1]
for (k in 1:4) hist(iris[[k]], main=제목[k], xlab=colnames(iris[k]),
         ylab="도수", col=색상[k])
# 그림을 저장하거나 복사하려면, 그림 위에서 오른쪽 마우스를 클릭!
```

[그림 2-1]의 히스토그램을 살펴보면, 꽃받침 길이(Sepal.Length)는 4.5와 6.5 사이에 균일하게 분포하며 6.5보다 큰 값들이 다소 있음을 알 수 있다. 꽃받침 너비(Sepal.Width)는 2.8을 중심으로 비교적 대칭으로 분포하고 있으며, 꽃잎 길이(Petal.Length)와 꽃잎 너비(Petal.Width)는 두 가지의 분포가 혼합된 형태임을 알 수 있다.

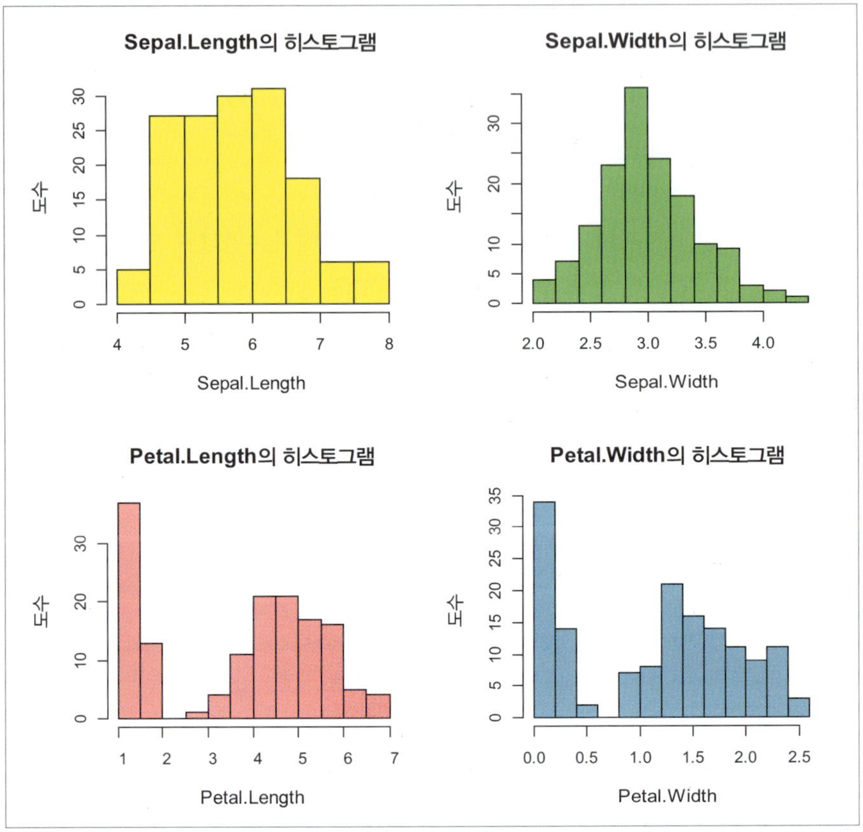

[그림 2-1] 'iris' 데이터 4개 변수의 히스토그램

안정된 프로세스는 일반적으로 [그림 2-1]의 꽃받침 너비(Sepal.Width)와 같이 엎어 놓은 종 모양(bell-shape)을 나타내며, 이는 데이터의 분포가 정규분포라는 가정에 대한 근거가 된다. 반면, 불안정(이상) 프로세스는 다음과 같은 모양 중 한 형태를 보이기 쉽다.

① 낙도형: 프로세스가 불안정하여 오염된 분포가 소량 혼합된 경우([그림 2-2(a)])
② 쌍봉우리형: 두 가지 특성을 갖는 하부프로세스로 분리된 경우([그림 2-2(b)])
③ 이빠진형: 계측기에 문제가 있어 특정 영역의 값이 측정되지 않는 경우([그림 2-2(c)])
④ 절벽형: 전수검사 후 경계치 이하(이상)의 제품을 제외한 경우([그림 2-2(d)])

예제 2-4 다음 각각의 경우에 대하여 불안정 프로세스의 히스토그램을 작성하시오.

(a) 낙도형 (b) 쌍봉우리형 (c) 이빠진형 (d) 절벽형

| 풀이 |

```
# 함수[2] unstable.hist() 실행 (그래프 생략)
unstable.hist()
# [응용] 파라미터 변경(N=100, m2=4, a=11, b=12, vc=무지개 색) ⇒ [그림 2-2]
unstable.hist(N=100, m2=4, a=11, b=12, c=8, vc=rainbow(4))
# [참고] 불안정 프로세스의 히스토그램 작성 함수 unstable.hist() 사용법
ch2.man(2)
```

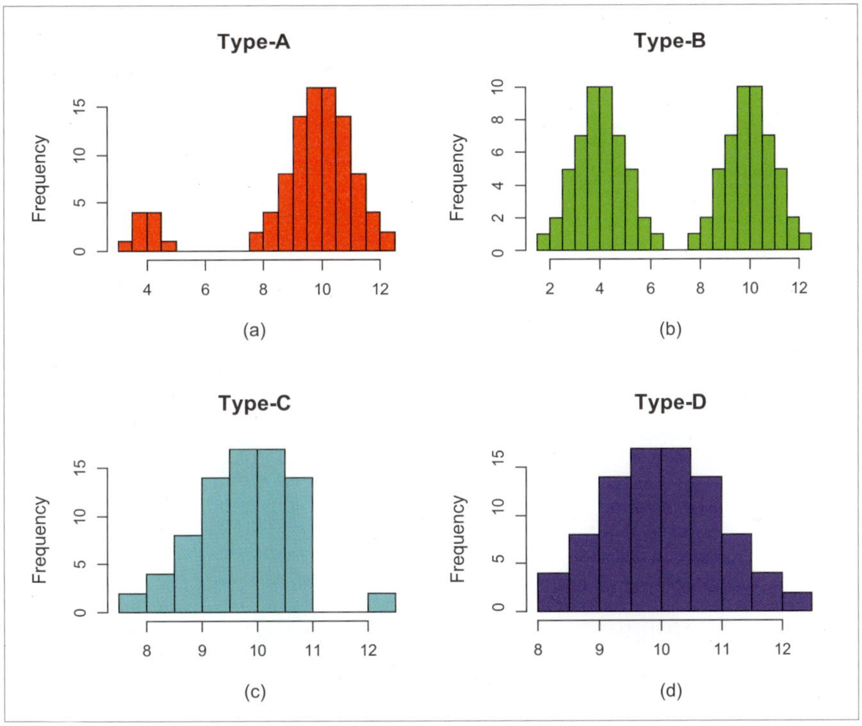

[그림 2-2] 불안정 프로세스의 분포 형태

히스토그램의 형태가 [그림 2-2(b)]와 같이 쌍봉 모양으로 나왔다면 프로세스에 두 가지 원인이 존재하는 것으로 판단되므로, 이를 분리(층화)하여 각각의 히스토그램을 작성하도록 한다. 이 때 각각의 분포는 종 모양으로서 정규분포의 가정을 만족하게 되며, 공정능력 분석이 가능하게 되므로 프로세스의 개선을 도모할 수 있다. 이렇게 분리하여 작성된 그림을 **층화**(stratified) 히스토그램이라고 한다.

데이터를 층화할 때, 다음과 같은 기준에 의해 분류해보는 것이 바람직하다.

① 사람: 조별, 숙련도, 남녀, 연령
② 기계: 작업 라인, 위치, 구조
③ 재료: 구입처, 구입 시기, 상표
④ 작업방법: 작업조건, 측정방법
⑤ 시간: 오전·오후, 주·야간, 계절
⑥ 측정검사별: 시험기, 계측기, 검사원

예제 2-5 세 개의 그룹으로 층화할 수 있는 프로세스의 히스토그램을 작성하시오.

| 풀이 |

```
# 함수[3] strat.hist() 실행 ⇒ [그림 2-3]
strat.hist()
# [응용 1] 표준편차(s) 변경 (그래프 생략)
strat.hist(s=c(0.5,1,1.5))
# [응용 2] 층의 개수(ng)=3 -> 4, 층별 평균(m) -> c(6,9,12,15) 변경 (그래프 생략)
strat.hist(ng=4, m=(2:5)*3)
# [참고] 여러 그룹으로 구성된 프로세스의 히스토그램 작성 함수 strat.hist() 사용법
ch2.man(3)
```

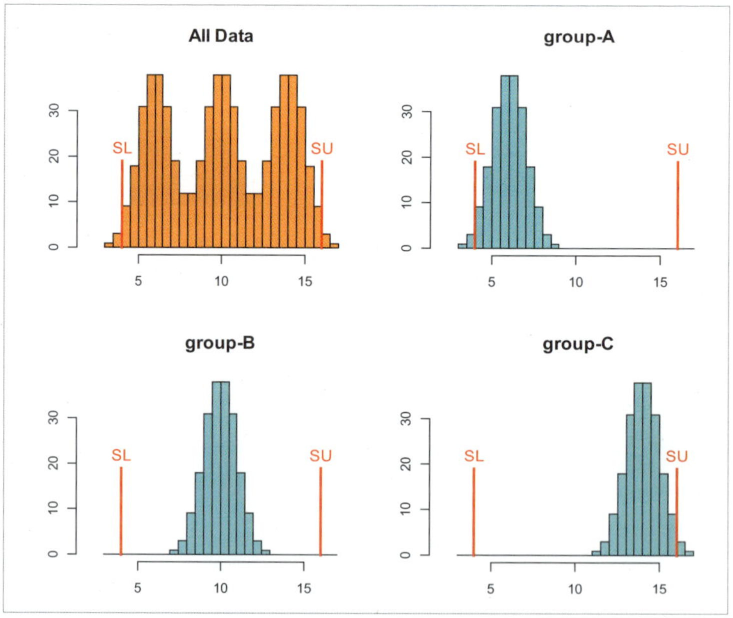

[그림 2-3] 층화 히스토그램의 예

2.4 각종 그래프

이공계에서 활용할 수 있는 그래프의 종류는 무수히 많지만, 대표적으로 많이 사용되는 그래프만 설명하기로 한다. 그래프를 작성할 때는 목적을 명확히 하고, 가장 간략하게 뜻을 전달할 수 있도록 하는 것이 바람직하다. 다양한 분야에서 유용하게 사용되는 그래프를 살펴보면 다음과 같다.

2.4.1 줄기-잎 그림

줄기-잎 그림(stem-and-leaf plot)은 데이터를 분해하여 개별 데이터의 수치를 히스토그램 형태로 나타낸 그림이다. 줄기는 마지막 한자리를 제외한 윗자리 숫자를, 잎은 마지막 한 자리 숫자를 나타낸다. 히스토그램과 같이 모집단 분포의 형태를 알아봄과 동시에 각각의 관측치도 살펴볼 수 있는 장점이 있다.

예제 2-6 저항 100개를 공급자 A로부터 납품받아 측정한 결과가 데이터 [exa2_3]과 같다. 이 저항이 바람직한 특성을 나타내는지 알기 위해 줄기-잎 그림을 작성하시오.

| 풀이 |

```
# 저장된 데이터(exa2_3) 불러오기
data(exa2_3);  x = exa2_3
# 데이터 구조 확인 ⇒ str() 함수 사용 ⇒ 100개의 데이터가 10개씩 10열로 들어 있음
str(x)
'data.frame':   10 obs. of  10 variables:
 $ V1 : num  4.91 4.79 4.77 5.01 4.91 4.87 4.94 5.02 4.66 4.79
 $ V2 : num  5.03 5.01 4.76 4.93 4.81 4.88 5.29 4.97 4.95 5.09
[이하 줄임] ....
# 데이터프레임을 행렬 형태로 변환 ⇒ as.matrix() 함수 사용
x = as.matrix(x)
# 줄기-잎 그림 ⇒ stem() 함수
stem(x)
 The decimal point is 1 digit(s) to the left of the |
 45   99
 46   55699
 47   44556777789999
 48   13457788899999
 49   11233444555555677788999999
 50   11112334555777777888899
 51   011477899
 52   1335789
```

2.4.2 상자그림

상자그림(box plot)은 관측 데이터를 수평축에 점으로 나타내며, 중앙값(median)과 사분위수(quartile)를 상자로 표시하고, 사분위수 범위의 1.5배 거리에 상한 및 하한 안쪽울타리(inner fence)를 나타낸 그림이다. 필요에 따라서 사분위수 범위의 3배 거리에 상한 및 하한 바깥울타리(outer fence)를 나타내기도 한다. 상자그림을 통해 분포의 중심위치와 치우침 정도, 그리고 이상치(outlier)의 유무를 판단할 수 있다. 이상치란 비정상적으로 크거나 작은 관측치를 말한다. 상자그림의 구성은 다음과 같다.

① 상자의 중앙에는 중앙값(median)을 표시한다. 데이터의 50%는 이 값보다 작거나 같다.
② 상자의 위쪽이 제3사분위수(Q_3)이며 데이터의 75%는 이 값보다 작거나 같다. 상자의 아래쪽이 제1사분위수(Q_1)이며 데이터의 25%는 이 값보다 작거나 같다.
③ 안쪽울타리의 상한은 $Q_3+1.5\times(Q_3-Q_1)$, 하한은 $Q_1-1.5\times(Q_3-Q_1)$로 계산한다. 안쪽울타리를 벗어나는 데이터를 이상치(outlier)라 하며, 원인을 규명할 필요가 있다.
④ 바깥울타리의 상한은 $Q_3+3\times(Q_3-Q_1)$, 하한은 $Q_1-3\times(Q_3-Q_1)$로 계산한다. 바깥울타리를 벗어나는 데이터를 극단 이상치(extreme outlier)라 하며, 분석에서 제외시킨다.

예제 2-7 앞의 [exa2_3]의 저항 데이터를 상자그림으로 작성하고, 통계량을 표시하시오.

| 풀이 |

```
# 행렬 데이터를 1열로 변환 ⇒ matrix() 함수
data(exa2_3)
x2 = matrix(as.matrix(exa2_3), ncol=1)
# 그래프 창 크기를 납작하게 바꿈 (7×7) ⇒ (7×4)
win.graph(7, 4)
# 상자그림 (가로로 그림) ⇒ boxplot() 함수 ⇒ [그림 2-4]
boxplot(x2, horizontal=T, main="저항 데이터의 상자그림", col="cyan")
# 상자그림에 정보 추가하기
# 데이터 점 표시 ⇒ points() 함수
points(x2, rep(1,100))
# 통계량 계산 ⇒ fivenum() 함수 ⇒ (최소치, Q1, Q2, Q3, 최대치)
xfn = fivenum(x2); xfn
[1] 4.590 4.860 4.965 5.070 5.290
# 통계량 표시 (최소치, Q1, Q2, Q3, 최대치) ⇒ text(x, y, labels) 함수
text(xfn, 0.65, labels=xfn, pos=3)
# 통계량 범례 표시 (평균, 표준편차, 표본개수) ⇒ legend() 함수
# 문자열을 공백 없이 묶을 때는 paste0() 함수 사용
legend("topright", paste0(c("평균", "표준편차", "표본개수"), "=",
        round(c(mean(x2), sd(x2), length(x2)), 4)), text.col=4)
```

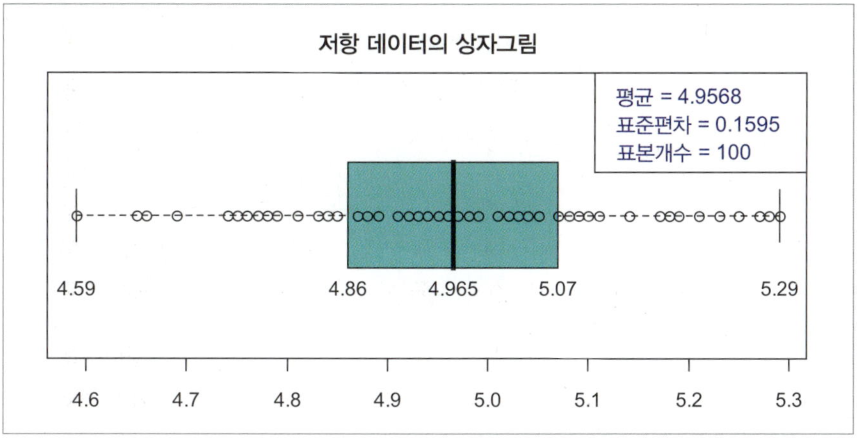

[그림 2-4] 저항 데이터의 상자그림

[그림 2-4]의 상자그림을 살펴보면, 히스토그램에 비해 별다른 장점을 찾아보기 어렵다. 그러나 상자그림의 장점은 다음 예에서 보는 바와 같이 여러 계층의 데이터를 동시에 비교하고자 할 때 부각된다.

예제 2-8 앞의 [exa2_3]의 저항 데이터를 열별로 분류하여 상자그림으로 작성하시오.

| 풀이 |

```
# 행렬이나 데이터프레임 형태의 데이터는 자동으로 열별로 분류됨
# 층화 상자그림 작성 (boxwex=상자 두께) ⇒ [그림 2-5]
data(exa2_3)
x = as.matrix(exa2_3)
win.graph(7, 5)
boxplot(x, main="저항데이터의 열별 상자그림", boxwex=0.3, ylab="저항", col=7)
grid(col=3)
# 데이터 점 표시 (x의 열별로 10개씩)
points(rep(1:10, each=10), x, pch=19, cex=0.8, col=2)
# 열별 통계량(최소치, 사분위수, 최대치) 표시 ⇒ apply() 함수
xstat = apply(x, 2, fivenum)
text(rep(1:10, each=5), xstat, labels=xstat, col=4, cex=0.7, pos=4)
```

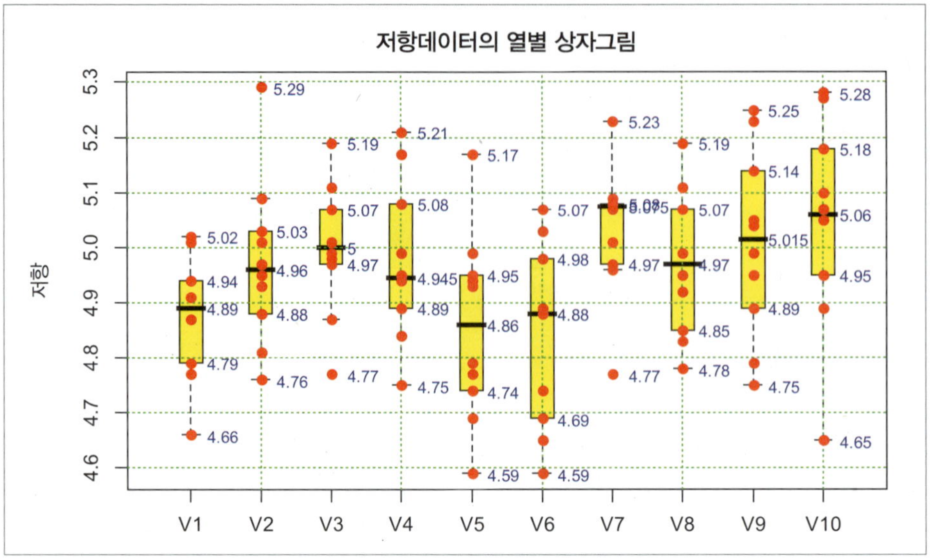

[그림 2-5] 저항 데이터의 층화 상자그림

2.4.3 산점도

산점도(scatter diagram chart)는 두 변수의 상관관계를 연구하는데 사용되는 그림이다. 산점도는 하나의 변수가 다른 변수의 원인이 됨을 증명하지는 못하지만, 관계의 존재 여부와 그 정도는 나타낼 수 있다. 산점도는 한 변수의 측정치를 나타내는 가로축과 다른 변수의 측정치를 나타내는 세로축으로 구성된다. 즉, 2차원 평면상에서 두 변수의 측정치를 좌표 형태로 그린 그림이다. 산점도의 목적은 한 변수의 값이 변했을 때 다른 변수가 어떻게 변하는지 보여주기 위함이다. 산점도는 두 변수의 관련성에 대한 가설을 세우고 검정하기 위한 예비 단계로 사용될 수 있다. 산점도의 작성 및 해석 절차는 다음과 같다.

① 그림의 축을 그린다. 처음 변수는 보통 가로축에 잡는다.
② 두 변수의 좌표를 그림에 표시한다.
③ 산점도의 결과를 해석한다.

예제 2-9 양의 상관, 음의 상관, 희박한 상관, 곡선 관계, 이상점, 층화 등에 해당하는 산점도를 작성하시오.

| 풀이 |

```
# 함수[4] corr.plot6() 실행 ⇒ [그림 2-6]
corr.plot6()
# [응용] 인수 변경 (x평균, 표준편차, y평균, 표준편차, 상관계수, 표본개수)
corr.plot6(m1=50, s1=10, m2=65, s2=5, r=0.8, r2=0.9, n=100)
# [참고] 여러 가지 경우의 산점도 작성 함수 corr.plot6() 사용법
ch2.man(4)
```

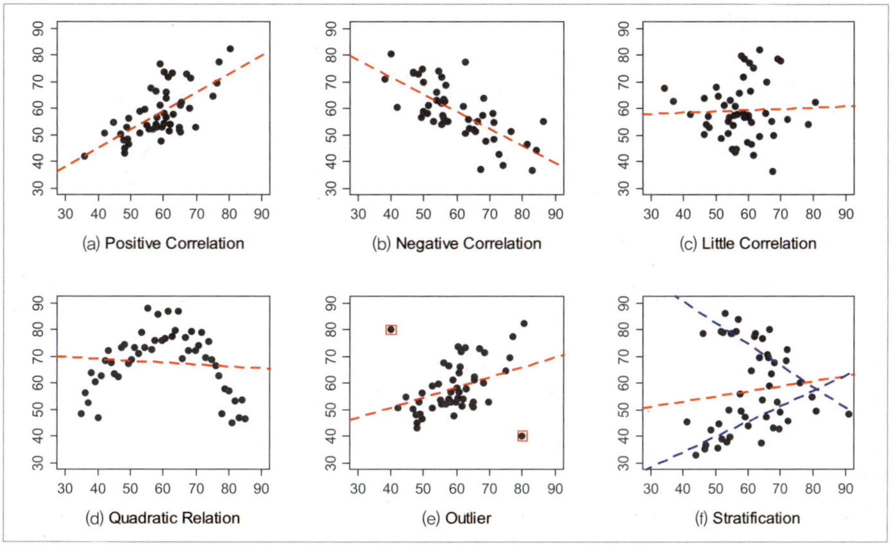

[그림 2-6] 산점도의 다양한 유형

산점도에서 나타날 수 있는 대표적인 유형은 위 그림과 같으며, 그 해석은 다음과 같다.

① **양의 상관**(positive correlation): 그림 (a)와 같이 변수 x의 값이 증가하면 변수 y의 값도 뚜렷하게 증가하는 형태이다. 변수 x를 관리하면 y도 관리할 수 있다.

② **음의 상관**(negative correlation): 그림 (b)와 같이 변수 x의 값이 증가하면 변수 y의 값이 뚜렷하게 감소하는 경우에 해당한다.

③ **희박한 상관관계**: 그림 (c)와 같이 변수 x가 증가해도 변수 y의 증감이 나타나지 않는 경우에 해당한다. 산점도에서 점들의 분포는 타원형 또는 직사각형 등으로 랜덤하게 나타난다. 이 경우 y는 x의 영향을 받지 않는 것으로 볼 수 있다.

④ **곡선관계**: 그림 (d)와 같이 나타났다면, 변수 y는 변수 x에 따라 어느 지점까지 증가하다가 그 이후에는 감소하는 것으로 볼 수 있다. x는 분명히 y에 대한 설명력이 있지만, 상관관계는 오직 직선관계만을 따지기 때문에 x와 y는 상관관계가 희박하다.

⑤ **이상점**(outlier): 그림 (e)와 같이 집단에서 벗어난 점이 있다면, 그 점을 이상점이라 한다. 이상점은 분석에서 제외시키고 별도로 그 원인을 조사할 필요가 있다.

⑥ **층화**: 그림 (f)와 같이 두 개 이상의 집단이 나타나면, 이들을 구분하는 원인을 조사할 필요가 있다. 이러한 층화 과정은 매우 중요한 역할을 하는데, 전체를 분석하면 상관관계가 모호하지만, 층별로 각각 분석하면 강한 양의 상관관계를 발견할 수 있다.

예제 2-10 R 패키지에 있는 'mtcars' 데이터를 이용하여 자동차 중량(wt) 대 연비(mpg)의 산점도를 작성하시오.

| 풀이 |

```
# 기본 함수 plot()과 함수[5] scat.lm() 실행 (그림 생략)
plot(mtcars$wt, mtcars$mpg)      # 매우 밋밋함
scat.lm(mtcars$wt, mtcars$mpg)   # 제목과 축 라벨이 이상함
# [응용] 그래프 제목과 축 라벨 넣기 ⇒ [그림 2-7]
with(mtcars, scat.lm(wt, mpg, mt="자동차 중량 대 연비 산점도",
        xl="중량(wt)", yl="연비(mpg)"))
# [참고] 산점도와 회귀직선(14장) 작성 함수 scat.lm() 사용법
ch2.man(5)
```

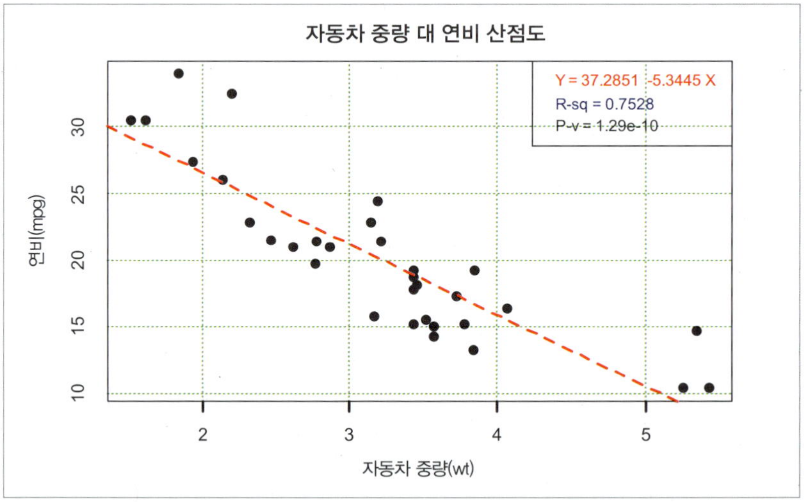

[그림 2-7] 자동차 중량 대 연비 산점도

➲ 범례의 식은 14장에서 배울 단순선형회귀식인데, X의 계수는 중량(wt)이 1단위 증가하면 연비(mpg)가 5.3445단위 감소함을 나타낸다. R-sq는 결정계수로서 1에 가까울수록 회귀식의 설명력이 높고, P-v는 0에 가까울수록 회귀식의 의미가 강하다.

예제 2-11 앞 예제의 'mtcars' 데이터를 이용하여 자동차 연비(mpg), 기통(cyl), 출력(hp), 중량(wt) 등 네 개 속성간의 산점 행렬도를 작성하시오.

| 풀이 |

```
# 산점 행렬도 ⇒ pairs() 함수 (여러 변수들의 상관관계를 동시에 나타냄)
pairs(mtcars[c(1,2,4,6)])          # 다소 밋밋함
# 다른 방법(~ 식) 적용 ⇒ 같은 그림
pairs(~mpg+cyl+hp+wt, data=mtcars)

# [응용] 제목 추가, panel() 함수 사용 ⇒ 점에 색 채우기, 회귀직선 추가 ⇒ [그림 2-8]
# pairs() 함수의 panel 인수에 함수를 사용하여 점(points)과 회귀(lm) 직선(abline) 표시
pairs(~mpg+cyl+hp+wt, data=mtcars,  main="자동차 특성치 산점행렬도",
        panel=function(x,y) { points(x,y, pch=19, col=4)
                abline(lm(y~x), col=2) } )
# 자동차 연비는 기통(cyl), 출력(hp), 중량(wt) 등 모두와 음의 상관관계
# 기통(cyl), 출력(hp), 중량(wt) 등은 서로 간에 모두 양의 상관관계
```

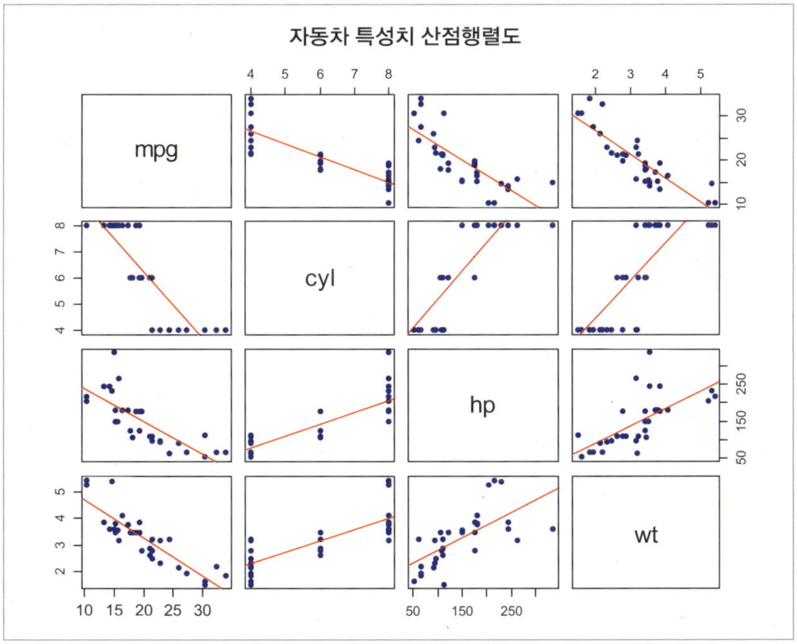

[그림 2-8] 자동차 특성치 산점행렬도

2.5 중심위치의 척도

주어진 데이터 $(x_1, x_2, \cdots, x_n)$가 어떤 값을 중심으로 분포되어 있는가를 나타내는 양으로서, 데이터의 평균, 중앙값, 최빈값(mode), 기하평균(geometric mean), 조화평균(harmonic mean), 절사평균(trimmed mean) 등이 있다. 이들을 통틀어 대푯값이라 한다.

평균과 중앙값이 가장 많이 사용되며, **평균**(mean)은 식 (2-1)과 같이 정의된다.

$$\bar{x} = \frac{1}{n}\sum_{i=1}^{n} x_i \tag{2-1}$$

중앙값(median)은 데이터를 크기에 따라 늘어놓을 때의 가운데에 놓이는 값을 뜻하며 $0.5(n+1)$번째 데이터 값으로 계산한다. 단, $0.5(n+1)$이 정수가 아닌 경우(데이터 개수가 짝수일 때)에는 2개의 중앙의 값의 평균으로 중앙값을 계산한다. 평균은 이상치에 의해 영향을 받지만 중앙값은 이상치의 영향을 적게 받는다. 따라서 분포상태가 극도로 비대칭일 때에는 중앙값이 평균치보다 대푯값으로서 더 큰 의미를 갖는다. 그러나 중앙값은 통계적 처리가 어렵고 분산도 크기 때문에 분포가 어느 정도 대칭이면 평균을 사용하는 것이 좋다.

예제 2-12 다음과 같은 10개의 표본 데이터에 대하여 각종 중심위치의 척도를 구하시오.

5	4	6	3	5	4	3	9	5	10

| 풀이 |

(1) 평균: $\bar{x} = \frac{1}{n}\sum_{i=1}^{n} x_i = \frac{54}{10} = 5.4$

(2) 중앙값: 데이터를 크기순으로 정렬하여 가운데 위치하는 값 $(0.5\times(10+1)=5.5)$

즉 5, 6번째 값의 평균 $= \frac{5+5}{2} = 5$

3	3	4	4	5	5	5	6	9	10

(3) 최빈값: 가장 많이 발생한 숫자 = 5

(4) 기하평균: $\bar{x}_g = \left(\prod_{i=1}^{n} x_i\right)^{1/n} = (9,720,000)^{1/10} \doteq 4.998$

(5) 조화평균: $\bar{x}_h = \frac{n}{\sum_{i=1}^{n}\frac{1}{x_i}} \doteq \frac{10}{2.1444} \doteq 4.663$

(6) 절사평균(10%): 상·하위 10%(1개)씩 제외한 8개 데이터의 평균

3	4	4	5	5	5	6	9

$\Rightarrow \bar{x}_{0.1} = \frac{1}{8}\sum_{i=2}^{9} x_{(i)} = \frac{41}{8} = 5.125$

(7) 종합: 중심위치는 중앙에 위치하고 가장 많이 발생한 5가 대표적이라고 볼 수 있으나, 표본평균은 큰 값 9와 10의 영향을 받아 5.4로서 다소 크게 계산되었다. 물론 표본의 크기가 커지면 이러한 영향은 줄어들 것이나, 표본이 작을 때는 절사평균 등을 사용하여 인위적으로 이상치의 영향을 배제시킬 수 있다. 기하평균과 조화평균은 안정적이나, 통계적 특성이 복잡하여 다루기 어려운 단점이 있다. ■

중심위치의 대푯값을 선정하는 기준은 다음을 참고하는 것이 바람직하다.

① 명목척도로 측정된 데이터는 최빈값을 사용한다.
② 분포가 대칭이고 이상점이 존재하지 않으면 표본평균을 사용한다.
③ 비대칭이거나 이상점이 존재하면 중앙값을 사용하고, 표본평균을 참고로 한다.
④ 순위 척도로 측정된 데이터는 중앙값을 사용한다.

예제 2-13 앞의 [exa2_3]의 저항 데이터에 대하여 평균, 중앙값, 최빈값 등을 계산하시오.

| 풀이 |

```
# 데이터 읽기 (데이터프레임 --> 행렬로 변환함)
data(exa2_3)
x = as.matrix(exa2_3)
# 함수[6] location.est() 실행, 계산 결과만 출력
location.est(x)
Mean= 4.9568      Median= 4.965    Mode= 4.95  4.99  5.07
Geom. Mean= 4.954251      Harm. Mean= 4.951692     Trim. Mean(0.1)= 4.957625
# [응용] 계산 과정과 결과 모두 출력
location.est(x, detail=TRUE)
Calculation in Detail ---------------------------------------------------
① Mean = 495.68/100 = 4.9568
② Median = x(50.5) = 4.965
③ Mode = 4.95 4.99 5.07 (6times)
④ Geom. Mean = 3.146297e+69^(1/100) = 4.954251
⑤ Harm. Mean = 1/0.2019512 = 4.951692
⑥ Trim. Mean(0.1) = 396.61/80 = 4.957625
```

- 표본평균은 $\overline{x}=\sum_{i=1}^{100} x_i/100=495.68/100=4.9568$
- 중앙값은 50번째 값이 4.96, 51번째 값이 4.97이므로, 이들의 평균치인 4.965
- 최빈값은 4.95, 4.99, 5.07 등의 값이 각각 6회씩 가장 많이 나타남

```
# [참고] 중심위치의 척도 계산 함수 location.est() 사용법
ch2.man(6)
```

2.6 산포의 척도

중심위치와 더불어 분포의 형태를 나타내는 중요한 측도로서 데이터의 퍼짐 정도를 나타내는 산포(variation)를 고려한다. 서로 다른 두 조의 데이터가 중심위치는 같더라도 데이터의 분포형태는 아주 다를 수 있다. 따라서 개개의 데이터가 중심위치에서 얼마만큼 떨어져 있는가를 알아 볼 필요가 있다. 산포의 척도를 정리하면 다음과 같다.

① **표본분산**(sample variance)은 식 (2-2)와 같이 계산된다. 첫 번째 식은 보기에는 좋으나, 계산하기 어렵고 계산 오차가 발생할 수 있다. 두 번째 식은 보기에 어려우나, 계산하기 쉽고 계산 오차를 줄일 수 있다.

$$s^2 = \frac{\sum_{i=1}^{n}(x_i - \overline{x})^2}{n-1} = \frac{\sum_{i=1}^{n} x_i^2 - (\sum_{i=1}^{n} x_i)^2/n}{n-1} \tag{2-2}$$

② **표본표준편차**(sample standard deviation)는 $s = \sqrt{s^2}$ 로 계산한다.

③ **범위**(range)는 데이터의 최대치 $x_{\max}$ 와 최소치 $x_{\min}$ 을 구하여 아래와 같이 계산한다.

$$R = x_{\max} - x_{\min} \tag{2-3}$$

④ **사분위수 범위**(inter-quartile range)는 상자그림에서 상자의 폭에 해당하며, 제3사분위수(Q_3)와 제1사분위수(Q_1)의 차이인 $Q_3 - Q_1$로 계산한다. 표본분위수를 계산하는 방법은 여러 가지가 있으나, 여기서는 평균 순위(mean rank)를 적용한 방법을 소개한다. **사분위수**는 데이터를 오름차순으로 정렬하여 4등분하였을 경우에 해당되는 값을 의미한다. 즉, 제1사분위수(Q_1)는 오름차순으로 정렬된 데이터의 1/4에 해당되는 값이고, 제3사분위수(Q_3)는 오름차순으로 정렬된 데이터의 3/4에 해당되는 값이다. R패키지에서는 Q_1을 $1+0.25(n-1)$번째 데이터 값으로 계산하고, Q_3을 $1+0.75(n-1)$번째 데이터 값으로 계산한다. 위의 두 값이 정수가 아닐 경우에는 그 값 아래 위의 두 데이터를 이용하여 보간법으로 계산한다. 제2사분위수는 중앙값과 같다.

⑤ **변동계수**(coefficient of variation)는 식 (2-4)와 같이 표본표준편차와 평균의 비율로 계산한다. 변동계수는 측정 단위에 의존하지 않게 되어, 두 그룹의 데이터의 산포를 비교하는데 유용하다.

$$CV = s/\overline{x} \tag{2-4}$$

예제 2-14 [예제 2-13]의 10개 데이터에 대한 산포의 척도를 계산하시오.

5	4	6	3	5	4	3	9	5	10

| 풀이 |

① 표본분산은 $s^2=(342-54^2/10)/9=5.60$

② 따라서 표본표준편차는 $s=\sqrt{5.60}\doteq 2.366$

③ 데이터의 범위는 $R=x_{\max}-x_{\min}=10-3=7$

④ 사분위수 범위를 구하기 위해 먼저 데이터를 크기순으로 정렬하여 사분위수를 구한다.

3	3	4	4	5	5	5	6	9	10

제1사분위수는 $1+0.25\times(10-1)=3.25$ 번째 값이므로 $Q_1=4$ 가 된다.

제3사분위수는 $1+0.75\times(10-1)=7.75$ 번째 값이므로 다음과 같이 보간법으로 계산한다.

$Q_3=5+(6-5)\times 0.75=5.75$, 따라서 $Q_3-Q_1=5.75-4=1.75$ 로 계산된다.

⑤ 변동계수는 $CV=s/\overline{x}\doteq 2.366/5.4\doteq 0.438$ (또는 43.8%) ■

예제 2-15 앞의 [exa2_3]의 저항 데이터에 대한 산포의 척도를 계산하시오.

| 풀이 |

```
# 함수[7] spread.est() 실행, 계산 결과만 출력
data(exa2_3); x = as.matrix(exa2_3); spread.est(x)
Variance= 0.0254341        Stand. Dev.= 0.1594807
Range= 0.7         IQR= 0.205        CoV= 0.03217413
# [응용] 계산 과정과 결과 모두 출력
spread.est(x, detail=TRUE)
Calculation in Detail --------------------------------------------------
① Variance = (2459.5046 - 495.68²/100)/99 = 0.0254341
② Stand. Dev. = sqrt(0.0254341) = 0.1594807
③ Range = 5.29 - 4.59 = 0.7
④ IQR = 5.07 - 4.865 = 0.205
⑤ CoV = 0.1594807 / 4.9568 = 0.03217413

# [참고] 산포의 척도 계산 함수 spread.est() 사용법 (번역)
ch2.man(7)
[7] 산포의 척도 계산 함수
spread.est(x, detail=FALSE)
[필수 입력]--------------------------
x        데이터 벡터 또는 행렬
[선택 입력]-------------------------
detail   세부 계산과정 출력 여부 (기본=FALSE)
```

연습문제

1 다음은 어느 제품의 고장시간에 대한 줄기-잎 그림이다.

줄기	잎
2	8 9
3	0 2 3 5 8
4	0 1 2 3 3 4 5 6 6 9
5	0 0 1 2 2 2 3 5 5 6 6 6 7 7 8 9
6	1 1 2 3 4 5 5 5 7 8
7	2 4 5 6 7
8	1 2 2

(1) 평균을 계산하시오.

(2) 표준편차를 계산하시오.

(3) 제품의 50%가 고장 나는 시간을 구하시오.

(4) 제품의 25%가 고장 나는 시간을 구하시오.

(5) 제품의 75%가 고장 나는 시간을 구하시오.

(R) 상자그림과 히스토그램을 하나의 화면에 작성하고, (1)번과 (3)~(5)번에서 구한 추정치들의 위치를 표시하시오.

2 다음은 규격이 [25.0±0.5]로 주어진 어느 제품의 측정치이다. (데이터 ex2_2)

24.8	25.1	25.1	25.4	24.5	25.1	25.2	24.9	24.8	24.3
24.6	25	24.5	24.9	24.2	25.1	24.9	25.4	25.1	25.5
24.5	24.5	25.2	25.3	24.9	24.4	25	25.2	24.5	25.1
25	24.9	25	25.2	24.4	24.8	25.5	25	25.3	24.9
24.8	24.6	25	24.8	24.6	24.5	25.2	25.1	25.5	25.6
24.7	24.8	24.7	24.5	25	24.2	25.1	25	25	25.1
24.9	25.6	24.9	25	24.9	24.3	24.5	24.7	24.9	25.1
25	24.9	25.1	24.8	24.5	24.8	25.2	24.6	25.5	25.4
24.3	24.9	25.4	24.7	24.9	25	25.2	24.7	25.1	24.8
24.6	25.2	25	24.9	25.3	24.8	24.9	24.8	24.6	25.2

(1) 적절히 구간을 나누어 도수분포표를 작성하시오.
(2) 줄기-잎 그림을 작성하시오.
(3) 히스토그램을 작성하시오.
(4) 평균, 분산, 중앙값 등을 구하시오.
(5) 제품의 불량률을 추정하시오.
(6) 히스토그램에 규격을 표시하고, 불량률(규격을 벗어나는 비율)을 표시하시오.

3 다음은 어느 회사에 지원한 80명의 시험 성적이다. (데이터 ex2_3)

남자	94	70	82	89	64	75	41	84	89	87
	34	84	77	31	10	62	11	21	62	75
	77	96	72	86	14	75	31	33	27	66
	11	66	22	81	94	43	60	68	60	54
여자	62	77	64	43	49	52	82	54	34	79
	66	95	75	12	52	70	75	87	82	47
	41	68	97	28	51	66	34	94	56	36
	90	79	82	79	49	24	36	25	77	45

(1) 적절히 구간을 나누어 전체 성적의 도수분포표를 작성하시오.
(2) 전체 성적의 줄기-잎 그림을 작성하시오.
(3) 전체 성적의 히스토그램을 작성하시오.
(4) 전체 성적의 평균, 분산, 중앙값 등을 구하시오.
(5) 남자와 여자 지원자 성적 각각의 도수분포표를 작성하시오.
(6) 남자와 여자 지원자 성적 각각의 줄기-잎 그림을 작성하시오.
(7) 남자와 여자 지원자 성적 각각의 히스토그램을 작성하시오.
(8) 남자와 여자 지원자 성적 각각의 평균, 분산, 중앙값 등을 구하시오.
(9) 전반적으로 남자와 여자 중 어느 편이 더 우수한가?
(10) 총 10명을 합격시킨다면, 남자와 여자 각각 몇 명씩 합격되겠는가?
(11) 앞(10번)의 경우 커트라인은 몇 점인가?
(12) 앞(10번)의 경우 남녀 합격자의 평균은 각각 몇 점인가?
(13) 85점 이상만을 합격시킨다면, 남자와 여자 각각 몇 명씩 합격되겠는가?
(14) 앞(13번)의 경우 남녀 합격자의 평균은 각각 몇 점인가?
(15) 남자와 여자 각각 5명씩 합격시킨다면, 각각의 커트라인은 몇 점인가?
(R1) 전체 성적의 상자 그림을 작성하고, 이상치가 있는지 조사하시오.
(R2) 성별로 나누어 상자그림을 작성하고, 최소치, 사분위수, 최대치를 표시하시오.

R1 [예제 2-2]에서 사용한 [exa2_2] 데이터를 사용하여 다음을 구하시오.

(1) 전체 성적(GPA)의 줄기-잎 그림 작성

(2) 전체 성적(GPA)의 히스토그램을 19개의 구간으로 나누어 작성

(3) 전체 성적(GPA)의 평균, 분산, 중앙값

(4) 성별(남, 여)과 모집시기별(수시, 정시) 분할표 작성 및 결과 해석 ('정시일반' 외의 전형은 모두 '수시'임)

(5) 남학생과 여학생 성적(GPA) 각각의 히스토그램 작성

(6) 남학생과 여학생 성적(GPA) 각각의 평균, 분산, 중앙값

(7) 전반적으로 남학생과 여학생 중 어느 편이 더 우수한가?

(8) 수시 입학생과 정시 입학생 성적(GPA) 각각의 히스토그램 작성

(9) 수시 입학생과 정시 입학생 성적(GPA) 각각의 평균, 분산, 중앙값

(10) 전반적으로 수시 입학생과 정시 입학생 중 어느 편이 더 우수한가?

(11) 성별-모집시기별로 나누어 성적(GPA)의 평균, 분산, 중앙값

(12) 전체 성적(GPA)의 상자그림 작성 및 이상치 조사

(13) 성별 성적(GPA)의 상자그림 작성(최소치, 사분위수, 최대치 표시)

(14) 모집시기별 성적(GPA)의 상자그림 작성(최소치, 사분위수, 최대치 표시)

(15) 성별-모집시기별 성적(GPA)의 상자그림 작성(최소치, 사분위수, 최대치 표시)

R2 R에서 기본적으로 제공하는 'iris' 데이터를 사용하여 다음을 구하시오.

(1) 1열~4열 데이터의 중심위치 척도 (힌트: `apply()` 함수와 `location.est()` 함수 사용)

(2) 1열~4열 데이터의 산포의 척도 (힌트: `apply()` 함수와 `spread.est()` 함수 사용)

(3) 1열~4열 데이터의 최소치, 4분위수, 최대치 (힌트: `apply()` 함수와 `fivenum()` 함수 사용)

(4) 1열~4열 데이터의 상자그림 작성 및 비교

(5) 앞의 상자그림에 최소치, 4분위수, 최대치 표시

(6) 1열 데이터의 상자그림을 종자(5열) 별로 동시 작성

(7) 1열 데이터의 최소치, 4분위수, 최대치를 종자(5열) 별로 동시 계산

(8) 앞의 상자그림에 최소치, 4분위수, 최대치 표시

(9) 1열과 2열 데이터의 산점도 작성 및 회귀식 표시 (힌트: `scat.lm()` 함수 사용)

(10) 1열~4열 데이터의 산점행렬도 작성 (힌트: `pairs()` 함수 사용)

CHAPTER 03

확률

Rstat

contents

03 확률

통계를 학습하기 위해서는 확률에 대한 이해가 선행되어야 한다. 3장에서는 확률의 개념을 설명하기 위하여 표본공간과 사상, 확률의 정의와 대수의 법칙, 상대도수의 극한 이론 등을 설명한다. 또한 조건부 확률, 베이즈 정리, 배반 사상, 독립 사상 등의 개념을 설명한다. 먼저 3장에서 사용할 함수를 다음과 같이 정의한다.

```
# R 아이콘을 더블클릭하여 실행
# 패키지 'Rstat'을 불러옴
library(Rstat)
# 3장 함수 사용법 (번역)
# 2017년 이후 'prob' 패키지 제공이 중단되어 대체 함수를 만들어서 사용함
ch3.man()
[P#] prob package 대체 함수 -----------------
[P1] rolldie2    주사위 던지기 표본공간 생성 함수
[P2] tosscoin2   동전 던지기 표본공간 생성 함수
[P3] cards2      카드 뽑기 표본공간 생성 함수
[P4] urnsample2 항아리 샘플링 표본공간 생성 함수
[P5] union2      데이터프레임 형태 사상들의 합집합
[P6] intersect2 데이터프레임 형태 사상들의 교집합
[P7] setdiff2    데이터프레임 형태 사상들의 차집합

[#] 확률 계산 함수 -----------------
[1] element      사상의 원소 표시함수
[2] pprt         사상의 원소 개수를 세어 확률을 출력하는 함수
[3] cprt         두 사상의 원소 개수를 세어 조건부 확률을 출력하는 함수
[4] indep.event 두 이산형 확률변수의 독립성 판정 함수
[5] bayes.plot  사전-사후 확률 표시함수
```

3.1 표본공간과 사상

동일한 조건에서 독립적으로 반복할 수 있는 실험이나 관측을 **확률실험**(random experiment) 또는 **시행**(trial)이라고 한다. 즉, 확률실험에서 나올 수 있는 결과는 바뀔 수 있지만, 각각의 결과가 나올 가능성은 같아야 한다. 쉬운 예로써 '동전 던지기' 실험에서 '앞면'이나 '뒷면'이 나올 확률이 일정한 경우 확률실험이라 할 수 있다. 확률실험을 실시하여 나타날 수 있는 모든 결과의 집합을 **표본공간**이라 하고, 기호로는 S로 표기한다. 그리고 표본공간을 구성하고 있는 요소, 즉 확률실험에서 나올 수 있는 각각의 결과들을 **원소**(element) 또는 **근원사상**(elementary event)이라 한다.

정의 3-1 표본공간(sample space)

확률실험을 실시하여 나타날 수 있는 모든 결과의 집합

예제 3-1 다음 각각의 경우에 대하여 표본공간을 구하시오.

① 주사위 한 개를 던지는 확률실험

② 주사위 두 개를 차례로 던지는 확률실험

③ 주사위 두 개를 동시에 던지는 확률실험

| 풀이 |

① 표본공간은 $S=\{1, 2, 3, 4, 5, 6\}$ 이 된다.

② 표본공간 S는 아래 표의 36가지 원소들의 집합이 된다.

③ 순서를 고려하지 않으므로, 표본공간은 음영 표시되지 않은 21가지 원소들의 집합이 된다.

(1,1)	(1,2)	(1,3)	(1,4)	(1,5)	(1,6)
(2,1)	(2,2)	(2,3)	(2,4)	(2,5)	(2,6)
(3,1)	(3,2)	(3,3)	(3,4)	(3,5)	(3,6)
(4,1)	(4,2)	(4,3)	(4,4)	(4,5)	(4,6)
(5,1)	(5,2)	(5,3)	(5,4)	(5,5)	(5,6)
(6,1)	(6,2)	(6,3)	(6,4)	(6,5)	(6,6)

■

표본공간을 구성하고 있는 원소 중에서 관심의 대상이 되는 원소들의 집합을 **사상**(event)이라 한다. 예를 들어, 주사위를 던지는 실험에서 '홀수가 나오는 사상'을 A라 하면 $A=\{1, 3, 5\}$와 같이 표본공간의 부분집합이 된다.

정의 3-2 사상(event)

표본공간의 부분집합, 즉 표본공간을 구성하고 있는 원소 중에서 관심의 대상이 되는 원소들의 집합

표본공간 S의 하나의 사상 A에 대한 **여사상**(complement) A^c는 S를 구성하고 있는 원소 중에서 사상 A에 포함되는 원소를 제외한 나머지 원소들의 집합이 된다.

표본공간의 부분집합으로서 A, B 두 개의 사상이 있을 때, A와 B가 동시에 발생하는 사상을 A와 B의 **교사상**(intersection)이라 하고, A 또는 B가 발생하는 사상을 A와 B의 **합사상**(union)이라 한다. 교사상은 논리상 'AND'의 개념이며 $A\cap B$로 표기하고, 합사상은 'OR'의 개념이며 $A\cup B$로 표기한다. 이를 벤다이어그램으로 나타내면 [그림 3-1]과 같다.

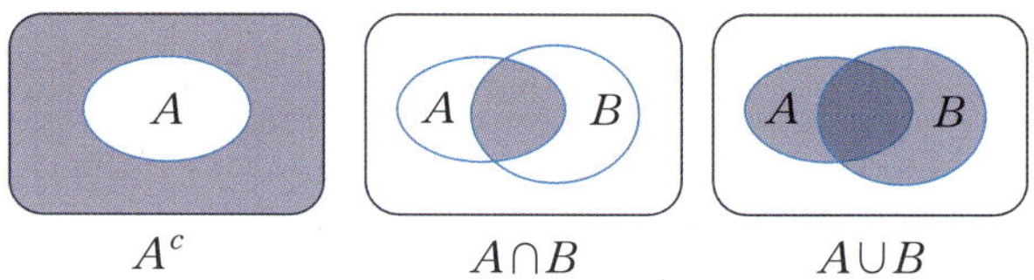

[그림 3-1] 여사상, 교사상, 합사상

예제 3-2 주사위 두 개를 동시에 던지는 확률실험에서, 눈금의 합이 짝수인 사상을 A라 하고, 눈금의 합이 8 이상인 사상을 B, 두 눈금의 차이가 1 이하인 사상을 C라 할 때, $A\cap B$, $A\cap C$, $B\cap C$, $A\cap B\cap C$, $A\cap B^c$를 구하시오.

| 풀이 |

사상 A, B, C의 원소는 각각 다음과 같으므로,

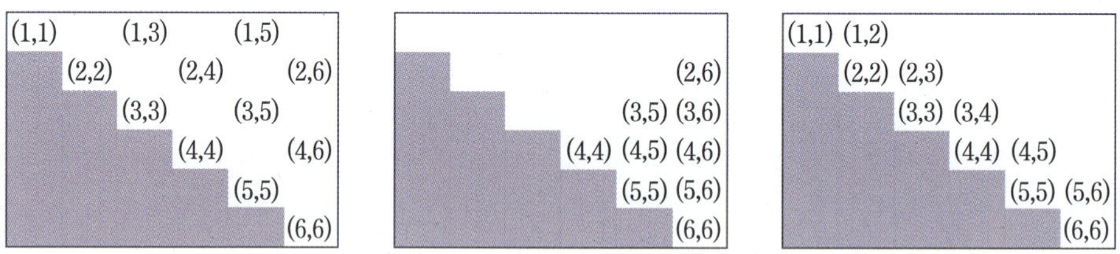

따라서

$A\cap B=\{(2,6),(3,5)(4,4),(4,6),(5,5),(6,6)\}$

$A\cap C=\{(1,1),(2,2),(3,3),(4,4),(5,5),(6,6)\}$

$B\cap C=\{(4,4),(4,5),(5,5),(5,6),(6,6)\}$

$A \cap B \cap C = \{(4,4),(5,5),(6,6)\}$

$B^c = \{(1,1),(1,2),(1,3),(1,4),(1,5),(1,6),\ (2,2),(2,3),(2,4),(2,5),\ (3,3),(3,4)\}$

$A \cap B^c = \{(1,1),(1,3),(1,5),(2,2),(2,4),(3,3)\}$

```
# 표본공간 생성 (차례로 던지는 경우) ⇒ rolldie2(n) 함수
S = rolldie2(2); nrow(S)
[1] 36
# 동시에 던지는 경우 ⇒ 순서 무시됨 ⇒ 표본공간 축소 ⇒ subset(n) 함수
S2 = subset(S, X1 <= X2); nrow(S2)
[1] 21
# 표본공간 정렬 (X1, X2 순으로) ⇒ order() 함수
S2 = S2[order(S2$X1,S2$X2),]
# subset() 함수를 사용하여 사상 정의
# 사상 A (합이 짝수) ⇒ (x %% y) 함수 ⇒ x를 y로 나눈 나머지
A = subset(S2, ((X1+X2) %% 2)==0); element(A, 20)
(1,1) (1,3) (1,5) (2,2) (2,4) (2,6) (3,3) (3,5) (4,4) (4,6) (5,5) (6,6)
# 사상 B (합이 8 이상)
B = subset(S2, (X1+X2) >=8); element(B)
(2,6) (3,5) (3,6) (4,4) (4,5) (4,6) (5,5) (5,6) (6,6)
# 사상 C (눈금 차이가 1 이하)
C = subset(S2, abs(X1 - X2)<=1); element(C, 20)
(1,1) (1,2) (2,2) (2,3) (3,3) (3,4) (4,4) (4,5) (5,5) (5,6) (6,6)
# 교사상(intersection) ⇒ intersect2() 함수
AB = intersect2(A, B); element(AB)
(2,6) (3,5) (4,4) (4,6) (5,5) (6,6)
AC = intersect2(A, C); element(AC)
(1,1) (2,2) (3,3) (4,4) (5,5) (6,6)
BC = intersect2(B, C); element(BC)
(4,4) (4,5) (5,5) (5,6) (6,6)
ABC = intersect2(A, BC); element(ABC)
(4,4) (5,5) (6,6)
# 여사상(complement) ⇒ setdiff2() 함수 사용
Bc = setdiff2(S2, B); element(Bc, 20)
(1,1) (1,2) (1,3) (1,4) (1,5) (1,6) (2,2) (2,3) (2,4) (2,5) (3,3) (3,4)
# 교사상(intersection)
ABc = intersect2(A, Bc); element(ABc)
(1,1) (1,3) (1,5) (2,2) (2,4) (3,3)
# [참고] 사상의 원소를 나열하는 element() 함수 사용법
ch3.man(1)
```

표본공간의 사상이 3개 이상일 경우에는 **벤다이어그램**(Venn diagram)을 이용하면 사상 간의 관계를 쉽게 이해할 수 있다.

예제 3-3 [예제 3-2]에서의 사상 A, B, C에 대한 벤다이어그램을 작성하시오.

| 풀이 |

```
# 사상들의 원소 추출 (한 줄에 최대 12개씩 출력)
Ae = element(A, 12)
(1,1) (1,3) (1,5) (2,2) (2,4) (2,6) (3,3) (3,5) (4,4) (4,6) (5,5) (6,6)
Be = element(B, 12)
(2,6) (3,5) (3,6) (4,4) (4,5) (4,6) (5,5) (5,6) (6,6)
Ce = element(C, 12)
(1,1) (1,2) (2,2) (2,3) (3,3) (3,4) (4,4) (4,5) (5,5) (5,6) (6,6)
# 패키지 'gplots' 설치
install.packages("gplots")
# 설치가 끝나면 패키지 'gplots' 적재
library(gplots)
# 벤다이어그램 작성 ⇒ 패키지 'gplots'의 venn( ) 함수 사용 ⇒ [그림 3-2]
# 집합 논리기호를 표시하는 showSetLogicLabel 인수를 TRUE로 지정함
win.graph(7,4); par(mar=c(0,2,0,2)) # 창 크기, 마진 조정
venn(list(Ae, Be, Ce), showSetLogicLabel=TRUE)
# 약어 사용 (같은 결과)
venn(list(Ae, Be, Ce), showSet=T)
```

[그림 3-2]에서 각 영역의 세 자리 이진수는 차례대로 사상 A, B, C의 발생여부를 나타낸다(발생=1, 미발생=0). 일예로, 세 개의 숫자가 모두 1인 경우는 $A \cap B \cap C$에 해당한다.

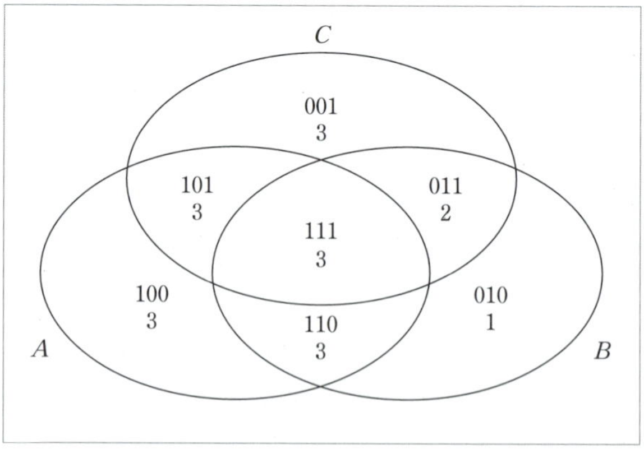

[그림 3-2] 사상 A, B, C 벤다이어그램 예시

두 사상 A와 B의 공통되는 원소가 없다면 A와 B는 **상호배반**(mutually exclusive)이라고 하며, A와 B의 교사상은 공사상(공집합)이 된다. 이를 기호로 나타내면 $A \cap B = \phi$로 표시한다.

예제 3-4 주사위 두 개를 동시에 던지는 확률실험에서, 눈금의 차가 3 이상인 사상을 A, 눈금의 곱이 20 이상인 사상을 B라 할 때, 두 사상은 상호배반인지 확인하시오.

| 풀이 |

$A = \{(1,4),(1,5),(1,6),(2,5),(2,6),(3,6)\}$

$B = \{(4,5),(4,6),(5,5),(5,6),(6,6)\}$

A와 B는 공통되는 원소가 없으므로 상호배반이다 $(A \cap B = \phi)$.

```
# 사상 A (눈금의 차가 3 이상)
A = subset(S2, abs(X1-X2)>=3); Ae = element(A)
(1,4) (1,5) (1,6) (2,5) (2,6) (3,6)
# 사상 B (눈금의 곱이 20 이상)
B = subset(S2, X1*X2 >= 20); Be = element(B)
(4,5) (4,6) (5,5) (5,6) (6,6)
# 상호배반인지 확인 ⇒ 교사상의 원소가 없으므로 상호배반임
intersect2(Ae, Be)
character(0)
```

3.2 확률의 정의

우리는 운동시합에서 동전을 던져 공격권을 선택하거나 진영을 선택하는 광경을 자주 보아왔다. 양 선수들이 아무런 불만 없이 결과를 받아들이는 이유는 동전의 앞면과 뒷면이 나올 가능성이 반반이라고 믿기 때문이다. 이와 같이 동전을 던져 앞면이 나올 확률이 1/2이라고 믿는 것이 **고전적 확률**(classical probability)의 개념이라 할 수 있다.

3.2.1 확률의 개념

동전의 균형이 완벽하다는 전제하에서 고전적 확률의 개념은 논리적으로 타당하지만, 동전을 열 번 던지면 각 면이 반드시 다섯 번씩 나온다는 보장은 없다. 100번을 던지더라도 50번씩 나오는 경우는 오히려 드물다. 주어진 동전이 완벽한 균형을 갖추었는지 모르기 때문에 동전을 실제로 수없이 던져 보고 앞면이 나오는 횟수의 비율(상대도수)로 확률을 정해야 한다는 견해가 생겼다. 이를 상대도수(relative frequency) 확률이라 한다. 하지만 상대도수 확률은 동전을 던질 때마다 바뀌게 마련이므로 하나의 값으로 정할 수 없다는 문제점이 있다. 다행히도 무수히 많은 시행을 하면 상대도수 확률이 참 확률에 점차 가까워진다는 규칙이 증명되었는데, 이를 **대수의 법칙**(law of large numbers)이라 한다. 이 법칙을 근거로 확률을 상대도수의 극한으로 정의할 수 있다.

예제 3-5 공정한 동전을 각각 1회~500회씩 던져서 앞면이 나올 확률을 추정한 결과의 변화를 살펴보시오.

| 풀이 |

```
# 패키지 'animation' 설치
install.packages("animation")
# 설치가 끝난 후 패키지 'animation' 적재
library(animation)
# 패키지 'animation' 옵션 설정 (최대 시행횟수, 시간간격)
ani.options(nmax = 500, interval = 0.01)
# 대수의 법칙 ⇒ lln.ani() 함수 실행 [그림 3-3]
win.graph(7,4) # 창 크기 조정
lln.ani(FUN = function(n, mu) rbinom(n, size=1, prob = mu), mu = 0.5,
 type="n", col.poly="blue")
# 제목, 격자 표시
title(main="Law of Large Numbers (동전 던지기)"); grid()
```

➲ 시행횟수가 작을 때는 앞면이 나올 확률이 0~1 사이에 넓게 추정되지만, 시행횟수가 300회 이상이 되면 대부분의 추정치들이 0.4~0.6 사이에 위치한다.

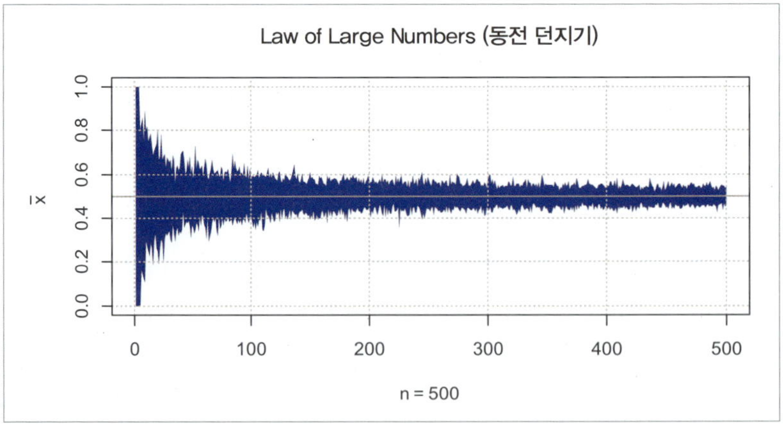

[그림 3-3] 동전을 1회~500회씩 던졌을 때 앞면의 상대빈도 변화

이상 살펴본 내용을 종합하면, **확률**(probability)이란 어떤 사상이 발생할 수 있는 가능성을 수치로 나타낸 것이다. 표본공간 S는 시행에서 나올 수 있는 모든 결과의 집합이므로 $P(S)=1$이 되며, 사상 A는 표본공간의 부분집합이므로 $0 \le P(A) \le 1$이 된다. 또한 발생할 수 없는 사상의 확률은 0이므로 $P(\phi)=0$이 된다.

표본공간의 모든 원소가 동일한 발생확률을 갖는다면, 사상 A의 확률은 사상 A에 속한 원소의 개수를 통해 구할 수 있다. 즉, 표본공간 안에 n개의 원소가 있고, 사상 A 안에 m개의 원소가 있다면, $P(A)=m/n$으로 구한다.

정의 3-3 확률(probability)

어떤 사상이 발생할 수 있는 가능성을 수치로 나타낸 것으로서, 표본공간의 모든 원소가 동일한 발생확률을 갖는다면, 사상 A의 확률은 전체 원소의 개수에 대한 사상 A에 속한 원소의 개수의 비율

예제 3-6 공정한 동전을 4회 던지는 실험에서, 앞면이 두 번 이상 나올 확률을 구하시오.

| 풀이 |

표본공간은 $S=\{HHHH, HHHT, \cdots, TTTT\}$로서, 균일한 발생확률을 갖는 $2^4=16$개의 원소로 구성된다. 앞면이 두 번 이상 나오는 사상 A에 속한 원소의 개수는 ${}_4C_4 + {}_4C_3 + {}_4C_2 = 1+4+6=11$개이므로, 그 확률은 $P(A)=11/16=0.6875$가 된다.

```
# 표본공간 생성 및 정렬
S = tosscoin2(4)
S = S[order(S$X1, S$X2, S$X3, S$X4),]
# 표본공간 원소 출력 (한 줄에 8개 씩)
element(S, 8)
(H,H,H,H) (H,H,H,T) (H,H,T,H) (H,H,T,T) (H,T,H,H) (H,T,H,T) (H,T,T,H) (H,T,T,T)
(T,H,H,H) (T,H,H,T) (T,H,T,H) (T,H,T,T) (T,T,H,H) (T,T,H,T) (T,T,T,H) (T,T,T,T)
# 앞면의 개수를 세는 함수 정의
counth = function(x) sum(x=="H")
# 앞면이 두 번 이상 나오는 사상 (한 줄에 6개 씩 출력)
A = subset(S, apply(S, 1, counth)>=2); element(A, 6)
(H,H,H,H) (H,H,H,T) (H,H,T,H) (H,H,T,T) (H,T,H,H) (H,T,H,T)
(H,T,T,H) (T,H,H,H) (T,H,H,T) (T,H,T,H) (T,T,H,H)
# 확률 계산 ⇒ pprt() 함수 사용 (nrow() 함수는 행의 개수, 즉 원소의 개수를 구함)
pprt(A, nrow(S))
P(A) = 11 / 16 = 0.6875
```

예제 3-7 주사위 네 개를 동시에 던지는 실험에서 다음 사상들의 확률을 구하시오.

① A = 숫자의 합이 15 이상인 사상

② B = 한 개 이상의 6이 나오는 사상

③ C = 한 개 이상의 1이 나오는 사상

④ $P(A \cap B), P(A \cap C), P(B \cap C), P(A \cap B \cap C)$

| 풀이 |

표본공간 S 원소의 개수는 $6^4=1,296$개이며, 이 중에 특정 숫자가 나오지 않는 경우의 수는 $5^4=625$개가 된다. 따라서 사상 B와 사상 C 원소의 개수는 각각 $6^4-5^4=671$개로 동일하다. 사상 A 원소의 개수는 일일이 세기 어려우므로 다음과 같이 Rstat의 함수를 사용하여 구한다.

```
# 표본공간 생성 (원소의 개수가 많아 나열하지 않음)
S = rolldie2(4); (N= nrow(S))
[1] 1296
# (1) 숫자의 합이 15 이상인 사상의 확률 출력 ⇒ pprt() 함수
A = subset(S, X1+X2+X3+X4 >=15); pprt(A, N)
P(A) = 575 / 1296 = 0.4436728
# (2) 한 개 이상의 6이 나오는 사상 (행(원소) 별로 최댓값 적용)
B = subset(S, apply(S, 1, max)==6); pprt(B, N)
P(B) = 671 / 1296 = 0.5177469
# (3) 한 개 이상의 1이 나오는 사상 (행(원소) 별로 최솟값 적용)
C = subset(S, apply(S, 1, min)==1); pprt(C, N)
P(C) = 671 / 1296 = 0.5177469
# (4) 교사상(intersection) ⇒ intersect2() 함수
AB = intersect2(A, B); AC = intersect2(A, C); BC = intersect2(B, C);
ABC = intersect2(AB, C)
pprt(AB, N); pprt(AC, N); pprt(BC, N); pprt(ABC, N)
P(AB) = 453 / 1296 = 0.349537
P(AC) = 140 / 1296 = 0.1080247
P(BC) = 302 / 1296 = 0.2330247
P(ABC) = 124 / 1296 = 0.09567901
# 사상의 이름(번호)을 벡터 형태로 저장
library(gplots); Av = rownames(A); Bv = rownames(B); Cv = rownames(C)
# 벤다이어그램 작성 ⇒ [그림 3-4]
win.graph(7,4); par(mar=c(0,2,0,2)) # 창 크기, 마진 조정
venn(list(Av, Bv, Cv), showSet=T)
# [참고] 사상의 확률을 계산하는 pprt() 함수 사용법
ch3.man(2)
```

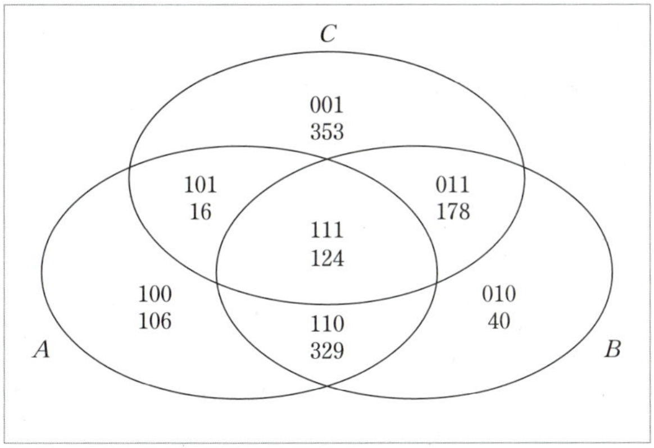

[그림 3-4] 주사위 네 개를 던지는 시행에서 세 사상의 벤다이어그램

3.2.2 확률의 연산

어떤 사상이 확률을 다른 사상들의 확률로부터 구할 때, 가장 기본이 되는 원칙은 '겹치지 않는 영역의 확률'을 더하는 것이다. 표본공간 S의 부분집합인 사상 A와 B의 합사상인 $A \cup B$의 확률을 구하려면 겹치는 부분 $A \cap B$의 확률을 제하여 다음과 같이 계산한다.

$$P(A \cup B) = P(A) + P(B) - P(A \cap B) \tag{3-1}$$

예제 3-8 앞의 [예제 3-7]에서 다음 사상들의 확률을 구하시오.

① $P(A \cup B)$ ② $P(A \cup C)$ ③ $P(B \cup C)$ ④ $P(A \cup B \cup C)$

| 풀이 |

[예제 3-7]의 결과를 사용하여 다음과 같이 계산한다.

$$P(A \cup B) = P(A) + P(B) - P(A \cap B) = \frac{575+671-453}{1296} = \frac{793}{1296} \fallingdotseq 0.6119$$

$$P(A \cup C) = P(A) + P(C) - P(A \cap C) = \frac{575+671-140}{1296} = \frac{1106}{1296} \fallingdotseq 0.8534$$

$$P(B \cup C) = P(B) + P(C) - P(B \cap C) = \frac{671+671-302}{1296} = \frac{1040}{1296} \fallingdotseq 0.8025$$

$$P(A \cup B \cup C) = P(A) + P(B) + P(C) - P(A \cap B) - P(A \cap C) - P(B \cap C) + P(A \cap B \cap C)$$

$$= \frac{575+671+671-453-140-302+124}{1296} = \frac{1146}{1296} \fallingdotseq 0.8843$$

```
# [예제 3-7]에 이어서 실행, 합사상(union) ⇒ union2( ) 함수
AuB = union2(A, B); AuC = union2(A, C); BuC = union2(B, C); AuBuC = union2(AuB, C)
pprt(AuB, N); pprt(AuC, N); pprt(BuC, N); pprt(AuBuC, N)
P(AuB) = 793 / 1296 = 0.6118827
P(AuC) = 1106 / 1296 = 0.8533951
P(BuC) = 1040 / 1296 = 0.8024691
P(AuBuC) = 1146 / 1296 = 0.8842593
```

만약 사상 A와 B가 서로 배반이면 $P(A\cap B)=P(\phi)=0$ 이므로 $P(A\cup B)=P(A)+P(B)$ 가 된다. 일반적으로, 표본공간 S의 부분집합인 사상 $A_1, A_2, \cdots, A_n$ 이 서로 배반이면 서로 겹치는 영역이 없으므로, 식 (3-2)와 같이 계산할 수 있다.

$$P(A_1\cup A_2\cup\cdots\cup A_n)=P(A_1)+P(A_2)+\cdots+P(A_n), \qquad (3\text{-}2)$$
$$\text{단, } A_i\cap A_j=\phi, \text{ for all } i\neq j$$

예제 3-9 네 개의 주사위를 동시에 던지는 실험에서 네 개의 연속되는 숫자가 나올 확률을 구하시오.

| 풀이 |

네 개의 연속되는 숫자가 나오는 조합은 $\{1, 2, 3, 4\}$, $\{2, 3, 4, 5\}$, $\{3, 4, 5, 6\}$ 세 가지인데, 이들은 상호배반이며, 각각 $4!=24$ 개의 순열이 가능하므로 총 $3\times 24=72$ 가지 경우가 있다. 따라서 확률은 $72/6^4=72/1296$ 가 된다.

```
# [예제 3-7]에 이어서 실행, 연속숫자인지 판정하는 함수 정의 및 적용
# sort()는 오름차순 정렬 함수, diff()는 원소 차이 계산 함수
# all()은 모든 원소가 참일 때 참(TRUE)이 되는 함수
# 따라서 is.stra() 함수는 모든 원소가 연속되는 숫자인 경우에만 참(TRUE)이 됨
is.stra = function(x) all(diff(sort(x))==1)
stra = subset(S, apply(S, 1, is.stra)); nrow(stra)
[1] 72
# 연속숫자가 나올 확률 표시
pprt(stra, nrow(S))
P(stra) = 72 / 1296 = 0.05555556
```

사상 A와 여사상 A^c는 상호배반이므로 $P(A \cup A^c)=P(A)+P(A^c)$가 되며, $P(A \cup A^c)=P(S)=1$이므로 $P(A^c)=1-P(A)$가 된다. 이와 유사하게 사상 $B \cap A$와 사상 $B \cap A^c$는 상호배반이고, $B=(B \cap A) \cup (B \cap A^c)$이므로 아래와 같이 계산할 수 있다.

$$P(B)=P(B \cap A)+P(B \cap A^c)$$

예제 3-10 앞의 [예제 3-7]에서 다음 사상들의 확률을 구하시오.

① $P(A \cap B^c)$

② $P(A^c \cap B^c)$

③ $P(A \cap B \cap C^c)$

④ $P(A \cap B^c \cap C)$

| 풀이 |

[예제 3-7]과 [예제 3-8]의 결과를 사용하여 다음과 같이 계산한다. ([그림 3-4] 참조)

① $P(A \cap B^c)=P(A)-P(A \cap B)=\frac{575-453}{1,296}=\frac{122}{1,296} \doteqdot 0.0941$ $(100 \cup 101 \Rightarrow 106+16=122)$

② $P(A^c \cap B^c)=P((A \cup B)^c)=1-P(A \cup B)=1-\frac{793}{1,296}=\frac{503}{1,296} \doteqdot 0.3881$

③ $P(A \cap B \cap C^c)=P(A \cap B)-P(A \cap B \cap C)=\frac{453-124}{1,296}=\frac{329}{1,296} \doteqdot 0.2539$ $(110 \Rightarrow 329)$

④ $P(A \cap B^c \cap C)=P(A \cap C)-P(A \cap B \cap C)=\frac{140-124}{1,296}=\frac{16}{1,296} \doteqdot 0.0123$ $(101 \Rightarrow 16)$

```
# [예제 3-7]에 이어서 실행, 여사상(complement) ⇒ setdiff2() 함수 사용
Bc = setdiff2(S, B); Ac = setdiff2(S, A); Cc = setdiff2(S, C)
ABc = intersect2(A, Bc); pprt(ABc, N)
P(ABc) = 122 / 1296 = 0.0941358
AcBc = intersect2(Ac, Bc); pprt(AcBc, N)
P(AcBc) = 503 / 1296 = 0.3881173
ABCc = intersect2(AB, Cc); pprt(ABCc, N)
P(ABCc) = 329 / 1296 = 0.253858
ABcC = intersect2(ABc, C); pprt(ABcC, N)
P(ABcC) = 16 / 1296 = 0.01234568
```

3.3 조건부 확률

유명한 야구 해설자가 '왕홈런 선수, 이제 한 방 칠 때가 됐습니다.'라고 말하면 신기하게도 안타를 치는 경우를 자주 보곤 한다. 이는 해설자의 경험에 비추어 3할 타율의 타자가 10타수 무안타 행진을 하고 있다면 안타가 나올 확률이 매우 높아졌다는 의미이다. 그 선수의 통상적 타율은 0.3이지만, 해설자의 관점에서 표본공간을 줄여 놓고 보면, 최근 10연속 무안타라는 전제 하에서의 타율은 0.8이 될 수도 있는 것이다.

3.3.1 조건부 확률의 개념

이와 같이 어떤 사상 B가 발생했다는 조건 하에서 또 다른 사상 A가 발생할 확률을 **조건부 확률**이라 하고, $P(A|B)$로 나타낸다. 이 때 조건이 되는 사상 B는 축소된 표본공간 역할을 하게 된다. 따라서 조건부 확률은 다음과 같이 정의된다.

정의 3-4 조건부 확률(conditional probability)

사상 B가 발생했다는 조건 하에서 사상 A가 발생할 확률, 단 $B \neq \phi$ 이어야 함

$$P(A|B) = \frac{P(A \cap B)}{P(B)} \tag{3-3}$$

예제 3-11 문-이과 교차지원을 허용하는 어떤 학과의 신입생은 정원이 100명으로 아래의 분할표를 얻었을 때, 다음의 확률을 구하시오. (2장에서 설명한 바와 같이 이와 같은 표를 분할표(contingency table)라 하며, 두 속성간의 유사성이나 독립성을 알아보는데 유용하게 쓰인다.)

구분	남학생(M)	여학생(F)	소계
문과출신(A)	15	25	40
이과출신(B)	40	20	60
소계	55	45	100

(1) 한 학생을 선택했을 때, 문과출신 여학생일 $(A \cap F)$ 확률

(2) 한 학생이 문과출신일 때 (A), 그 학생이 여학생일 (F) 조건부 확률

| 풀이 |

(1) 분할표로부터 $P(A\cap F)=25/100=0.25$

(2) $P(A)=40/100=0.40$ 이므로, $P(F\mid A)=P(A\cap F)/P(A)=0.25/0.40=0.625$

표본공간을 사상 A로 한정하여, 이 확률을 표로부터 직접 계산하면,

$$P(F\mid A)=\frac{(F\cap A)\text{의 원소의 개수}}{A\text{의 원소의 개수}}=\frac{25}{40}=0.625$$

예제 3-12 앞의 [예제 3-7]의 주사위를 네 번 던지는 실험에서 다음의 조건부 확률 $P(A|B)$, $P(A|C)$, $P(A|B\cap C)$, $P(A|B\cup C)$를 구하시오. 단,

A = 숫자의 합이 15 이상인 사상,

B = 한 개 이상의 6이 나오는 사상,

C = 한 개 이상의 1이 나오는 사상

| 풀이 |

$$P(A|B)=\frac{P(A\cap B)}{P(B)}=\frac{453/1,296}{671/1,296}=\frac{453}{671}\doteq 0.6751$$

$$P(A|C)=\frac{P(A\cap C)}{P(C)}=\frac{140/1,296}{671/1,296}=\frac{140}{671}\doteq 0.2086$$

$$P(A|B\cap C)=\frac{P(A\cap B\cap C)}{P(B\cap C)}=\frac{124/1,296}{302/1,296}=\frac{124}{302}\doteq 0.4106$$

$$P(A\cap(B\cup C))=P(A\cap B)+P(A\cap C)-P(A\cap B\cap C)=\frac{453+140-124}{1,296}=\frac{469}{1,296}$$

$$P(A|B\cup C)=\frac{P(A\cap(B\cup C))}{P(B\cup C)}=\frac{469/1,296}{1,040/1,296}=\frac{469}{1,040}\doteq 0.4510$$

➲ 사상 A(숫자의 합이 15 이상인 사상)의 발생확률이 주어진 조건에 따라 모두 다름을 알 수 있다. 여기서 사상 A의 확률을 가장 높이는 조건은 사상 B(한 개 이상의 6이 나오는 사상)이며, 가장 낮추는 조건은 사상 C(한 개 이상의 1이 나오는 사상)가 된다.

```
# 숫자의 합이 15 이상인 사상의 조건부 확률 (앞의 예에 이어서)
cprt(A, B); cprt(A, C); cprt(A, BC); cprt(A, BuC)
P(A|B)  = 453 / 671 = 0.6751118
P(A|C)  = 140 / 671 = 0.2086438
P(A|BC)  = 124 / 302 = 0.410596
P(A|BuC)  = 469 / 1040 = 0.4509615

# [참고] 조건부 확률 계산 함수 cprt() 사용법
ch3.man(3)
```

3.3.2 곱의 법칙

조건부 확률의 정의로부터 두 사상 A와 B가 동시에 발생할 확률은 식 (3-4)와 같으며, 이를 **곱의 법칙**(multiplicative law)이라 한다.

$$P(A \cap B) = P(A)P(B|A) \tag{3-4}$$

식 (3-4)를 반복해서 적용하면 표본공간 S의 사상 $A_1, A_2, \cdots, A_n$에 대하여 식 (3-5)가 성립함을 보일 수 있다.

$$P(A_1 \cap A_2 \cap \cdots \cap A_n)$$
$$= P(A_1)P(A_2|A_1)P(A_3|A_1 \cap A_2) \cdots P(A_n|A_1 \cap A_2 \cap \cdots \cap A_{n-1}) \tag{3-5}$$

예제 3-13 네 종류의 무늬에 1번부터 13번까지 표기된 52장의 카드가 들어 있는 항아리에서 4장의 카드를 꺼냈을 때 모두 같은 무늬가 나올 확률을 구하시오.

| 풀이 |

첫 번째 카드와 같은 무늬가 나오는 사상을 A_i라 하면, 첫 번째 카드는 어떤 무늬가 나와도 상관없으므로 $P(A_1) = 1$, 다음부터는 이미 같은 무늬의 카드가 뽑힌 상황이므로 전체 카드 숫자와 같은 무늬의 카드 숫자가 하나씩 줄어든다.

$$P(A_1 \cap A_2 \cap A_3 \cap A_4) = 1 \times \frac{12}{51} \times \frac{11}{50} \times \frac{10}{49} = \frac{1,320}{124,950} \doteq 0.0106$$

➡ 네 가지 무늬가 13장씩 있으므로, 조합을 이용하여 다음과 같이 구할 수도 있다.

$$\frac{4 \times {}_{13}C_4}{{}_{52}C_4} = \frac{4 \times 715}{270,725} = \frac{2,860}{270,725} \doteq 0.0106$$

```
# 카드 생성 (무늬만 고려하므로 숫자 무시)
CD = rep(c("C", "D", "H", "S"), each=13)
# 표본공간 생성 ⇒ urnsample2( ) 함수 사용
CD4 = urnsample2(CD, size = 4); (N = nrow(CD4))
[1] 270725
# 무늬가 같은지 판별하는 함수 정의, unique(x) 함수는 중복되지 않는 원소만을 추출함
# 따라서 sameshape() 함수는 중복되지 않는 원소가 1개일 때만 참(TRUE)이 됨
sameshape = function(x) length(unique(x))==1
Flush= subset(CD4, apply(CD4, 1, sameshape))
# 결과 출력
pprt(Flush, N)
P(Flush) = 2860 / 270725 = 0.01056423
```

3.3.3 독립 사상

표본공간을 이루고 있는 사상 A와 B에 대하여 사상 B가 사상 A의 확률에 영향을 주지 않으면 $P(A|B)=P(A)$가 되고, 식 (3-3)으로부터 $P(A|B)=\dfrac{P(A\cap B)}{P(B)}=P(A)$이므로 $P(A\cap B)=P(A)P(B)$가 된다. 또한 $P(B|A)=\dfrac{P(A\cap B)}{P(A)}=\dfrac{P(A)P(B)}{P(A)}=P(B)$가 된다.

즉, 사상 B가 사상 A의 확률에 영향을 주지 않으면 사상 A 또한 사상 B의 확률에 영향을 주지 않으며, 이 때 두 사상 A와 B는 서로 **독립**이라 하며, 다음과 같이 정의된다.

정의 3-5 독립 사상(independent events)

두 사상 A와 B는 다음 식이 성립할 때, 서로 독립이라 함

$$P(A\cap B)=P(A)P(B) \quad (3\text{-}6)$$

또한 표본공간 S의 사상 $A_1, A_2, \cdots, A_n$에 대하여 $A_1, A_2, \cdots, A_n$이 서로 독립이면 식 (3-5)로부터 식 (3-7)을 쉽게 얻을 수 있다.

$$P(A_1\cap A_2\cap\cdots\cap A_n)=P(A_1)P(A_2)\cdots P(A_n) \quad (3\text{-}7)$$

예제 3-14 앞의 [예제 3-11]에서 한 학생이 문과출신일 사상(A)과 여학생일 사상(F)이 독립사상인지 판정하시오.

| 풀이 |

임의로 한 학생을 선택했을 때, 여학생일 확률은 $P(F)=0.45$, 문과출신일 확률은 $P(A)=0.40$, 문과출신 여학생일 확률은 $P(A\cap F)=0.25$이므로, $P(A)\times P(F)=0.18\neq P(A\cap F)$로서 독립사상이 아님을 쉽게 알 수 있다. ■

예제 3-15 네 종류의 무늬에 1번부터 13번까지 표기된 52장의 카드가 들어 있는 항아리에서 4장의 카드를 꺼냈을 때 다음 두 사상이 서로 독립인지 판정하시오.

사상 A=4장 모두 같은 무늬가 나오는 사상

사상 B=4장 모두 같은 숫자가 나오는 사상

| 풀이 |

숫자는 1~13이므로, 사상 A에 속한 원소의 개수는 13개임을 쉽게 알 수 있다. 같은 무늬와 같은 숫자가 두 번 이상 나올 수 없으므로 사상 $A\cap B$에 속한 원소의 개수는 0이다. 따라서 $P(A)\times P(B)>0=P(A\cap B)$로서 독립사상이 아님을 쉽게 알 수 있다. ■

예제 3-16 주사위 5개를 굴렸을 때 다음 두 사상이 서로 독립인지 판정하시오.
사상 A=눈의 합이 짝수인 사상, 사상 B=1과 6이 나오는 사상 (즉, 눈의 범위가 5)

| 풀이 |

표본공간 S 원소의 개수는 $6^5=7,776$ 개이며, 사상 A(눈의 합이 짝수) 원소의 개수는 전체의 절반이므로 $6^5/2=3,888$ 개가 된다. 사상 B(1과 6이 나옴) 원소의 개수는 전체 개수에서 "1이 안 나오거나 6이 안 나오는" 경우의 수를 제하여 다음과 같이 구할 수 있다. $|B|=6^5-(5^5+5^5-4^5)=7,776-5,226=2,550$. 교사상 $A\cap B$ 원소의 개수는 사상 B 원소의 개수의 절반이 되는데, 이를 증명하기는 복잡하므로 다음과 같이 Rstat의 함수를 사용하여 구한다.

```
# 표본공간 생성
S=rolldie2(5); (N=nrow(S))
[1] 7776
# 함수 정의 (눈의 합이 짝수, 눈의 범위=5)
even=function(x) (sum(x)%%2)==0
span5=function(x) (max(x)-min(x))==5
# 사상 생성 (A: 눈의 합이 짝수, B: 눈의 범위=5)
A = subset(S, apply(S,1,even)); nrow(A)
[1] 3888
B=subset(S, apply(S,1,span5)); nrow(B)
[1] 2550
# 두 이산형 확률변수의 독립성 판정 함수 실행 ⇒ 두 사상은 독립
indep.event(A, B, N)
P(A) = 3888 / 7776 = 0.5
P(B) = 2550 / 7776 = 0.3279321
P(A) × P(B) = 0.163966
P(AB) = 1275 / 7776 = 0.163966
P(AB) = P(A) × P(B) ⇒ Independent
P(A|B) = 1275 / 2550 = 0.5 = P(A) = 3888 / 7776 = 0.5
P(B|A) = 1275 / 3888 = 0.3279321 = P(B) = 2550 / 7776 = 0.3279321

# [참고] 두 이산형 확률변수의 독립성 판정 함수 indep.event() 사용법
ch3.man(4)
```

3.4 베이즈 정리

베이즈 정리는 조건부 확률을 직접 계산하기 어려울 때, 조건이 되는 사상을 상호배반 사상들로 분할하여 간접적으로 계산하기 위한 공식이다. 베이즈 정리를 설명하기 위하여 전확률 정리부터 살펴본다.

정리 3-1 전확률 정리(theorem of total probability)

표본공간 S를 상호배반인 사상 $B_1, B_2, \cdots, B_k$로 분할하였을 때, S의 임의의 사상 A에 대하여 아래의 식이 성립한다.

$$P(A) = \sum_{i=1}^{k} P(B_i \cap A) = \sum_{i=1}^{k} P(B_i) P(A|B_i) \tag{3-8}$$

[그림 3-5]로부터 사상 A를 다음과 같이 나타낼 수 있다.

$$A = (B_1 \cap A) \cup (B_2 \cap A) \cup \cdots \cup (B_k \cap A) \tag{3-9}$$

식 (3-8)이 성립하는 이유는 사상 $B_1, B_2, \cdots, B_k$들이 겹치지 않기 때문에 사상 A의 확률을 사상 $B_1 \cap A$, $B_2 \cap A$, $\cdots$, $B_k \cap A$들의 확률의 합으로 구할 수 있기 때문이다. 두 번째 등식은 $P(B_i \cap A) = P(B_i)P(A \mid B_i)$이므로 성립한다.

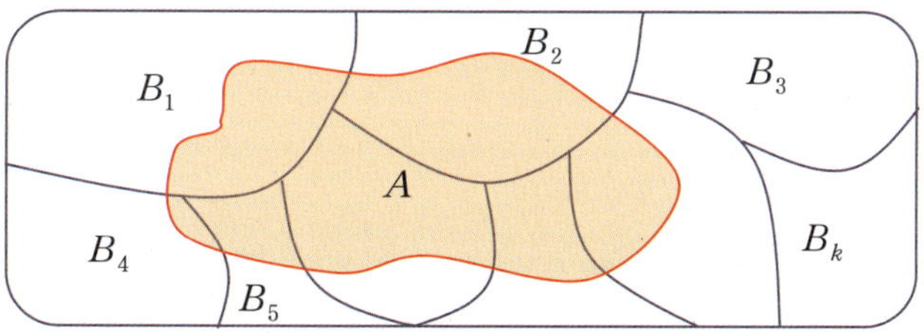

[그림 3-5] 표본공간 S의 분할

예제 3-17 한 제품을 생산하는 공정은 네 개의 생산라인이 있는데, 각 생산라인별 생산비율과 불량률은 아래의 표와 같다. 이 공정에서 생산된 한 제품을 랜덤 샘플링 했을 때, 불량일 확률을 구하시오.

생산라인	A	B	C	D
생산비율	20%	40%	30%	10%
불량률	0.04	0.02	0.01	0.05

| 풀이 |

한 제품이 각 라인에서 생산된 사상을 A, B, C, D라 하고, 불량인 사상을 F라 하자. 문제에서 주어진 정보를 확률로 나타내면 $P(A)=0.2$, $P(B)=0.4$, $P(C)=0.3$, $P(D)=0.1$, $P(F|A)=0.04$, $P(F|B)=0.02$, $P(F|C)=0.01$, $P(F|D)=0.05$이다. 표본공간은 $S=A\cup B\cup C\cup D$이고 사상 A, B, C, D는 상호배반이므로 $P(F)$를 아래와 같이 구한다.

$$\begin{aligned}P(F)&=P(F\cap A)+P(F\cap B)+P(F\cap C)+P(F\cap D)\\&=P(A)P(F|A)+P(B)P(F|B)+P(C)P(F|C)+P(D)P(F|D)\\&=0.2\times0.04+0.4\times0.02+0.3\times0.01+0.1\times0.05\\&=0.024\end{aligned}$$

```
prior = c(0.2, 0.4, 0.3, 0.1)
cond = c(4, 2, 1, 5)/100
tot = prior*cond; tot
[1] 0.008 0.008 0.003 0.005
sum(tot)
[1] 0.024
```

베이즈 정리는 특정 사상 A가 관측되기 이전의 확률로부터 사상 A가 관측된 후의 조건부 확률을 구하기 위한 것이다. 여기서 특정 사상 A가 관측되기 이전의 확률 $P(B_r)$을 **사전확률**(prior)이라 하고, 사상 A가 관측된 후의 조건부 확률 $P(B_r|A)$를 **사후확률**(posterior)이라 한다.

정리 3-2 베이즈 정리(Bayes theorem)

표본공간 S를 공사상이 아닌(즉, $P(B_i)\neq 0$, $i=1,2,\cdots,k$) 사상 $B_1, B_2, \cdots, B_k$들로 분할하면, 공사상이 아닌($P(A)\neq 0$) 임의의 사상 A에 대하여 아래의 식이 성립한다.

$$P(B_r|A)=\frac{P(B_r\cap A)}{\sum_{i=1}^{k}P(B_i\cap A)}=\frac{P(B_r)P(A|B_r)}{\sum_{i=1}^{k}P(B_i)P(A|B_i)} \tag{3-10}$$

조건부 확률 $P(B_r|A)=\dfrac{P(B_r\cap A)}{P(A)}$이므로, 분모 $P(A)$에 전확률 정리를 적용하고, 분자에 곱의 법칙을 적용하면 식 (3-10)을 쉽게 얻을 수 있다.

예제 3-18 앞의 [예제 3-17]에서 불량품이 하나 나왔을 때, 생산라인 A, B, C, D에서 생산되었을 확률을 각각 구하시오.

| 풀이 |

앞의 [예제 3-17]로부터 $P(F)=0.024$ 이므로

$$P(A|F)=\frac{0.2\times0.04}{0.024}=\frac{0.008}{0.024}\doteq0.3333,\qquad P(B|F)=\frac{0.4\times0.02}{0.024}=\frac{0.008}{0.024}\doteq0.3333,$$

$$P(C|F)=\frac{0.3\times0.01}{0.024}=\frac{0.003}{0.024}\doteq0.125,\qquad P(D|F)=\frac{0.1\times0.05}{0.024}=\frac{0.005}{0.024}\doteq0.2083$$

```
# 사후확률 계산
prior = c(0.2, 0.4, 0.3, 0.1); cond = c(0.04, 0.02, 0.01, 0.05)
(tot = prior*cond); (stot = sum(tot))
[1] 0.008 0.008 0.003 0.005
[1] 0.024
(post = tot / stot)
[1] 0.3333333 0.3333333 0.1250000 0.2083333
# 결과 그림 ⇒ [그림 3-6]
bayes.plot(prior, post)
# [참고] 사전-사후 확률 표시함수 bayes.plot() 사용법
ch3.man(5)
```

➲ 사상 A와 D의 사후확률은 늘어난 반면, 사상 B와 C의 사후확률은 줄어들었음을 알 수 있다. 이는 생산라인 A와 D의 불량률이 상대적으로 높았고, 생산라인 B와 C의 불량률은 상대적으로 낮았기 때문이다.

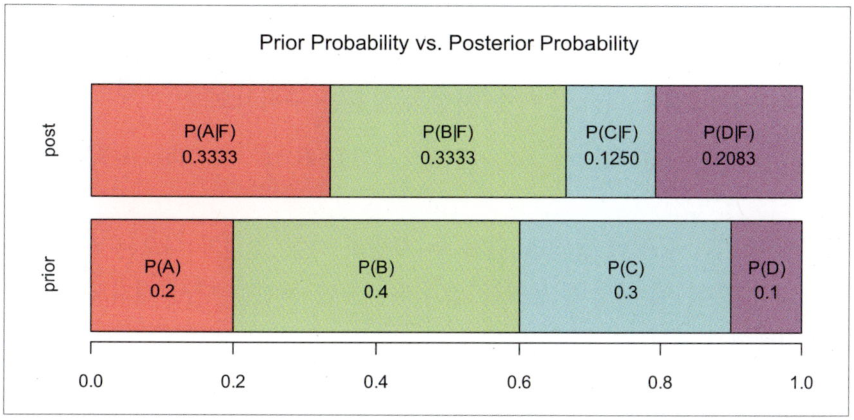

[그림 3-6] 생산라인 불량의 사전확률과 사후확률

연습문제

1 공정한 주사위 3개를 던지는 시행에서 다음을 구하시오.

(1) 주사위 순서를 고려하는 경우의 표본공간 원소의 개수

(2) 주사위 순서를 고려하지 않는 경우의 표본공간 원소의 개수

(3) 세 주사위 눈의 합이 15 이상이 될 확률

R1 공정한 주사위 4개를 던지는 시행에서 다음을 구하시오.

(1) 주사위 순서를 고려하는 경우의 표본공간 원소의 개수

(2) 주사위 순서를 고려하지 않는 경우의 표본공간 원소의 개수

(3) 네 주사위 눈의 합이 20 이상이 될 확률

(4) 네 주사위 눈의 합이 8~20까지 각각 나올 확률과 그래프

2 동전을 네 번 던지는 시행에서 앞면이 두 번 이상 나오는 사상을 A, 앞면이 뒷면보다 많이 나오는 사상을 B, 뒷면이 한 번 이상 나오는 사상을 C라 할 때, 사상 A, B, C의 벤다이어그램을 그리고, 다음 사상과 그 확률을 구하시오.

(1) A^c (2) $A \cap B^c$ (3) $A \cap C$ (4) $B \cap C$ (5) $A \cap B \cap C$

R2 동전을 열 번 던지는 시행에서 앞면이 세 번 이상 나오는 사상을 A, 앞면이 뒷면보다 많이 나오는 사상을 B, 뒷면이 세 번 이상 나오는 사상을 C라 할 때, 사상 A, B, C의 벤다이어그램을 그리고, 다음 사상의 확률을 구하시오.

(1) A^c (2) $A \cap B^c$ (3) $A \cap C$ (4) $B \cap C$ (5) $A \cap B \cap C$

3 세 사람이 각각 공정한 동전을 던져 두 사람과 다른 결과가 나오는 사람이 밥을 사는 게임이 있다. 세 사람이 동일한 결과가 나오면 동전을 다시 던지도록 한다면, 첫 번째 시행에서 당첨자가 나올 확률을 구하시오.

R3 네 사람이 각각 공정한 주사위를 던져 가장 작은 숫자가 나오는 사람이 밥을 사는 게임이 있다. 가장 작은 숫자가 두 명 이상 나오면 주사위를 다시 던지도록 한다면, 첫 번째 시행에서 당첨자가 나올 확률을 구하시오.

4 공정한 주사위 2개를 던지는 게임에서 내 차례에 2와 5가 나왔다면, 다음의 게임 규칙 중 나에게 가장 유리한 규칙이 무엇인지 확률을 비교하여 선택하시오. (비긴 경우, 다시 시행함)

(1) 두 숫자의 합이 큰 사람이 승리
(2) 두 숫자의 차가 큰 사람이 승리
(3) 두 숫자의 차가 작은 사람이 승리
(4) 두 숫자 가운데 큰 숫자가 높은 사람이 승리
(5) 두 숫자 가운데 작은 숫자가 낮은 사람이 승리

R4 공정한 주사위 4개를 던지는 게임에서 내 차례에 2, 3, 4, 5가 나왔다면, 다음의 게임 규칙 중 나에게 가장 유리한 규칙이 무엇인지 확률을 비교하여 선택하시오. (비긴 경우, 다시 시행함)

(1) 네 숫자의 합이 큰 사람이 승리
(2) 네 숫자의 범위(최대와 최소의 차)가 큰 사람이 승리
(3) 네 숫자의 범위(최대와 최소의 차)가 작은 사람이 승리
(4) 네 숫자 중 가장 큰 숫자가 높은 사람이 승리
(5) 네 숫자 중 가장 작은 숫자가 낮은 사람이 승리

5 파란 공 3개와 빨간 공 7개가 들어 있는 항아리에서 공을 하나씩 세 번 뽑을 때, 다음 확률을 구하시오.

(1) 파란 공 3개가 연속해서 나올 확률
(2) 빨간 공 3개가 연속해서 나올 확률
(3) 파란 공 1개와 빨간 공 2개가 나올 확률
(4) 파란 공 2개와 빨간 공 1개가 나올 확률

R5 파란 공 3개, 빨간 공 7개, 노란 공 4개, 녹색 공 6개가 들어 있는 항아리에서 공을 하나씩 여섯 번 뽑을 때, 다음 확률을 구하시오.

(1) 파란 공 3개와 노란 공 3개가 나올 확률
(2) 빨간 공 3개와 녹색 공 3개가 나올 확률
(3) 파란 공 1개, 빨간 공 2개, 노란 공 1개, 녹색 공 2개가 나올 확률
(4) 파란 공 2개, 빨간 공 1개, 노란 공 2개, 녹색 공 1개가 나올 확률

6 교차지원을 허용하는 어느 학과 신입생 100명의 분포가 아래의 표와 같을 때, 다음의 조건부 확률을 구하시오.

구분	남(M)		여(F)	
	문과(A)	이과(B)	문과(A)	이과(B)
정시(J)	10	20	18	8
수시(S)	5	20	7	12

(1) 한 학생이 이과출신일 때(B), 그 학생이 여학생일(F) 확률

(2) 한 학생이 이과출신일 때(B), 그 학생이 정시 입학생일(J) 확률

(3) 한 학생이 이과출신일 때(B), 그 학생이 정시 입학 여학생일 확률

(4) 한 학생이 이과출신 여학생일 때, 그 학생이 정시 입학생일 확률

(5) 한 학생이 이과출신 정시 입학생일 때, 그 학생이 여학생일 확률

7 6번 문제에서 한 학생이 문과출신일 사상(A)과 정시 입학생일 사상(J)이 독립사상인지 판정하시오.

R6 네 종류의 무늬에 1번부터 13번까지 표기된 52장의 카드가 들어 있는 항아리에서 다음의 확률을 구하시오.

(1) 2장의 카드를 꺼냈을 때 모두 같은 무늬가 나올 확률

(2) 3장의 카드를 꺼냈을 때 모두 같은 무늬가 나올 확률

(3) 4장의 카드를 꺼냈을 때 모두 같은 무늬가 나올 확률

(4) 모두 4장의 카드를 꺼내는데, 3장이 같은 무늬가 나왔을 때 4장 모두 같은 무늬일 확률

(5) 모두 4장의 카드를 꺼내는데, 2장이 같은 무늬가 나왔을 때 4장 모두 같은 무늬일 확률

(6) 2장의 카드를 꺼냈을 때 연속된 숫자가 나올 확률

(7) 3장의 카드를 꺼냈을 때 연속된 숫자가 나올 확률

(8) 4장의 카드를 꺼냈을 때 연속된 숫자가 나올 확률

R7 네 종류의 무늬에 1번부터 13번까지 표기된 52장의 카드가 들어 있는 항아리에서 4장의 카드를 꺼냈을 때 다음 두 사상이 서로 독립인지 판정하시오.

사상 A=모두 다른 무늬가 나오는 사상

사상 B=숫자 1이 한 번 이상 나오는 사상

8 불량률이 0.1인 공정에서 생산되는 제품 10개를 랜덤 샘플링 했을 때, 아래의 확률을 구하시오.

(1) 2개가 불량이고 8개가 양품일 확률

(2) 3개가 불량이고 7개가 양품일 확률

R8 불량률이 0.1인 공정에서 생산되는 제품 10개를 랜덤 샘플링 했을 때, 나올 수 있는 불량품의 개수와 그 확률을 모두 구하고 그래프로 작성하시오.

9 한 지역구 유권자의 연령대 비율은 20대 15%, 30대 24%, 40대 26%, 50대20%, 60대 이상 15%이며, 특정 후보에 대한 연령대별 지지율은 20대 58%, 30대 52%, 40대 44%, 50대 40%, 60대 이상 35%이다.

(1) 이 후보의 지지율은 얼마인가?

(2) 한 유권자가 이 후보를 지지한다고 할 때, 이 유권자의 연령대가 20대, 30대, 40대, 50대, 60대 이상일 확률은 각각 얼마인가?

R9 9번 문제에서 사전확률과 사후확률을 그래프로 그리고, 결과를 해석하시오.

10 한 공정에서 생산되는 제품은 세 등급으로 구분되는데, A등급 비율은 15%, B등급 비율은 35%, C등급 비율은 50%라 한다. 제품 등급을 판정하는 장치에는 오차가 있어 A등급 제품을 B등급이나 C등급으로 잘못 판정할 확률은 각각 10%와 2%, B등급 제품을 A등급이나 C등급으로 잘못 판정할 확률은 각각 15%와 20%, C등급 제품을 A등급이나 B등급으로 잘못 판정할 확률은 각각 5%와 20%에 이른다.

(1) 랜덤하게 선택한 한 제품이 A등급, B등급, C등급으로 판정될 확률을 각각 구하시오.

(2) 한 제품이 A등급으로 판정되었을 때, 실제로 A등급, B등급, C등급일 확률을 각각 구하시오.

(3) 한 제품이 B등급으로 판정되었을 때, 실제로 A등급, B등급, C등급일 확률을 각각 구하시오.

(4) 한 제품이 C등급으로 판정되었을 때, 실제로 A등급, B등급, C등급일 확률을 각각 구하시오.

R10 10번 문제에서 사전확률과 (2), (3), (4) 세 가지 경우의 사후확률을 그래프로 그리고, 결과를 해석하시오.

R11 공정한 동전을 n번 던지는 실험에서, 앞면이 m번 이상 나올 확률을 계산하는 함수를 작성하고, $n=2, 4, 6, \cdots, 20$에 대하여 동전 n개 중 앞면이 $n/2$개 이상 나올 확률을 구하여 비교하시오.

R12 주사위 n개를 동시에 던지는 실험에서 숫자의 합이 m 이상일 확률을 계산하는 함수를 작성하고, $n=1, 2, 3, \cdots, 8$에 대하여 주사위 n개 숫자의 합이 $3n$ 이상 나올 확률을 구하여 비교하시오.

R13 주사위 n개를 동시에 던지는 실험에서 m개 이상의 연속되는 숫자가 나올 확률을 계산하는 함수를 작성하고, $n=2, 3, 4, 5, 6$; $m=2, 3, \cdots, n$에 대하여 확률을 구하여 비교하시오.

R14 52장의 카드에서 n장의 카드를 꺼냈을 때 같은 무늬가 최대 m장 나올 확률을 계산하는 함수를 작성하고, $n=2, 3, 4$; $m=1, \cdots, n$에 대하여 확률을 구하여 비교하시오.

R15 52장의 카드에서 n장의 카드를 꺼냈을 때 같은 숫자가 최대 m장 나올 확률을 계산하는 함수를 작성하고, $n=2, 3, 4, 5$; $m=1, \cdots, n$에 대하여 확률을 구하여 비교하시오.

CHAPTER 04

확률변수와 확률분포

Rstat

contents

04 확률변수와 확률분포

본 장에서는 통계적 추정과 가설검정에 필요한 기초지식으로서 확률변수와 확률분포, 결합확률분포, 확률변수의 독립성, 확률변수의 변환에 대하여 살펴본다. 먼저 4장에서 사용할 함수를 다음과 같이 정의한다.

```
# R 아이콘을 더블클릭하여 실행
# 패키지 'Rstat'을 불러옴
library(Rstat)

# 4장에서 사용할 함수 (14개) 정의 (번역)
# 번호를 입력하면 해당 함수의 사용법 확인 가능
ch4.man()
[1] rolldie.sum          주사위 n개 눈의 합 확률분포함수
[2] hyp.sample           유한모집단에서 추출한 표본의 확률분포함수
[3] disc.cdf             이산형 확률변수의 누적분포함수
[4] cont.cdf             연속형 확률변수의 누적분포함수
[5] disc.joint2          두 이산형 확률변수의 결합확률분포
[6] cont.jcdf            두 연속형 확률변수의 결합누적확률
[7] cont.jcdfp           두 연속형 확률변수의 결합누적확률 그래프
[8] disc.marg2           두 이산형 확률변수의 주변확률분포
[9] cont.marg2           두 연속형 확률변수의 주변확률
[10] disc.cond2          이산형 확률변수의 조건부확률분포
[11] cont.cond2          연속형 확률변수의 조건부확률
[12] disc.ind2           두 이산형 확률변수의 독립성 판정
[13] cont.ind2           두 연속형 확률변수의 독립성 판정
[14] cont.trans          연속형 확률변수의 변환 확률분포
```

4.1 확률변수와 확률분포의 개념

3장에서 살펴본 몇몇 예에서와 같이 표본공간의 원소의 개수가 너무 많아 다루기 어려운 경우가 자주 발생한다. 따라서 표본공간 전체를 다루기보다는 특별히 관심이 있는 결과만을 다루는 것이 훨씬 효율적인데, 확률변수가 이런 역할을 담당한다.

4.1.1 확률변수

확률변수는 표본공간의 각 원소를 실수 값으로 바꾸는 함수로 정의된다. 예를 들어 동전을 세 번 던져 앞면(H)과 뒷면(T)을 관측하는 실험에서의 표본공간은 $S=\{HHH, HHT, HTH, HTT, THH, THT, TTH, TTT\}$로서 8개의 원소를 갖는다. 그 중에서 뒷면이 나온 횟수에 관심이 있다면, 나올 수 있는 경우의 수는 0, 1, 2, 3 중 하나가 된다. 즉, '뒷면이 나오는 횟수'라는 확률변수는 [그림 4-1]과 같이 표본공간의 각 원소를 숫자로 바꾸는 역할을 하므로 표본공간 상에 정의된 함수이다. 또한 확률변수는 원소의 개수에 비례하는 확률분포를 갖게 되는데, 전체 8개의 원소 중 $X=1$에 해당하는 원소는 3개이므로, $P(X=1)=3/8$이 된다. 확률변수는 알파벳 대문자(X, Y, Z, $\cdots$)로 표기한다.

정의 4-1 확률변수(random variable)

표본공간의 각 원소를 실수 값으로 바꾸는 함수로서, 확률분포를 가짐

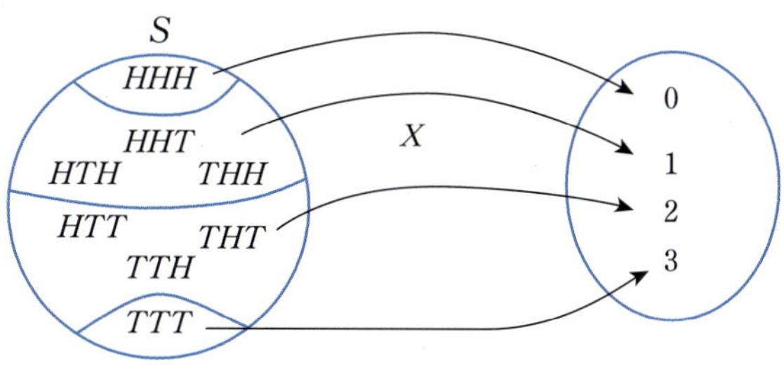

[그림 4-1] 동전을 세 번 던지는 시행에서의 확률변수(뒷면의 개수)

동일한 시행에서도 관심사에 따라 전혀 다른 확률변수가 정의될 수 있다. 다음 예를 살펴보자.

예제 4-1 동전을 세 번 던져 나온 (앞면의 개수−뒷면의 개수)만큼 100원씩 주고받는 게임에서 수익을 확률변수 X라 할 때, 표본공간의 각 원소에 대응하는 X의 값을 구하시오.

| 풀이 |

각 원소에 대응되는 확률변수 X의 값은 [그림 4-2]와 같다.

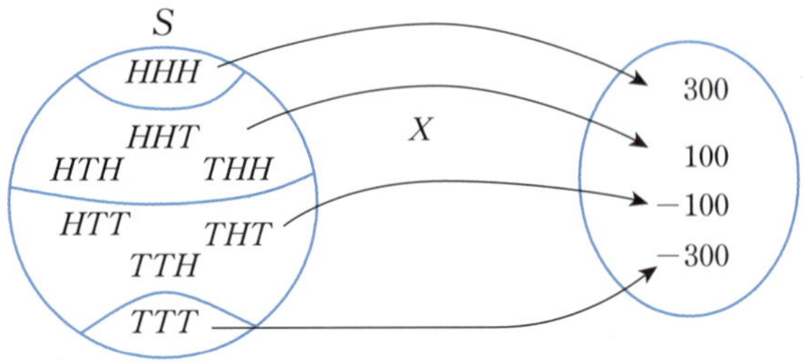

[그림 4-2] 동전을 세 번 던지는 게임에서의 확률변수(수익)

표본공간 S가 유한개 또는 셀 수 있는 무한개의 원소로 구성되어 있을 때 **이산표본공간**(discrete sample space)이라고 하고, 표본공간을 실직선 상의 임의의 구간으로 나타낼 수 있을 때 **연속표본공간**(continuous sample space)이라고 한다. 예를 들어 주사위를 던지는 실험에서 눈의 숫자, 품질검사에서 결점수, 불량개수 등은 이산표본공간에 해당되고, 제품의 측정 치수, 공정의 수율 등은 연속표본공간에 해당된다.

이와 유사하게, 확률변수 X가 유한개 또는 셀 수 있는 무한개의 값을 가질 때 **이산확률변수**(discrete random variable)라고 하고, 표본공간을 실직선 상의 임의의 구간으로 나타낼 수 있을 때 **연속확률변수**(continuous random variable)라고 한다. 주의할 점은 연속표본공간으로부터 얼마든지 이산확률변수를 정의할 수 있다는 점이다. 예를 들어 제품의 측정 치수를 기준으로 불량품($X=1$)과 양품($X=0$)으로, 공정의 수율을 기준으로 1등급($X=1$), 2등급($X=2$), 3등급($X=3$) 등으로 확률변수를 정의할 수 있다.

4.1.2 확률분포

이산확률변수로부터 생성된 확률분포를 이산확률분포라 하고, 연속확률변수로부터 생성된 확률분포를 연속확률분포라 한다. 이들을 구분하는 이유는 확률을 계산하는 방식이 다르기 때문이다.

이산확률분포의 함수를 **확률질량함수**(probability mass function), 연속확률분포의 함수를 **확률밀도함수**(probability density function)라 하는데, 이를 통칭해서 **확률분포함수**(probability distribution function)라 한다.

(1) 이산확률분포

이산확률분포는 확률변수 X가 이산적인 값을 갖는 경우의 확률분포로서, 확률변수 X의 확률은 $P(X=x)=f(x)$로 나타낸다. 확률은 언제나 0 이상 1 이하의 값을 가지며, 모든 가능한 결과에 대한 확률의 합은 1이므로 이산확률분포는 다음과 같은 조건을 만족한다.

$$\sum_x f(x)=1,\ 0\le f(x)\le 1 \tag{4-1}$$

정의 4-2 이산확률분포(discrete probability distribution)

이산적인(셀 수 있는) 값을 갖는 확률변수의 확률분포로서, 확률분포함수 $f(x)$는 $P(X=x)$를 의미하므로, **확률질량함수**(probability mass function)라고 함

예제 4-2 동전을 세 번 던지는 확률실험에서 뒷면의 개수 X에 대한 확률분포를 구하시오.

| 풀이 |

표본공간은 $S=\{HHH, HHT, HTH, HTT, THH, THT, TTH, TTT\}$로서 8개의 원소로 구성되며, 각각의 원소는 동일하게 1/8의 확률을 갖는다. [그림 4-1]로부터 $X=0$이 되는 원소는 HHH 한 개, $X=1$이 되는 원소는 HHT, HTH, THH 세 개, $X=2$가 되는 원소는 HTT, THT, TTH 세 개, $X=3$이 되는 원소는 TTT 한 개이므로

$f(0)=\frac{1}{8}, f(1)=\frac{3}{8}, f(2)=\frac{3}{8}, f(3)=\frac{1}{8}$이 되며, $\sum_x f(x)=1$이므로 식 (4-1)을 만족한다.

```
# 표본공간 생성
S = tosscoin2(3)
# 뒷면의 개수를 세는 함수 정의
countT=function(x) sum(x=="T")
# 확률변수 정의 ⇒ apply() 함수를 행별로 적용
X=apply(S, 1, countT)
# 원소의 개수 집계 및 확률분포 생성
table(X)/nrow(S)
X
    0     1     2     3
0.125 0.375 0.375 0.125
```

예제 4-3 주사위를 네 번 던지는 실험에서 나오는 숫자의 합 X에 대한 확률분포를 구하고 그래프로 나타내시오.

| 풀이 |

표본공간 S 원소의 개수는 $6^4=1,296$ 개이며, 눈금 합의 분포는 계산하기 어려우므로 다음과 같이 Rstat의 `rolldie.sum()` 함수로 구한다.

```
# 주사위 4개 눈의 합 확률분포 ⇒ [그림 4-3]
rolldie.sum(4)
X
   4    5    6    7    8    9   10   11   12   13   14   15   16   17
   1    4   10   20   35   56   80  104  125  140  146  140  125  104
  18   19   20   21   22   23   24  Sum
  80   56   35   20   10    4    1 1296
X
     4      5      6      7      8      9     10     11     12     13     14
0.0008 0.0031 0.0077 0.0154 0.0270 0.0432 0.0617 0.0802 0.0965 0.1080 0.1127
    15     16     17     18     19     20     21     22     23     24    Sum
0.1080 0.0965 0.0802 0.0617 0.0432 0.0270 0.0154 0.0077 0.0031 0.0008 1.0000
# [참고] 주사위 n개 눈의 합에 대한 확률분포 함수 rolldie.sum() 사용법
ch4.man(1)
# [응용] 주사위 5개 눈의 합 확률분포 (그림 생략)
rolldie.sum(5)
```

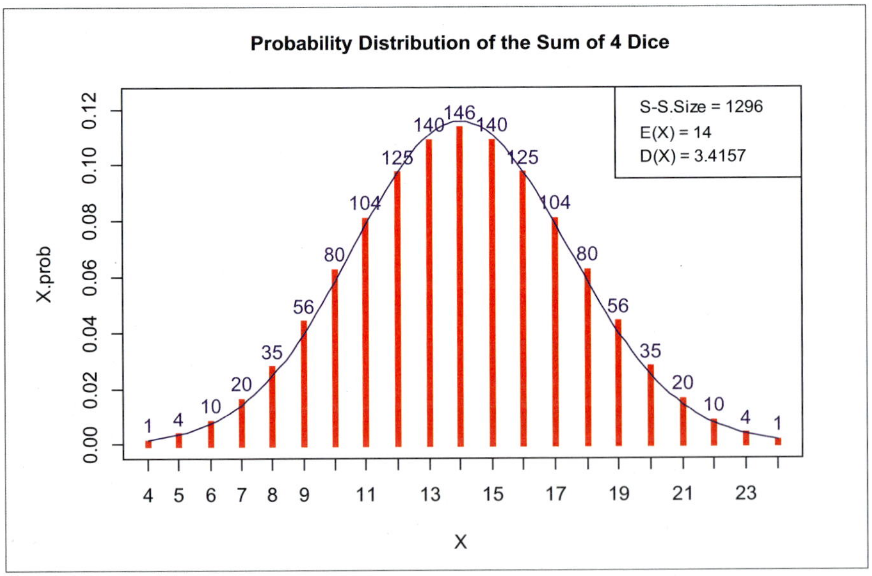

[그림 4-3] 주사위 4개 눈의 합의 확률분포

예제 4-4 50개의 제품 중 8개의 불량품이 있는 상자로부터 10개의 제품을 랜덤 샘플링 했을 때, 발견되는 불량품 개수 X에 대한 확률분포를 구하고, 그래프로 나타내시오.

| 풀이 |

이 예제는 7장에서 소개할 초기하분포에 대한 것이며, 여기서 다루기는 어려우므로 다음과 같이 Rstat의 hyp.sample() 함수로 구한다.

```
# 50개 중 8개 불량 포함 모집단에서 10개 샘플링, 불량개수의 확률분포 ⇒ [그림 4-4]
hyp.sample(50, 8, 10)
         0          1          2          3         4        5       6     7   8  9  10
1471442973 3567134480 3304845180 1510786368 367205020 47637408 3134040 91840 861  0   0
sum(freq) = 10272278170
     0      1      2      3      4      5      6      7      8      9     10
0.1432 0.3473 0.3217 0.1471 0.0357 0.0046 0.0003 0.0000 0.0000 0.0000 0.0000
sum(f(x)) = 1
# [그림 4-4]를 보면 불량개수의 분포가 5 이내에 몰려 있고 심하게 비대칭임을 알 수 있음

# [참고] 유한모집단에서 추출한 표본의 확률분포함수 hyp.sample() 사용법
ch4.man(2)
# [응용] 500개 중 80개 불량 포함 모집단에서 10개 샘플링, 불량개수의 확률분포 (그림 생략)
hyp.sample(500, 80, 10)
```

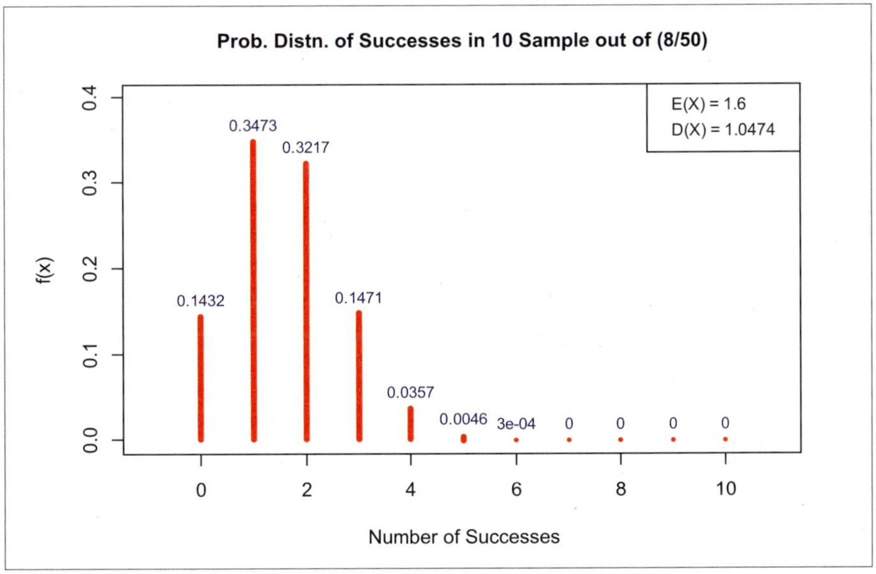

[그림 4-4] 50개 중 8개 불량 모집단에서 10개 표본 중 불량개수의 확률분포

(2) 연속확률분포

연속확률분포는 확률변수 X가 연속적인 값을 갖게 되는 경우로서, 모든 x에 대하여 $f(x)$는 언제나 0 이상의 값을 가지며 $f(x)$ 아래 면적의 합은 1이므로 다음과 같은 조건을 만족한다.

$$\int_{-\infty}^{\infty} f(x)dx=1,\ f(x)\geq 0 \qquad (4-2)$$

연속확률분포에서는 이산확률분포와는 다르게 아래와 같이 주어진 영역의 면적을 구하여 확률을 계산한다.

$$P(a<X<b)=\int_a^b f(x)dx \qquad (4-3)$$

연속확률분포에서 확률변수 X가 특정한 값 x와 같을 확률 $P(X=x)=0$이 된다. 식 (4-3)으로부터 $P(X=x)=P(x\leq X\leq x)=\int_x^x f(y)dy=0$이 되기 때문이다.

정의 4-3 연속확률분포(continuous probability distribution)

연속적인(셀 수 없는) 값을 갖는 확률변수의 확률분포로서, 확률분포함수 $f(x)$는 확률 $P(a<X<b)=\int_a^b f(x)dx$를 구하기 위한 **확률밀도함수**(probability density function)를 의미함

예제 4-5 밀도함수가 $f(x)=2e^{-2x},\ 0<x<\infty$인 경우, 연속확률분포임을 보이고, $P(0<X<1)$을 구하시오.

| 풀이 |

$f(x)\geq 0$이고 $\int_0^{\infty} f(x)dx=[-e^{-2x}]_0^{\infty}=1$이므로 연속확률분포의 조건을 만족한다. 또한 $P(0<X<1)=\int_0^1 f(x)dx=[-e^{-2x}]_0^1=1-e^{-2}\doteq 0.8647$이 된다.

```
# 확률밀도함수 f(x) 정의
pdf = function(x) 2*exp(-2*x)*(x>0)
# 적분함수 integrate() 사용하여 확률 계산
integrate(pdf, 0, 1)[[1]]
[1] 0.8646647
```

4.1.3 누적분포함수

확률분포의 **누적분포함수**(cumulative distribution function)는 이산형과 연속형의 구분 없이 다음과 같이 정의된다. 즉, 누적분포함수 $F(x)$는 확률변수의 값이 x 이하일 확률이다. 단, 이산확률분포에서는 누적확률분포의 등호에 주의하여 확률을 계산할 필요가 있다.

정의 4-4 누적분포함수(cumulative distribution function)

$$F(x)=P(X\le x) \tag{4-4}$$

예제 4-6 동전을 세 번 던지는 확률실험에서 뒷면 개수에 대한 누적분포함수를 구하시오.

| 풀이 |

$f(0)=\frac{1}{8}$, $f(1)=\frac{3}{8}$, $f(2)=\frac{3}{8}$, $f(3)=\frac{1}{8}$ 이므로 $F(x)=\begin{cases} 0, & x<0 \\ \frac{1}{8}, & 0\le x<1 \\ \frac{1}{2}, & 1\le x<2 \\ \frac{7}{8}, & 2\le x<3 \\ 1, & x\ge 3 \end{cases}$

```
# 동전 3개 중 뒷면의 개수 ⇒ [그림 4-5]
(freq = choose(3, 0:3))
[1] 1 3 3 1
disc.cdf(0:3, freq, mt="동전 3개 중 뒷면의 개수 CDF")
# [참고] 이산형 확률변수의 누적분포 계산 함수 disc.cdf() 사용법
ch4.man(3)
```

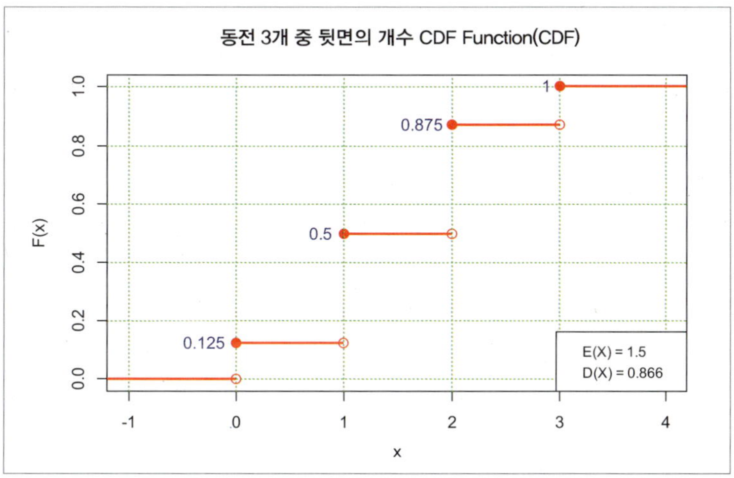

[그림 4-5] 동전 3개를 던지는 시행에서 뒷면 개수의 누적분포함수

예제 4-7 확률분포가 $f(x)=2e^{-2x}$, $0<x<\infty$인 경우, 누적 분포함수 $F(x)$를 구하시오.

| 풀이 |

$F(x)=\int_0^x f(y)dy=[-e^{-2y}]_0^x=1-e^{-2x}$가 된다.

```
# 확률밀도함수 f(x) 정의 및 누적분포함수 그래프 작성
pdf = function(x) 2*exp(-2*x)*(x>0)
# 누적확률 표시 (F(0.2), F(0.4), F(0.6), F(0.8), F(1), F(2)) ⇒ [그림 4-6]
cont.cdf(pdf, low=-1, up=3, xs=c((1:5)*0.2, 2))
# [참고] 연속형 확률변수의 누적분포 계산 함수 cont.cdf() 사용법
ch4.man(4)
```

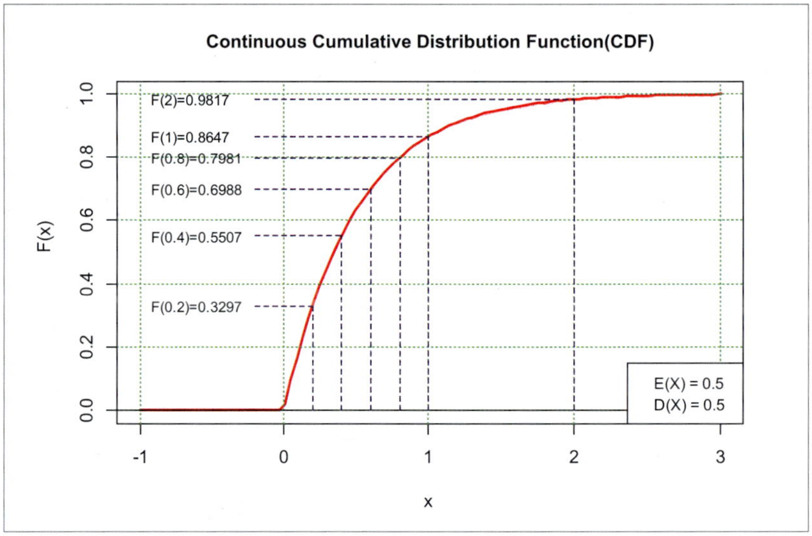

[그림 4-6] 연속형 누적분포함수 예

4.2 결합확률분포

두 개 이상의 확률변수를 다루어야 할 때는 확률변수 간에 서로 영향을 주고받을 수 있으므로 동시에 고려할 필요가 있다.

결합확률분포(joint probability distribution function)는 2개 이상의 확률변수에 대한 확률분포를 의미한다. 확률변수 X와 Y의 결합확률분포는 $f(x, y)$로 나타내며 이산확률변수의 경우에는 $f(x, y)=P(X=x, Y=y)$가 된다. 이산형 결합확률분포 $f(x, y)$의 의미는 두 확률변수 X와 Y가 동시에 각각 x와 y의 값을 가질 확률을 뜻한다.

이산확률변수들의 결합확률분포는 확률변수 X와 Y가 이산적인 값을 갖게 되는 경우로서, 모든 x와 y에 대하여 확률은 언제나 0 이상 1 이하의 값을 가지며 확률의 합은 1이므로 다음과 같은 조건을 만족한다.

$$\sum_x \sum_y f(x, y)=1,\ \ 0 \le f(x, y) \le 1 \tag{4-5}$$

예제 4-8 주사위를 두 번 던지는 시행에서 눈의 최대치를 X라고 하고, 눈의 최소치를 Y라고 할 때 X와 Y의 결합확률분포를 구하시오.

| 풀이 |

표본공간은 $6^2=36$개의 원소를 가지며, $X=x$, $Y=y$인 원소의 개수를 $n(x, y)$라 하면,

$n(x, y)=\begin{cases}1, & x=y \\ 2, & x>y\end{cases}$, 따라서 $f(x, y)=\begin{cases}1/36, & x=y; \\ 2/36, & x>y;\end{cases}$ $x, y=1, 2, \cdots, 6$

```
# 표본공간 생성
S = rolldie2(2); (N = nrow(S))
[1] 36
# 최대치 X, 최소치 Y 주변 도수분포
X = apply(S, 1, max); table(X)
 1  2  3  4  5  6
 1  3  5  7  9 11
Y = apply(S, 1, min); table(Y)
 1  2  3  4  5  6
11  9  7  5  3  1
# 결합 도수분포와 결합 확률분포 ⇒ 함수 disc.joint2() 실행
disc.joint2(X, Y)
X & Y joint/marginal frequency distribution
     Y
X      1  2  3  4  5  6 Sum
  1    1  0  0  0  0  0   1
  2    2  1  0  0  0  0   3
  3    2  2  1  0  0  0   5
  4    2  2  2  1  0  0   7
  5    2  2  2  2  1  0   9
  6    2  2  2  2  2  1  11
  Sum 11  9  7  5  3  1  36
X & Y joint/marginal probability distribution
... 이하 줄임

# [참고] 두 이산형 확률변수의 결합확률분포 계산 함수 disc.joint2() 사용법
ch4.man(5)
```

```
# [응용] 두 이산형 확률변수의 결합확률분포 그래프 ⇒ [그림 4-7]
install.packages("scatterplot3d") # 설치하지 않은 경우
library(scatterplot3d)
disc.joint2(X, Y, prt=FALSE, plot=TRUE)
```

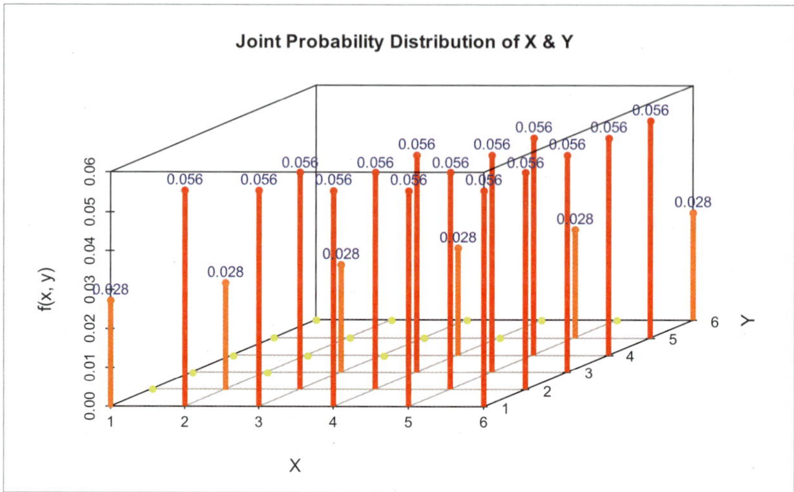

[그림 4-7] 주사위 2개 눈의 최대치-최소치 결합확률분포

연속형 결합확률분포는 확률변수 X와 Y가 연속적인 값을 갖게 되는 경우로서, $f(x, y)$는 언제나 0 이상의 값을 가지며 확률의 합은 1이므로 다음과 같은 조건을 만족한다.

$$\int_{-\infty}^{\infty}\int_{-\infty}^{\infty} f(x, y)dxdy=1,\ f(x, y)\ge 0 \qquad (4-6)$$

예제 4-9 X와 Y의 결합확률분포가 $f(x, y)=\frac{2}{a+b}(ax+by)$, $a, b>0$, $0<x<1$, $0<y<1$일 때, 결합확률분포가 됨을 확인하고, $P\left(0<X<\frac{1}{2}, 0<Y<\frac{1}{2}\right)$를 구하시오.

| 풀이 |

$\int_0^1\int_0^1 \frac{2}{a+b}(ax+by)dxdy=\frac{1}{a+b}\int_0^1(a+2by)dy=\frac{a+b}{a+b}=1$이 되므로 확률분포의 요건을 만족한다.

$$P\left(0<X<\frac{1}{2}, 0<Y<\frac{1}{2}\right)=\frac{1}{a+b}\int_0^{\frac{1}{2}}\int_0^{\frac{1}{2}}(2ax+2by)dxdy$$

$$=\frac{1}{a+b}\int_0^{\frac{1}{2}}\left(\frac{a}{4}+by\right)dy=\frac{a/8+b/8}{a+b}=\frac{1}{8}$$ 이 된다.

```
# 확률분포함수 정의
pdf = function(a, b, x, y) 2/(a+b)*(a*x+b*y)*(x>0 & x<1)*(y>0 & y<1)
# 세 가지 예 (a, b) = (1, 1), (2, 5), (5, 15)
pdf1 = function(x, y) pdf(1, 1, x, y)
pdf2 = function(x, y) pdf(2, 5, x, y)
pdf3 = function(x, y) pdf(5, 15, x, y)
# (1) 확률분포함수의 조건 충족 검토
cont.jcdf(pdf1, Inf, Inf); cont.jcdf(pdf2, Inf, Inf); cont.jcdf(pdf3, Inf, Inf)
F(Inf,Inf)  F(Inf,Inf)  F(Inf,Inf)
   1           1           1
# (2) 함수 cont.jcdf()를 사용하여 결합 확률 계산 (이중 적분)
cont.jcdf(pdf1, 0.5, 0.5)
F(0.5,0.5)
  0.125
# [참고] 두 연속형 확률변수의 결합확률 계산 함수 cont.jcdf() 사용법
ch4.man(6)

# 3차원 그래픽 패키지
library(scatterplot3d)
# [응용] 누적분포함수 플롯 ⇒ [그림 4-8]
cont.jcdfp(pdf1, 0, 1, 0, 1)
# [참고] 두 연속형 확률변수의 결합누적확률 그래프 함수 cont.jcdfp() 사용법
ch4.man(7)
```

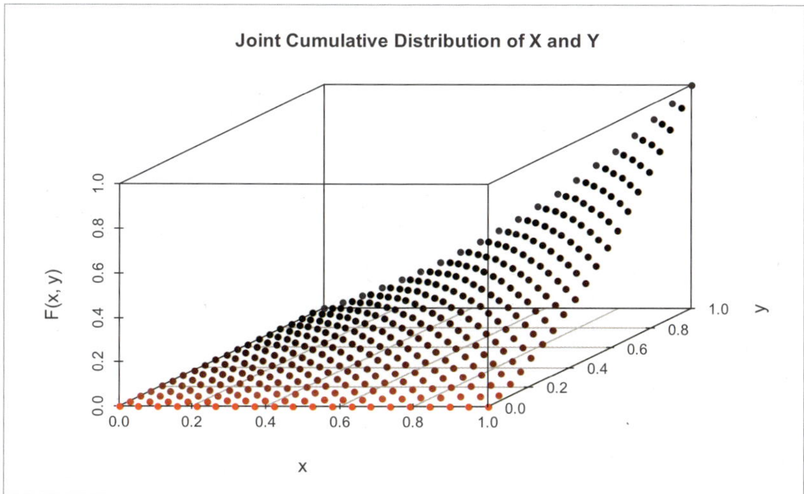

[그림 4-8] 결합 누적확률분포함수 예시 (a=1, b=1)

4.3 주변확률분포

확률변수 X와 Y의 결합확률분포 $f(x, y)$로부터 각각의 **주변확률분포**(marginal probability distribution)는 이산형의 경우 식 (4-7), 연속형의 경우 식 (4-8)과 같이 정의된다.

$$f_X(x)=\sum_y f(x, y),\ f_Y(y)=\sum_x f(x, y) \tag{4-7}$$

$$f_X(x)=\int_{-\infty}^{\infty} f(x, y)dy,\ f_Y(y)=\int_{-\infty}^{\infty} f(x, y)dx \tag{4-8}$$

예제 4-10 주사위를 두 번 던지는 시행에서 눈의 최대치를 X라고 하고, 눈의 최소치를 Y라고 할 때 X와 Y의 주변확률분포를 구하시오.

| 풀이 |

[예제 4-8]로부터 X와 Y의 결합확률분포는 아래와 같으므로,

$$f(x, y)=\begin{cases}\frac{1}{36}, & x=y; \\ \frac{2}{36}, & x>y;\end{cases} \quad x, y=1, 2, \cdots, 6$$

$$f_X(x)=\sum_y f(x, y)=\sum_{y=1}^{x-1}\frac{2}{36}+\sum_{y=x}^{x}\frac{1}{36}=\frac{1+2(x-1)}{36},\quad x=1, \cdots, 6$$

$$f_Y(y)=\sum_x f(x, y)=\sum_{x=y}^{y}\frac{1}{36}+\sum_{x=y+1}^{6}\frac{2}{36}=\frac{1+2(6-y)}{36},\quad y=1, \cdots, 6$$

```
# X, Y의 결합확률분포(도수) 정의
jfreq = function(x, y) { if (y %in% 1:6 & x %in% 1:6) {
                if (x==y) {pdf = 1
                } else if (x>y) {pdf = 2
                } else pdf = 0  } }

# X, Y의 결합확률분포를 행렬로 저장
fxy = matrix(NA, 6, 6)
for (x in 1:6) for (y in 1:6) fxy[x, y] = jfreq(x, y)
rownames(fxy) = colnames(fxy) = 1:6

# 주변확률분포 계산 함수 disc.marg2() 실행
disc.marg2(fxy)
Marginal Frequency Distribution of X
 1  2  3  4  5  6
 1  3  5  7  9 11
```

```
Marginal probability distribution of X
      1       2       3       4       5       6
0.02778 0.08333 0.13889 0.19444 0.25000 0.30556
Marginal Frequency Distribution of Y
 1  2  3  4  5  6
11  9  7  5  3  1
Marginal probability distribution of Y
      1       2       3       4       5       6
0.30556 0.25000 0.19444 0.13889 0.08333 0.02778
# [응용] 두 이산형 확률변수의 주변확률분포 그래프 ⇒ [그림 4-9]
disc.marg2(fxy, prt=FALSE, plot=TRUE)
# [참고] 두 이산형 확률변수의 주변확률분포 계산 함수 disc.marg2() 사용법
ch4.man(8)
```

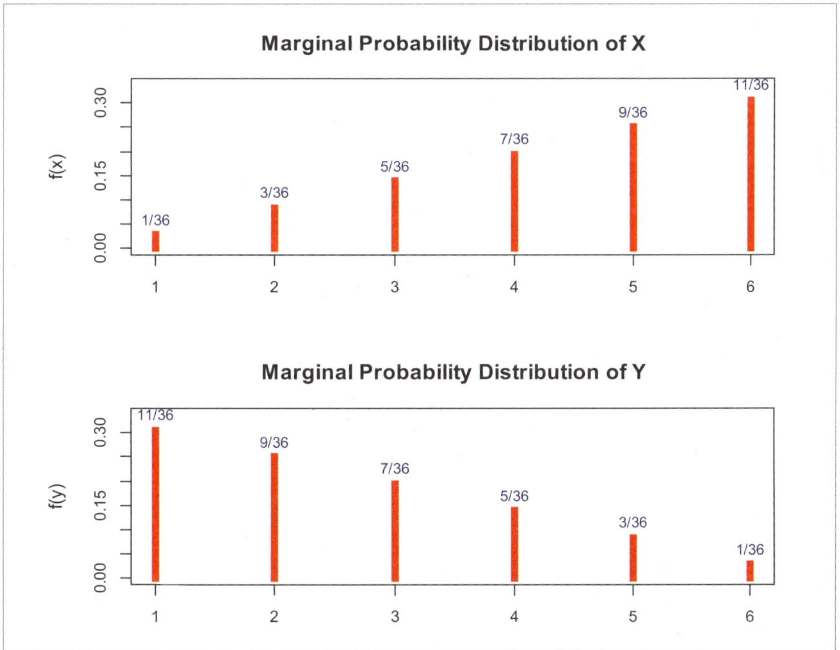

[그림 4-9] 주사위 2개 최대치(X), 최소치(Y)의 주변확률분포

예제 4-11 두 확률변수 X와 Y의 결합확률분포가 $f(x, y) = \frac{2}{a+b}(ax+by)$, $a, b>0$, $0<x<1$, $0<y<1$일 때, X와 Y의 주변확률분포를 구하시오.

| 풀이 |

$$f_X(x) = \int_0^1 \frac{2}{a+b}(ax+by)dy = \frac{2}{a+b}\left(ax+\frac{b}{2}\right) = \frac{2a}{a+b}x + \frac{b}{a+b},\ 0<x<1$$

$$f_Y(y) = \int_0^1 \frac{2}{a+b}(ax+by)dx = \frac{2}{a+b}\left(\frac{a}{2}+by\right) = \frac{a}{a+b} + \frac{2b}{a+b}y,\ 0<y<1$$

```
# 두 연속형 확률변수의 결합확률밀도함수
pdf = function(a, b, x, y) 2/(a+b)*(a*x+b*y)*(x>=0 & x<=1)*(y>=0 & y<=1)
# 두 가지 예 (a, b) = (2, 5), (5, 15)
pdf1 = function(x, y) pdf(2, 5, x, y)
pdf2 = function(x, y) pdf(5, 15, x, y)
# 주변확률밀도함수 그래프 함수 cont.marg2() 실행 ⇒ [그림 4-10]
cont.marg2(pdf2, -0.2, 1.2, -0.2, 1.2, 0:2/2, 0:2/2)

# [참고] 두 연속형 확률변수의 주변확률밀도함수 그래프 함수 cont.marg2() 사용법
ch4.man(9)
```

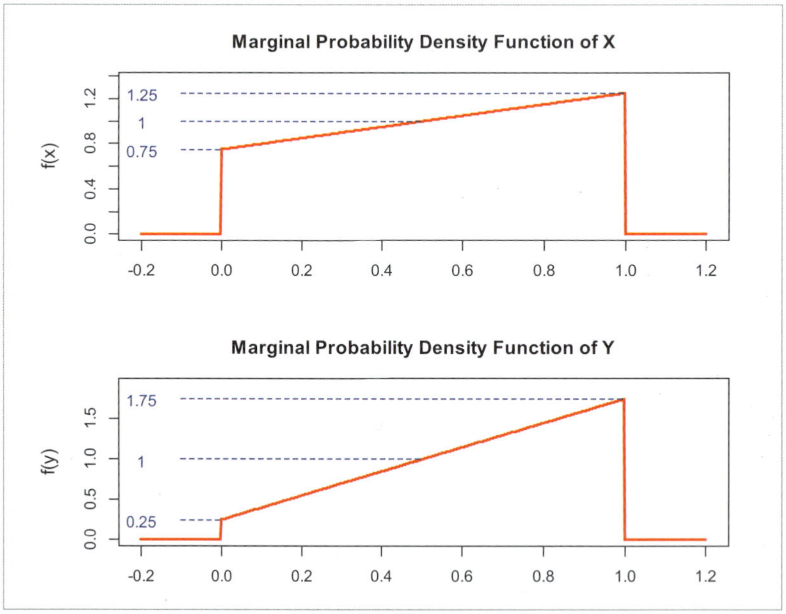

[그림 4-10] 주변 확률밀도함수 예시 (a=5, b=15)

4.4 조건부확률분포

확률변수 X와 Y의 결합확률분포 $f(x, y)$로부터 **조건부확률분포**(conditional probability distribution) $f(y|x)$와 $f(x|y)$는 식 (4-9)와 같이 정의된다.

$$f(y|x)=\frac{f(x, y)}{f_X(x)},\ f_X(x)>0;\quad f(x|y)=\frac{f(x, y)}{f_Y(y)},\ f_Y(y)>0 \qquad (4-9)$$

예제 4-12 주사위를 두 번 던지는 시행에서 눈의 최대치를 X라고 하고, 눈의 최소치를 Y라고 하자. 최소치 $Y=y$ 일 때 X의 조건부확률분포를 구하시오.

| 풀이 |

[예제 4-8]과 [예제 4-10]으로부터 $f(x, y)=\begin{cases}\frac{1}{36}, & x=y;\\ \frac{2}{36}, & x>y;\end{cases}$ for $x, y=1, 2, \cdots, 6$ 이며,

$f_Y(y)=\frac{1+2(6-y)}{36}$, for $y=1, \cdots, 6$ 이므로, $Y=y$ 일 때 X의 조건부확률분포는 아래와 같다.

$$f(x|y)=\frac{f(x, y)}{f_Y(y)}=\begin{cases}\frac{1}{1+2(6-y)}, & x=y;\\ \frac{2}{1+2(6-y)}, & x=y+1, \cdots, 6\end{cases}$$

```
# X, Y의 결합확률분포(도수) 정의
jfreq = function(x, y) (x==y)+2*(x>y)
fxy = matrix(NA, 6, 6)
for (x in 1:6) for (y in 1:6) fxy[x, y] = jfreq(x, y)
rownames(fxy) = colnames(fxy) = 1:6
# 함수 disc.cond2() 실행 ⇒ 조건부 확률분포
disc.cond2(fxy, Ys=1:6)
Conditional prob. dist. of X (Y = 1)
1       2       3       4       5       6
1/11    2/11    2/11    2/11    2/11    2/11
Conditional prob. dist. of X (Y = 2)
1       2       3       4       5       6
0/9     1/9     2/9     2/9     2/9     2/9
이하 줄임...

# [응용] 조건부 확률분포 f(x|y=1) 그래프 ⇒ [그림 4-11]
disc.cond2(fxy, Ys=1:6, prt=FALSE, plot=TRUE)
# [참고] 조건부 확률분포 f(x|y) 계산 함수 disc.cond2() 사용법
ch4.man(10)
```

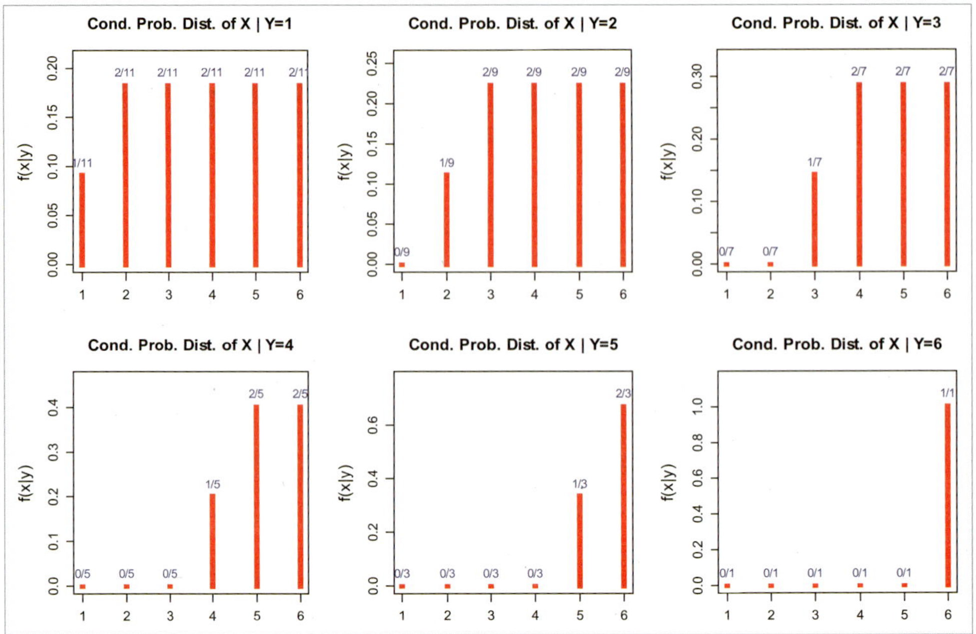

[그림 4-11] X의 조건부 확률분포 (Y=1:6)

예제 4-13 두 확률변수 X와 Y의 결합확률분포가 $f(x, y)=\dfrac{2}{a+b}(ax+by)$, $a, b>0$, $0<x<1$, $0<y<1$일 때, 조건부확률분포 $f(x|y)$를 구하시오.

| 풀이 |

[예제 4-11]로부터 $f_Y(y)=\dfrac{a+2by}{a+b}$ 이므로,

$$f(x|y)=\frac{\frac{2}{a+b}(ax+by)}{\frac{1}{a+b}(a+2by)}=\frac{2ax+2by}{a+2by},\ 0<x<1,\ 0<y<1$$

```
# 두 연속형 확률변수의 결합확률밀도함수 ([예제 4-11]과 같음)
pdf = function(a, b, x, y) 2/(a+b)*(a*x+b*y)*(x>=0 & x<=1)*(y>=0 & y<=1)
# 예 (a, b) = (1, 1)
pdf1 = function(x, y) pdf(1, 1, x, y)

# [응용] 두 연속형 확률변수의 조건부 확률밀도함수 그래프 ⇒ [그림 4-12]
cont.cond2(pdf1, yc=0.1, xs=0:2/2, lo=-0.2, up=1.2)
# [참고] 두 연속형 확률변수의 조건부 확률밀도함수 cont.cond2() 사용법
ch4.man(11)
```

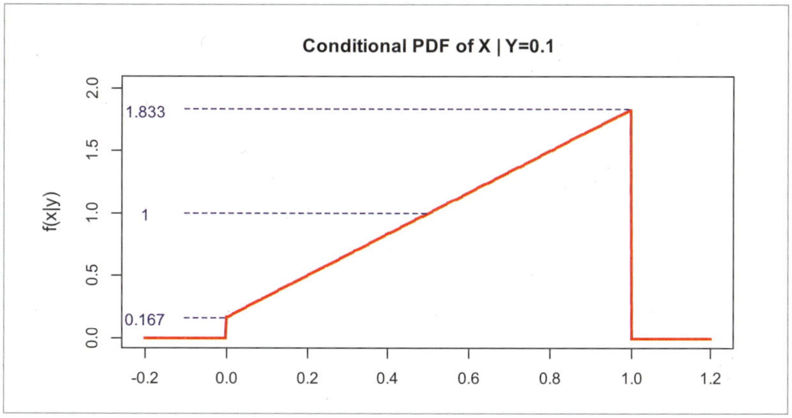

[그림 4-12] X의 조건부 확률분포 (Y=0.1)

4.5 확률변수의 독립

4.5.1 통계적 독립의 개념

두 확률변수 X와 Y가 통계적으로 독립이라는 것은 서로의 확률분포에 영향을 미치지 않는다는 것을 의미한다. 확률변수 X와 Y의 결합확률분포를 $f(x, y)$, X와 Y의 주변확률분포를 각각 $f_X(x)$, $f_Y(y)$라 할 때, 다음의 정리가 성립한다.

정리 4-1 통계적 독립(statistically independent)

확률변수 X와 Y가 통계적으로 독립이기 위한 필요충분조건은

$$f(x, y) = f_X(x) f_Y(y), \quad \text{for all} \quad x, y \tag{4-10}$$

예제 4-14 주사위를 두 번 던지는 시행에서 눈의 최대치를 X라 하고, 눈의 최소치를 Y라 할 때, 확률변수 X와 Y가 독립인지 판정하시오.

| 풀이 |

반례를 보인다. $f(1,1) = \frac{1}{36}$ 이고, $f_X(1) = \frac{1}{36}$, $f_Y(1) = \frac{11}{36}$ 이므로 $f(1,1) \neq f_X(1) f_Y(1)$ 이다. 따라서 확률변수 X와 Y는 독립이 아니다.

```
S = rolldie2(2); X = apply(S, 1, max); Y = apply(S, 1, min)
disc.ind2(X, Y, prt=FALSE)
max|f(x,y)-f(x)f(y)| = 1.083333 / 36 ⇒ Not Independent
```

예제 4-15 주사위를 두 번 던지는 시행에서 3 이상 눈의 개수를 X라 하고, 짝수 눈의 개수를 Y라 할 때, 확률변수 X와 Y가 독립인지 판정하시오.

| 풀이 |

표본공간에서 확률변수 X와 Y의 값을 구하면 아래의 표와 같다.

원소	X	Y	원소	X	Y	원소	X	Y	원소	X	Y	원소	X	Y	원소	X	Y
(1,1)	0	0	(1,2)	0	1	(1,3)	1	0	(1,4)	1	1	(1,5)	1	0	(1,6)	1	1
(2,1)	0	1	(2,2)	0	2	(2,3)	1	1	(2,4)	1	2	(2,5)	1	1	(2,6)	1	2
(3,1)	1	0	(3,2)	1	1	(3,3)	2	0	(3,4)	2	1	(3,5)	2	0	(3,6)	2	1
(4,1)	1	1	(4,2)	1	2	(4,3)	2	1	(4,4)	2	2	(4,5)	2	1	(4,6)	2	2
(5,1)	1	0	(5,2)	1	1	(5,3)	2	0	(5,4)	2	1	(5,5)	2	0	(5,6)	2	1
(6,1)	1	1	(6,2)	1	2	(6,3)	2	1	(6,4)	2	2	(6,5)	2	1	(6,6)	2	2

위의 결과를 정리하여 빈도와 확률을 구하면,

X \ Y	0	1	2	소계
0	1	2	1	4
1	4	8	4	16
2	4	8	4	16
소계	9	18	9	36

X \ Y	0	1	2	소계
0	1/36	1/18	1/36	1/9
1	1/9	2/9	1/9	4/9
2	1/9	2/9	1/9	4/9
소계	1/4	1/2	1/4	1

모든 $x, y=0, 1, 2$에 대하여 $f(x, y)=f_X(x)f_Y(y)$가 성립하므로 확률변수 X와 Y는 독립이다.

```
S = rolldie2(2)
# 3이상 눈의 개수 X
X = apply(S, 1, function(x) sum(x>=3))
# 짝수의 개수 Y
Y = apply(S,1, function(x) sum(x %% 2 ==0))
# 함수 disc.ind2()를 실행하여 독립성 판정 ⇒ X와 Y는 독립
disc.ind2(X, Y)
Joint PDF: f(x,y)×36 ⇒ [f(x,y)-f(x)f(y)]×36
    0  1  2 Sum value 0 1 2 Sum
0   1  2 1   4     0 0 0 0   0
1   4  8 4  16     1 0 0 0   0
2   4  8 4  16     2 0 0 0   0
Sum 9 18 9  36    NA 0 0 0   0
f(x,y) = f(x)f(y) ⇒ Independent
```

```
# [참고] 두 이산형 확률변수의 독립성 판정 함수 disc.ind2() 사용법
ch4.man(12)
# [응용] X, Y 독립성 검토 (X=중앙값, Y=범위)
X = apply(S, 1, median)
Y = apply(S, 1, function(x) max(x)-min(x))
disc.ind2(X, Y, prt=FALSE)
max|f(x,y)-f(x)f(y)| = 1.666667 / 36 ⇒ Not Independent
```

예제 4-16 두 확률변수 X와 Y의 결합확률분포가 $f(x, y)=\dfrac{2}{a+b}(ax+by)$, $a, b>0$, $0<x<1$, $0<y<1$일 때, 확률변수 X와 Y가 독립인지 판정하시오.

| 풀이 |

[예제 4-11]로부터 $f_X(x)=\dfrac{2a}{a+b}x+\dfrac{b}{a+b}$, $f_Y(y)=\dfrac{a}{a+b}+\dfrac{2b}{a+b}y$이므로, $f(x, y)\neq f_X(x)f_Y(y)$이다. 따라서 확률변수 X와 Y는 독립이 아니다.

```
# 두 연속형 확률변수의 결합확률밀도함수 ([예제 4-11]과 같음)
pdf = function(a, b, x, y) 2/(a+b)*(a*x+b*y)*(x>=0 & x<=1)*(y>=0 & y<=1)
# 예 (a, b) = (1, 1) ⇒ 독립성 검토 함수 cont.ind2() 실행
pdf1 = function(x, y) pdf(1, 1, x, y)
cont.ind2(pdf1, lo1=0, up1=1, lo2=0, up2=1)
max|f(x,y)-f(x)f(y)| = 2.5e-01 ⇒ Not Independent.
# [참고] 두 연속형 확률변수의 독립성 검토 함수 cont.ind2() 사용법
ch4.man(13)
```

예제 4-17 두 확률변수 X와 Y의 결합확률분포가 $f(x, y)=8e^{-2x-4y}$, $0<x<\infty$, $0<y<\infty$일 때, 확률변수 X와 Y가 독립인지 판정하고, 조건부확률분포 $f(x|y)$를 구하시오.

| 풀이 |

주변확률분포를 구하면,

$$f_X(x)=\int_0^\infty 8e^{-2x-4y}dy=\left[-2e^{-2x-4y}\right]_0^\infty=2e^{-2x},\ \ 0<x<\infty$$

$$f_Y(y)=\int_0^\infty 8e^{-2x-4y}dx=\left[-4e^{-2x-4y}\right]_0^\infty=4e^{-4y},\ \ 0<y<\infty$$

따라서 $f(x, y)=f_X(x)f_Y(y)$이 성립하므로 확률변수 X와 Y는 독립이다.

조건부확률분포 $f(x|y)=\dfrac{f(x, y)}{f_Y(y)}=\dfrac{8\exp(-2x-4y)}{4\exp(-4y)}=2e^{-2x}$로서 $f_X(x)$와 같다. 이는 확률변수 Y가 확률변수 X에 영향을 주지 못하는 것을 의미한다. 이와 유사하게 $f(y|x)=f_Y(y)$임을 쉽게 보일 수 있으며, 결과적으로 두 확률변수는 독립이다.

```
# 두 연속형 확률변수의 결합확률밀도함수
pdf = function(x, y) ifelse(x<0 | y<0, 0, 8*exp(-2*x - 4*y))
# 두 연속형 확률변수의 독립성 검토 함수 실행
cont.ind2(pdf, lo1=0, up1=100, lo2=0, up2=100)
f(x,y)=f(x)f(y) ⇒ Independent. (Error bound = 8.784e-11 )
```

다음의 정리는 두 확률변수 X와 Y의 주변확률분포를 구하지 않고도 통계적으로 독립인지 여부를 쉽게 판정할 수 있게 해준다. [예제 4-17]에서 $g(x)=8e^{-2x}$, $h(y)=e^{-4y}$라 하면, $f(x, y)=g(x)h(y)$이므로 X와 Y는 통계적으로 독립임을 알 수 있다.

정리 4-2 통계적 독립(statistically independent) 조건

두 확률변수 X와 Y의 결합분포함수가 $f(x, y)=g(x)h(y)$, 즉 x만의 함수 $g(x)$와 y만의 함수 $h(y)$의 곱으로 표현되고 X와 Y의 정의역이 서로 간섭받지 않으면, 확률변수 X와 Y는 통계적으로 독립이다.

두 확률변수 X와 Y가 서로 독립이면, 임의의 상수 $a<b$와 $c<d$에 대해서 아래의 식이 성립한다. 즉, X와 Y의 확률을 따로 계산하여 곱하면 결합확률을 구할 수 있다. 그러나 역으로 X와 Y의 독립성이 성립하려면 모든 상수에 대해 아래의 식을 만족해야 한다.

$$P(a<X<b, c<Y<d)=P(a<X<b)P(c<Y<d) \tag{4-11}$$

4.5.2 여러 확률변수의 독립

앞에서는 확률변수의 수가 두 개인 경우에 대하여 설명하였는데, 이를 n차원으로 확장하여 적용한다. 확률변수 $X_1, X_2, \cdots, X_n$의 결합확률분포를 $f(x_1, x_2, \cdots, x_n)$라 하면 X_i의 주변확률분포는 나머지 확률변수들의 영역에 대하여 더하거나(이산형) 적분하여(연속형) 계산할 수 있다. 또한 확률변수 $X_1, X_2, \cdots, X_n$들이 서로 독립이면 다음 식이 성립한다.

$$f(x_1, x_2, \cdots, x_n)=f_1(x_1)f_2(x_2)\cdots f_n(x_n) \tag{4-12}$$

예제 4-18 X_1, X_2, X_3 의 결합확률분포가 $f(x_1, x_2, x_3)=6e^{-x_1-2x_2-3x_3}(x_1>0,\ x_2>0,\ x_3>0)$ 일 때, X_1, X_2, X_3 의 주변확률분포를 구하고, 이들이 독립인지 확인하시오.

| 풀이 |

$$f_1(x_1)=\int_0^\infty\int_0^\infty 6e^{-x_1-2x_2-3x_3}dx_2dx_3=e^{-x_1}\int_0^\infty 2e^{-2x_2}dx_2\int_0^\infty 3e^{-3x_3}dx_3=e^{-x_1}\quad(x_1>0)$$

$$f_2(x_2)=\int_0^\infty\int_0^\infty 6e^{-x_1-2x_2-3x_3}dx_1dx_3=2e^{-2x_2}\int_0^\infty e^{-x_1}dx_1\int_0^\infty 3e^{-3x_3}dx_3=2e^{-2x_2}\quad(x_2>0)$$

$$f_3(x_3)=\int_0^\infty\int_0^\infty 6e^{-x_1-2x_2-3x_3}dx_1dx_2==3e^{-3x_3}\int_0^\infty e^{-x_1}dx_1\int_0^\infty 2e^{-2x_2}dx_2=3e^{-3x_3}\quad(x_3>0)$$

따라서 $f(x_1, x_2, x_3)=6e^{-x_1-2x_2-3x_3}=f_1(x_1)f_2(x_2)f_3(x_3)$ 이므로 X_1, X_2, X_3 는 독립이다. ■

4.6 확률변수의 변환*

앞에서 살펴본 바와 같이 동일한 표본공간 상에서 정의할 수 있는 확률변수는 무수히 많으며, 기존에 정의된 확률변수를 이용하여 새로운 확률변수를 정의해야 하는 경우가 자주 발생한다. 예를 들면, 동전을 세 번 던져서 나온 앞면의 개수를 X라 할 때, 앞면의 개수의 제곱만큼 100이라는 수익이 발생한다면, '수익'이라는 새로운 확률변수는 $Y=100X^2$ 이 된다. 즉, 새로운 확률변수 Y는 확률변수 X의 함수 형태인 $Y=u(X)$로 표현할 수 있는데, 4.6절에서는 확률변수 X의 확률분포로부터 새로운 확률변수 Y의 확률분포를 구하는 방법을 설명한다.

새로운 확률변수 $Y=u(X)$의 확률분포를 구하는 방법은 다양하지만, 여기서는 누적분포함수법과 변수변환법에 대하여 설명한다.

4.6.1 누적분포함수법

누적분포함수법(method of cumulative distribution function)은 기존 확률변수의 확률분포로부터 새로운 확률변수의 누적분포함수를 계산한 후, 이를 미분하여 확률밀도함수를 구하는 방법으로서, 연속형 확률변수인 경우에 사용된다. 기존 확률변수 X의 확률밀도함수를 $f(x)$라 하고, 새로운 확률변수 $Y=u(X)$라 하면, 다음과 같이 Y의 누적분포함수 $G(y)=P(Y\le y)$를 구할 수 있다.

$$G(y)\equiv P(Y\le y)=P(u(X)\le y)=\int_{u(x)\le y}f(x)dx \tag{4-13}$$

다음으로 확률변수 Y의 확률밀도함수 $g(y)$는 $G(y)$를 미분하여 구한다. 만약 함수 $u(x)$가 단조증가 함수이고 역함수 $u^{-1}(y)$가 존재한다면, 다음과 같이 쉽게 Y의 누적분포함수를 구할 수 있다.

$$G(y) \equiv P(Y \le y) = P(u(X) \le y) = P\left(X \le u^{-1}(y)\right) = F\left(u^{-1}(y)\right) \qquad (4-14)$$

간단한 예로써, $Y=5X$ 라 하면,

$G(y) \equiv P(Y \le y) = P(5X \le y) = P\left(X \le \frac{y}{5}\right) = F\left(\frac{y}{5}\right)$ 이므로,

$g(y) = G'(y) = \frac{1}{5} f\left(\frac{y}{5}\right)$와 같이 구할 수 있다.

예제 4-19 확률변수 X의 확률밀도함수가 $f(x)=2x,\ 0 \le x \le 1$ 일 때, 새로운 확률변수 $Y=10X-4$ 의 확률밀도함수를 구하시오.

| 풀이 |

$G(y) \equiv P(Y \le y) = P(10X-4 \le y) = P\left(X \le \frac{y+4}{10}\right) = F\left(\frac{y+4}{10}\right)$ 이며,

$F(x) = \int_0^x 2w\,dw = x^2,\ 0 \le x \le 1$ 이므로,

$G(y) = \left(\frac{y+4}{10}\right)^2,\ -4 \le y \le 6$ 이 되고, $g(y) = G'(y) = \frac{y+4}{50},\ -4 \le y \le 6$ ■

4.6.2 변수변환법

변수변환법(method of transformation)은 확률변수 X와 Y가 일대일 관계인 경우 사용할 수 있다. 이산확률변수인 경우와 연속확률변수인 경우 모두 사용 가능하지만, 적용 방식에는 약간의 차이가 있다.

확률변수 X의 확률분포함수를 $f(x)$라 하고, 새로운 확률변수 Y는 확률변수 X와 $Y=u(X)$인 일대일 함수 관계라고 하자. 이 경우 함수 $Y=u(X)$의 역함수인 $X=u^{-1}(Y)$가 존재하며, 이산형의 경우 식 (4-15), 연속형의 경우 식 (4-16)을 이용하여 확률변수 Y의 확률분포함수를 구한다.

$$g(y) = P(Y=y) = P\left(X = u^{-1}(y)\right) = f\left(u^{-1}(y)\right) \qquad (4-15)$$

$$g(y) = f\left(u^{-1}(y)\right)\left|\frac{dx}{dy}\right| \qquad (4-16)$$

예제 4-20 확률변수 X의 확률분포함수가 $f(x)=\frac{1}{6}\left(\frac{5}{6}\right)^{x-1}$, $x=1, 2, 3, \cdots$일 때, 새로운 확률변수 $Y=X^2$의 확률분포를 구하시오.

| 풀이 |

X의 값이 모두 양수이므로 확률변수 X와 Y는 일대일 관계이고, $y=x^2$이므로 $x=\sqrt{y}$이다. 따라서 확률변수 Y의 확률분포는 $g(y)=f(\sqrt{y})=\frac{1}{6}\left(\frac{5}{6}\right)^{\sqrt{y}-1}$, $y=1, 4, 9, \cdots$이다. ■

➲ 이산확률변수 X에 대하여 $Y=u(X)$인 일대일 변환을 하면 X의 확률이 그대로 Y에 계승된다. 즉, $P(X=x)=P(Y=u(x))$

예제 4-21* 확률변수 X의 확률밀도함수가 $f(x)=2x$, $0\le x\le 1$일 때, 새로운 확률변수 $Y=10X-4$와 $W=-10X+4$의 확률밀도함수를 각각 구하고, $P(0.3<X<0.7)$, $P(-1<Y<3)$, $P(-3<W<1)$을 구하여 비교하시오.

| 풀이 |

변환함수 $u(x)=10x-4$, $v(x)=-10x+4$라 하면, $Y=u(X)$, $W=v(X)$로서 모두 일대일 함수이다. 역함수 $u^{-1}(y)=(y+4)/10$, $v^{-1}(w)=-(w-4)/10$을 구하고 식 (4-16)을 적용하면,

$$g(y)=f\left(\frac{y+4}{10}\right)\left|\frac{dx}{dy}\right|=\frac{1}{10}f\left(\frac{y+4}{10}\right)=\frac{1}{10}\left(\frac{y+4}{5}\right)=\frac{y+4}{50},\ -4\le y\le 6,$$

$$h(w)=f\left(\frac{-w+4}{10}\right)\left|\frac{dx}{dw}\right|=\frac{1}{10}f\left(\frac{-w+4}{10}\right)=\frac{-w+4}{50},\ -6\le w\le 4$$를 얻는다.

$P(0.3<X<0.7)=\int_{0.3}^{0.7}2xdx=0.7^2-0.3^2=0.4$이며,

$$P(-1<Y<3)=\int_{-1}^{3}\frac{y+4}{50}dy=\left[\frac{(y+4)^2}{100}\right]_{-1}^{3}=0.49-0.09=0.4,$$

$$P(-3<W<1)=\int_{-3}^{1}\frac{-w+4}{50}dw=\left[\frac{-(w-4)^2}{100}\right]_{-3}^{1}=-0.09+0.49=0.4$$ 로서,

$P(0.3<X<0.7)$과 같은 결과를 얻는다.

```
# X의 pdf 정의
fx = function(x) 2*x*(x>=0 & x<=1)
# 변수변환법
ty = function(x) 10*x - 4
tw = function(x) -10*x + 4
fy = function(y) fx((y+4)/10)/10
fw = function(w) fx((-w+4)/10)/10
# 함수 cont.trans()를 사용하여 확률 계산
cont.trans(fx, list(y=ty, w=tw), list(fy, fw), 0.3, 0.7, lo=0, up=1)
Pr(0.3 < X < 0.7) = 0.4
Pr(-1 < Y < 3) = 0.4
Pr(-3 < W < 1) = 0.4
```

```
# [응용] 결과 출력 ⇒ [그림 4-13]
cont.trans(fx, list(y=ty, w=tw), list(fy, fw), 0.3, 0.7, plot=TRUE, cex=1.3)
# Y의 확률밀도함수는 X의 확률밀도함수의 하한 0을 -4로 이동시키고 폭을 10배로 넓힌 형
  태임 (높이는 10분의 1일이 됨)
# W의 확률밀도함수는 Y의 확률밀도함수를 0을 중심으로 대칭 이동시킨 형태임
# [참고] 연속형 확률변수의 변환 확률 계산 함수 cont.trans() 사용법
ch4.man(14)
```

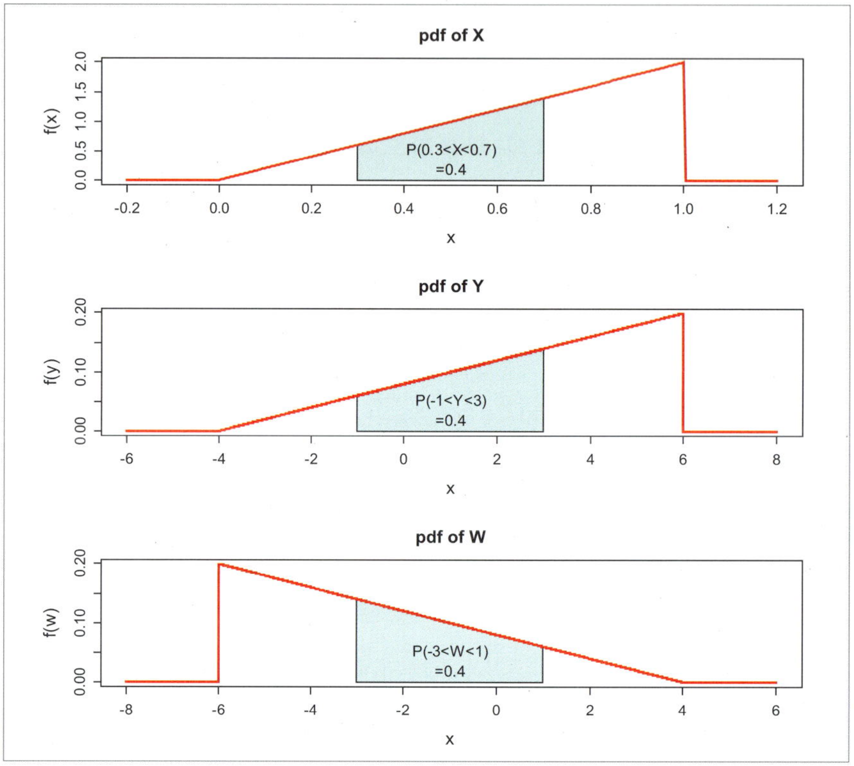

[그림 4-13] 변수변환법에 의한 확률분포 변환

연습문제

1 동전 한 개를 네 번 던지는 실험에서 다음의 질문에 답하시오.

(1) 균일한 확률을 갖는 표본공간 원소의 개수를 구하시오.

(2) 앞면이 나온 횟수를 X라 할 때, 확률변수 X의 확률분포를 구하시오.

(3) 뒷면이 나온 횟수를 Y라 할 때, 확률변수 Y의 확률분포를 구하시오.

(4) $X-Y$를 V라 할 때, 확률변수 V의 확률분포를 구하시오.

(5) $|X-Y|$를 W라 할 때, 확률변수 W의 확률분포를 구하시오.

(6) 확률변수 X, Y, V, W의 누적확률분포를 각각 구하시오.

(7) 확률변수 X, Y, V, W 간의 결합확률분포를 각각 구하시오.

2 한 개의 주사위를 두 번 던지는 실험에서 다음의 질문에 답하시오.

(1) 균일한 확률을 갖는 표본공간 원소의 개수를 구하시오.

(2) 두 눈의 합을 X라 할 때, 확률변수 X의 확률분포를 구하시오.

(3) 두 눈의 차(범위)를 Y라 할 때, 확률변수 Y의 확률분포를 구하시오.

(4) 두 눈의 최소치를 V라 할 때, 확률변수 V의 확률분포를 구하시오.

(5) 두 눈의 최대치를 W라 할 때, 확률변수 W의 확률분포를 구하시오.

(6) 확률변수 X, Y, V, W 간의 결합확률분포를 각각 구하시오.

3 흰 공 8개, 파란 공 5개, 빨간 공 3개가 들어있는 있는 항아리에서 8개의 공을 랜덤 샘플링 했을 때 나오는 파란 공의 개수를 X, 빨간 공의 개수를 Y라 하자.

(1) 균일한 확률을 갖는 표본공간 원소의 개수를 구하시오.

(2) 확률변수 X의 확률분포를 구하시오.

(3) 확률변수 Y의 확률분포를 구하시오.

(4) $X-Y$를 V라 할 때, 확률변수 V의 확률분포를 구하시오.

(5) $|X-Y|$를 W라 할 때, 확률변수 W의 확률분포를 구하시오.

4 다음의 함수 $f(x)$가 이산확률변수 X의 확률분포함수가 되도록 상수 c값을 각각 구하시오.

(1) $f(x)=cx^2$, $x=0, 1, 2, \cdots, 9, 10$

(2) $f(x)=cx^3$, $x=0, 1, 2, \cdots, 9, 10$

(3) $f(x)=cp^x$, $x=0, 1, 2, \cdots, \infty$ $(0<p<1)$

(4) $f(x)=cp^x$, $x=0, 1, 2, \cdots, 9, 10$ $(0<p<1)$

(5) $f(x)=c\dfrac{3^x}{x!}$, $x=0, 1, 2, \cdots, \infty$

(6) $f(x)=c\dbinom{10}{x}\left(\dfrac{1}{5}\right)^x$, $x=0, 1, 2, \cdots, 9, 10$

(7) $f(x)=c\dbinom{4}{x}\dbinom{6}{4-x}$, $x=0, 1, 2, 3, 4$

5 다음의 함수 $f(x)$가 연속확률변수 X의 확률분포가 되도록 상수 c값을 각각 구하시오.

(1) $f(x)=cx^n$, $0<x<1$

(2) $f(x)=ce^{-5x}$, $0<x<\infty$

(3) $f(x)=ce^{-5x}$, $0<x<10$

(4) $f(x)=cxe^{-5x}$, $0<x<\infty$

(5) $f(x)=cx^2e^{-5x}$, $0<x<\infty$

6 5번 문제에서 각각에 대한 누적확률분포함수를 구하시오.

7 5번 문제에서 각각에 대하여 $P(0.5<X<1)$을 계산하시오.

R1 여덟 명의 신사가 각각 우산을 들고 모였는데, 갑자기 정전이 돼서 아무 우산이나 들고 집으로 돌아갔다고 하자. 자기 자신의 우산을 들고 간 신사의 수를 X라고 할 때, 확률변수 X의 확률분포를 구하시오.

8 확률변수 X와 Y의 결합확률분포가 다음과 같다.

$$f(x, y)=c(x+y),\ x=0, 1, 2, 3, 4;\ y=0, 1, 2, 3$$

(1) 위의 함수가 확률분포함수가 되도록 상수 c를 구하시오.

(2) $P(X>Y)$를 계산하시오.

(3) X와 Y의 주변확률분포를 각각 구하시오.

(4) X와 Y가 통계적으로 독립인지 판정하시오.

(5) $Y=0$ 일 때 X의 조건부확률분포를 구하시오.

9 확률변수 X와 Y의 결합확률분포가 다음과 같다.

$$f(x, y)=cxy,\ \ x=1, 2, 3, 4;\ y=1, 2, 3$$

(1) 위의 함수가 확률분포함수가 되도록 상수 c를 구하시오.

(2) $P(X>Y)$를 계산하시오.

(3) X와 Y의 주변확률분포를 각각 구하시오.

(4) X와 Y가 통계적으로 독립인지 판정하시오.

(5) $Y=3$일 때 X의 조건부확률분포를 구하시오.

10 확률변수 X와 Y의 결합확률분포가 다음과 같다.

$$f(x, y)=cxy,\ \ 0<x<y<1$$

(1) 위의 함수가 확률분포함수가 되도록 상수 c를 구하시오.

(2) $P(0\le X\le 0.5,\ 0\le Y\le 0.5)$를 계산하시오.

(3) X와 Y의 주변확률분포를 각각 구하시오.

(4) X와 Y가 통계적으로 독립인지 판정하시오.

(5) $Y=y$일 때 X의 조건부확률분포를 구하시오.

11 확률변수 X와 Y의 결합확률분포가 다음과 같다.

$$f(x, y)=c(x+y),\ \ 0<x<y<1$$

(1) 위의 함수가 확률분포함수가 되도록 상수 c를 구하시오.

(2) $P(0\le X\le 0.5,\ 0\le Y\le 0.5)$를 계산하시오.

(3) X와 Y의 주변확률분포를 각각 구하시오.

(4) X와 Y가 통계적으로 독립인지 판정하시오.

(5) $Y=y$일 때 X의 조건부확률분포를 구하시오.

12 확률변수 X와 Y의 결합확률분포가 다음과 같다.

$$f(x, y)=ce^{-(x+y)},\ \ 0<x<y<\infty$$

(1) 위의 함수가 확률분포함수가 되도록 상수 c를 구하시오.

(2) $P(0\le X\le 0.5,\ 0\le Y\le 0.5)$를 계산하시오.

(3) X와 Y의 주변확률분포를 각각 구하시오.

(4) X와 Y가 통계적으로 독립인지 판정하시오.

(5) $Y=y$일 때 X의 조건부확률분포를 구하시오.

R2 주사위 세 개를 던지는 시행에서 다음의 확률변수 X와 Y가 독립인지 각각 판정하시오.

(1) 눈의 최대치 X, 짝수 눈의 개수 Y

(2) 눈의 최소치 X, 짝수 눈의 개수 Y

(3) 3 이상 눈의 개수 X, 짝수 눈의 개수 Y

(4) 4 이상 눈의 개수 X, 짝수 눈의 개수 Y

13 확률변수 X의 확률분포 $f(x)$가 $f(x)=\frac{3}{2}x^2$, $-1\le x\le 1$일 때, 아래의 확률변수 Y의 확률분포함수를 구하시오.

(1) $Y=2X$ (2) $Y=2-X$ (3) $Y=X^2$

14 확률변수 X의 확률분포 $f(x)$가 $f(x)=2(1-x)$, $0\le x\le 1$일 때, 아래의 확률변수 Y의 확률분포함수를 구하시오.

(1) $Y=X-1$ (2) $Y=1-X$ (3) $Y=X^2$

R3 (1) 주사위를 5회 던지는 실험에서 나오는 숫자의 합 X에 대한 확률분포를 구하고 그래프로 나타내시오.

(2) 주사위를 6회 던지는 실험에서 나오는 숫자의 합 X에 대한 확률분포를 구하고 그래프로 나타내시오.

(3) 앞의 두 그래프를 비교 설명하시오.

R4 (1) 500개의 제품 중 80개의 불량품이 있는 상자로부터 10개의 제품을 랜덤 샘플링 했을 때, 발견되는 불량품 개수 X에 대한 확률분포를 구하고, 그래프로 나타내시오.

(2) 5000개의 제품 중 800개의 불량품이 있는 상자로부터 10개의 제품을 랜덤 샘플링 했을 때, 발견되는 불량품 개수 X에 대한 확률분포를 구하고, 그래프로 나타내시오.

(3) 앞의 두 그래프를 비교 설명하시오.

R5 (1) 동전 5개를 던지는 확률실험에서 뒷면 개수에 대한 누적분포함수를 구하시오.

(2) 동전 10개를 던지는 확률실험에서 뒷면 개수에 대한 누적분포함수를 구하시오.

(3) 앞의 두 그래프를 비교 설명하시오.

R6 주사위를 네 번 던지는 시행에서 눈의 최대치를 X라고 하고, 눈의 최소치를 Y라고 할 때 X와 Y의 결합확률분포를 구하고, 그래프를 작성하시오.

CHAPTER 05

확률변수의 기댓값

Rstat

contents

05 확률변수의 기댓값

본 장에서는 확률변수의 확률분포를 요약해서 나타낼 수 있는 기댓값과 분산, 공분산과 상관계수에 대하여 살펴본다. 먼저 5장에서 사용할 함수를 다음과 같이 정의한다.

```
# R 아이콘을 더블클릭하여 실행
# 패키지 'Rstat'을 불러옴
library(Rstat)

# 5장 함수 정의 (번역) (번호를 입력하면 해당 함수의 사용법 확인 가능)
ch5.man()
[1] disc.exp 이산형 확률변수의 기댓값 계산 및 플롯
[2] disc.jexp 두 이산형 확률변수의 결합확률과 기댓값 계산
[3] cont.jexp 두 연속형 확률변수의 결합확률과 기댓값 계산
[4] corr.plot 여러 이산형 확률변수의 상관계수 계산 및 산점도 플롯
```

5.1 확률변수의 기댓값

5.1.1 기댓값의 개념

확률변수의 **기댓값**은 확률변수의 결과 값을 그 확률변수의 확률분포를 가중치로 평균한 값으로서, 확률실험을 무한히 반복했을 때 관측되는 확률변수 값들의 평균의 의미를 갖는다. 이산확률변수 X의 기댓값은 식 (5–1)로 정의되고, 연속확률변수 X의 기댓값은 식 (5–2)로 정의된다.

정의 5–1 확률변수의 기댓값(expected value)

이산형: $\mu_X = E(X) = \sum_x x f(x)$ (5–1)

연속형: $\mu_X = E(X) = \int_{-\infty}^{\infty} x f(x) dx$ (5–2)

예제 5–1 동전을 세 번 던져 나온 (앞면의 개수–뒷면의 개수)만큼 100원씩 주고받는 게임에서 수익을 확률변수 X라 할 때([예제 4–1]), X의 기댓값을 구하시오.

| 풀이 |

4장의 [그림 4–2]로부터 확률변수 X의 확률분포는 다음과 같다.

$f(300)=f(-300)=\frac{1}{8}$, $f(100)=f(-100)=\frac{3}{8}$

$E(X)=\sum_x x f(x)=(300-300+300-300)/8=0$ 이 되므로, 이 게임은 공정하다.

```
# 확률분포
x = c(-3, -1, 1, 3)*100
p = choose(3, 0:3)/8
# 함수 disc.exp() 실행 후 기댓값 출력
disc.exp(x, p)
E(X) = 0
V(X) = 30000 - 0² = 30000
D(X) = √(30000) = 173.205
# [응용] 이산형 확률분포와 기댓값 그래프 작성 ⇒ [그림 5-1]
disc.exp(x, p, prt=FALSE, plot=TRUE)

# [참고] 이산형 확률변수의 기댓값 계산 함수 disc.exp() 사용법
ch5.man(1)
```

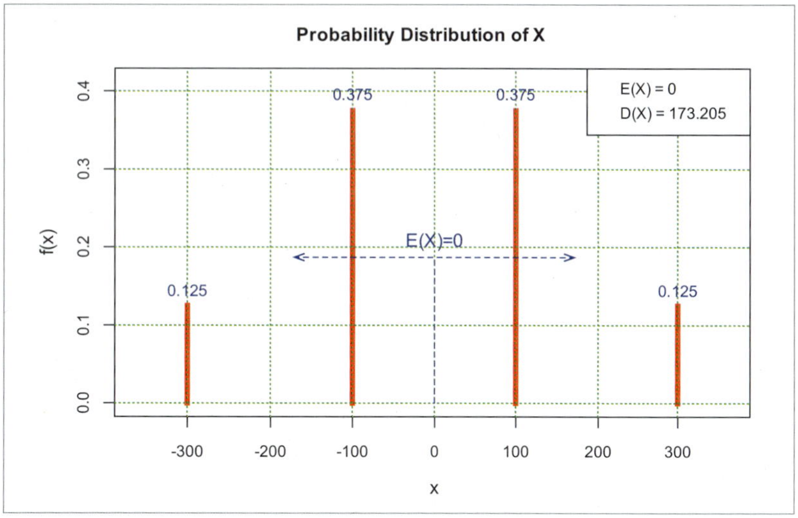

[그림 5-1] 이산형 확률분포와 기댓값 예시 1

예제 5-2 X의 확률분포가 $f(x)=2e^{-2x}$, $(0<x<\infty)$일 때, X의 기댓값을 구하시오.

| 풀이 |

연속형이므로 [정의 5-1]의 식 (5-2)를 사용하여

$E(X)=\int_0^\infty 2xe^{-2x}dx=[-xe^{-2x}]_0^\infty - \int_0^\infty(-e^{-2x})dx=0-\frac{1}{2}(0-1)=\frac{1}{2}$ 이다.

```
# 확률분포 정의 및 확률변수의 기댓값 계산
pdf = function(x) 2*exp(-2*x)*(x>0)
xp = function(x) x*pdf(x)
integrate(xp, 0, Inf)
0.5 with absolute error < 8.6e-06
```

5.1.2 확률변수 함수의 기댓값

확률변수 X로부터 또 다른 확률변수 $Y=g(X)$를 만들었을 때, Y의 기댓값은 X의 확률분포를 사용하여 이산형은 식 (5-3), 연속형은 식 (5-4)와 같이 계산할 수 있다.

$$E(Y)\equiv E[g(X)]=\sum_x g(x)f(x) \tag{5-3}$$

$$E(Y)\equiv E[g(X)]=\int_{-\infty}^{\infty} g(x)f(x)dx \tag{5-4}$$

예제 5-3 동전을 세 번 던져서 나온 뒷면의 개수 X의 제곱에 해당되는 배당금을 받는 게임에서 배당금의 기댓값을 구하시오.

| 풀이 |

4장의 [예제 4-2]로부터 $f(0)=\frac{1}{8}$, $f(1)=\frac{3}{8}$, $f(2)=\frac{3}{8}$, $f(3)=\frac{1}{8}$ 이므로,

$E(Y)\equiv E(X^2)=\sum_x x^2 f(x)=\frac{0+3+4\times3+9}{8}=\frac{24}{8}=3$ 으로 계산된다.

```
# 확률분포 (확률은 분자만 입력해도 계산됨)
x = 0:3
p = choose(3, 0:3)
y = x^2
# 이산형 확률변수의 기댓값 계산
disc.exp(y, p)
E(Y) = 24/8 = 3
V(Y) = 132/8 - 3² = 7.5
D(Y) = √(7.5) = 2.739

# [응용] 이산형 확률변포와 기댓값 그래프 작성 ⇒ [그림 5-2]
disc.exp(y, p, prt=FALSE, plot=TRUE)
```

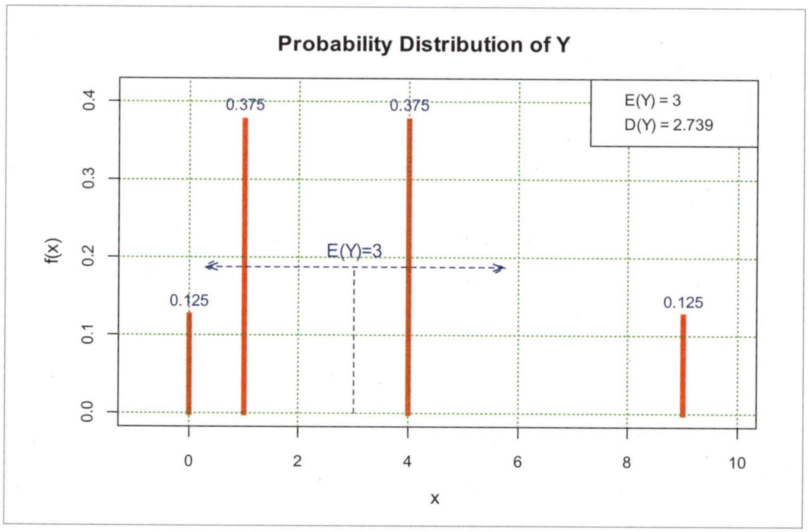

[그림 5-2] 이산형 확률분포와 기댓값 예시 2

예제 5-4 확률변수 X의 확률분포가 $f(x)=2e^{-2x}$, $(0<x<\infty)$일 때, $Y=3X-3$의 기댓값을 구하시오.

| 풀이 |

연속형이므로 식 (5-4)를 사용하여

$$E(Y)=\int_0^\infty (3x-3)\times 2e^{-2x}dx=\int_0^\infty 6xe^{-2x}dx-3\int_0^\infty 2e^{-2x}dx$$
$$=\left[-3xe^{-2x}\right]_0^\infty-\int_0^\infty\left(-3e^{-2x}\right)dx+3\left[e^{-2x}\right]_0^\infty$$
$$=0-\frac{3}{2}(0-1)-3=-\frac{3}{2}$$

➲ [예제 5-2]의 결과를 이용하면, $E(Y)=3E(X)-3=\frac{3}{2}-3=-\frac{3}{2}$

```
# 확률분포
pdf = function(x) 2*exp(-2*x)*(x>0)
y = function(x) 3*x-3
# 연속형 확률변수의 기댓값 계산
yp = function(x) y(x)*pdf(x)
integrate(yp, 0, Inf)[[1]]
[1] -1.5
```

5.1.3 결합분포에서의 기댓값

두 확률변수 X와 Y의 결합확률분포가 $f(x, y)$일 때, 두 확률변수로부터 만들어진 새로운 확률변수 $Z\equiv g(X,Y)$의 기댓값은 이산형의 경우 식 (5-5), 연속형의 경우 식 (5-6)과 같이 계산된다.

$$E(Z)\equiv E[g(X,Y)]=\sum_x\sum_y g(x,y)f(x,y) \quad (5-5)$$

$$E(Z)\equiv E[g(X,Y)]=\int_{-\infty}^{\infty}\int_{-\infty}^{\infty} g(x,y)f(x,y)dxdy \quad (5-6)$$

예제 5-5 주사위를 두 번 던지는 시행에서 눈의 최대치를 X라고 하고, 눈의 최소치를 Y라고 할 때, $Z\equiv XY$의 기댓값을 구하시오.

| 풀이 |

4장의 [예제 4-8]로부터 X와 Y의 결합확률분포는 다음 식과 같으므로,

$$f(x,y)=\begin{cases}\frac{1}{36}, & x=y;\\ \frac{2}{36}, & x>y;\end{cases}\quad x, y=1, 2, \cdots, 6$$

$$E(Z) \equiv E(XY) = \sum_x \sum_y xy\,f(x, y)$$
$$= \frac{1+2(2+3+4+5+6)}{36} + \frac{2[2+2(3+4+5+6)]}{36} + \frac{3[3+2(4+5+6)]}{36} + \frac{4[4+2(5+6)]}{36}$$
$$+ \frac{5(5+2\times 6)}{36} + \frac{6\times 6}{36}$$
$$= \frac{41}{36} + \frac{76}{36} + \frac{99}{36} + \frac{104}{36} + \frac{85}{36} + \frac{36}{36} = \frac{441}{36} = 12.25$$

```
# 표본공간 생성
S = rolldie2(2); (N = nrow(S))
[1] 36
# 최대치 X, 최소치 Y
X = apply(S, 1, max)
Y = apply(S, 1, min)
# 결합도수분포
tXY = table(X, Y)
# 함수 disc.jexp() 실행
disc.jexp(tXY)
E(X) = 161/36 = 4.4722
E(Y) = 91/36 = 2.5278
E(XY) = 441/36 = 12.25
# 결합/주변 도수분포 출력
disc.jexp(tXY, prt="", pprt=TRUE)
Joint & Marginal Frequency Distribution f(x,y)=n/36
     Y
X      1  2  3  4  5  6 Sum
  1    1  0  0  0  0  0   1
  2    2  1  0  0  0  0   3
  3    2  2  1  0  0  0   5
  4    2  2  2  1  0  0   7
  5    2  2  2  2  1  0   9
  6    2  2  2  2  2  1  11
  Sum 11  9  7  5  3  1  36

# [참고] 두 이산형 확률변수의 기댓값 계산 함수 disc.jexp() 사용법
ch5.man(2)
```

예제 5-6 두 확률변수 X와 Y의 결합확률분포가 $f(x, y)=\frac{1}{2}(x+3y),\ 0<x<1,\ 0<y<1$ 일 때, $Z\equiv XY$ 의 기댓값을 구하시오.

| 풀이 |

연속형이므로 식 (5-6)을 사용하여

$$E(XY)=\int_0^1\int_0^1 \frac{xy}{2}(x+3y)dxdy=\frac{1}{2}\int_0^1\left(\frac{y}{3}+\frac{3y^2}{2}\right)dy=\frac{1}{2}\left(\frac{1}{6}+\frac{1}{2}\right)=\frac{1}{3}$$

```
# 확률밀도함수 정의
pdf = function(x, y) 0.5*(x+3*y)*(x>0 & x<1)*(y>0 & y<1)
# 함수 cont.jexp() 실행
cont.jexp(pdf)
E(X)  = 0.5417
E(Y)  = 0.625
E(XY)  = 0.3333
# [응용] 반환값 활용
cont.jexp(pdf, prt="")$Exy
[1] 0.3333333
# [참고] 두 연속형 확률변수의 결합확률과 기댓값 계산 함수 cont.jexp() 사용법
ch5.man(3)
```

5.1.4 기댓값의 특성

기댓값은 다음과 같은 특성을 갖는다. 즉, 확률변수에 상수를 곱하거나(나누거나) 더하거나(빼거나) 하더라도, 기댓값에 그대로 적용된다. 이를 '기댓값의 선형성'이라 한다.

정리 5-1 기댓값의 특성

① $E(aX+b)=aE(X)+b$ (a, b는 상수) (5-7)

② $E(X+Y)=E(X)+E(Y)$ (5-8)

③ $E[c_1 g_1(X)+\cdots+c_n g_n(X)]=c_1 E[g_1(X)]+\cdots+c_n E[g_n(X)]$ (5-9)

④ 확률변수 X와 Y가 서로 독립이면 $E(XY)=E(X)E(Y)$ (5-10)

- 기댓값은 결국 더하기(이산형)나 적분(연속형)인데, 곱한 것은 그대로 곱해지고, 더한 것은 그대로 더해지므로 ①, ②, ③이 성립한다.
- 확률변수 X와 Y가 서로 독립이면 결합확률분포는 주변확률분포의 곱이 되므로 X와 Y에 대해 따로따로 더하거나 적분할 수 있으므로 ④가 성립한다.

5.2 분산과 표준편차

확률변수의 분산은 확률변수의 값들이 기댓값으로부터 얼마나 멀리 흩어져 있는지를 가늠하는 척도로서, 분산이 크면 산포가 크다고 할 수 있다. 기댓값은 확률변수의 중심위치를 나타내고, 분산은 산포의 크기를 나타낸다. 산포의 크기를 표현하는데 분산의 제곱근인 표준편차 또한 자주 사용된다.

5.2.1 분산의 개념

확률변수 X의 **분산**은 다음과 같이 정의되며, 분산의 양의 제곱근을 **표준편차**(standard deviation)라고 한다.

정의 5-2 확률변수의 분산(variance)

$$Var(X) \equiv \sigma_X^2 = E[(X-\mu_X)^2],\ \text{단}\ \mu_X \equiv E(X) \qquad (5\text{-}11)$$

따라서 확률변수 X의 확률분포함수를 $f(x)$라 하면, X의 분산은 이산형의 경우 식 (5-12), 연속형의 경우 식 (5-13)와 같이 계산된다.

$$\sigma_X^2 = E[(X-\mu_X)^2] = \sum_x (x-\mu_X)^2 f(x) \qquad (5\text{-}12)$$

$$\sigma_X^2 = E[(X-\mu_X)^2] = \int_{-\infty}^{\infty} (x-\mu_X)^2 f(x)dx \qquad (5\text{-}13)$$

분산을 보다 쉽게 계산하기 위해 기댓값의 특성 식 (5-9)를 적용해 다음과 같이 유도한다.

$$E[(X-\mu_X)^2] = E(X^2-2\mu_X X+\mu_X^2) = E(X^2)-2\mu_X E(X)+\mu_X^2 = E(X^2)-\mu_X^2 \qquad (5\text{-}14)$$

예제 5-7 주사위를 한 번 던지는 시행에서 나온 눈의 수를 확률변수 X라고 할 때, X의 기댓값과 분산을 구하시오.

| 풀이 |

이산형이므로 식 (5-1)과 식 (5-12) 및 (5-14)를 사용하여

$$\mu_X = E(X) = \frac{1}{6}(1+2+3+4+5+6) = \frac{7}{2}$$

$$\sigma_X^2 = E(X^2)-\mu_X^2 = \frac{1}{6}(1+2^2+3^2+4^2+5^2+6^2)-\left(\frac{7}{2}\right)^2 = \frac{35}{12}$$

```
# 확률분포 (도수만 입력해도 계산됨)
x = 1:6; f = rep(1,6)
# 이산형 확률변수의 기댓값 계산
disc.exp(x, f)
E(X) = 21/6 = 3.5
V(X) = 91/6 - 3.5² = 2.917
D(X) = √(2.917) = 1.708
```

예제 5-8 확률변수 X의 확률분포가 $f(x)=2e^{-2x}$, $0<x<\infty$일 때, X의 분산을 구하시오.

| 풀이 |

[예제 5-2]로부터 $\mu_X=E(X)=\frac{1}{2}$

$E(X^2)=\int_0^\infty 2x^2e^{-2x}dx=\int_0^\infty 2xe^{-2x}dx=\int_0^\infty e^{-2x}dx=\frac{1}{2}$이므로 $\sigma_X^2=\frac{1}{2}-\left(\frac{1}{2}\right)^2=\frac{1}{4}$

```
# 확률밀도함수 정의
pdf = function(x) 2*exp(-2*x)*(x>0)
# 연속형 확률변수의 분산 계산
xp = function(x) x*pdf(x)
x2p = function(x) x^2*pdf(x)
Ex = integrate(xp, 0, Inf)[[1]]
Ex2 = integrate(x2p, 0, Inf)[[1]]
Vx = Ex2 - Ex^2
cat("Var(X) =", round(Ex2, 4), "-", round(Ex, 4), "^2 = ", round(Vx, 4), "\n")
Var(X) = 0.5 - 0.5 ^2 =  0.25
```

5.2.2 분산의 특성

확률분포함수 $f(x)$를 갖는 확률변수 X로부터 새로운 확률변수 $Y=g(X)$를 만들면, Y의 분산은 $E[(Y-\mu_Y)^2]=E(Y^2)-\mu_Y^2$이므로 다음과 같이 계산한다.

$$\text{이산형: } Var(g(X))=\sum_x g(x)^2f(x)-\left[\sum_x g(x)f(x)\right]^2 \quad (5-15)$$

$$\text{연속형: } Var(g(X))=\int_{-\infty}^\infty g(x)^2f(x)dx-\left[\int_0^\infty g(x)f(x)dx\right]^2 \quad (5-16)$$

분산은 다음과 같은 중요한 특성을 갖는다. 확률변수 X로부터 새로운 확률변수 $Y=aX+b$를 만들면, 더하거나 뺀 상수에는 영향을 받지 않고, 곱한 상수는 제곱이 된다.

정리 5-2 분산의 특성

$$Var(aX+b)=a^2\,Var(X),\ (a, b\text{는 상수}) \qquad (5\text{-}17)$$

증명은 $Var(aX+b)=E[(aX+b-a\mu_X-b)^2]=a^2E[(X-\mu_X)^2]=a^2\,Var(X)$

예제 5-9 주사위를 한 번 던져서 나온 눈의 수에 100을 곱하고 400을 뺀 숫자를 확률변수 Y라고 할 때, Y의 기댓값과 분산을 구하시오.

| 풀이 |

주사위 눈의 수를 X라 하면, 새로운 확률변수 $Y=100X-400$이고, [예제 5-7]로부터

$\mu_X=E(X)=\frac{7}{2}$, $\sigma_X^2=\frac{35}{12}$이므로 $\mu_Y\equiv E(Y)=100E(X)-400=-50$

$\sigma_Y^2\equiv Var(Y)=100^2\times\sigma_X^2=\frac{350,000}{12}\doteq 29,166.6667$

```
# 확률분포 (도수만 입력)
x = 1:6; f = rep(1,6); y = 100*x - 400
# 이산형 확률변수의 기댓값 계산
disc.exp(y, f)
E(Y) = -300/6 = -50
V(Y) = 190000/6 - 50² = 29166.667
D(Y) = √(29166.667) = 170.783
```

예제 5-10 확률변수 X의 확률분포함수가 $f(x)=2e^{-2x}$, $0<x<\infty$일 때, $Y=20X-10$의 기댓값과 분산을 구하시오.

| 풀이 |

[예제 5-8]에서 $E(X)=\frac{1}{2}$, $\sigma_X^2=\frac{1}{4}$를 구했으므로, $\mu_Y\equiv E(Y)=20E(X)-10=0$

$\sigma_Y^2\equiv Var(Y)=20^2\times\sigma_X^2=\frac{400}{4}=100$

```
# 확률밀도함수와 확률변수 Y 정의
fx = function(x) 2*exp(-2*x)*(x>0);   y = function(x) 20*x - 10
# 연속형 확률변수의 분산 계산
yp = function(x) y(x)*fx(x);   y2p = function(x) y(x)^2*fx(x)
Ey = integrate(yp, 0, Inf)[[1]];   Ey2 = integrate(y2p, 0, Inf)[[1]]
Vy = Ey2 - Ey^2
cat("Var(Y) =", round(Ey2, 4), "-", round(Ey, 4), "^2 = ", round(Vy, 4), "\n")
Var(Y) = 100 - 0 ^2 =  100
```

5.3 공분산

5.3.1 공분산의 개념

공분산은 2개의 확률변수의 상관정도, 즉 확률변수 X와 Y의 값이 확률적으로 어떻게 결합되어 있는가를 나타내는 지표로서, X와 Y의 공분산은 다음과 같이 정의된다.

정의 5-3 두 확률변수의 공분산(covariance)

$$Cov(X, Y) \equiv \sigma_{XY} = E[(X-\mu_X)(Y-\mu_Y)] \quad (5-18)$$

공분산의 의미를 알아보기 위해 [그림 5-3]을 살펴보자. X와 Y의 산점도를 세로축 $x=\mu_X$, 가로축 $y=\mu_Y$로 나누면, 강한 양의 상관관계인 경우 대부분의 점들이 1사분면과 3사분면에 위치하며, 1사분면은 $X-\mu_X>0$, $Y-\mu_Y>0$이고, 3사분면은 $X-\mu_X<0$, $Y-\mu_Y<0$이므로 $(X-\mu_X)(Y-\mu_Y)>0$로서 공분산도 양의 값을 갖게 된다.

반대로 강한 음의 상관관계인 경우 대부분의 점들이 2사분면과 4사분면에 위치하므로 공분산은 음수가 된다.

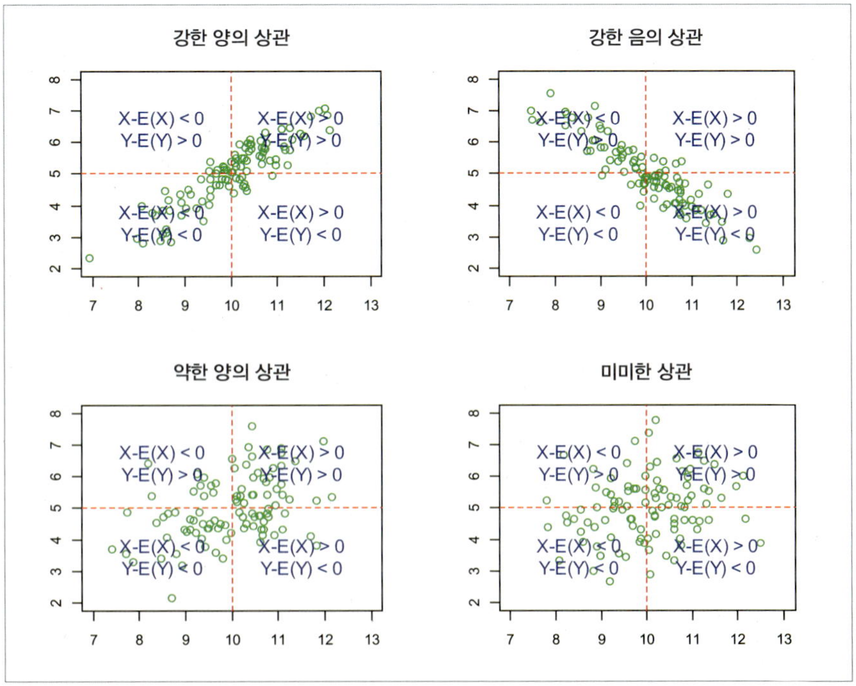

[그림 5-3] 상관관계와 공분산

즉, 공분산은 부호가 중요한 의미를 갖는데, 공분산이 양수이면 '양의 상관관계', 음수이면 '음의 상관관계', 0이면 '상관관계 없음' 등으로 구별한다. 공분산을 보다 쉽게 계산하기 위해 아래와 같이 전개한 식을 사용한다.

$$\sigma_{XY}=E(XY)-\mu_X\mu_Y \tag{5-19}$$

확률변수 X와 Y의 결합확률분포가 $f(x, y)$일 때, X와 Y의 공분산은 이산형과 연속형으로 구분하여 각각 식 (5-20)과 (5-21)로 계산한다.

$$\text{이산형: } \sigma_{XY}=\sum_x\sum_y xy\,f(x, y)-\mu_X\mu_Y \tag{5-20}$$

$$\text{연속형: } \sigma_{XY}=\int_{-\infty}^{\infty}\int_{-\infty}^{\infty} xy\,f(x, y)dxdy-\mu_X\mu_Y \tag{5-21}$$

예제 5-11 주사위를 두 번 던지는 시행에서 눈의 최대치를 X라고 하고, 눈의 최소치를 Y라고 할 때, X와 Y의 공분산을 구하시오.

| 풀이 |

4장의 [예제 4-10]으로부터 X와 Y의 주변확률분포는 아래와 같으므로,

$$f_X(x)=\frac{1+2(x-1)}{36},\ \text{for}\ \ x=1, \cdots, 6 \qquad f_Y(y)=\frac{1+2(6-y)}{36},\ \text{for}\ \ y=1, \cdots, 6$$

$$E(X)=(1+2\times3+3\times5+4\times7+5\times9+6\times11)/36=161/36$$

$$E(Y)=(1\times11+2\times9+3\times7+4\times5+5\times3+6\times1)/36=91/36$$

[예제 5-5]로부터 $E(XY)=\dfrac{441}{36}$ 이므로, 공분산은

$$\sigma_{XY}=E(XY)-E(X)E(Y)=\frac{441}{36}-\frac{161}{36}\times\frac{91}{36}=\frac{1,225}{1,296}\doteq0.9452$$

```
# 표본공간 생성
S = rolldie2(2); N = nrow(S)
# 최대치 X, 최소치 Y
X = apply(S, 1, max); Y = apply(S, 1, min); tXY = table(X, Y)
# 두 이산형 확률변수의 공분산 계산
disc.jexp(tXY, prt="cov")
E[X] = 161/36 = 4.4722
E[Y] = 91/36 = 2.5278
E[XY] = 441/36 = 12.25
Var(X) = 791/36 - 4.4722² = 1.9715
Var(Y) = 301/36 - 2.5278² = 1.9715
Cov(X,Y) = 12.25 - 4.4722 × 2.5278 = 0.9452
```

예제 5-12 두 확률변수 X와 Y의 결합확률분포가 $f(x, y)=\frac{1}{2}(x+3y)$, $0<x<1$, $0<y<1$일 때, X와 Y의 공분산을 구하시오.

| 풀이 |

$f_X(x)=\int_0^1 f(x, y)dy=\frac{1}{2}\left(x+\frac{3}{2}\right)$, $f_Y(y)=\int_0^1 f(x, y)dx=\frac{1}{2}\left(\frac{1}{2}+3y\right)$이므로,

$$E(X)=\int_0^1 xf_X(x)dx=\int_0^1\left(\frac{x^2}{2}+\frac{3x}{4}\right)dx=\frac{1}{6}+\frac{3}{8}=\frac{13}{24}$$

$$E(Y)=\int_0^1 yf_Y(y)dy=\int_0^1\left(\frac{y}{4}+\frac{3y^2}{2}\right)dy=\frac{1}{8}+\frac{1}{2}=\frac{5}{8}$$

[예제 5-6]으로부터 $E(XY)=1/3$이므로, X와 Y의 공분산은

$$\sigma_{XY}=E(XY)-E(X)E(Y)=\frac{1}{3}-\frac{13}{24}\times\frac{5}{8}=-\frac{1}{192}\doteq-0.0052$$

```
# 확률밀도함수
pdf = function(x, y) 0.5*(x+3*y)*(x>0 & x<1)*(y>0 & y<1)
# 두 연속형 확률변수의 공분산 계산
cont.jexp(pdf, prt="cov")
E(X) = 0.5417
E(Y) = 0.625
E(XY) = 0.3333
Var(X) = 0.375 - 0.5417² = 0.0816
Var(Y) = 0.4583 - 0.625² = 0.0677
Cov(X,Y) = 0.3333 - 0.5417 × 0.625 = -0.0052
```

5.3.2 분산과 공분산의 특성

a와 b가 상수일 때, $E(aX+b)=aE(X)+b$이고, $Var(aX+b)=a^2 Var(X)$임은 이미 앞에서 설명하였다. 분산과 공분산이 갖는 중요한 특성을 정리하면 다음과 같다.

정리 5-3 분산과 공분산의 특성

① $Var(aX+bY)=a^2 Var(X)+b^2 Var(Y)+2abCov(X, Y)$ (5-22)

② 확률변수 X와 Y가 서로 독립이면 $Cov(X, Y)=0$ (5-23)

③ X와 Y가 서로 독립이면 $Var(aX+bY)=a^2 Var(X)+b^2 Var(Y)$ (5-24)

④ 서로 독립인 n개의 확률변수 $X_1, X_2, \cdots, X_n$에 대하여

$$Var(a_1X_1+a_2X_2+\cdots+a_nX_n)=a_1^2\sigma_{X_1}^2+a_2^2\sigma_{X_2}^2+\cdots+a_n^2\sigma_{X_n}^2 \quad (5-25)$$

5.4 상관계수

공분산은 부호에 따라 두 확률변수 간의 상관관계가 양인지 음인지를 알아보는데 유용하지만, 상관관계가 얼마나 강한지를 나타낼 수는 없다. 공분산은 측정단위에 따라 그 값이 커질 수도, 작아질 수도 있기 때문이다. 측정단위와 무관하게 상관관계의 강약을 나타내기 위해 고안된 지표가 상관계수이다. **상관계수**는 다음과 같이 정의된다.

정의 5-4 두 확률변수의 상관계수(correlation coefficient)

$$\rho_{XY} \equiv Corr(X, Y) = \frac{\sigma_{XY}}{\sigma_X \sigma_Y} \quad (5-26)$$

상관계수는 공분산을 각 확률변수의 표준편차로 나눔으로써 측정단위의 영향을 받지 않게 된다. 더욱이 $-1 \le \rho_{XY} \le 1$이라는 특성을 갖고 있어, 상관계수가 1에 가까우면 '강한 양의 상관관계', −1에 가까우면 '강한 음의 상관관계'임을 알 수 있다. 보다 자세한 내용은 14.1절 상관분석에서 다룬다.

예제 5-13 주사위를 두 번 던지는 시행에서 눈의 최대치를 X라고 하고, 눈의 최소치를 Y라고 할 때, X와 Y의 상관계수를 구하시오.

| 풀이 |

[예제 5-11]로부터 X와 Y의 주변확률분포는 아래와 같으므로,

$$f_X(x) = \frac{1+2(x-1)}{36}, \text{ for } x=1, \cdots, 6$$

$$f_Y(y) = \frac{1+2(6-y)}{36}, \text{ for } y=1, \cdots, 6$$

$$E(X^2) = (1^2 \times 1 + 2^2 \times 3 + 3^2 \times 5 + 4^2 \times 7 + 5^2 \times 9 + 6^2 \times 11)/36 = 791/36$$

$$E(Y^2) = (1^2 \times 11 + 2^2 \times 9 + 3^2 \times 7 + 4^2 \times 5 + 5^2 \times 3 + 6^2 \times 1)/36 = 301/36$$

[예제 5-11]로부터 $E(X) = \frac{161}{36}$, $E(Y) = \frac{91}{36}$ 이므로,

$$Var(X) = E(X^2) - E(X)^2 = \frac{791}{36} - \left(\frac{161}{36}\right)^2 = \frac{2,555}{1,296} \doteq 1.9715$$

$$Var(Y) = E(Y^2) - E(Y)^2 = \frac{301}{36} - \left(\frac{91}{36}\right)^2 = \frac{2,555}{1,296} \doteq 1.9715$$

$$\rho_{XY} = \frac{\sigma_{XY}}{\sigma_X \sigma_Y} = \frac{1,225}{2,555} \doteq 0.4795$$

```
# 표본공간 생성
S = rolldie2(2)
# 최대치 X, 최소치 Y
X = apply(S, 1, max); Y = apply(S, 1, min); tXY = table(X, Y)
# 두 이산형 확률변수의 상관계수 계산과정 출력
disc.jexp(tXY, prt="cor")
E[X] = 161/36 = 4.4722
E[Y] = 91/36 = 2.5278
E[XY] = 441/36 = 12.25
Var(X) = 791/36 - 4.4722² = 1.9715
Var(Y) = 301/36 - 2.5278² = 1.9715
Cov(X,Y) = 12.25 - 4.4722 × 2.5278 = 0.9452
Corr(X,Y) = 0.9452 / √(1.9715×1.9715) = 0.4795
```

예제 5-14 두 확률변수 X와 Y의 결합확률분포가 $f(x, y)=\frac{1}{2}(x+3y)$, $0<x<1$, $0<y<1$일 때, X와 Y의 상관계수를 구하시오.

| 풀이 |

$f_X(x)=\int_0^1 f(x, y)dy=\frac{1}{2}\left(x+\frac{3}{2}\right)$, $f_Y(y)=\int_0^1 f(x, y)dx=\frac{1}{2}\left(\frac{1}{2}+3y\right)$이므로,

$$E(X^2)=\int_0^1 x^2 f_X(x)dx=\int_0^1\left(\frac{x^3}{2}+\frac{3x^2}{4}\right)dx=\frac{1}{8}+\frac{1}{4}=\frac{3}{8}$$

$$E(Y^2)=\int_0^1 y^2 f_Y(y)dy=\int_0^1\left(\frac{y^2}{4}+\frac{3y^3}{2}\right)dy=\frac{1}{12}+\frac{3}{8}=\frac{11}{24}$$

[예제 5-12]로부터 $E(X)=\frac{13}{24}$, $E(Y)=\frac{5}{8}$이므로, X와 Y의 분산은

$$Var(X)=E(X^2)-E(X)^2=\frac{3}{8}-\left(\frac{13}{24}\right)^2=\frac{47}{576}\doteq 0.0816$$

$$Var(Y)=E(Y^2)-E(Y)^2=\frac{11}{24}-\left(\frac{5}{8}\right)^2=\frac{13}{192}\doteq 0.0677$$

또한 [예제 5-12]로부터 $\sigma_{XY}=-\frac{1}{192}$이므로, X와 Y의 상관계수는

$$\rho_{XY}=\frac{\sigma_{XY}}{\sigma_X\sigma_Y}=-\sqrt{\frac{576}{192\times 47\times 13}}=-\sqrt{\frac{3}{611}}\doteq -0.0701$$

➲ X와 Y의 상관계수 절댓값이 0에 가까우므로 X와 Y의 상관관계가 약하다고 볼 수 있음

```
# 확률분포
pdf = function(x, y) 0.5*(x+3*y)*(x>0 & x<1)*(y>0 & y<1)
# 두 연속형 확률변수의 상관계수 계산과정 출력
cont.jexp(pdf, prt="cor")
E(X) = 0.5417
E(Y) = 0.625
E(XY) = 0.3333
Var(X) = 0.375 - 0.5417² = 0.0816
Var(Y) = 0.4583 - 0.625² = 0.0677
Cov(X,Y) = 0.3333 - 0.5417 × 0.625 = -0.0052
Corr(X,Y) = -0.0052 / √(0.0816×0.0677) = -0.0701
cont.jexp(pdf, prt="")$Cxy
[1] -0.07007128
```

예제 5-15 주사위를 네 번 던지는 실험에서 다음 확률변수들의 기댓값과 분산, 그리고 공분산과 상관계수를 구하시오.

(1) 주사위 눈의 합 X_1

(2) 주사위 눈의 범위(최대치와 최소치의 차) X_2

(3) 주사위 눈의 최대치 X_3

(4) 주사위 눈의 최소치 X_4

| 풀이 |

```
# 표본공간 생성
S = rolldie2(4); (N = nrow(S))
[1] 1296
# 확률변수 생성
item = c("합", "범위", "최대치", "최소치")
X = list()
X[[1]] = apply(S, 1, sum)
X[[3]] = apply(S, 1, max)
X[[4]] = apply(S, 1, min)
X[[2]] = X[[3]]-X[[4]]
# 기댓값과 분산, 공분산, 상관계수 계산
corr.plot(X)
Expected Values and Variances ------------------------
E(X1) = 14       E(X2) = 3.4892  E(X3) = 5.2446  E(X4) = 1.7554
Var(X1) = 11.667      Var(X2) = 1.4042      Var(X3) = 0.91008      Var(X4) = 0.91008
```

```
Variance-Covariance Matrix ------------------------
          X1          X2        X3          X4
X1 11.666667  0.0000000 2.2361111  2.2361111
X2  0.000000  1.4042043 0.7021021 -0.7021021
X3  2.236111  0.7021021 0.9100789  0.2079767
X4  2.236111 -0.7021021 0.2079767  0.9100789
Correlation Coefficient Matrix -----------------------
          X1          X2        X3          X4
X1  1.000000  0.0000000 0.6862470  0.6862470
X2  0.000000  1.0000000 0.6210773 -0.6210773
X3  0.686247  0.6210773 1.0000000  0.2285260
X4  0.686247 -0.6210773 0.2285260  1.0000000

# 그래프 제목 설정
Mt = paste("주사위 4개 눈의", item, "확률분포")
# [응용] 함수 corr.plot() 실행 ⇒ 도수분포, [그림 5-4], [그림 5-5]
corr.plot(X, Mt, item, prt=F, pprt=T, plot=T)
합(X1)의 도수분포
4 5  6  7  8  9  10  11  12  13  14  15  16  17  18  19 20 21 22 23 24
1 4 10 20 35 56 80 104 125 140 146 140 125 104  80  56 35 20 10  4  1
범위(X2)의 도수분포
  0   1   2   3   4   5
  6  70 200 330 388 302
최대치(X3)의 도수분포
  1   2   3   4   5   6
  1  15  65 175 369 671
최소치(X4)의 도수분포
  1   2   3   4   5   6
671 369 175  65  15   1

# [참고] 여러 이산형 확률변수의 상관계수 계산 함수 corr.plot() 사용법
ch5.man(4)
```

[그림 5-5]를 보면 주사위 눈의 합(X_1)과 눈의 범위(X_2) 간에는 상관관계가 없음을 알 수 있다. 또한 주사위 눈의 합(X_1)과 최대치(X_3), 최소치(X_4) 간에는 양의 상관관계가 나타나며, 놀랍게도 $Corr(X_1, X_3)=Corr(X_1, X_4)$이다.

눈의 범위(X_2)와 최대치(X_3) 간에는 양의 상관, 눈의 범위(X_2)와 최소치(X_4) 간에는 음의 상관관계가 나타나며, 놀랍게도 $Corr(X_2, X_3)=-Corr(X_2, X_4)$이다.

눈의 최대치(X_3)와 최소치(X_4) 간에는 약한 양의 상관관계가 나타난다.

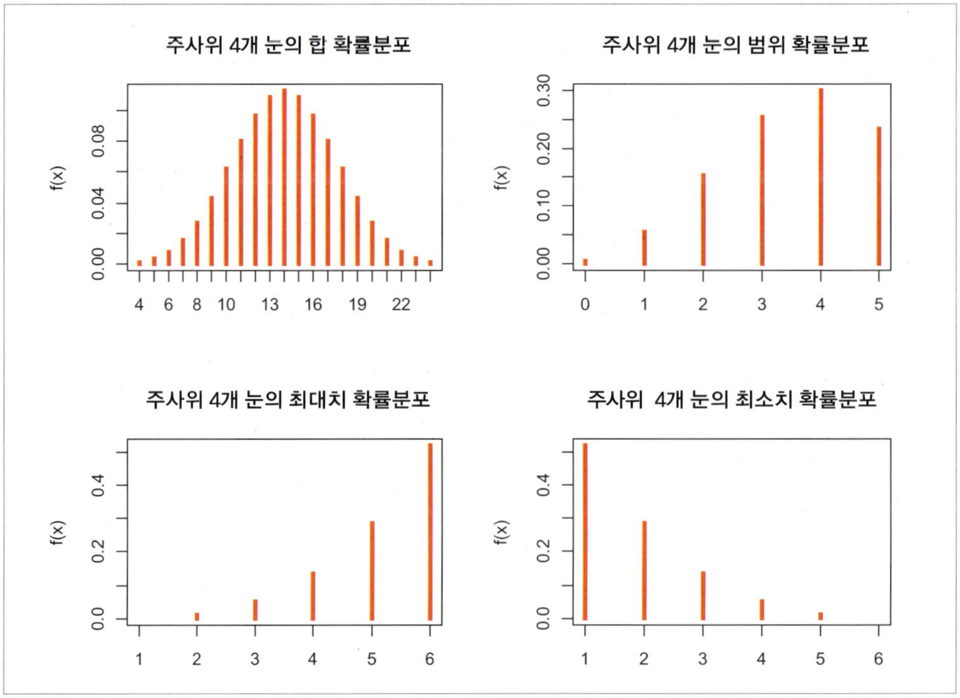

[그림 5-4] 주사위 4개 시행에서 확률분포

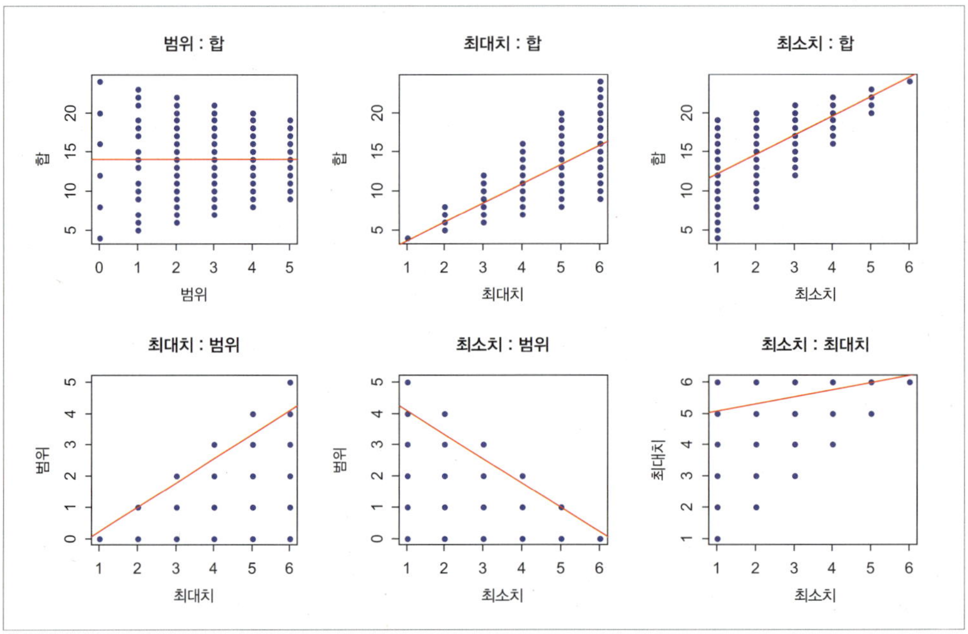

[그림 5-5] 주사위 4개 시행에서 확률변수간의 산점도

연습문제

1 동전을 네 번 던지는 실험(4장 연습문제 1번)에서 앞면이 나온 횟수를 X, 뒷면이 나온 횟수를 Y, $X-Y$를 V, $|X-Y|$를 W라 하자.

(1) 확률변수 X, Y, V, W의 기댓값을 각각 구하시오.

(2) 확률변수 X, Y, V, W의 분산을 각각 구하시오.

(3) 확률변수 X, Y, V, W 간의 공분산을 각각 구하시오.

(4) 확률변수 X, Y, V, W 간의 상관계수를 각각 구하시오.

(R) 확률변수 X, Y, V, W 간의 산점도를 각각 작성하고, (4)번의 결과와 비교하여 설명하시오.

2 주사위를 두 번 던지는 실험(4장 연습문제 2번)에서 두 눈의 합을 X, 두 눈의 차(범위)를 Y, 두 눈의 최소치를 V, 두 눈의 최대치를 W라 하자.

(1) 확률변수 X, Y, V, W의 기댓값을 각각 구하시오.

(2) 확률변수 X, Y, V, W의 분산을 각각 구하시오.

(3) 확률변수 X, Y, V, W 간의 공분산을 각각 구하시오.

(4) 확률변수 X, Y, V, W 간의 상관계수를 각각 구하시오.

(R) 확률변수 X, Y, V, W 간의 산점도를 각각 작성하고, (4)번의 결과와 비교하여 설명하시오.

3 흰 공 8개, 파란 공 5개, 빨간 공 3개가 들어있는 있는 항아리에서 8개의 공을 랜덤 샘플링하는 실험(4장 연습문제 3번)에서 파란 공의 개수를 X, 빨간 공의 개수를 Y, $X-Y$를 V, $|X-Y|$를 W라 하자.

(1) 확률변수 X, Y, V, W의 기댓값을 각각 구하시오.

(2) 확률변수 X, Y, V, W의 분산을 각각 구하시오.

(R1) 확률변수 X, Y, V, W 간의 공분산과 상관계수를 각각 구하시오.

(R2) 확률변수 X, Y, V, W 간의 산점도를 각각 작성하고, (R1)번의 결과와 비교하여 설명하시오.

R1 여덟 명의 신사가 각각 우산을 들고 모였는데, 갑자기 정전이 돼서 아무 우산이나 들고 집으로 돌아갔다고 하자(4장 연습문제 R1). 자기 자신의 우산을 들고 간 신사의 수를 X라고 할 때, 확률변수 X의 기댓값과 분산을 계산하시오.

4 확률변수 X와 Y의 결합확률분포가 다음과 같다.

$$f(x, y)=c(x+y),\ \ x=0, 1, 2, 3, 4; y=0, 1, 2, 3$$

(1) 위의 함수가 확률분포함수가 되도록 상수 c를 구하시오.

(2) X와 Y의 기댓값을 각각 구하시오.

(3) X와 Y의 분산을 각각 구하시오.

(4) X와 Y의 공분산을 구하시오.

(5) X와 Y의 상관계수를 구하시오.

5 확률변수 X와 Y의 결합확률분포가 다음과 같다.

$$f(x, y)=cxy,\ \ x=1, 2, 3, 4;\ \ y=1, 2, 3$$

(1) 위의 함수가 확률분포함수가 되도록 상수 c를 구하시오.

(2) X와 Y의 기댓값을 각각 구하시오.

(3) X와 Y의 분산을 각각 구하시오.

(4) X와 Y의 공분산을 구하시오.

(5) X와 Y의 상관계수를 구하시오.

6 확률변수 X와 Y의 결합확률분포가 다음과 같다.

$$f(x, y)=cxy,\ \ 0<x<y<1$$

(1) 위의 함수가 확률분포함수가 되도록 상수 c를 구하시오.

(2) X와 Y의 기댓값을 각각 구하시오.

(3) X와 Y의 분산을 각각 구하시오.

(4) X와 Y의 공분산을 구하시오.

(5) X와 Y의 상관계수를 구하시오.

7 확률변수 X와 Y의 결합확률분포가 다음과 같다.

$$f(x, y)=c(x+y),\ 0<x<y<1$$

(1) 위의 함수가 확률분포함수가 되도록 상수 c를 구하시오.

(2) X와 Y의 기댓값을 각각 구하시오.

(3) X와 Y의 분산을 각각 구하시오.

(4) X와 Y의 공분산을 구하시오.

(5) X와 Y의 상관계수를 구하시오.

8 확률변수 X와 Y의 결합확률분포가 다음과 같다.

$$f(x, y)=ce^{-(x+y)},\ 0<x<y<\infty$$

(1) 위의 함수가 확률분포함수가 되도록 상수 c를 구하시오.

(2) X와 Y의 기댓값을 각각 구하시오.

(3) X와 Y의 분산을 각각 구하시오.

(4) X와 Y의 공분산을 구하시오.

(5) X와 Y의 상관계수를 구하시오.

R2 주사위 세 개를 던져 나온 결과에 따라 다음과 같이 상금을 받는 게임에서 기대수익을 각각 계산하고, 어느 조건이 가장 유리한지 판정하시오.

(1) 상금 = (세 눈의 합)×100원, 참가비 1,000원

(2) 상금 = (세 눈의 곱)×100원, 참가비 4,000원

(3) 상금 = (최대치−최소치)×100원, 참가비 300원

(4) 상금 = (같은 눈의 곱)×100원, 참가비 800원

(5) 상금 = (최대치×최소치)×100원, 참가비 1,000원

R3 주사위 네 개를 던지는 실험에서 다음 확률변수들의 기댓값과 분산, 그리고 공분산과 상관계수를 구하시오.

(1) 주사위 눈의 평균 X

(2) 주사위 눈의 중앙값 Y

(3) 주사위 눈의 20% 절사평균 V

(4) 주사위 눈의 범위평균 W

R4 주사위 다섯 개를 던지는 실험에서 다음 확률변수들의 기댓값과 분산, 그리고 변수 간의 공분산과 상관계수를 구하시오.

(1) 주사위 눈의 합 X

(2) 주사위 눈의 범위(최대치와 최소치의 차) Y

(3) 주사위 눈의 최대치 V

(4) 주사위 눈의 최소치 W

R5 주사위 다섯 개를 던지는 실험에서 다음 확률변수들의 기댓값과 분산, 그리고 공분산과 상관계수를 구하시오.

(1) 주사위 눈의 평균 X

(2) 주사위 눈의 중앙값 Y

(3) 주사위 눈의 20% 절사평균 V

(4) 주사위 눈의 범위평균 W

R6 주사위 여섯 개를 던지는 실험에서 다음 확률변수들의 기댓값과 분산, 그리고 변수 간의 공분산과 상관계수를 구하시오.

(1) 주사위 눈의 합 X

(2) 주사위 눈의 범위 (최대치와 최소치의 차) Y

(3) 주사위 눈의 최대치 V

(4) 주사위 눈의 최소치 W

R7 주사위 여섯 개를 던지는 실험에서 다음 확률변수들의 기댓값과 분산, 그리고 공분산과 상관계수를 구하시오.

(1) 주사위 눈의 평균 X

(2) 주사위 눈의 중앙값 Y

(3) 주사위 눈의 20% 절사평균 V

(4) 주사위 눈의 범위평균 W

9 확률변수 X_1, X_2, X_3 의 결합확률분포가 $f(x_1, x_2, x_3)=6e^{-x_1-2x_2-3x_3}$ $(x_1>0,\ x_2>0,\ x_3>0)$ 라 할 때, $Y=X_1+X_2+X_3$ 의 기댓값과 분산을 구하시오.

10 확률변수 X의 확률분포 $f(x)$가 $f(x)=\frac{3}{2}x^2$, $-1\leq x\leq 1$일 때, 다음 확률변수 Y의 기댓값과 분산을 각각 구하시오.

(1) $Y=2X$　　(2) $Y=2-X$　　(3) $Y=X^2$

11 확률변수 X의 확률분포 $f(x)$가 $f(x)=2(1-x)$, $0\leq x\leq 1$일 때, 다음 확률변수 Y의 기댓값과 분산을 각각 구하시오.

(1) $Y=X-1$　　(2) $Y=1-X$　　(3) $Y=X^2$

CHAPTER 06

이산형 확률분포

Rstat

contents

06 이산형 확률분포

앞 장에서는 확률변수와 확률분포에 대하여 살펴보았다. 본 장에서는 실생활에서 유용하게 사용될 수 있는 여러 가지 이산형 확률분포에 대하여 살펴본다. 주요 이산형 확률분포로서 이산균일분포, 이항분포, 기하분포, 포아송분포, 기하분포, 음이항분포, 다항분포 등을 설명한다. 먼저 6장에서 사용할 함수를 다음과 같이 정의한다.

```
# R 아이콘을 더블클릭하여 실행
# 패키지 'Rstat'을 불러옴
library(Rstat)

# 6장 함수 정의 (번역) (번호를 입력하면 해당 함수의 사용법 확인 가능)
ch6.man()
[1] disc.mexp          여러 이산형 확률변수의 기댓값 계산 및 플롯
[2] multinorm.plot     다항확률분포 그래프 작성 함수
```

6.1 이산균일분포

이산균일분포(discrete uniform distribution)는 n개의 결과 값이 균일한 확률로 발생하는 확률분포를 말한다. 따라서 이산균일분포의 확률분포함수는 식 (6-1)과 같다.

정의 6-1 이산균일분포(discrete uniform distribution)

n개의 결과 값이 균일한 확률로 발생하는 확률분포

$$f(x)=1/n,\ \ x=1, 2, \cdots, n \tag{6-1}$$

이산균일분포의 기댓값은 식 (6-2), 분산은 식 (6-3)과 같다.

$$E(X)=\sum_{x=1}^{n} x\left(\frac{1}{n}\right)=\frac{1}{n}\times\frac{n(n+1)}{2}=\frac{n+1}{2} \tag{6-2}$$

$$Var(X)=\frac{(n+1)(n-1)}{12} \tag{6-3}$$

예제 6-1 1에서 20까지 번호가 적혀 있는 동일한 20개의 공이 들어 있는 상자에서 임의로 하나의 공을 꺼냈을 때 나온 번호를 X라 할 때, 다음을 구하시오.
(1) X의 확률분포함수, (2) X의 기댓값과 분산, (3) 15 이상의 번호가 나올 확률

| 풀이 |

(1) X의 확률분포함수는 $f(x)=1/20,\ x=1, 2, \cdots, 20$

(2) X의 기댓값과 분산은 $E(X)=\frac{20+1}{2}=10.5,\ Var(X)=\frac{(20+1)(20-1)}{12}=33.25$

(3) $P(X\geq 15)=\sum_{x=15}^{20}\frac{1}{20}=\frac{6}{20}=0.3$

```
# 확률분포
x = 1:20
p = rep(1, 20)
# 이산형 확률변수의 기댓값 계산 disc.exp() 함수(5장) 사용
disc.exp(x, p)
E(X) = 210/20 = 10.5
V(X) = 2870/20 - 10.5² = 33.25
D(X) = √(33.25) = 5.766
# 15 이상의 번호가 나올 확률
sum(x>=15)/length(x)
[1] 0.3
```

6.2 이항분포

6.2.1 베르누이분포

베르누이분포(Bernoulli distribution)는 성공확률이 일정한 1회의 시행에서 나오는 성공 횟수의 확률분포를 말하며, 확률분포함수는 다음과 같다. 식 (6-4)와 식 (6-5)는 다르게 보이지만 $x=0$, 1을 각각 대입해 보면 같은 식임을 알 수 있다.

정의 6-2 베르누이분포(Bernoulli distribution)

성공확률이 일정한 1회의 시행에서 나오는 성공 횟수의 확률분포

$$f(x)=p^x(1-p)^{1-x},\ x=0,1 \quad (6-4)$$

$$f(x)=\begin{cases} p, & \text{if } x=1; \\ 1-p, & \text{if } x=0 \end{cases} \quad (6-5)$$

베르누이 확률변수 X의 기댓값은 식 (6-6), 분산은 식 (6-7)과 같이 쉽게 구할 수 있다.

$$E(X)=\sum_{x=0}^{1}xf(x)=0\times(1-p)+1\times p=p \quad (6-6)$$

$$Var(X)=E(X^2)-E(X)^2=p-p^2=p(1-p) \quad (6-7)$$

6.2.2 이항분포

베르누이 시행을 독립적으로 n회 시행했을 때 나오는 총 성공 횟수를 확률변수 X라 하면, X는 이항분포를 따른다($X \sim B(n, p)$로 표기함). 즉, 성공확률이 일정한 n회의 독립시행에서 나오는 성공 횟수의 분포는 이항분포가 된다. 이 때 X의 확률분포함수는 식 (6-8)과 같다.

정의 6-3 이항분포(binomial distribution)

성공확률이 일정한 n회의 시행에서 나오는 성공 횟수의 확률분포

$$f(x)=\binom{n}{x}p^x(1-p)^{n-x},\ x=0,1,2,\cdots,n \quad (6-8)$$

| 이항분포 R-함수 |

```
[1] 확률분포함수 (size=표본크기, prob=성공확률)
dbinom(x, size, prob)
# Excel 함수 = BINOM.DIST(x, size, prob, FALSE)
[2] 누적분포함수 (q=분위수, lower.tail=TRUE=아래로부터 누적)
pbinom(q, size, prob, lower.tail = TRUE)
# Excel 함수 = BINOM.DIST(x, size, prob, TRUE)
[3] 분위수 (p=누적확률)
qbinom(p, size, prob, lower.tail = TRUE)
# Excel 함수 = BINOM.INV(size, prob, p)
[4] 이항 확률분포의 난수 (n=난수의 개수)
rbinom(n, size, prob)
# Excel 함수는 없으나, 아래와 같이 한 개의 난수 생성
= BINOM.INV(size, prob, RAND( ))
```

X_i를 i번째 베르누이 시행에서의 확률변수라 하고, n회의 독립시행에서 나오는 성공 횟수를 X라 하면, $X=\sum_{i=1}^{n} X_i$이므로 식 (6-6)과 (6-7)로부터 기댓값과 분산은 다음과 같이 구할 수 있다.

$$E(X)=\sum_{i=1}^{n} E(X_i)=\sum_{i=1}^{n} p=np \qquad (6-9)$$

$$Var(X)=\sum_{i=1}^{n} Var(X_i)=\sum_{i=1}^{n} p(1-p)=np(1-p) \qquad (6-10)$$

예제 6-2 성공확률이 각각 0.2, 0.5, 0.8인 무한모집단에서 10개씩 표본을 취하였을 때 나타나는 성공 횟수의 확률분포 그래프를 작성하고, 기댓값과 분산을 구하여 비교하시오.

| 풀이 |

(1) $X \sim B(10,\ 0.2) \Rightarrow E(X)=10\times0.2=2,\ Var(X)=10\times0.2\times0.8=1.6$

(2) $X \sim B(10,\ 0.5) \Rightarrow E(X)=10\times0.5=5,\ Var(X)=10\times0.5\times0.5=2.5$

(3) $X \sim B(10,\ 0.8) \Rightarrow E(X)=10\times0.8=8,\ Var(X)=10\times0.8\times0.2=1.6$

확률분포를 그래프로 나타내면 [그림 6-1]과 같다. 그래프를 살펴보면, 성공확률이 낮은 경우에는 분포가 왼편으로 치우치고, 성공확률이 큰 경우에는 오른편으로 치우치며, 성공확률이 0.5인 경우에는 대칭이 됨을 알 수 있다.

```
# 시행횟수, 성공확률, 확률변수 x의 범위 정의
n = 10;  p=c(0.2, 0.5, 0.8); x = 0:n
# 빈 리스트 생성
fx1 = list()
# 확률분포함수 계산 ⇒ dbinom( ) 함수 사용
for (i in 1:3) fx1[[i]] = dbinom(x, n, p[i])
# 분포별 합계 확인 ⇒ sapply(리스트, sum) 함수
sapply(fx1, sum)
[1] 1 1 1
# 제목 설정 및 함수 disc.mexp() 실행, 그래프 작성 ⇒ [그림 6-1]
mt1 = paste0("B(10,", p, ")")
disc.mexp(x, fx1, mt=mt1)
E(X) = 2        V(X) = 5.6 - 2² = 1.6        D(X) = √(1.6) = 1.265
E(X) = 5        V(X) = 27.5 - 5² = 2.5       D(X) = √(2.5) = 1.581
E(X) = 8        V(X) = 65.6 - 8² = 1.6       D(X) = √(1.6) = 1.265
# 기댓값은 성공확률에 비례하여 증가함, 분산은 성공확률이 0.5일 때 최대
# 여러 이산형 확률변수의 기댓값 계산 함수 disc.mexp() 사용법 (번역)
ch6.man(1)
[1] 여러 이산형 확률변수의 기댓값 계산 및 플롯
disc.mexp(xv, fx, fx2, fx3, mt, dig=3, del=0.2, prt=TRUE, plot=TRUE)
[필수입력]-------------------------
xv      확률변수 값 벡터
fx      확률분포 리스트 (2개~9개)
[선택입력]-------------------------
fx2     두 번째 확률분포 리스트 (fx와 같은 개수)
fx3     세 번째 확률분포 리스트 (fx와 같은 개수)
mt      플롯 제목 벡터
dig     기댓값과 분산 소숫점 아래 자릿수 (기본=3자리)
del     확률분포 플롯 간격 (기본=0.2)
prt     기댓값과 분산 출력 여부 (기본=TRUE)
plot    확률분포 그래프 작성 여부 (기본=TRUE)
```

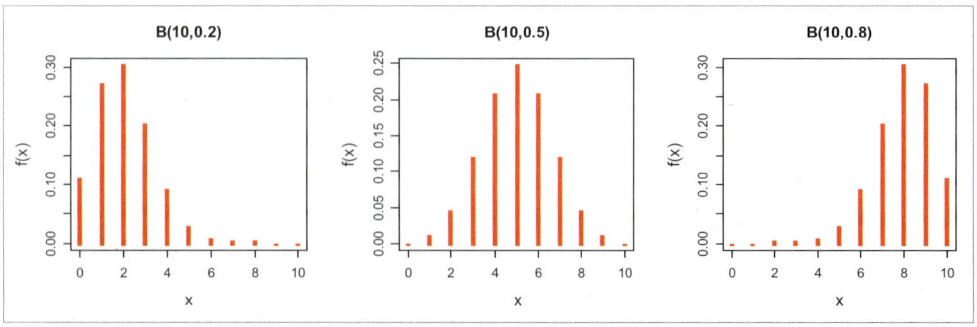

[그림 6-1] 이항확률변수의 확률분포 ($n=10$)

예제 6-3 불량률이 0.03인 공정에서 20개의 표본을 추출하여 검사하여 발견한 불량개수를 X라 할 때, 다음을 구하시오.

(1) X의 확률분포함수

(2) X의 기댓값과 분산

(3) 2개의 불량품이 발견될 확률

(4) 3개 이상의 불량품이 발견될 확률

| 풀이 |

(1) 불량개수 X의 확률분포함수는

$$f(x)=\binom{20}{x}(0.03)^x(0.97)^{20-x}, \quad x=0, 1, 2, \cdots, 20$$

(2) 불량개수 X의 기댓값과 분산은

$$E(X)=20\times0.03=0.6, \quad Var(X)=20\times0.03\times0.97=0.582$$

(3) 2개의 불량품이 발견될 확률은

$$f(2)=\binom{20}{2}(0.03)^2(0.97)^{20-2}=190\times(0.03)^2(0.97)^{18}\doteq0.099$$

(4) 3개 이상의 불량품이 발견될 확률은

$$\begin{aligned}P(X\ge3)&=1-P(X\le2)=1-[f(0)+f(1)+f(2)]\\&=1-\left[\binom{20}{0}(0.03)^0(0.97)^{20}+\binom{20}{1}(0.03)(0.97)^{20-1}+\binom{20}{2}(0.03)^2(0.97)^{20-2}\right]\\&\doteq1-(0.544+0.366+0.099)=1-0.979=0.021\end{aligned}$$

```
# 확률분포
x = 0:20
fx = dbinom(x, 20, 0.03)
# 이산형 확률변수의 기댓값 계산
disc.exp(x, fx, prt=TRUE)
E(X) = 0.6
V(X) = 0.942 - 0.6² = 0.582
D(X) = √(0.582) = 0.763
# 각각 0, 1, 2개의 불량품이 발견될 확률
dbinom(0:2, 20, 0.03)
[1] 0.54379434 0.33636763 0.09882967
# 3개 이상의 불량품이 발견될 확률 (두 가지 방법)
1-sum(dbinom(0:2, 20, 0.03))
[1] 0.02100836
pbinom(2, 20, 0.03, lower=F)
[1] 0.02100836
```

6.3 초기하분포

두 가지 특성(성공 r개, 실패 $N-r$개)을 갖는 개체들로 구성된 크기 N인 유한모집단에서 일정한 개수(n)의 표본을 비복원추출 했을 때, '성공'의 개수를 X라 하면, X는 초기하분포를 따른다($X \sim HG(n, N, r)$로 표기함). 여기서 비복원추출이란 한 번 뽑힌 표본은 다시 넣지 않고 나머지 모집단에서 표본을 추출하는 방식을 말한다. r개의 '성공'과 $N-r$개의 '실패'로 구성된 모집단으로부터 n개의 표본을 비복원추출 했을 때, x개의 성공이 나올 확률은 식 (6-11)과 같다. 식 (6-11)은 x개의 성공이 나오는 특별한 경우의 수를 전체 경우의 수로 나눈 것이다.

정의 6-4 초기하분포(hypergeometric distribution)

두 가지 속성의 개체들로 구성된 유한모집단에서 일정한 개수의 표본을 비복원추출 했을 때, 특정 속성을 갖는 개체수의 확률분포

$$f(x)=\binom{r}{x}\binom{N-r}{n-x}\Big/\binom{N}{n}, \quad \max(0, n-N+r)\le x\le \min(n, r) \qquad (6\text{-}11)$$

| 초기하분포 R-함수 |

```
[1] 확률분포함수 (x=표본 성공개수, m=모집단 성공개수, n=모집단 실패개수, k=표본개수)
dhyper(x, m, n, k)
# Excel 함수 = HYPGEOM.DIST(x, k, m, N, FALSE)
[2] 누적분포함수 (q=분위수, lower.tail=TRUE=아래로부터 누적)
phyper(q, m, n, k, lower.tail = TRUE)
# Excel 함수 = HYPGEOM.DIST(x, k, m, N, TRUE)
[3] 분위수 (p=누적확률)
qhyper(p, m, n, k, lower.tail = TRUE)
[4] 초기하 확률변수(nn=난수의 개수)
rhyper(nn, m, n, k)
```

초기하분포의 기댓값과 분산은 다음과 같이 구할 수 있다.

$$E(X)=n\times(\text{성공확률})=n\times(r/N)=nr/N \qquad (6\text{-}12)$$

$$Var(X)=n\frac{r}{N}\left(1-\frac{r}{N}\right)\left(\frac{N-n}{N-1}\right) \qquad (6\text{-}13)$$

식 (6-13)에서 $p=r/N$으로 정의하면, 식 (6-14)와 같이 다시 쓸 수 있다.

$$Var(X)=np(1-p)\left(\frac{N-n}{N-1}\right) \qquad (6\text{-}14)$$

식 (6-14)의 분산을 이항분포의 분산 $np(1-p)$와 비교하면 $(N-n)/(N-1)$배 차이가 나는데, 이를 **유한모집단수정계수**(finite population correction factor)라 한다. 그 이유는 이항분포는 무한모집단에서 표본을 추출한 경우에 해당하고, 초기하분포는 유한모집단에서 표본을 추출한 경우에 해당하기 때문이다. 유한수정계수는 1보다 작기 때문에 유한모집단에서 표본을 추출한 경우의 분산이 더 작게 나타난다.

예제 6-4 총 50개의 개체로 구성되며, 각각 10개, 25개, 40개의 성공 개체가 있는 세 종류의 유한모집단에서 10개씩 표본을 취하였을 때, 성공개수의 확률분포를 구하여 비교하시오.

| 풀이 |

(1) $X \sim HG(10,\ 50,\ 10) \Rightarrow E(X)=10\times 0.2=2,\ Var(X)=10\times 0.2\times 0.8\times\left(\frac{50-10}{50-1}\right)\doteq 1.306$

(2) $X \sim HG(10,\ 50,\ 25) \Rightarrow E(X)=10\times 0.5=5,\ Var(X)=10\times 0.5\times 0.5\times\left(\frac{50-10}{50-1}\right)\doteq 2.041$

(3) $X \sim HG(10,\ 50,\ 40) \Rightarrow E(X)=10\times 0.8=8,\ Var(X)=10\times 0.8\times 0.2\times\left(\frac{50-10}{50-1}\right)\doteq 1.306$

```
# 모집단 구성, 표본개수, 확률변수 범위(치역) 정의
N = 50;  S =c(10, 25, 40); n = 10; x = 0:n
# 빈 리스트 생성
fx2 = list()
for (i in 1:3) fx2[[i]] = dhyper(x, S[i], N-S[i], n)
# 분포별 합계 확인 ⇒ sapply(리스트, sum) 함수
sapply(fx2, sum)
[1] 1 1 1
# 제목 설정 및 함수 disc.mexp() 실행 ⇒ [그림 6-2]
mt2 = paste0("HG(10, 50,", S,")")
disc.mexp(x, fx2, mt=mt2)
E(X) = 2          V(X) = 5.306 - 2² = 1.306      D(X) = √(1.306) = 1.143
E(X) = 5          V(X) = 27.041 - 5² = 2.041     D(X) = √(2.041) = 1.429
E(X) = 8          V(X) = 65.306 - 8² = 1.306     D(X) = √(1.306) = 1.143
# ① 기댓값은 성공확률에 비례하여 증가함
# ② 분산은 성공확률이 0.5일 때 가장 크고, 성공확률이 0.2와 0.8일 때 같음
# ③ 이항분포에 비해 분산이 다소 감소함
# 이항분포와 초기하분포의 확률분포함수 그래프 비교 ⇒ [그림 6-3]
mt12 = paste0("HG(10,50,", S,"):B(10,", p,")")
disc.mexp(x, fx2, fx1, mt=mt12)
# 이항분포에 비해 분산이 다소 감소함
```

[그림 6-2]를 살펴보면, 성공 개체수가 작은 경우에는 분포가 왼편으로 치우치고, 성공 개체수가 큰 경우에는 오른편으로 치우치며, 성공확률이 0.5인 경우에는 대칭이 됨을 알 수 있다.

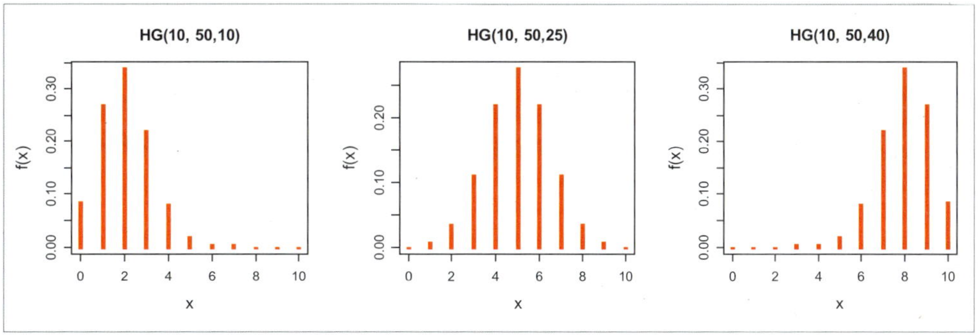

[그림 6-2] 초기하확률변수의 확률분포 예시 (N=50, n=10)

[그림 6-3]을 살펴보면 이항분포와 초기하분포가 매우 유사한 분포형태를 가짐을 알 수 있다. 단, 초기하분포(빨간색)는 이항분포(파란색)에 비해 기댓값을 중심으로 확률이 보다 집중되어 있다. 이는 이항분포의 모집단이 무한한데 반해 초기하분포의 모집단은 유한하기 때문에 같은 개수의 표본을 취하더라도 '상대적 정보량'이 더 크기 때문이다.

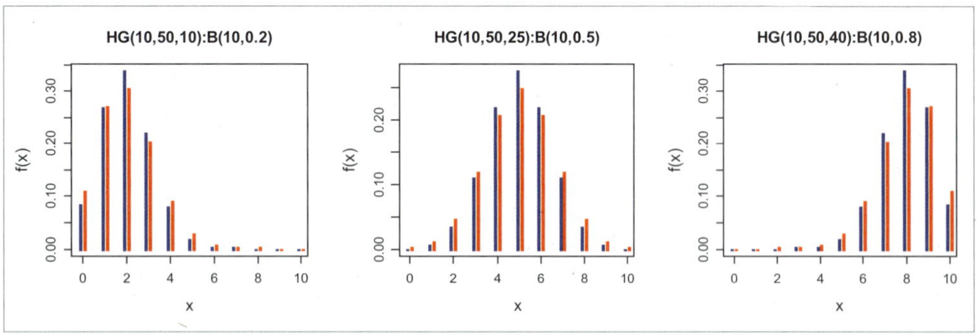

[그림 6-3] 초기하확률분포 (N=50) 와 이항확률분포의 비교 (n=10)

예제 6-5 불량률이 5%이고 1000개의 제품으로 구성된 로트에서 30개의 표본을 추출하였을 때 나오는 불량개수를 X라 할 때, 다음을 구하시오.

(1) X의 확률분포함수

(2) X의 기댓값과 분산

(3) 3개의 불량품이 나올 확률

(4) 3개 이하의 불량품이 나올 확률

| 풀이 |

(1) 불량개수 X의 확률분포함수는

$$f(x)=\binom{50}{x}\binom{950}{30-x}\Big/\binom{1000}{30},\ \ x=0, 1, 2, \cdots, 30$$

(2) 불량개수 X의 기댓값과 분산은

$$E[X]=nr/N=np=30\times 0.05=1.5$$

$$Var(X)=np(1-p)\left(\frac{N-n}{N-1}\right)=30\times 0.05\times 0.95\times \frac{970}{999}\doteq 1.384$$

(3) 3개의 불량품이 나올 확률은

$$f(3)=\binom{50}{3}\binom{950}{30-3}\Big/\binom{1000}{30}\doteq 0.128$$

(4) 3개 이하의 불량품이 나올 확률은

$$P(X\le 3)=\sum_{x=0}^{3}\binom{50}{x}\binom{950}{30-x}\Big/\binom{1000}{30}\doteq 0.210+0.342+0.263+0.128=0.943$$

```
# 확률분포
x = 0:30
fx = dhyper(x, 50, 950, 30)
# 이산형 확률변수의 기댓값 계산
disc.exp(x, fx, prt=TRUE)
E(X) = 1.5
V(X) = 3.634 - 1.5² = 1.384
D(X) = √(1.384) = 1.176
# 각각 0, 1, 2, 3개의 불량품이 발견될 확률
dhyper(0:3, 50, 950, 30)
[1] 0.2096813 0.3415005 0.2631628 0.1277323
# 3개 이하의 불량품이 발견될 확률 (두 가지 방법)
sum(dhyper(0:3, 50, 950, 30))
[1] 0.942077
phyper(3, 50, 950, 30)
[1] 0.942077
```

6.4 포아송분포

이항분포에서 시행횟수 n은 점점 증가시키고 성공확률 p는 점점 감소시키되, 기댓값 np를 일정한 값으로 유지시키면 포아송분포($X \sim Poi(\lambda)$로 표기함)를 얻는다. 이 분포는 프랑스의 통계학자 포아송(Poisson, 1781~1840)이 제안하여 그의 이름을 딴 것이다. 이항분포의 확률분포함수에서 $\lambda = np$라 하고 n을 무한대로 증가시키면 식 (6-15)와 같이 포아송분포의 확률분포함수를 얻을 수 있다.

정의 6-5 포아송분포(Poisson distribution)

일정한 단위에서 발생한 희소한 사건수의 확률분포

$$f(x)=\lambda^x \frac{e^{-\lambda}}{x!},\ x=0, 1, 2, \cdots \qquad (6-15)$$

포아송분포의 기댓값과 분산은 다음과 같이 계산할 수 있다.

$$E(X) = \sum_{x=0}^{\infty} xf(x)=\lambda,\ Var(X)=E(X^2)-E(X)^2=\lambda \qquad (6-16)$$

포아송분포는 표본크기 n이 충분히 크고 성공확률 p가 충분히 작은 경우, 이항분포로부터 유도할 수 있다. 포아송분포의 예로는, 일정 단위에서 발생하는 결점수, 특정 도로에서 하루 동안에 발생하는 교통사고횟수, 특정 전화기에 한 시간 동안에 걸려오는 전화 통화 수, 한 주 동안에 특정 보험회사에서 접수되는 사망 보험금 청구건수, 특정 지역에서 하루 동안에 정전이 되는 횟수, 백과사전 한 페이지에 나타난 오자의 수 등 다양하다. 포아송분포는 한정된 단위 시간이나 공간에서 발생하는 희소한 사건의 수를 표현하기에 적합하다.

| 포아송분포 R-함수 |

```
[1] 확률분포함수 (lambda=기댓값)
dpois(x, lambda)
# Excel 함수 = POISSON.DIST(x, lambda, FALSE)
[2] 누적분포함수 (q=분위수, lower.tail=TRUE=아래로부터 누적)
ppois(q, lambda, lower.tail = TRUE)
# Excel 함수 = POISSON.DIST(x, lambda, TRUE)
[3] 분위수 (p=누적확률)
qpois(p, lambda, lower.tail = TRUE)
[4] 포아송 확률변수(n=난수의 개수)
rpois(n, lambda)
```

예제 6-6 일정 단위당 평균 발생횟수가 각각 2개, 5개, 8개인 세 종류의 무한모집단에서 일정 단위의 표본을 취하였을 때, 포아송 확률분포 그래프를 작성하고, 기댓값과 분산을 구하여 비교하시오.

| 풀이 |

(1) $X \sim Poi(2) \Rightarrow E(X) = V(X) = 2$

(2) $X \sim Poi(5) \Rightarrow E(X) = V(X) = 5$

(3) $X \sim Poi(8) \Rightarrow E(X) = V(X) = 8$

[그림 6-4]를 살펴보면, 기댓값을 중심으로 분포가 왼쪽으로 치우쳐 있으나, 기댓값이 커질수록 대칭 형태에 가까워짐을 알 수 있다.

```
# 평균값, X의 범위 정의
L =c(2, 5, 8); x = 0:30
# 확률분포함수 계산, dpois() 함수 사용
fx3 = list()
for (i in 1:3) fx3[[i]] = dpois(x, L[i])
# 합계 확인 (30을 넘을 확률은 거의 무시됨)
sapply(fx3, sum)
[1] 1 1 1
# 제목 설정 및 함수 disc.mexp() 실행 ⇒ [그림 6-4]
mt3 = paste0("Poisson(", L,")")
disc.mexp(x, fx3, mt=mt3)
E(X) = 2          V(X) = 6 - 2² = 2       D(X) = √(2) = 1.414
E(X) = 5          V(X) = 30 - 5² = 5      D(X) = √(5) = 2.236
E(X) = 8          V(X) = 72 - 8² = 8      D(X) = √(8) = 2.828
# 이항분포, 초기하분포, 포아송분포 확률분포함수 그래프 비교 ⇒ [그림 6-5]
mt123 = paste0("HG(50) : B(10) : Pois (", L, ")")
x=0:10
for (i in 1:3) fx3[[i]] = dpois(x, L[i])
disc.mexp(x, fx2, fx1, fx3, mt=mt123)
```

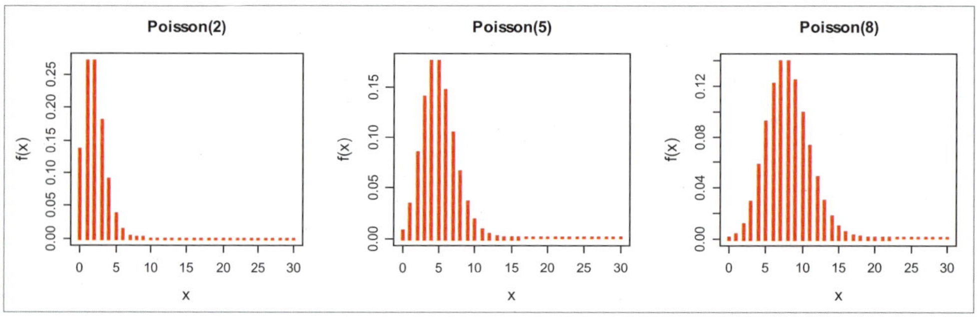

[그림 6-4] 포아송 확률분포 예시 (λ=2, 5, 8)

이항분포(파란색)와 초기하분포(빨간색)의 그래프는 유사하나, 포아송분포(녹색)는 기댓값이 커질수록 두드러진 차이를 나타낸다. 기댓값이 2인 첫 번째 그림은 비교적 유사한 편인데, 성공확률이 작을수록 포아송분포와 이항분포의 유사성이 커지기 때문이다.

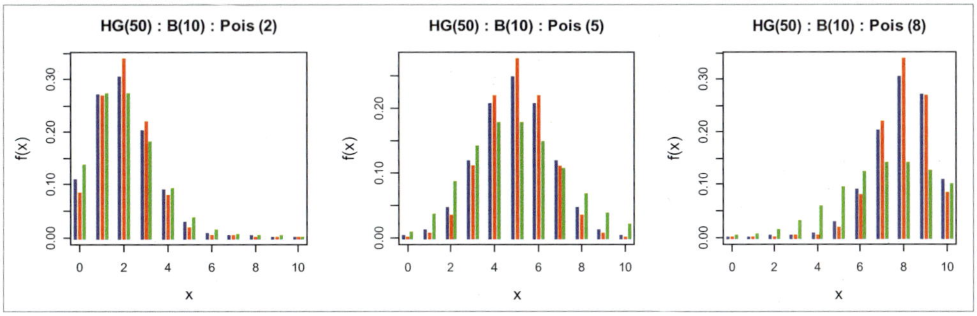

[그림 6-5] 포아송분포, 초기하분포 (N=50), 이항분포 (n=10)의 비교

예제 6-7 단위당 평균 결점수가 1.5 개인 제품을 생산하는 프로세스에서 샘플링검사를 실시하였을 때, (1) 결점수의 확률분포함수, (2) 기댓값, (3) 분산, (4) 단위 제품에서 3개 이상의 결점이 발견될 확률, (5) 10개의 단위 제품에서 20개의 결점이 발견될 확률을 각각 구하시오.

| 풀이 |

(1) $f(x)=(1.5)^x \dfrac{e^{-1.5}}{x!},\ x=0, 1, 2, \cdots$

(2) $E(X)=\lambda=1.5$

(3) $Var(X)=\lambda=1.5$

(4) $P(X\geq 3)=1-P(X\leq 2)=1-e^{-1.5}\times(1+1.5+1.5^2/2)\doteq 0.191$

(5) $Y \sim Poi(15) \Rightarrow P(Y=20)=(15)^{20}\dfrac{e^{-15}}{20!}\doteq 0.042$

```
# 확률분포 정의, 기댓값 계산
x = 0:20; fx = dpois(x, 1.5)
disc.exp(x, fx, prt=TRUE)
E(X) = 1.5
V(X) = 3.75 - 1.5² = 1.5
D(X) = √(1.5) = 1.225
# 3개 이상의 결점이 발견될 확률 (두 가지 방법)
1-sum(dpois(0:2, 1.5)); ppois(2, 1.5, lower=F)
[1] 0.1911532
[1] 0.1911532
# 10개의 단위 제품에서 20개의 결점이 발견될 확률
dpois(20, 15)
[1] 0.04181031
```

6.5 기하분포

한 번의 시행에서 성공확률이 p인 경우, 첫 번째 성공이 발생할 때까지 시행하는 독립시행의 횟수를 X라 하면, 확률변수 X는 다음과 같은 기하분포($X \sim G(p)$로 표기함)를 따른다. 그 이유는 x번째 시행에서 첫 번째 성공이 발생하려면 그 이전의 $x-1$번의 시행에서 연속해서 '실패'가 나와야 하고 마지막 시행에서 '성공'이 나와야하기 때문이다.

정의 6-6 기하분포(geometric distribution)

성공확률이 일정한 시행에서 첫 번째 성공이 발생할 때까지 시행한 횟수의 확률분포

$$f(x)=P(X=x)=(1-p)^{x-1}p,\ x=1, 2, \cdots \tag{6-17}$$

| 기하분포 R-함수 |

```
# Excel 함수 없음
[1] 확률분포함수 (x=실패횟수, prob=p=성공확률)
dgeom(x, prob)
[2] 누적분포함수 (q=분위수, lower.tail=TRUE=아래로부터 누적)
pgeom(q, prob, lower.tail = TRUE)
[3] 분위수 (p=누적확률)
qgeom(p, prob, lower.tail = TRUE)
[4] 기하 확률변수(n=난수의 개수)
rgeom(n, prob)
```

기하확률변수 X의 누적분포함수는 아래와 같다($q=1-p$).

$$F(x)=\sum_{y=1}^{x}(1-p)^{y-1}p=\frac{p[1-(1-p)^x]}{1-(1-p)}=1-q^x,\ x=1, 2, \cdots \tag{6-18}$$

기하분포의 기댓값과 분산은 다음과 같다.

$$E(X)=\frac{1}{p},\ Var(X)=\frac{1-p}{p^2} \tag{6-19}$$

예제 6-8 성공확률이 각각 0.1, 0.3, 0.5인 무한모집단에서 첫 번째 성공을 얻을 때까지 시행하였을 때, 확률분포 그래프를 작성하고, 기댓값과 분산을 구하여 비교하시오.

| 풀이 |

(1) $X \sim G(0.1) \Rightarrow E(X)=1/0.1=10,\ Var(X)=0.9/0.1^2=90$

(2) $X \sim G(0.3) \Rightarrow E(X)=1/0.3 \doteq 3.333,\ Var(X)=0.7/0.3^2=7.778$

(3) $X \sim G(0.5) \Rightarrow E(X)=1/0.5=2,\ Var(X)=0.5/0.5^2=2$

```
# 성공확률, X의 범위 정의 (범위가 무한대까지기 때문에 넓게 설정)
p = c(0.1, 0.3, 0.5); x = 1:200
# 확률분포함수 계산, ⇒ dgeom( ) 함수는 실패횟수를 사용하므로 x 대신 x-1 입력!
fx4 = list()
for (i in 1:3) fx4[[i]] = dgeom(x-1, p[i])
# 합계 확인
sapply(fx4, sum)
[1] 1 1 1
# 기댓값과 분산 계산
disc.mexp(x, fx4, plot=F)
E(X) = 10       V(X) = 190 - 10² = 90              D(X) = √(90) = 9.487
E(X) = 3.333    V(X) = 18.889 - 3.333² = 7.778     D(X) = √(7.778) = 2.789
E(X) = 2        V(X) = 6 - 2² = 2                  D(X) = √(2) = 1.414
# 기댓값은 성공확률에 반비례하여 감소함, 분산 또한 성공확률이 증가함에 따라 감소함
# 확률분포함수 그래프 직접 작성 (범위 상한을 50으로 함) ⇒ [그림 6-6]
mt4 = paste0("Geometric(", p,")")
win.graph(9, 3); par(mfrow=c(1,3)); par(mar=c(3,4,4,2))
for (k in 1:3) plot(1:50, fx4[[k]][1:50], type="h", main=mt4[k],
    ylab="f(x)", xlab="", lwd=3, col=2)
```

그래프를 살펴보면, 확률이 지수적으로 감소하고, 성공확률이 커질수록 감소 속도가 빨라짐을 알 수 있다. 실제로 기하분포는 7장에서 설명하게 될 지수분포와 유사한 특성을 많이 갖고 있다.

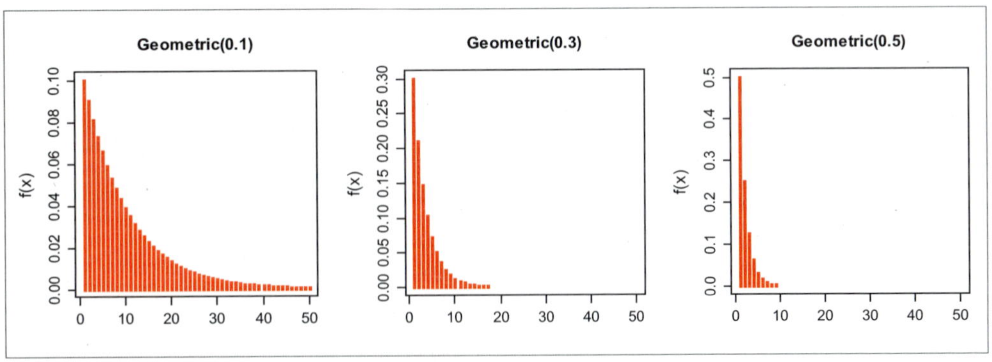

[그림 6-6] 기하 확률분포 예시 ($p=0.1, 0.3, 0.5$)

예제 6-9 주사위 1개를 '6'이 나올 때까지 반복해서 굴리는 실험에서 총 시행횟수를 X라 할 때, 다음을 구하시오.

(1) X의 확률분포함수

(2) X의 기댓값과 분산

(3) 3회의 시행 이내에 '6'이 나올 확률

| 풀이 |

(1) 주사위를 한 번 굴려 '6'이 나오면 '성공'이며 성공확률 $p=1/6$이므로,

$$f(x)=\frac{1}{6}\left(\frac{5}{6}\right)^{x-1},\ x=1, 2, 3, \cdots$$

(2) $E(X)=1/p=6$, $Var(X)=\frac{q}{p^2}=\frac{5/6}{(1/6)^2}=30$

(3) $F(3)=1-(5/6)^3 \doteq 0.421$

```
# 확률분포 (x의 범위를 충분히 넓게 잡아야 함)
x = 1:100
fx = dgeom(x-1, 1/6)
# 이산형 확률변수의 기댓값 계산
disc.exp(x, fx, prt=TRUE)
E(X) = 6
V(X) = 66 - 6² = 30
D(X) = √(30) = 5.477
# 각각 0, 1, 2회의 실패 이내에 '6'이 나올 확률
dgeom(0:2, 1/6)
[1] 0.16666667 0.13888889 0.11574074
# 3회의 시행 (2회의 실패) 이내에 '6'이 나올 확률 (두 가지 방법)
sum(dgeom(0:2, 1/6))
[1] 0.4212963
pgeom(2, 1/6)
[1] 0.4212963
```

기하분포는 이산확률분포 중 유일하게 **비기억 특성**(memoryless property)을 갖는다. 예를 들면 주사위를 '6'이 나올 때까지 계속 굴리는데 1,000번 동안 '6'이 나오지 않았더라도 다음 시행에서 '6'이 나올 확률은 변함이 없다는 것이다. 이러한 특성을 수식으로 나타내면 다음과 같다.

$$P(X>x+y|X>x)=P(X>y),\ x, y=1, 2, 3, \cdots \quad (6-20)$$

6.6 음이항분포*

기하분포의 개념을 보다 일반화해서 r번째 성공이 발생할 때까지 시행하는 독립시행의 횟수를 X라 하면, 확률변수 X는 다음과 같은 음이항분포를 따른다($X \sim NB(p, r)$로 표기함). 그 이유는 x번째 시행에서 r번째 성공이 발생하려면 그 이전의 $x-1$번의 시행에서 $r-1$번의 '성공'이 나와야 하고 마지막 시행에서 '성공'이 나와야하기 때문이다. 아래의 그림을 보면 확률분포함수 식 (6-21)을 이해할 수 있을 것이다.

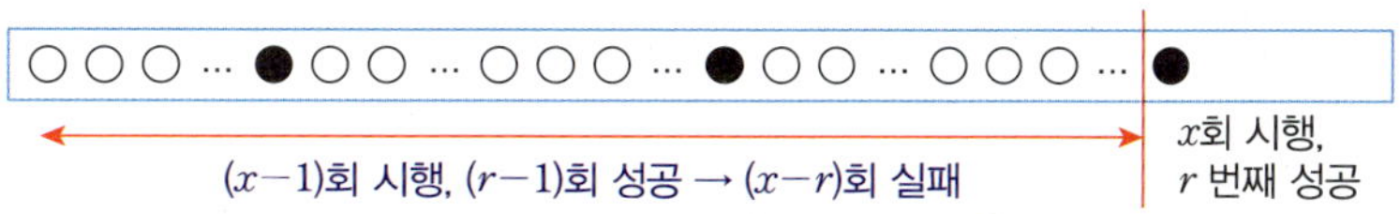

$$P(X=x)=P(x-1\text{번의 시행 중에서 } r-1\text{번 성공})\ P(x\text{번째 시행은 성공})$$
$$=\binom{x-1}{r-1}p^{r-1}q^{x-r}\times p,\ \ x=r, r+1, \cdots$$

정의 6-7 음이항분포(negative binomial distribution)

성공확률이 일정한 시행에서 주어진 횟수(r)의 성공이 발생할 때까지 시행한 횟수의 확률분포

$$f(x)=P(X=x)=\binom{x-1}{r-1}p^{r}q^{x-r},\ \ x=r, r+1, \cdots \tag{6-21}$$

| 음이항분포 R-함수 |

```
[1] 확률분포함수 (x=실패횟수, size=목표 성공 횟수, prob=성공확률)
dnbinom(x, size, prob)
# Excel 함수 = NEGBINOM.DIST(x, size, prob, FALSE)
[2] 누적분포함수 (q=분위수, lower.tail=TRUE=아래로부터 누적)
pnbinom(q, size, prob, lower.tail = TRUE)
# Excel 함수 = NEGBINOM.DIST(x, size, prob, TRUE)
[3] 분위수 (p=누적확률)
qnbinom(p, size, prob, lower.tail = TRUE)
[4] 음이항 확률변수(n=난수의 개수)
rnbinom(n, size, prob)
```

$X_1, X_2, \cdots, X_r$ 이 독립이고 동일한 기하분포를 따르는 확률변수일 때, $X=\sum_{i=1}^{r} X_i$ 의 분포는 음이항분포를 따른다. 따라서 음이항분포의 기댓값과 분산은 다음과 같이 구해진다.

$$E(X)=\sum_{i=1}^{r} E(X_i)=r/p \quad (6-22)$$

$$Var(X)=\sum_{i=1}^{r} Var(X_i)=(rq)/p^2 \quad (6-23)$$

예제 6-10 성공확률이 0.4인 무한모집단에서 각각 1회, 2회, 4회의 성공을 얻을 때까지 시행하였을 때, 시행횟수의 확률분포 그래프를 작성하고, 기댓값과 분산을 구하여 비교하시오.

| 풀이 |

(1) $X \sim NB(0.4,\ 1) \equiv G(0.4) \Rightarrow E(X)=1/0.4=2.5,\ Var(X)=0.6/0.4^2=3.75$

(2) $X \sim NB(0.4,\ 2) \Rightarrow E(X)=2/0.4=5,\ Var(X)=2\times 0.6/0.4^2=7.5$

(3) $X \sim NB(0.4,\ 4) \Rightarrow E(X)=4/0.4=10,\ Var(X)=4\times 0.6/0.4^2=15$

```
# 성공확률, 목표 성공 횟수, X의 범위 정의 (범위가 무한대까지기 때문에 넓게 설정)
ps =0.4; r = c(1, 2, 4); xr = 1:100
# dnbinom() 함수는 r번 성공까지의 실패횟수의 확률분포임에 유의!
fx5 = list()
for (i in 1:3) fx5[[i]] = dnbinom(xr-r[i], r[i], ps)
# 합계 확인
sapply(fx5, sum)
[1] 1 1 1
# 확률분포함수 그래프 직접 작성 (범위 상한을 30으로 설정) ⇒ [그림 6-7]
mt5 = paste0("Neg-Binom(0.4,", r,")")
win.graph(9,3); par(mfrow=c(1,3)); par(mar=c(3,4,4,2))
for (k in 1:3) plot(xr[1:30], fx5[[k]][1:30], type="h", main=mt5[k],
                 ylab="f(x)", xlab="", lwd=3, col=2)
# 기댓값과 분산 계산
disc.mexp(xr, fx5, plot=F)
E(XR) = 2.5      V(XR) = 10 - 2.5² = 3.75        D(XR) = √(3.75) = 1.936
E(XR) = 5        V(XR) = 32.5 - 5² = 7.5         D(XR) = √(7.5) = 2.739
E(XR) = 10       V(XR) = 115 - 10² = 15          D(XR) = √(15) = 3.873
# ① 기댓값은 목표 성공회수에 비례하여 증가함
# ② 분산 또한 목표 성공회수에 비례하여 증가함
```

다음의 그래프를 살펴보면, 기하분포처럼 오른쪽 꼬리가 길고 왼쪽으로 치우친 형태를 나타내지만, 목표 성공 횟수(r)가 커질수록 치우침이 줄어들고 있음을 알 수 있다.

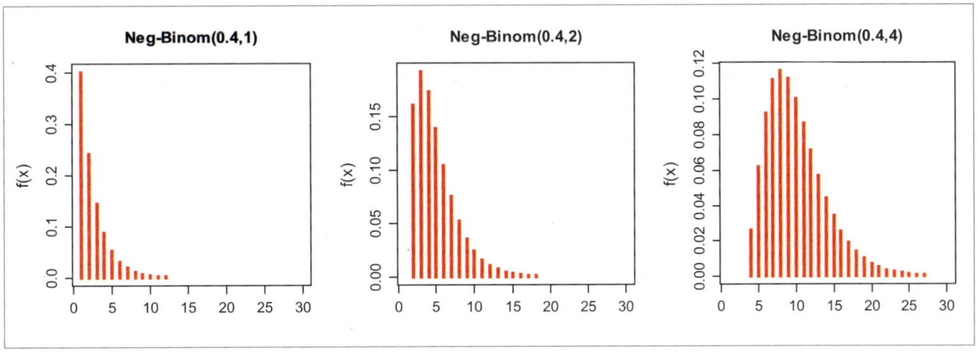

[그림 6-7] 음이항 확률분포 예시 ($p=0.4; r=1, 2, 4$)

예제 6-11 성공 확률이 각각 0.1인 세 개의 프로젝트를 성공시킬 때까지 기획한 횟수 X에 대하여 다음을 구하시오.

(1) 확률분포함수

(2) 기댓값과 분산

(3) 10번째 시도 만에 세 개의 프로젝트를 성공시킬 확률

| 풀이 |

(1) $f(x)=\binom{x-1}{2}(0.1)^3(0.9)^{x-3},\ x=3, 4, 5, \cdots$

(2) $E(X)=\dfrac{3}{0.1}=30,\ Var(X)=\dfrac{3\times0.9}{0.1^2}=270$

(3) $f(10)=\binom{10-1}{2}(0.1)^3(0.9)^{10-3}\doteq0.017$

```
# 확률분포 (x의 범위를 충분히 넓게 잡아야 함) ⇒ 기댓값 계산
x = 3:250; ps=0.1; r=3
fx = dnbinom(x-r, r, ps); disc.exp(x, fx)
E(X) = 30
V(X) = 1170 - 30² = 270
D(X) = √(270) = 16.432
# 10번째 시도 만에 세 개의 프로젝트를 성공시킬 확률
dnbinom(10-r, r, ps)
[1] 0.01721869
```

6.7 다항분포*

이항분포는 '성공'과 '실패' 두 가지 속성만을 갖는 모집단을 대상으로 하지만, 다항분포는 세 가지 이상의 속성을 갖는 모집단에서 발생한다. k개의 속성이 존재하고 각 속성의 비율이 $p_1, p_2, \cdots, p_k$ 인 무한 모집단에서 n개의 표본을 추출한 경우, 각 속성의 개수를 $X_1, X_2, \cdots, X_k$ 라 하면, 다음과 같이 다항분포($MN(n, p_1, p_2, \cdots, p_k)$로 표기함)를 따른다.

정의 6-8 다항분포(multinomial distribution)

다수의 속성을 갖는 개체들로 구성된 무한한 모집단에서 일정한 개수의 표본을 취했을 때, 각 속성을 갖는 개체수의 결합확률분포

$$P(X_1=x_1, X_2=x_2, \cdots, X_k=x_k)=\frac{n!}{x_1!x_2!\cdots x_k!}p_1^{x_1}p_2^{x_2}\cdots p_k^{x_k} \qquad (6-24)$$

$$p_1+p_2+\cdots+p_k=1,\ x_1+x_2+\cdots+x_k=n,\ 0\le x_i\le n$$

식 (6-24)의 $\frac{n!}{x_1!x_2!\cdots x_k!}$ 는 n개의 표본 중 각각의 속성이 $x_1, x_2, \cdots, x_k$ 씩 나오는 경우의 수이며, $p_1^{x_1}p_2^{x_2}\cdots p_k^{x_k}$ 는 특정 조합의 확률임을 알 수 있다.

| 다항분포 R-함수 |

```
# Excel 함수 없음
[1] 확률분포함수 (x=(x1,x2,...,xk), size=n, prob=(p1,p2,...,pk))
dmultinom(x, size = NULL, prob, log = FALSE)
[2] 다항 확률변수(n=난수 벡터의 개수)
rmultinom(n, size, prob)
```

다항분포의 중요한 특성 중의 하나는 각각의 X_i 의 주변(marginal)분포가 이항분포가 된다는 사실이다. 특정한 i번째 속성만을 '성공'으로 정하면 전체 모집단은 '성공'과 '실패'의 두 가지 속성으로 나눌 수 있기 때문이다. 따라서 X_i 의 주변분포는 식 (6-25)와 같다.

$$P(X_i=x_i)=\binom{n}{x_i}p_i^{x_i}(1-p_i)^{n-x_i},\ x_i=0, 1, \cdots, n \qquad (6-25)$$

식 (6-9)와 (6-10)으로부터 X_i 의 기댓값과 분산은 다음과 같이 쉽게 구해진다.

$$E(X_i)=np_i,\ Var(X_i)=np_i(1-p_i) \qquad (6-26)$$

예제 6-12 세 가지 속성을 갖는 아래의 세 모집단에서 각각 5개씩 표본을 취하였을 때, 다항 확률분포 그래프를 작성하고, 기댓값과 분산을 구하여 비교하시오.

$(p_1, p_2, p_3) = (0.1, 0.1, 0.8)$, $(p_1, p_2, p_3) = (0.1, 0.5, 0.4)$, $(p_1, p_2, p_3) = (1/3, 1/3, 1/3)$

| 풀이 |

(1) $E(X_1) = 5 \times 0.1 = 0.5$, $E(X_2) = 5 \times 0.1 = 0.5$, $E(X_3) = 5 \times 0.8 = 4$

$V(X_1) = 5 \times 0.09 = 0.45$, $V(X_2) = 5 \times 0.09 = 0.45$, $V(X_3) = 5 \times 0.16 = 0.8$

(2) $E(X_1) = 5 \times 0.1 = 0.5$, $E(X_2) = 5 \times 0.5 = 2.5$, $E(X_3) = 5 \times 0.4 = 2$

$V(X_1) = 5 \times 0.09 = 0.45$, $V(X_2) = 5 \times 0.25 = 1.25$, $V(X_3) = 5 \times 0.24 = 1.2$

(3) $E(X_1) = 5/3$, $E(X_2) = 5/3$, $E(X_3) = 5/3$

$V(X_1) = V(X_2) = V(X_3) = 5 \times (1/3) \times (2/3) = 10/9 \doteq 1.111$

```
# 성공확률, 표본크기, X의 범위 정의
ps = matrix(c(1,1,8, 1,5,4, 1,1,1), nrow=3, ncol=3, byrow=T)
# 3차원 그래프 작성을 위해 'scatterplot3d' 패키지 적재
library(scatterplot3d)
# 다항확률분포 그래프 작성 함수 multinorm.plot() 실행 ⇒ [그림 6-8]
multinorm.plot(ps, 5)
Number of Possible Combinations = 21
Combinations of Random Variable Vectors -------------
 [1] 5 4 4 3 3 3 2 2 2 2 1 1 1 1 1 0 0 0 0 0 0
 [1] 0 1 0 2 1 0 3 2 1 0 4 3 2 1 0 5 4 3 2 1 0
 [1] 0 0 1 0 1 2 0 1 2 3 0 1 2 3 4 0 1 2 3 4 5
P1 P2 P3
 1  1  1
# [참고] 다항확률분포 그래프 작성 함수 multinorm.plot() 사용법
ch6.man(2)
```

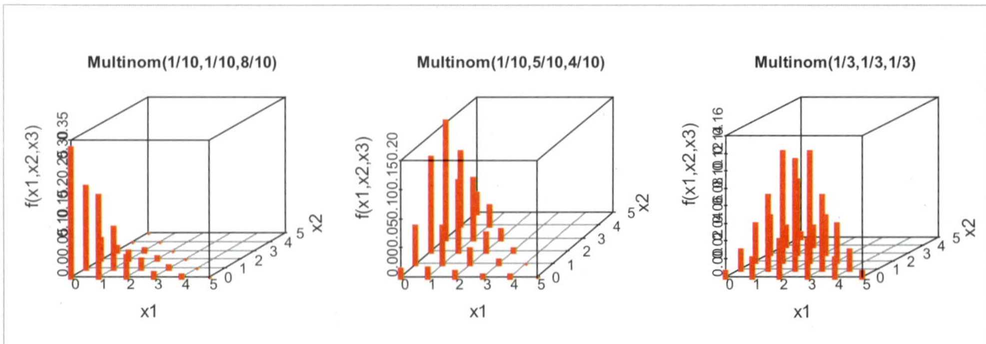

[그림 6-8] 다항 확률변수의 확률분포($n=5$, $k=3$)

예제 6-13 어떤 프로세스에서 생산되는 제품의 품질이 A, B, C, D 등급으로 구분되며, 각 등급의 비율은 20%, 40%, 30%, 10%로 알려져 있다. 이 공정에서 20개의 제품을 샘플링 하였을 때 각 등급 제품의 수를 X_1, X_2, X_3, X_4라 하자. 이들의 (1) 확률분포함수, (2) 기댓값과 분산, (3) $X_1=3, X_2=6, X_3=8$이 나올 확률, (4) $X_1=3, X_2=6$이 나올 확률, (5) $X_1=3$이 나올 확률을 구하시오.

| 풀이 |

(1) $f(x_1, x_2, x_3, x_4)=\dfrac{20!}{x_1!x_2!x_3!x_4!}(0.2)^{x_1}(0.4)^{x_2}(0.3)^{x_3}(0.1)^{x_4}$

$x_1, x_2, x_3, x_4=0, 1, 2, \cdots, 20;\ x_1+x_2+x_3+x_4=20$

(2) $E(X_1)=20\times0.2=4,\ E(X_2)=8,\ E(X_3)=6,\ E(X_4)=2$

$Var(X_1)=20\times0.2\times0.8=3.2,\ Var(X_2)=4.8,\ Var(X_3)=4.2,\ Var(X_4)=1.8$

(3) $X_1=3, X_2=6, X_3=8$이면, $X_4=20-(3+6+8)=3$이므로,

$P(X_1=3,\ X_2=6,\ X_3=8)=\dfrac{20!}{3!\times6!\times8!\times3!}(0.2)^3(0.4)^6(0.3)^8(0.1)^3\doteqdot0.005$

(4) $X_1=3, X_2=6$이면, 나머지 속성에서 $20-(3+6)=11$개가 나오므로,

$P(X_1=3,\ X_2=6)=\dfrac{20!}{3!\times6!\times11!}(0.2)^3(0.4)^6(0.4)^{11}\doteqdot0.019$

(5) $X_1=3$이면, 나머지 속성에서 17개가 나오므로,

$P(X_1=3)=\dfrac{20!}{3!\times17!}(0.2)^3(0.8)^{17}\doteqdot0.205$

```
# 성공확률, 표본크기, X의 범위 정의
ps = c(2,4,3,1)
n = 20
# (3) (x1=3, x2=6, x3=8)이 나올 확률
dmultinom(c(3,6,8,3), size=20, prob=ps)
[1] 0.005004827
# (4) (x1=3, x2=6)이 나올 확률
dmultinom(c(3,6,11), size=20, prob=c(2,4,4))
[1] 0.01939077
# (5) (x1=3)이 나올 확률 (두 가지 방법)
dmultinom(c(3, 17), size=20, prob=c(2,8))
[1] 0.2053641
dbinom(x=3, size=20, prob=0.2)
[1] 0.2053641
```

연습문제

1 1에서 6까지 번호가 적혀 있는 동일한 6개의 공이 들어 있는 상자에서 임의로 두 개의 공을 꺼냈을 때 나온 번호의 평균을 X라 하자.

(1) X의 확률분포함수를 구하시오.

(2) X의 기댓값과 분산을 구하시오.

(3) X가 4 이상일 확률을 구하시오.

2 1에서 6까지 번호가 적혀 있는 동일한 6개의 공이 들어 있는 상자에서 임의로 두 개의 공을 꺼냈을 때 나온 번호 중 큰 숫자를 X라 하자.

(1) X의 확률분포함수를 구하시오.

(2) X의 기댓값과 분산을 구하시오.

(3) X가 4 이상일 확률을 구하시오.

R1 1에서 20까지 번호가 적혀 있는 동일한 20개의 공이 들어 있는 상자에서 임의로 n개의 공을 꺼냈을 때 나온 번호의 평균을 X_n이라 하자.

(1) $n=2, 5, 10$ 각각에 대하여, X_n의 확률분포함수를 그래프로 작성하여 비교하시오.

(2) $n=2, 5, 10$ 각각에 대하여, X_n의 기댓값과 분산을 구하여 비교하시오.

(3) $n=2, 5, 10$ 각각에 대하여, X_n이 15 이상일 확률을 구하여 비교하시오.

3 성공확률이 0.2인 시행에 대하여 다음에 답하시오.

(1) 10회의 시행 중 2회의 성공이 나올 확률을 구하시오.

(2) 20회의 시행 중 4회의 성공이 나올 확률을 구하시오.

(3) (1)번과 (2)번의 결과 중 어느 것이 더 큰가? 그 이유는 무엇이라고 생각하는가?

(4) 10회의 시행 중 2회 이하의 성공이 나올 확률을 구하시오.

(5) 20회의 시행 중 4회 이하의 성공이 나올 확률을 구하시오.

(6) (4)번과 (5)번의 결과 중 어느 것이 더 큰가? 그 이유는 무엇이라고 생각하는가?

R2 성공확률 0.2인 n회의 시행에서 나온 성공 횟수를 X_n이라 할 때, $n=10, 20, 50$ 각각에 대하여, X_n의 확률분포함수를 그래프로 작성하여 비교하시오.

4 어느 공정에서 생산되는 제품의 불량률이 1%라 할 때, 다음에 답하시오.

(1) 200개의 제품을 검사했을 때, 발견되는 불량개수의 평균과 분산을 계산하시오.

(2) 200개의 제품을 검사했을 때, 2개의 불량이 나올 확률을 구하시오.

(3) 200개의 제품을 검사했을 때, 2개 이하의 불량이 나올 확률을 구하시오.

(4) 200번째 검사한 제품에서 두 번째 불량이 나올 확률을 구하시오.

(5) 200개를 검사하기 이전에 두 개의 불량이 나올 확률을 구하시오.

5 상자 안에 10개의 공이 들어있는데, 7개는 흰색이고 3개는 녹색이다.

(1) 이 상자에서 3개의 공을 꺼냈을 때, 3개 모두 흰색일 확률을 구하시오.

(2) 이 상자에서 3개의 공을 꺼냈을 때, 1개만 녹색일 확률을 구하시오.

(3) 이 상자에서 3개의 공을 꺼냈을 때, 1개만 흰색일 확률을 구하시오.

(4) 이 상자에서 3개의 공을 꺼냈을 때, 3개 모두 녹색일 확률을 구하시오.

(5) 이 상자에서 3개의 공을 꺼냈을 때 나온 녹색 공의 기댓값과 분산을 구하시오.

6 불량률이 2%이고 500개의 제품으로 구성된 로트에서 20개의 표본을 추출하였을 때 나오는 불량개수를 X라 하자.

(1) 불량개수 X의 확률분포함수를 구하시오.

(2) 불량개수 X의 기댓값과 분산을 구하시오.

(3) 2개의 불량품이 나올 확률을 구하시오.

(4) 2개 이하의 불량품이 나올 확률을 구하시오.

R3 성공확률이 20%이고 200개의 단위로 구성된 모집단에서 비복원 추출한 n개의 표본에서 나온 성공 횟수를 X_n이라 할 때, $n=10, 20, 50$ 각각에 대하여, X_n의 확률분포함수를 그래프로 작성하여 비교하시오.

7 단위 제품 당 평균 결점수가 3개인 제품을 생산하는 프로세스에서 샘플링검사를 실시하였다.

(1) 하나의 단위 제품에서 나오는 결점수의 확률분포함수를 구하시오.

(2) 하나의 단위 제품에서 나오는 결점수의 기댓값과 분산을 구하시오.

(3) 하나의 단위 제품에서 3개의 결점이 발견될 확률을 구하시오.

(4) 하나의 단위 제품에서 3개 이상의 결점이 발견될 확률을 구하시오.

(5) 5개의 단위 제품에서 15개의 결점이 발견될 확률을 구하시오.

R4 단위 제품 당 평균 결점수가 3개인 n개의 단위 제품에서 나온 결점수를 X_n이라 할 때, $n=2, 5, 10$ 각각에 대하여, X_n의 확률분포함수를 그래프로 작성하여 비교하시오.

8 어떤 전자제품에는 평균 1000시간에 1회 꼴로 전기적 충격이 발생하고, t시간 동안 발생한 전기적 충격횟수는 평균 $t/1000$인 포아송분포를 따른다. 이 전자제품은 5회의 전기적 충격을 받으면 고장이 발생한다.

(1) 이 제품을 2000시간 사용했을 때, 2회의 전기적 충격이 발생할 확률을 구하시오.
(2) 이 제품을 5000시간 사용했을 때, 5회의 전기적 충격이 발생할 확률을 구하시오.
(3) 이 제품을 5000시간 사용했을 때, 5회 이상의 전기적 충격이 발생할 확률을 구하시오.
(4) 이 제품이 4000시간 이내에 고장이 발생할 확률을 구하시오.

9 어느 공정에서 생산되는 제품의 불량률이 1%라 할 때, 다음에 답하시오.

(1) 불량이 나올 때까지 검사개수의 평균과 표준편차를 계산하시오.
(2) 50개의 제품을 검사할 때까지 불량이 나오지 않을 확률을 구하시오.
(3) 50개의 제품을 검사할 때까지 불량이 나오지 않았을 때, 앞으로 50개의 제품을 검사할 때까지 불량이 나오지 않을 확률을 구하시오.

10 9번 문제에서 네 개의 불량이 나올 때까지 검사개수를 X라 하자.

(1) 확률변수 X의 확률분포함수를 구하시오.
(2) 확률변수 X의 기댓값과 분산을 구하시오.
(3) 200개를 검사했을 때 네 번째 불량이 나올 확률을 구하시오.
(4) 200개를 검사하기 이전에 네 개의 불량이 나올 확률을 구하시오.

R5 성공확률 0.2인 시행에서 n개의 성공이 나올 때까지 시행횟수를 X_n이라 할 때, $n=2, 5, 10$ 각각에 대하여, X_n의 확률분포함수를 그래프로 작성하여 비교하시오.

11 프로야구 왕홈런 선수의 타율은 3할이며, 안타 중 홈런의 비율은 40%일 때, 다음에 답하시오.

(1) 왕홈런 선수는 평균 몇 타수 만에 첫 홈런을 치겠는가?
(2) 왕홈런 선수가 10타수 이내에 홈런을 칠 확률을 구하시오.

(3) 왕홈런 선수가 10타수 동안 홈런을 치지 못하였을 때, 앞으로 3타수 이내에 홈런을 칠 확률을 구하시오.

(4) 왕홈런 선수가 30타수 째에서 5번째 홈런을 칠 확률을 구하시오.

(5) 왕홈런 선수가 30타수 이내에 5개의 홈런을 칠 확률을 구하시오.

12 프로야구 왕홈런 선수의 안타 중 1루타는 20%, 2루타는 30%, 3루타는 10%, 홈런은 40%의 비율일 때, 다음에 답하시오.

(1) 왕홈런 선수가 10개의 안타 중 1루타 2개, 2루타 3개, 홈런 4개를 칠 확률을 구하시오.

(2) 왕홈런 선수가 10개의 안타 중 2루타 3개와 홈런 4개를 칠 확률을 구하시오.

(3) 왕홈런 선수가 10개의 안타 중 홈런 4개를 칠 확률을 구하시오.

(4) (1), (2), (3)번에서 계산한 확률을 비교하고, 그런 결과가 나온 이유를 설명하시오.

(5) 왕홈런 선수가 10개의 안타 이내에 4개의 홈런을 칠 확률을 구하시오.

13 어떤 태양광 소재 공정에서 생산되는 실리콘 웨이퍼의 순도가 특(11−9), 상(10−9), 중(9−9) 등급으로 구분되며, 각 등급의 비율은 50%, 30%, 20%로 알려져 있다. 이 공정에서 15개의 제품을 샘플링 하였을 때 각 등급 제품의 수를 X_1, X_2, X_3 라 하자.

(1) X_1, X_2, X_3 의 확률분포함수를 구하시오.

(2) X_1, X_2, X_3 의 기댓값과 분산을 구하시오.

(3) $X_1=7, X_2=5$ 가 나올 확률을 구하시오.

(4) $X_1=7$ 이 나올 확률을 구하시오.

(5) 판매가격이 특급은 10만원, 상급은 7만원, 중급은 5만원 일 때, 평균 판매가격을 구하시오.

14 네 종류의 무늬(♠, ♥, ♦, ♣)에 각각 1, 2, 3, ⋯, 13까지 13개의 숫자가 표시된 총 52장의 카드가 항아리에 있다. 이 중 무작위로 5장의 카드를 꺼냈을 때, 다음에 답하시오.

(1) 5장의 카드 중 숫자 1인 카드가 1장 나올 확률을 구하시오.

(2) 5장의 카드 중 숫자 1인 카드가 2장 나올 확률을 구하시오.

(3) 5장의 카드 중 숫자 1인 카드가 3장 나올 확률을 구하시오.

(4) 5장의 카드 중 숫자 1인 카드가 4장 나올 확률을 구하시오.

(5) 5장의 카드 중 숫자 1인 카드가 나올 확률을 구하시오.

(6) 5장의 카드 중 같은 숫자의 카드가 2장 나올 확률을 구하시오.

(7) 5장의 카드 중 같은 숫자의 카드가 3장 나올 확률을 구하시오.

(8) 5장의 카드 중 같은 숫자 2장씩 2쌍이 나올 확률을 구하시오.

(9) 5장의 카드 중 같은 숫자의 카드가 4장 나올 확률을 구하시오.

(10) 5장의 카드가 모두 다른 숫자일 확률을 구하시오.

(11) 5장의 카드가 모두 같은 무늬일 확률을 구하시오.

(12) 같은 숫자의 카드 3장과 또 다른 같은 숫자의 카드 2장이 나올 확률을 구하시오.

(13) 연속된 5개 숫자의 카드가 나올 확률을 구하시오.

(14) 5장의 카드가 모두 같은 무늬이고, 연속된 5개 숫자일 확률을 구하시오.

(15) 5장의 카드가 모두 같은 무늬일 때, 연속된 5개 숫자일 확률을 구하시오.

(16) 같은 숫자의 카드 2장이 나왔을 때, 나머지 3장 가운데 이미 나온 2장의 카드와 같은 숫자의 카드 2장이 나올 확률을 구하시오.

(17) 같은 숫자의 카드 2장이 나왔을 때, 나머지 3장 가운데 또 다른 같은 숫자의 카드 2장이 나올 확률을 구하시오.

(18) 같은 숫자의 카드 3장이 나왔을 때, 나머지 2장이 같은 숫자의 카드 일 확률을 구하시오.

(19) 같은 숫자의 카드 3장이 나왔을 때, 나머지 2장 가운데 처음 3장과 같은 숫자가 나올 확률을 구하시오.

(20) 처음 3장의 카드가 (1, 2, 3)으로 나왔을 때, 5장이 연속된 숫자를 이룰 확률을 구하시오.

(21) 처음 3장의 카드가 (2, 3, 4)로 나왔을 때, 5장이 연속된 숫자를 이룰 확률을 구하시오.

(22) 처음 3장의 카드가 (3, 4, 5)로 나왔을 때, 5장이 연속된 숫자를 이룰 확률을 구하시오.

(23) (20)~(22)번의 확률이 차이나는 이유를 설명하시오.

R6 R 패키지를 이용하여 14번 문제의 답을 구하시오.

CHAPTER 07

연속형 확률분포

Rstat

contents

07 연속형 확률분포

앞 장에서는 실험이나 관찰을 통해서 얻어진 데이터의 값이 셀 수 있는 값으로 나타나는 이산형 확률분포의 한 형태인 이항분포, 초기하분포, 포아송분포, 기하분포, 음이항분포, 다항분포에 대해 설명하였다. 본 장에서는 수집된 자료들이 일정한 구간 범위 안에서 실수의 값으로 나타나는 연속형 확률변수의 확률분포에 대하여 살펴본다. 4장에서 설명한 바와 같이 연속형에서의 확률분포함수는 확률밀도함수로 정의된다. 먼저 7장에서 사용할 함수를 다음과 같이 정의한다.

```
# R 아이콘을 더블클릭하여 실행
# 패키지 'Rstat'을 불러옴
library(Rstat)

# 7장 함수 정의 (번역) (번호를 입력하면 해당 함수의 사용법 확인 가능)
ch7.man()
[1] cont.exp     연속형 확률변수의 기댓값 계산
[2] cont.mpdf    연속형 확률변수의 확률밀도함수와 누적분포함수 그래프

# 연속형 확률변수의 확률밀도함수와 기댓값 계산 함수 cont.exp() 사용법
ch7.man(1)
# 연속형 확률밀도함수와 누적분포함수 그래프 작성 함수 cont.mpdf() 사용법
ch7.man(2)
```

7.1 균일분포

균일분포는 확률변수 X가 일정한 유한 구간 안에서 정의되며, 그 구간 안에서의 확률밀도가 같은 확률분포이다. 예를 들어 0부터 10 사이에서 임의의 한 점을 선택할 때, 0부터 10까지 구간에서 임의의 한 점이 선택될 가능성은 동일하다. 구간 $[a, b]$에서 정의되는 균일분포의 확률밀도함수는 식 (7–1)과 같다.

정의 7–1 균일분포(uniform distribution)

유한한 실수 구간 $[a, b]$에서 동일한 확률로 관측되는 확률변수의 분포

$$f(x)=\frac{1}{b-a},\ a\le x\le b \tag{7–1}$$

| 균일분포 R–함수 |

```
# 균일분포 확률밀도함수 f(x) (min=a=하한, max=b=상한)
# min, max를 생략하면 [0,1]로 계산함 (min = 0, max = 1)
dunif(x, min, max)
# 균일분포 누적분포함수 F(x)
punif(x, min, max, lower.tail = TRUE)
# 균일분포 분위수 (p=누적확률)
qunif(p, min, max, lower.tail = TRUE)
# 균일분포 확률변수 (n=난수의 개수)
runif(n, min, max)
# Excel 함수 = RANDBETWEEN(min, max) ⇒ 난수 1개만 생성
```

균일분포의 기댓값은 식 (7–2), 분산은 식 (7–3)과 같이 계산된다.

$$E(X)=\int_a^b x\frac{1}{b-a}dx=\frac{b^2-a^2}{2(b-a)}=\frac{a+b}{2} \tag{7–2}$$

$$E(X^2)=\int_a^b x^2\frac{1}{b-a}dx=\frac{b^3-a^3}{3(b-a)}=\frac{b^2+ab+a^2}{3}$$

$$Var(X)=E(X^2)-E(X)^2=\frac{b^2+ab+a^2}{3}-\left(\frac{a+b}{2}\right)^2=\frac{(b-a)^2}{12} \tag{7–3}$$

예제 7–1 확률변수 X의 확률분포가 $f(x)=1,\ 0\le x\le 1$일 때, X의 기댓값과 분산을 구하시오. 또한 $Y=2+4X$라 할 때, Y의 확률분포, 기댓값, 분산을 구하시오.

| 풀이 |

$E(X)=\frac{0+1}{2}=\frac{1}{2}$, $Var(X)=\frac{(1-0)^2}{12}=\frac{1}{12}$, $F_X(x)=x,\ 0\le x\le 1$이므로,

$F_Y(y)=P(2+4X\le y)=P(X\le (y-2)/4)=F_X((y-2)/4)=(y-2)/4,\ 2\le y\le 6$

이를 미분하면

$f_Y(y)=1/4,\ 2\le y\le 6$. 따라서 $E(Y)=(2+6)/2=4,\ Var(Y)=(6-2)^2/12=4/3$

➡ 기댓값과 분산만을 구하려면 아래와 같이 직접 계산할 수도 있다.

$$E(Y)=2+4E(X)=2+2=4,\ Var(Y)=4^2\,Var(X)=\frac{16}{12}=\frac{4}{3}$$

```
# 균일분포 함수 정의
fx = function(x) dunif(x, 0, 1); fy = function(y) dunif(y, 2, 6)
# 그래프 창 크기 설정, 화면 분할, 마진 설정
win.graph(7, 6); par(mfrow=c(2, 1)); par(mar=c(3,4,4,2))
# 함수 cont.exp() 실행 ⇒ [그림 7-1]
cont.exp(fx, -0.2, 1.2, prt=T, plot=T)
E(X) = 0.5        V(X) = 0.083     D(X) = 0.289
cont.exp(fy, 1.2, 6.8, xn="y", prt=T, plot=T)
E(Y) = 4          V(Y) = 1.333     D(Y) = 1.155
# [참고] 연속형 확률변수의 기댓값 계산 함수 cont.exp() 사용법
ch7.man(1)
```

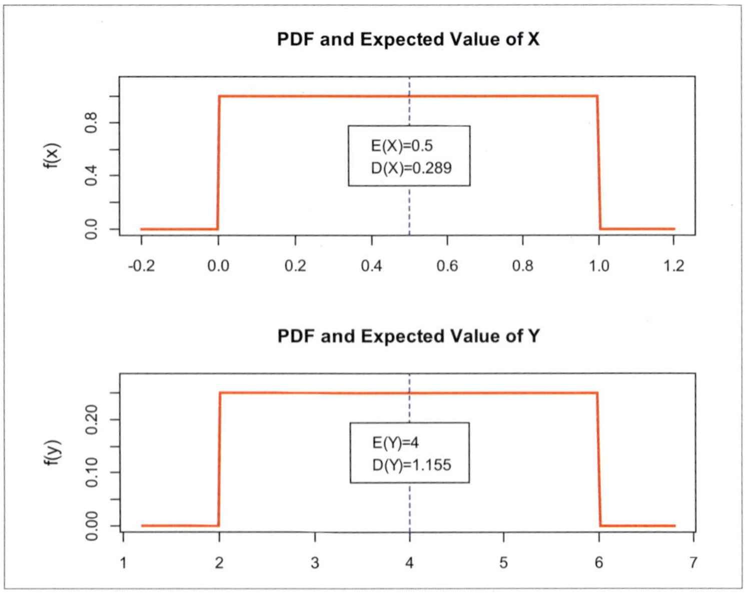

[그림 7-1] 균일분포의 확률밀도함수와 기댓값

7.2 지수분포

지수분포는 다음과 같이 확률밀도함수가 λ에서 시작하여 지수적으로 감소하는 확률분포이다.

정의 7-2 지수분포(exponential distribution)

확률밀도함수가 지수적으로 감소하는 확률분포

$$f(x)=\lambda e^{-\lambda x},\ x>0 \tag{7-4}$$

지수분포의 누적분포함수는 식 (7-5), 평균과 분산은 식 (7-6)과 같다.

$$F(x)=P(X\le x)=\int_0^x \lambda e^{-\lambda y}dy=1-e^{-\lambda x},\ x>0 \tag{7-5}$$

$$E(X)=\frac{1}{\lambda},\ Var(X)=\frac{1}{\lambda^2} \tag{7-6}$$

| 지수분포 R-함수 |

```
[1] 확률밀도함수 f(x) (rate=λ), 초기치 (rate = 1)
dexp(x, rate)
# Excel 함수 = EXPON.DIST(x, rate, FALSE)
[2] 누적분포함수 F(x)
pexp(x, rate, lower.tail = TRUE)
# Excel 함수 = EXPON.DIST(x, rate, TRUE)
[3] 분위수 (p=누적확률)
qexp(p, rate, lower.tail = TRUE)
[4] 지수 확률변수 (n=난수의 개수)
rexp(n, rate)
```

예제 7-2 $\lambda=1, 2, 3, 4, 5$인 지수분포의 확률밀도함수와 누적분포함수 그래프를 작성하시오.

| 풀이 |

```
# 모수 설정 및 함수 cont.mpdf() 실행 ⇒ [그림 7-2]
lamb = 1:5
cont.mpdf("exp", 0, 3, para=lamb, ymax=5)
# [참고] 연속형 확률변수의 확률밀도와 누적분포 그래프 작성 함수 cont.mpdf() 사용법
ch7.man(2)
```

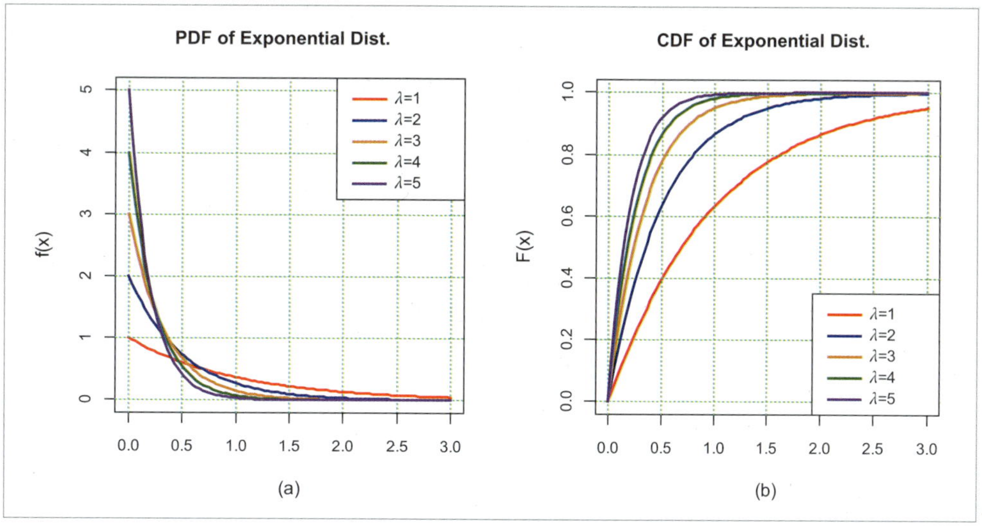

[그림 7-2] 지수분포의 확률밀도함수와 누적분포함수

이산형분포 중 비기억 특성을 갖는 분포는 기하분포임을 6장 이산형 확률변수에서 살펴보았는데, 연속형에서는 다음과 같이 지수분포가 비기억 특성을 갖는다.

정리 7-1 지수분포의 비기억(memoryless) 특성

$$P(X>x+y|X>y)=P(X>x) \quad (7\text{-}7)$$

앞의 정리는 아래와 같이 쉽게 증명된다.

$$P(X>x+y|X>y)=\frac{P(X>x+y)}{P(X>y)}=\frac{e^{-\lambda(x+y)}}{e^{-\lambda y}}=e^{-\lambda x}=P(X>x)$$

➲ 어떤 제품의 수명이 지수분포를 따른다면, 비기억 특성에 의해 '이 제품이 y시간 작동했다는 조건 하에서 앞으로 x시간 더 작동할 확률'은 '새 제품이 x시간 작동할 확률'과 같다는 의미가 됨

예제 7-3 평균수명이 10년인 지수분포를 따르는 제품을 5년간 고장 없이 사용했을 때, 앞으로 3년 더 고장 없이 작동할 확률을 구하시오.

| 풀이 |

수명의 기댓값 $1/\lambda=10$ 이므로,

$$P(X>5+3|X>5)=\frac{P(X>8)}{P(X>5)}=\frac{e^{-8\lambda}}{e^{-5\lambda}}=e^{-3\lambda}=e^{-0.3}\doteq 0.7408$$

```
theta=10; lamb = 1/theta
# 조건부 확률 (위쪽 확률이므로 lower=FALSE로 설정)
pexp(5+3, lamb, lower=F)/pexp(5, lamb, lower=F)
[1] 0.7408182
# 비기억 특성 확인
pexp(3, lamb, lower=F)
[1] 0.7408182
```

예제 7-4 평균수명이 10,000시간인 지수분포를 따르는 시스템에 대하여 90%의 확률로 고장 없이 작동할 시간을 구하시오.

| 풀이 |

$\lambda=1/10,000$ 이므로 구하는 시간을 x라 하면, $P(X>x)=e^{-x/10,000}=0.9$ 로부터,
$x=-(\ln 0.9)\times 10,000 \doteq 1,054$ 시간이 된다.

```
theta=10000; lamb = 1/theta
# 누적확률이 1-0.9인 분위수 계산
qexp(1-0.9, lamb)
[1] 1053.605
```

예제 7-5 지수수명분포를 따르는 시스템에 대하여 10,000시간까지 작동할 확률이 90% 이상이길 요구한다면, λ는 얼마 이하여야 하는가?

| 풀이 |

$P(X>10,000)=e^{-10,000\lambda}\geq 0.9$ 이므로
$\lambda\leq -\frac{\ln 0.9}{10,000}\doteq 1.054\times 10^{-5}$ (/시간) 이하여야 한다.

```
# 해를 구할 함수 정의
lamb = function(r) pexp(10000, r, lower=F) - 0.9
# 함수 값이 0이 되는 해 찾기 ⇒ uniroot() 함수 (범위 0~1, 오차한계 1E-10)
uniroot(lamb, c(0, 1), tol=1E-10)[[1]]
[1] 1.053605e-05
```

7.3 감마분포*

감마분포를 설명하기 위해서는 식 (7–8)과 같이 정의되는 감마함수가 필요하다.

정의 7–3 감마함수(gamma function)

$$\Gamma(\alpha) \equiv \int_0^\infty y^{\alpha-1} e^{-y} dy \qquad (7\text{–}8)$$

감마함수를 부분적분하면 다음 식을 얻는다.

$$\Gamma(\alpha) = \left[-y^{\alpha-1}e^{-y}\right]_0^\infty + (\alpha-1)\int_0^\infty y^{\alpha-2}e^{-y}dy = (\alpha-1)\Gamma(\alpha-1)$$

$\Gamma(1) \equiv \int_0^\infty y^{1-1}e^{-y}dy = 1$ 이며, 만약 α가 정수 n이라면

$$\Gamma(n) = (n-1)\Gamma(n-1) = \cdots = (n-1)(n-2)\cdots \times 2 \times 1 = (n-1)!$$

감마분포는 식 (7–9)와 같은 확률밀도함수를 갖는다. 여기서 α는 분포의 형태를 결정하는 형상모수(shape parameter), θ는 단위를 결정하는 척도모수(scale parameter)라 한다. 만약 $\alpha=1$이라면, $f(x)=\frac{1}{\theta\Gamma(1)}x^{1-1}e^{-x/\theta}=\frac{1}{\theta}e^{-x/\theta}$ 이므로 $\lambda=\frac{1}{\theta}$ 인 지수분포가 된다.

정의 7–4 감마분포(gamma distribution)

다음과 같은 확률밀도함수를 갖는 확률분포

$$f(x) = \frac{1}{\theta^\alpha \Gamma(\alpha)} x^{\alpha-1} e^{-x/\theta}, \quad x>0;\ \alpha,\ \theta>0 \qquad (7\text{–}9)$$

| 감마분포 R–함수 |

```
[1] 확률밀도함수 f(x) (shape=α , rate=1/θ와 scale=θ 중 하나만 입력)
# 초기치 (rate = 1, scale = 1/rate)
dgamma(x, shape, (rate), scale)
# Excel 함수 = GAMMA.DIST(x, shape, scale, FALSE)
[2] 누적분포함수 F(x)
pgamma(x, shape, (rate), scale, lower.tail = TRUE)
# Excel 함수 = GAMMA.DIST(x, shape, scale, TRUE)
[3] 분위수 (p=누적확률)
qgamma(p, shape, (rate), scale, lower.tail = TRUE)
# Excel 함수 = GAMMA.INV(p, shape, scale)
[4] 감마 확률변수 (n=난수의 개수)
rgamma(n, shape, (rate), scale)
# Excel 함수 = GAMMA.INV(RAND( ), shape, scale) ⇒ 난수 1개 생성
```

다음의 정리는 지수분포와 감마분포의 관계를 나타낸다.

정리 7-2 감마분포와 지수분포의 관계

독립적으로 동일한 지수분포를 따르는 확률변수의 합은 감마분포를 따른다. 즉, $X_1, X_2, \cdots, X_n \overset{iid}{\sim} Exp(\lambda \equiv 1/\theta)$ 이면, $\sum_{i=1}^{n} X_i \sim \Gamma(n, \theta)$

감마분포의 기댓값과 분산은 다음과 같다.

$$E(X)=\alpha\theta,\ Var(X)=\alpha\theta^2 \tag{7-10}$$

예제 7-6 $\theta=1$ 일 때, $\alpha=0.5, 1, 2, 3$ 인 감마분포의 확률밀도함수와 누적분포함수 그래프를 작성하시오.

| 풀이 |

```
# 모수 설정 및 함수 실행 ⇒ [그림 7-3]
alp = c(0.5, 1, 2, 3); rate = 1
cont.mpdf("gamma", 0, 8, para=alp, para2=rate, ymax=1.2)
# 형상모수에 따라 다양한 분포형태가 나타남. α<1이면 무한대에서 급격히 감소, α=1이면
  지수적으로 감소, α>1이면 봉우리가 하나인 형태임.
# 누적분포함수는 형상모수 α가 클수록 서서히 증가함.
```

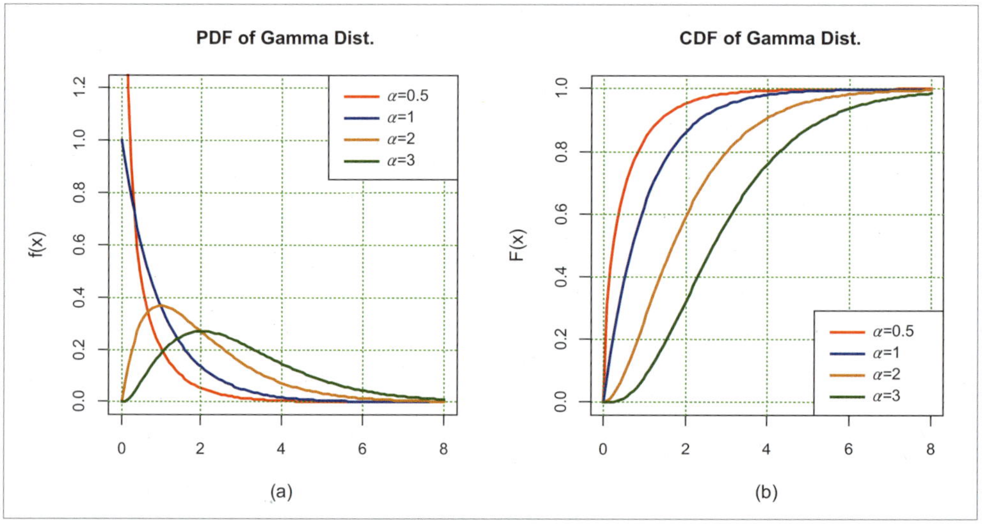

[그림 7-3] 감마분포의 확률밀도함수와 누적분포함수(형상모수 변화)

예제 7-7 어떤 전동안마기의 수명이 평균 10년, 분산 50인 감마분포를 따를 때, 다음을 구하시오.

(1) 이 전동안마기가 3년간 고장 없이 작동할 확률

(2) 이 전동안마기가 8년간 고장 없이 작동할 확률

(3) 5년간 고장이 없었을 때, 앞으로 3년 더 고장 없이 작동할 확률

| 풀이 |

$\alpha\theta=10$, $\alpha\theta^2=50$ 이므로, $\alpha=2$, $\theta=5$가 된다. 따라서

(1) $P(X>3)=\dfrac{1}{5^2\Gamma(2)}\int_3^\infty x^{2-1}e^{-x/5}dx=\dfrac{1}{25}\int_3^\infty xe^{-x/5}dx$

$=\dfrac{1}{25}\left\{\left[-5xe^{-x/5}\right]_3^\infty+\int_3^\infty 5e^{-x/5}dx\right\}$

$=\dfrac{1}{25}\left\{15e^{-3/5}+\left[-25e^{-x/5}\right]_3^\infty\right\}=\left(\dfrac{3}{5}+1\right)e^{-3/5}\doteq 0.8781$

(2) $P(X>8)=\left(\dfrac{8}{5}+1\right)e^{-8/5}\doteq 0.5249$

(3) $P(X>5+3|X>5)=\dfrac{P(X>8)}{P(X>5)}$ 이므로, 유사한 방법으로

$P(X>5)=\left(\dfrac{5}{5}+1\right)e^{-5/5}\doteq 0.7358$ 로부터

$P(X>5+3|X>5)\doteq\dfrac{0.5249}{0.7358}\doteq 0.7134 < P(X>3)\doteq 0.8781$

➡ 지수분포와는 다르게 $P(X>5+3|X>5)$는 $P(X>3)$보다 작으므로 비기억 특성을 갖지 않음을 알 수 있다.

```
EX = 10; VX = 50
alp = EX^2 / VX; th = EX / alp
# (1) 이 전동안마기가 3년간 고장 없이 작동할 확률
pgamma(3, alp, 1/th, lower=F)
[1] 0.8780986
# (2) 이 전동안마기가 8년간 고장 없이 작동할 확률
pgamma(8, alp, 1/th, lower=F)
[1] 0.5249309
# (3) 5년간 고장이 없었을 때, 앞으로 3년 더 고장 없이 작동할 확률
pgamma(8, alp, 1/th, lower=F) / pgamma(5, alp, 1/th, lower=F)
[1] 0.7134551
```

7.4 와이블분포*

와이블분포는 수명분포로서 가장 많이 사용되며, 식 (7-11)과 같은 확률밀도함수를 갖는다. 여기서 α는 형상모수, θ는 척도모수를 나타낸다. 형상모수 $\alpha=1$이면 $f(x)=\frac{1}{\theta}e^{-x/\theta}$이므로 지수분포와 같아짐을 쉽게 알 수 있다.

정의 7-5 와이블분포(Weibull distribution)

다음과 같은 확률밀도함수를 갖는 확률분포

$$f(x)=\left(\frac{\alpha}{\theta}\right)\left(\frac{x}{\theta}\right)^{\alpha-1}\exp\left[-\left(\frac{x}{\theta}\right)^{\alpha}\right],\ x>0;\ \alpha>0,\ \theta>0 \qquad (7\text{-}11)$$

| 와이블분포 R-함수 |

```
[1] 확률밀도함수 f(x) (shape=α , scale=θ ), 초기치 (scale = 1)
dweibull(x, shape, scale)
# Excel 함수 = WEIBULL.DIST(x, shape, scale, FALSE)
[2] 누적분포함수 F(x)
pweibull(x, shape, scale, lower.tail = TRUE)
# Excel 함수 = WEIBULL.DIST(x, shape, scale, TRUE)
[3] 분위수 (p=누적확률)
qweibull(p, shape, scale, lower.tail = TRUE)
[4] 와이블 확률변수 (n=난수의 개수)
rweibull(n, shape, scale)
```

와이블분포의 확률밀도함수는 복잡해 보이지만, 다음과 같이 쉽게 누적분포함수를 얻을 수 있다.

$$F(t)=\int_0^t f(x)dx=\int_0^{(t/\theta)^{\alpha}} e^{-y}dy=1-\exp\left[-\left(\frac{t}{\theta}\right)^{\alpha}\right] \qquad (7\text{-}12)$$

확률변수 X가 수명(lifetime)인 경우로 한정하면, $P(X>x)$는 수명이 x보다 클 확률이므로, 이를 **신뢰도함수**(reliability function) $R(x)$라 한다.

$$R(x)=1-F(x)=\exp\left[-\left(\frac{x}{\theta}\right)^{\alpha}\right] \qquad (7\text{-}13)$$

또한 **고장률함수**(failure rate function)는 $\lambda(x)\equiv f(x)/R(x)$로 정의되는데, 와이블분포의 고장률함수는 다음과 같이 멱(power)함수 형태이므로 사용하기 편리하다.

$$\lambda(x)=\frac{f(x)}{R(x)}=\left(\frac{\alpha}{\theta}\right)\left(\frac{x}{\theta}\right)^{\alpha-1},\ x>0;\ \alpha>0,\ \theta>0 \qquad (7\text{-}14)$$

와이블분포의 기댓값과 분산은 다음과 같이 계산된다.

$$E(X)=\theta\Gamma\left(1+\frac{1}{\alpha}\right),\ Var(X)=\theta^2\left[\Gamma\left(1+\frac{2}{\alpha}\right)-\left\{\Gamma\left(1+\frac{1}{\alpha}\right)\right\}^2\right] \quad (7-15)$$

예제 7-8 $\theta=1$일 때, $\alpha=0.5, 1, 2, 3$인 와이블분포의 확률밀도함수와 누적분포함수 그래프를 작성하시오.

| 풀이 |

```
# 모수 설정 및 함수 실행 ⇒ [그림 7-4]
th = 1; alp = c(0.5, 1, 2, 3)
cont.mpdf("weibull", 0, 5, para=alp, para2=th, ymax=1.2)
# 형상모수에 따라 다양한 분포형태가 나타남. α<1이면 무한대에서 급격히 감소, α=1이면
  지수적으로 감소, α>1이면 봉우리가 하나인 형태.
# 누적분포함수는 형상모수 α가 클수록 가파르게 증가함.
# 형상모수 α의 값과 상관없이 모든 누적분포함수가 교차하는 점이 존재함, 즉,
  F(θ)=1−e^−1
```

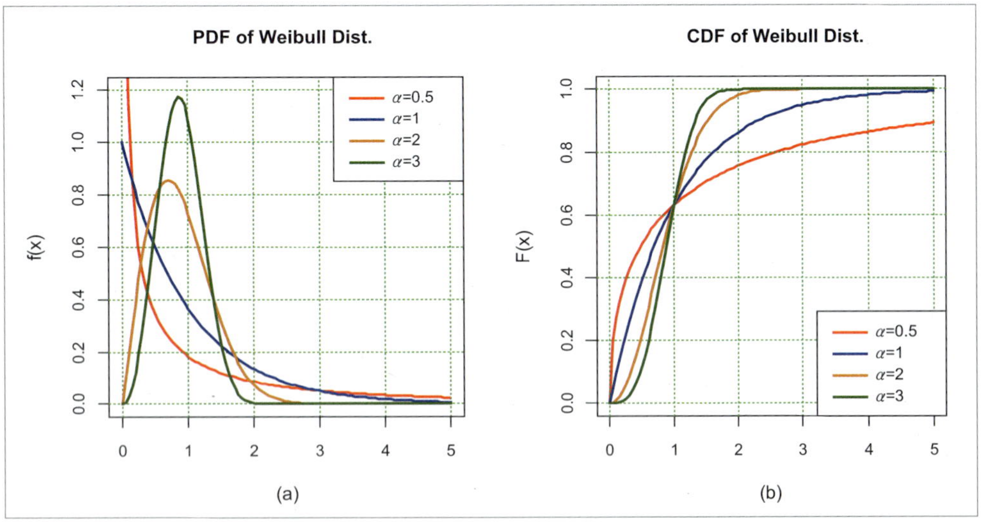

[그림 7-4] 와이블분포의 확률밀도함수와 누적분포함수(형상모수 변화)

예제 7-9 어떤 전동안마기의 수명이 $\alpha=2, \theta=5$ 인 와이블분포를 따를 때, 아래의 확률을 구하시오.

(1) 이 전동안마기가 3년간 고장 없이 작동할 확률

(2) 5년간 고장이 없었을 때, 앞으로 3년 더 고장 없이 작동할 확률

| 풀이 |

신뢰도함수의 식 (7-13)으로부터,

(1) $P(X>3)=\exp\left[-\left(\frac{3}{5}\right)^2\right]=e^{-0.36}\doteq 0.6977$

(2) $P(X>5+3|X>5)=\dfrac{P(X>8)}{P(X>5)}$ 이므로, 유사한 방법으로

$$P(X>8)=\exp\left[-\left(\frac{8}{5}\right)^2\right]=e^{-2.56}\doteq 0.0773$$

$$P(X>5)=\exp\left[-\left(\frac{5}{5}\right)^2\right]=e^{-1}\doteq 0.3679$$

$$P(X>5+3|X>5)\doteq\frac{0.0773}{0.3679}\doteq 0.2101$$

➲ 지수분포와는 다르게 $P(X>5+3|X>5)$는 $P(X>3)$보다 작으므로 비기억 특성을 갖지 않음을 알 수 있다.

```
alp = 2; th = 5
# (1) 이 전동안마기가 3년간 고장 없이 작동할 확률
pweibull(3, alp, th, lower=F)
[1] 0.6976763
# (2) 5년간 고장이 없었을 때, 앞으로 3년 더 고장 없이 작동할 확률
pweibull(8, alp, th, lower=F) / pweibull(5, alp, th, lower=F)
[1] 0.2101361
```

7.5 베타분포*

베타분포는 두 개의 모수 α와 β에 따라 $[0, 1]$ 구간에서 다양한 분포형태를 갖는 분포로서, 베이지안 분석에서 어떤 사상의 발생확률 p의 사전분포(prior)로 많이 사용된다. 베타분포의 확률밀도함수는 다음과 같은 형태를 갖는다.

$$f(x)=cx^{\alpha-1}(1-x)^{\beta-1},\ 0\le x\le 1;\ \alpha, \beta>0 \qquad (7\text{-}16)$$

위의 식이 확률분포를 만족하려면 0과 1 사이의 적분 값이 1이 되어야하는데, 다음과 같이 정의된 베타함수를 사용하면, 계수 c는 베타함수의 역수가 된다.

$$B(\alpha, \beta)\equiv\int_0^1 x^{\alpha-1}(1-x)^{\beta-1}dx=\frac{\Gamma(\alpha)\Gamma(\beta)}{\Gamma(\alpha+\beta)} \qquad (7\text{-}17)$$

정의 7-6 베타분포(beta distribution)

다음과 같은 확률밀도함수를 갖는 확률분포

$$f(x)=\frac{1}{B(\alpha, \beta)}x^{\alpha-1}(1-x)^{\beta-1},\ 0\le x\le 1;\ \alpha, \beta>0 \qquad (7\text{-}18)$$

| 베타분포 R-함수 |

```
[1] 확률밀도함수 f(x) (shape1=α, shape2=β, ncp=비중심모수(사용 안함))
dbeta(x, shape1, shape2, ncp = 0)
# Excel 함수 없음
[2] 누적분포함수 F(x)
pbeta(x, shape1, shape2, ncp = 0, lower.tail = TRUE)
# Excel 함수 = BETA.DIST(x, shape1, shape2)
[3] 분위수 (p=누적확률)
qbeta(p, shape1, shape2, ncp = 0, lower.tail = TRUE)
# Excel 함수 = BETA.INV(p, shape1, shape2)
[4] 베타 확률변수 (n=난수의 개수)
rbeta(n, shape1, shape2, ncp = 0)
# Excel 함수 = BETA.INV(RAND( ), shape1, shape2) ⇒ 난수 1개 생성
```

베타분포의 기댓값과 분산은 다음과 같이 계산된다.

$$E(X)=\frac{\alpha}{\alpha+\beta},\ Var(X)=\frac{\alpha\beta}{(\alpha+\beta)^2(\alpha+\beta+1)} \qquad (7\text{-}19)$$

만약 $\alpha=\beta=1$이면, $f(x)=1$이므로 균일분포가 된다. 식 (7-19)로부터 $E(X)=1/2$, $Var(X)=1/12$이 되는 것을 확인할 수 있다.

예제 7-10 $(\alpha, \beta)=(0.5, 0.5), (5, 5), (2, 5), (5, 2)$ 인 베타분포의 확률밀도함수와 누적분포함수 그래프를 작성하시오.

| 풀이 |

```
# 모수 설정
alp = c(0.5, 5, 2, 5)
bet = c(0.5, 5, 5, 2)
# 모수 값을 표기할 위치 지정
x1 = (alp-1)/(alp+bet-2)
x2 = c(0.3, 0.7, 0.5, 0.5)
# 함수 cont.mpdf() 실행 ⇒ [그림 7-5]
cont.mpdf("beta", 0, 1, para=alp, para2=bet, ymax=3, xp1=x1, xp2=x2)
# 형상모수에 따라 다양한 분포형태가 나타남. α=β이면 대칭 형태. α<1이면 무한대에서
  급격히 감소, β<1이면 무한대로 증가
# α,β>1이면 봉우리가 하나인 형태, α>β이면 분포가 우측으로 몰리고, α<β이면 분포가
  좌측으로 몰림
# 누적분포함수는 형상모수 α<β이면 가파르게 증가하고, α>β이면 천천히 증가하다가 마지
  막에 가파르게 증가함
# α=β이면 F(0.5)=0.5가 됨.
```

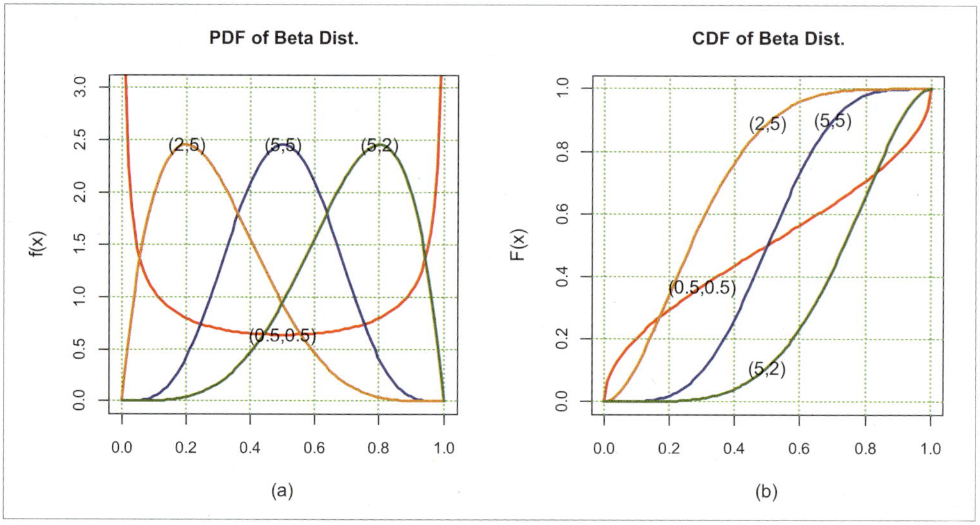

[그림 7-5] 베타분포의 확률밀도함수와 누적분포함수(형상모수 변화)

연습문제

1 확률변수 X의 확률분포가 $f(x)=1,\ 0\le x\le 1$일 때, $Y=a+(b-a)X$라 하면, Y는 구간 $[a, b]$에서의 균일분포를 따름을 보이시오. (단, $b>a$)

2 확률변수 X의 확률분포가 $f(x)=1,\ 0\le x\le 1$일 때, $Y=-\theta\ln(1-X)$라 하면, Y는 기댓값이 θ인 지수분포를 따름을 보이시오. (단, $\theta>0$)

3 확률변수 X의 확률분포가 $f(x)=1,\ 0\le x\le 1$일 때, $Y=\theta[-\ln(1-X)]^{1/\alpha}$라 하면, Y는 모수 α, β를 갖는 와이블분포를 따름을 보이시오. (단, $\alpha, \theta>0$)

4 어느 식당의 점심시간대 대기시간은 평균 5분인 지수분포를 따른다.

(1) 점심때 그 식당에 갔을 때, 대기시간이 4분 이내일 확률을 구하시오.

(2) 점심때 그 식당에 10번 갔을 때, 대기시간이 4분 이내인 경우가 8회 이상일 확률을 구하시오.

5 어떤 전자부품의 수명은 $\lambda=0.001$ (/hr)인 지수분포를 따른다고 한다.

(1) 이 전자부품 10개를 직렬로 연결한 시스템 수명의 확률분포함수, 기댓값, 분산을 구하시오.

(2) 이 전자부품 10개 중 8개 이상이 1,000시간 내에 고장 날 확률을 구하시오.

6 어떤 제품의 수명이 평균 6년, 분산 12인 감마분포를 따를 때, 다음의 확률을 구하시오.

(1) 이 제품이 5년간 고장 없이 작동할 확률

(2) 이 제품이 8년간 고장 없이 작동할 확률

(3) 이 제품이 5년간 고장 없이 작동했을 때, 앞으로 3년 더 고장 없이 작동할 확률

7 어떤 은행에 고객이 들어오는 시간 간격은 평균 2분인 지수분포를 따른다. 10명의 고객이 들어올 때까지 시간의 확률분포함수, 기댓값, 분산을 구하시오.

8 어떤 제품의 수명이 $\alpha=3,\ \theta=1,000$ (시간)인 와이블분포를 따를 때, 다음의 확률을 구하시오.

(1) 이 제품이 500시간 동안 고장 없이 작동할 확률

(2) 이 제품이 1,000시간 동안 고장 없이 작동할 확률

(3) 이 제품이 500시간 동안 고장 없이 작동했을 때, 앞으로 500시간 더 고장 없이 작동할 확률

9 어떤 구단 각 선수의 경기당 타율은 모수 α, β 인 베타분포를 따른다. 다음의 선수가 한 경기에서 3할(0.3) 이상 타율을 보일 확률을 구하시오.

(1) 김신인 선수: $\alpha=1,\ \beta=3$

(2) 기민한 선수: $\alpha=1,\ \beta=2$

(3) 박기복 선수: $\alpha=0.5,\ \beta=1$

(4) 정삼할 선수: $\alpha=2,\ \beta=4$

(5) 왕홈런 선수: $\alpha=2,\ \beta=3$

R1 $\alpha=0.5$ 일 때, $\theta=1, 2, 3, 4$ 인 감마분포의 확률밀도함수와 누적분포함수 그래프를 작성하고 형태를 비교하시오.

R2 $\alpha=0.5$ 일 때, $\theta=1, 2, 3, 4$ 인 와이블분포의 확률밀도함수와 누적분포함수 그래프를 작성하고 형태를 비교하시오.

R3 $(\alpha, \beta)=(0.5, 2.5),\ (2.5, 0.5),\ (1, 5),\ (5, 1)$ 인 베타분포의 확률밀도함수와 누적분포함수 그래프를 작성하고 형태를 비교하시오.

CHAPTER 08

정규분포와 관련 분포

Rstat

contents

08 정규분포와 관련 분포

7장에서는 자료들이 일정한 구간 범위 안에서 실수의 값으로 나타나는 연속형 확률변수의 확률분포에 대하여 살펴보았으나, 가장 중요한 연속형 확률분포는 정규분포라 할 수 있다. 8장에서는 정규분포와 이로부터 파생된 카이제곱분포, t-분포, F-분포에 대하여 학습한다. 이 확률분포들은 앞으로 공부할 통계적 추정과 검정에서 중요한 역할을 하게 된다. 먼저 8장에서 사용할 함수를 다음과 같이 정의한다.

```
# R 아이콘을 더블클릭하여 실행
# 패키지 'Rstat'을 불러옴
library(Rstat)

# 8장 함수 정의 (번역) (번호를 입력하면 해당 함수의 사용법 확인 가능)
ch8.man()
[1] cont.spdf           연속형 확률변수의 확률밀도 그래프 (각각 그리기)
[2] norm.trans          정규분포 표준화 확률보전 검토 함수
[3] snorm.cdf           표준정규 누적확률 P(Z<z) 그래프 작성 함수
[4] snorm.prob          표준정규분포 중심확률 예시
[5] snorm.quant         표준정규분포 분위수 그래프 작성 함수
[6] chi.prob            카이제곱분포의 누적확률
[7] chi.quant           카이제곱분포 분위수 그래프 작성 함수
[8] tnorm.comp          표준정규분포와 T-분포의 확률밀도 비교 함수
[9] fdist.sim           F-분포 모의실험 함수
[10] f.prob             F-분포의 누적확률
[11] f.quant            F-분포 분위수 그래프 작성 함수
```

8.1 정규분포

정규분포는 관측 데이터에서 일반적으로 나타나는 형태이므로 통계분석에서 가장 많이 사용되며, 가우스(Gauss)분포라고도 한다.

8.1.1 정규분포의 개념

정규분포는 [그림 8-1]과 같이 좌우 대칭인 종 모양의 확률밀도함수를 갖는다. 정규분포는 2개의 모수인 기댓값 μ와 표준편차 σ에 의해 그 모양이 결정되고, 이를 $N(\mu, \sigma^2)$로 표기한다. 기댓값은 분포의 중심위치를 결정하고, 표준편차의 크기에 따라 정규분포의 흩어진 정도가 다르다. 즉, 표준편차가 크면(그림 (b), (d)) 정규분포는 넓게 흩어진 모양이고, 표준편차가 작으면(그림 (a), (c)) 좁게 밀집된 모양으로 나타난다.

정의 8-1 정규분포(normal distribution)

기댓값을 중심으로 대칭이며, 중심위치는 기댓값, 산포는 표준편차에 의해 결정되는 엎어놓은 종 모양의 분포

$$f(x)=\frac{1}{\sqrt{2\pi}\sigma}\exp\left[-\frac{(x-\mu)^2}{2\sigma^2}\right], \quad -\infty<x<\infty \tag{8-1}$$

| 정규분포 R-함수 |

```
[1] 확률밀도함수 f(x) (mean=기댓값, sd=표준편차)
# mean, sd를 생략하면 표준정규분포로 계산함 (mean = 0, sd = 1)
dnorm(x, mean, sd)
# Excel 함수 = NORM.DIST(x, mean, sd, FALSE)
[2] 누적분포함수 F(x)
pnorm(x, mean, sd, lower.tail = TRUE)
# Excel 함수 = NORM.DIST(x, mean, sd, TRUE)
[3] 분위수 (p=누적확률)
qnorm(p, mean, sd, lower.tail = TRUE)
# Excel 함수 = NORM.INV(p, mean, sd)
[4] 정규 확률변수 (n=난수의 개수)
rnorm(n, mean, sd)
# Excel 함수 = NORM.INV(RAND( ), mean, sd) ⇒ 난수 1개 생성
```

예제 8-1 $N(0,1)$, $N(0,2^2)$, $N(2,1)$, $N(2,2^2)$의 대한 확률밀도함수를 작성하고 형태를 비교하시오.

| 풀이 |

```
# 정규분포 모수 지정 및 함수 cont.spdf() 실행 ⇒ [그림 8-1]
mu = c(0,0,2,2); sig=c(1,2,1,2)
cont.spdf("norm", -7, 7, mu, sig, xp=mu)
# [참고] 연속형 확률변수의 확률밀도 작성 함수 cont.spdf() 사용법
ch8.man(1)
```

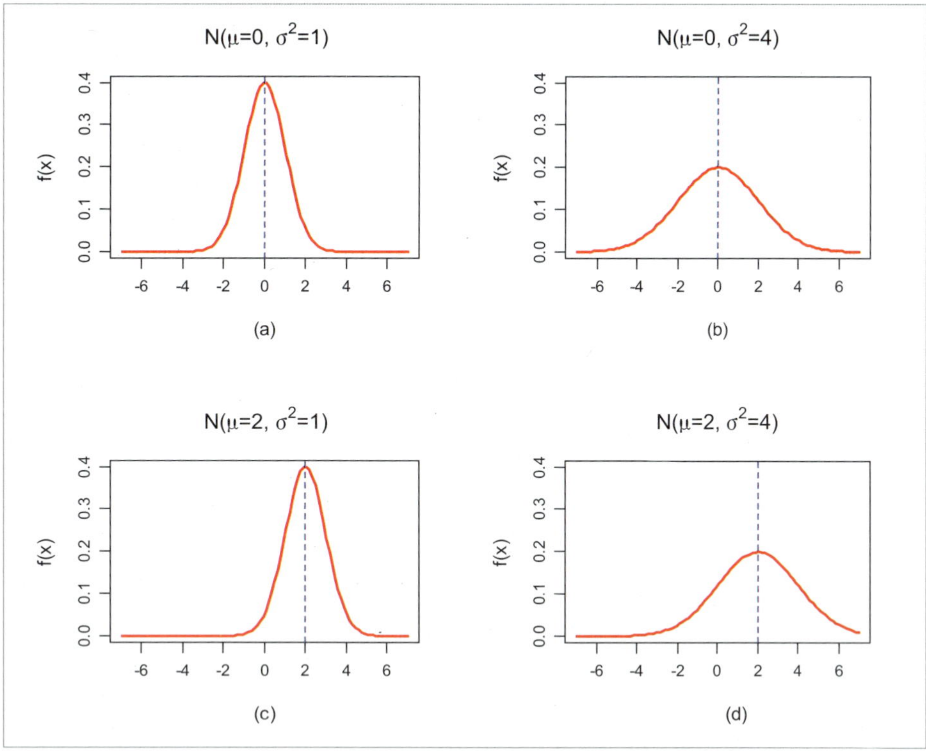

[그림 8-1] 정규분포의 확률밀도함수

정규분포의 특성은 다음과 같다. 정규분포는 기댓값과 중앙값과 최빈값이 동일한 값을 갖게 되며, 기댓값을 기준으로 좌우 대칭이 된다. 또한 $X=\mu\pm\sigma$에서 변곡점을 갖게 되는데, 구간 $\mu-\sigma<X<\mu+\sigma$에서는 오목(concave)함수, 나머지 구간에서는 볼록(convex)함수가 된다. 정규분포의 확률밀도함수를 구간 $-\infty<X<\infty$에 대하여 적분하면 1이 된다.

8.1.2 표준정규분포

기댓값이 0, 표준편차가 1인 정규분포를 표준정규분포라 한다. 표준정규분포는 일정한 형태를 가지므로 주어진 구간에 대한 확률이 변함없기 때문에 이 책을 제외한 거의 모든 통계 서적의 부록 〈표〉에 등장한다.

표준정규분포의 확률밀도함수는 식 (8-1)에서 $\mu=0, \sigma=1$인 경우에 해당하므로 식 (8-2)와 같다. 매우 특별한 함수이므로 $f(z)$ 대신 $\phi(z)$로 고유한 이름을 붙여 사용한다. 표준정규 확률변수의 기댓값은 0, 분산은 1이 된다.

정의 8-2 표준정규분포(standard normal distribution)

기댓값은 0, 표준편차는 1인 정규분포

$$\phi(z)=\frac{1}{\sqrt{2\pi}}\exp\left(-\frac{z^2}{2}\right),\quad -\infty<z<\infty \tag{8-2}$$

통계 서적의 부록 〈표〉에 등장하는 유형은 다음과 같이 두 가지가 있다. 첫 번째는 표준정규분포에서 주어진 값 y 이하의 확률을 구하는 표이고, 두 번째는 거꾸로 주어진 값 p로부터 누적확률이 p가 되는 표준정규분포 분위수를 구하는 표이다. 그러나 이 표들도 모든 경우에 대한 값들을 제시하지는 못한다. MS-Excel에서는 `NORM.S.DIST(y)` 함수와 `NORM.S.INV(p)` 함수를, R에서는 `pnorm(y)` 함수와 `qnorm(p)` 함수를 사용할 수 있다.

$$\text{누적확률: } \Phi(y)\equiv P(Z<y)=\int_{-\infty}^{y}\frac{1}{\sqrt{2\pi}}\exp\left(-\frac{z^2}{2}\right)dz \tag{8-3}$$

$$\text{분위수: } z_p\equiv\Phi^{-1}(p)=\{y|\Phi(y)=p\} \tag{8-4}$$

정규분포는 다음 정리와 같이 선형변환을 하더라도 정규분포가 된다.

정리 8-1 정규분포의 선형변환(linear transformation)

$X\sim N(\mu,\sigma^2)$일 때, $Y=a+bX$라 하면, $Y\sim N(a+b\mu, b^2\sigma^2)$이다. 즉, 정규분포를 따르는 확률변수를 선형변환하면, 또 다른 정규분포를 따른다.

표준정규 확률변수 Z로부터 새로운 확률변수 $X=\mu+\sigma Z$로 정의하면, 기댓값 $E(X)=\mu+\sigma E(Z)=\mu$, 분산 $Var(X)=\sigma^2 Var(Z)=\sigma^2$인 정규분포를 따른다.

역으로 일반적인 정규분포를 따르는 확률변수를 표준화하면 **표준정규분포**(standard normal distribution)를 따르는 확률변수를 얻는다. **표준화**란 확률변수 X를 $(X-\mu)/\sigma$로 변환하여 아래와 같이 기댓값을 0, 표준편차를 1로 만드는 것을 말한다.

$$E(Z)=E\left(\frac{X-\mu}{\sigma}\right)=\frac{1}{\sigma}E(X-\mu)=\frac{1}{\sigma}[E(X)-\mu]=0$$

$$Var(Z)=Var\left(\frac{X-\mu}{\sigma}\right)=\frac{1}{\sigma^2}Var(X-\mu)=\frac{1}{\sigma^2}Var(X)=1$$

따름정리 8-1 정규분포의 표준화(standardization)

$X \sim N(\mu,\sigma^2)$일 때, $Z=(X-\mu)/\sigma$라 하면, $Z \sim N(0,1)$이다. 즉, 정규분포를 따르는 확률변수를 표준화하면, 표준정규분포를 따른다.

일반적인 정규분포의 확률변수 X가 a부터 b 사이에 있을 확률을 구하기 위해서는 확률밀도함수를 적분한 값을 구해야 하는데, 이는 손으로 계산되지 않는다. 이때 확률변수 X를 변환하여 $Z=(X-\mu)/\sigma$로 정의하면, [따름정리 8-1]에 의하여 새로운 확률변수 Z는 표준정규분포를 따른다. 따라서 표준정규분포에 대한 확률을 구하면, 일반적인 정규분포에서의 확률을 쉽게 구할 수 있다. 이를 수식으로 표현해 보면 다음과 같다.

$$P(a<X<b)=P\left(\frac{a-\mu}{\sigma}<Z<\frac{b-\mu}{\sigma}\right)=\Phi\left(\frac{b-\mu}{\sigma}\right)-\Phi\left(\frac{a-\mu}{\sigma}\right) \quad (8-5)$$

함수 $\Phi(z)$는 $-\infty$에서 z까지 누적한 확률을 의미한다. 예를 들어 $z=1.55$에 해당하는 누적확률 $\Phi(1.55)$을 구하려면 아래와 같이 실행하면 되는데, 이는 $P(Z<1.55)\doteq 0.9394$라는 의미이다.

```
pnorm(1.55)
[1] 0.9394292
pnorm(13.1, 10, 2)
[1] 0.9394292
```

$X \sim N(10,\ 2^2)$일 때, $P(X<13.1)=P(Z<(13.1-10)/2)=P(Z<1.55)$이므로 위와 같이 동일한 결과를 얻게 된다.

예제 8-2 확률변수 X가 $N(2, 2^2)$를 따를 때, $P(-1<X<4)$를 구하시오.

| 풀이 |

$$P(-1<X<4)=P\left(\frac{-1-2}{2}<\frac{X-2}{2}<\frac{4-2}{2}\right)=P(-1.5<Z<1)$$

아래 [1]에서 $P(Z<1)\doteq0.8413$, $P(Z<-1.5)\doteq0.0668$이므로,

$$P(-1.5<Z<1)\doteq0.8413-0.0668=0.7745$$

```
# [1] 누적확률 계산
pnorm(1); pnorm(-1.5)
[1] 0.8413447
[1] 0.0668072
# [2] 정규분포 모수, 확률계산 영역 설정
mu = 2; sig = 2; a = -1; b = 4
# 함수 norm.trans() 실행 ⇒ [그림 8-2]
norm.trans(mu, sig, a, b)
Pr(-1 < X < 4) = 0.7745375
Pr(-1.5 < Z < 1) = 0.7745375
# [그림 8-2]를 살펴보면, 실제 면적(확률)이 같음을 알 수 있음.
# [참고] 정규분포 표준화 확률보전 검토 함수 norm.trans() 사용법
ch8.man(2)
```

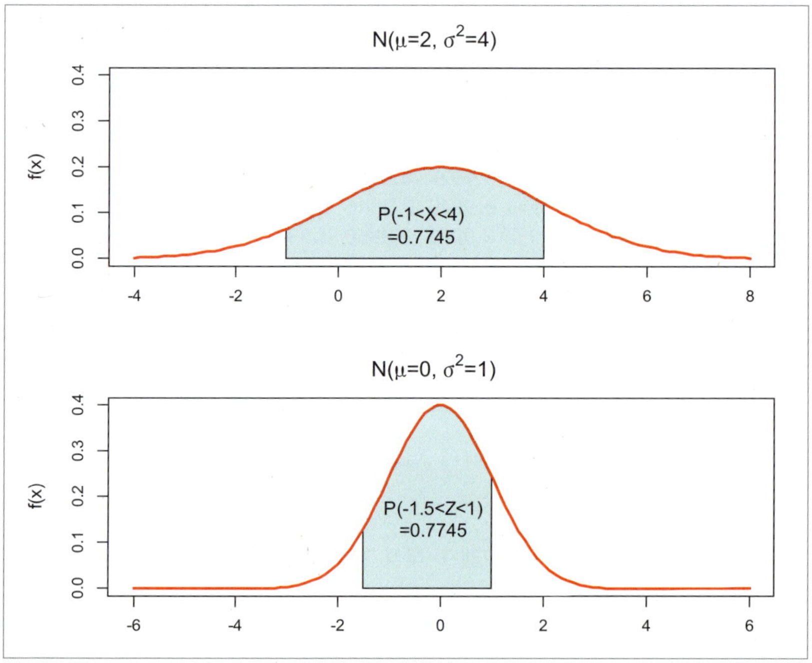

[그림 8-2] 일반적인 정규분포와 표준정규분포

예제 8-3 표준정규분포의 누적확률 표와 그래프를 작성하시오.

| 풀이 |

```
# 표준정규 누적확률 (0 ~ 2.99), 0.01 단위, 10개 열
pv = matrix(pnorm(0:299/100), ncol=10, byrow=T)
colnames(pv) = 0:9/100;  rownames(pv) = 0:29/10
print(round(pv, 4))
         0   0.01   0.02   0.03   0.04   0.05   0.06   0.07   0.08   0.09
0   0.5000 0.5040 0.5080 0.5120 0.5160 0.5199 0.5239 0.5279 0.5319 0.5359
0.1 0.5398 0.5438 0.5478 0.5517 0.5557 0.5596 0.5636 0.5675 0.5714 0.5753
0.2 0.5793 0.5832 0.5871 0.5910 0.5948 0.5987 0.6026 0.6064 0.6103 0.6141
0.3 0.6179 0.6217 0.6255 0.6293 0.6331 0.6368 0.6406 0.6443 0.6480 0.6517
0.4 0.6554 0.6591 0.6628 0.6664 0.6700 0.6736 0.6772 0.6808 0.6844 0.6879
0.5 0.6915 0.6950 0.6985 0.7019 0.7054 0.7088 0.7123 0.7157 0.7190 0.7224
0.6 0.7257 0.7291 0.7324 0.7357 0.7389 0.7422 0.7454 0.7486 0.7517 0.7549
0.7 0.7580 0.7611 0.7642 0.7673 0.7704 0.7734 0.7764 0.7794 0.7823 0.7852
0.8 0.7881 0.7910 0.7939 0.7967 0.7995 0.8023 0.8051 0.8078 0.8106 0.8133
0.9 0.8159 0.8186 0.8212 0.8238 0.8264 0.8289 0.8315 0.8340 0.8365 0.8389
1   0.8413 0.8438 0.8461 0.8485 0.8508 0.8531 0.8554 0.8577 0.8599 0.8621
1.1 0.8643 0.8665 0.8686 0.8708 0.8729 0.8749 0.8770 0.8790 0.8810 0.8830
1.2 0.8849 0.8869 0.8888 0.8907 0.8925 0.8944 0.8962 0.8980 0.8997 0.9015
1.3 0.9032 0.9049 0.9066 0.9082 0.9099 0.9115 0.9131 0.9147 0.9162 0.9177
1.4 0.9192 0.9207 0.9222 0.9236 0.9251 0.9265 0.9279 0.9292 0.9306 0.9319
1.5 0.9332 0.9345 0.9357 0.9370 0.9382 0.9394 0.9406 0.9418 0.9429 0.9441
1.6 0.9452 0.9463 0.9474 0.9484 0.9495 0.9505 0.9515 0.9525 0.9535 0.9545
1.7 0.9554 0.9564 0.9573 0.9582 0.9591 0.9599 0.9608 0.9616 0.9625 0.9633
1.8 0.9641 0.9649 0.9656 0.9664 0.9671 0.9678 0.9686 0.9693 0.9699 0.9706
1.9 0.9713 0.9719 0.9726 0.9732 0.9738 0.9744 0.9750 0.9756 0.9761 0.9767
2   0.9772 0.9778 0.9783 0.9788 0.9793 0.9798 0.9803 0.9808 0.9812 0.9817
2.1 0.9821 0.9826 0.9830 0.9834 0.9838 0.9842 0.9846 0.9850 0.9854 0.9857
2.2 0.9861 0.9864 0.9868 0.9871 0.9875 0.9878 0.9881 0.9884 0.9887 0.9890
2.3 0.9893 0.9896 0.9898 0.9901 0.9904 0.9906 0.9909 0.9911 0.9913 0.9916
2.4 0.9918 0.9920 0.9922 0.9925 0.9927 0.9929 0.9931 0.9932 0.9934 0.9936
2.5 0.9938 0.9940 0.9941 0.9943 0.9945 0.9946 0.9948 0.9949 0.9951 0.9952
2.6 0.9953 0.9955 0.9956 0.9957 0.9959 0.9960 0.9961 0.9962 0.9963 0.9964
2.7 0.9965 0.9966 0.9967 0.9968 0.9969 0.9970 0.9971 0.9972 0.9973 0.9974
2.8 0.9974 0.9975 0.9976 0.9977 0.9977 0.9978 0.9979 0.9979 0.9980 0.9981
2.9 0.9981 0.9982 0.9982 0.9983 0.9984 0.9984 0.9985 0.9985 0.9986 0.9986

# 누적확률 그래프에서 표시할 점 지정
zp = seq(-2, 2, by=0.5)
# 누적확률 그래프 작성 함수 snorm.cdf() 실행 ⇒ [그림 8-3]
snorm.cdf(zp)

# [참고] 표준정규 누적확률 P(Z<z) 그래프 작성 함수 snorm.cdf() 사용법
ch8.man(3)
```

[그림 8-3]으로부터 기댓값이 μ, 분산이 σ^2인 정규분포에서 평균을 중심으로 ±1배의 표준편차 사이에 들어갈 확률은 아래와 같이 계산할 수 있다.

$$P(-1<Z<1)=P(Z<1)-P(Z<-1)\doteq 0.84134-(1-0.84134)=0.6827$$

평균을 중심으로 ±2배의 표준편차 사이에 들어갈 확률은 아래와 같이 계산할 수 있다.

$$P(-2<Z<2)=P(Z<2)-P(Z<-2)\doteq 0.97725-(1-0.97725)=0.9545$$

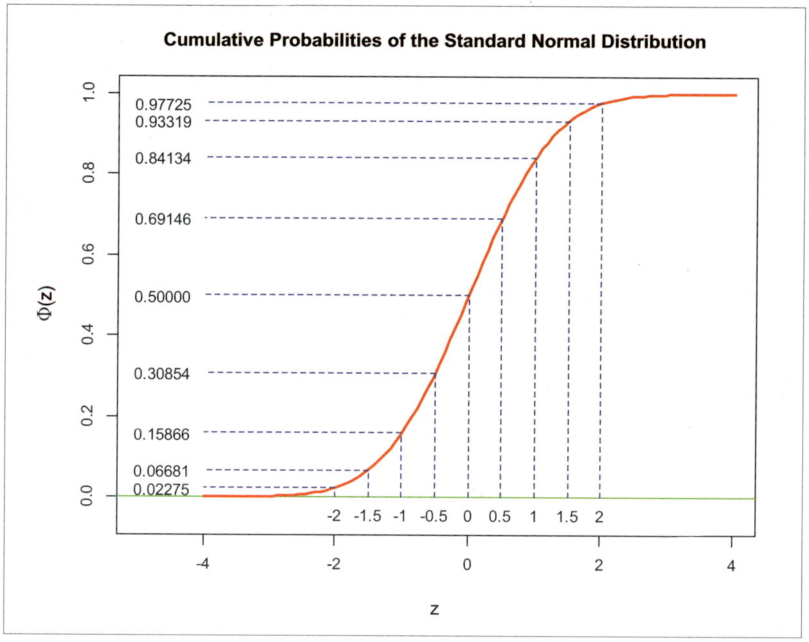

[그림 8-3] 표준정규분포의 누적확률

예제 8-4 표준정규분포에서 0을 중심으로 $\pm k$ 사이에 들어갈 확률을 나타내는 그래프를 작성하시오.

| 풀이 |

```
# 누적확률 표시 점 지정 및 함수 snorm.prob() 실행 ⇒ [그림 8-4]
zp = 1:4
snorm.prob(zp)

# [참고] 표준정규분포 중심 확률 표시 함수 snorm.prob() 사용법
ch8.man(4)
```

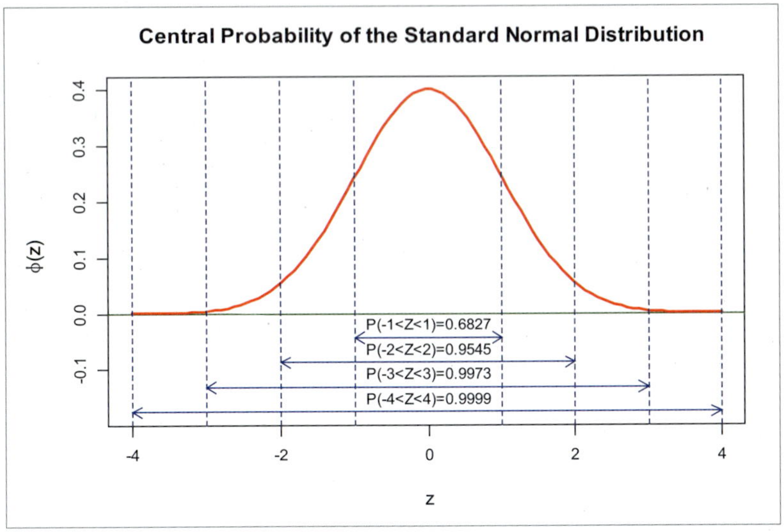

[그림 8-4] 표준정규분포의 중심확률

예제 8-5 누적확률 0.5%, 1.0%, 2.5%, 5.0%, 10% ~ 90%, 95%, 97.5%, 99%, 99.5%에 대한 표준정규분포의 분위수 표를 작성하시오.

| 풀이 |

```
# 분위수 계산/표시 누적확률 지정
pv = c(0.005, 0.01, 0.025, 0.05, 1:9/10, 0.95, 0.975, 0.99, 0.995)
# 표준정규 분위수 작성 함수 snorm.quant() 실행 ⇒ [그림 8-5]
snorm.quant(pv, pv)
  0.005      0.01  0.025   0.05     0.1     0.2    0.3     0.4    0.5
-2.5758   -2.3263-1.9600 -1.6449 -1.2816  -0.8416 -0.5244 -0.2533 0.0000
    0.6       0.7    0.8    0.9    0.95   0.975   0.99   0.995
 0.2533   0.5244 0.8416 1.2816  1.6449   1.9600 2.3263  2.5758
# [참고] 표준정규분포 분위수 그래프 작성 함수 snorm.quant() 사용법
ch8.man(5)
```

➲ [그림 8-5]에 있는 주요 분위수는 외우는 것이 바람직하다. 다음은 10장 이후에 공부하게 될 추정과 검정 등에서 자주 사용되는 값이다.

$\Phi^{-1}(0.95) \doteq 1.645$, $\Phi^{-1}(0.975) \doteq 1.96$, $\Phi^{-1}(0.90) \doteq 1.282$, $\Phi^{-1}(0.99) \doteq 2.326$, $\Phi^{-1}(0.995) \doteq 2.576$

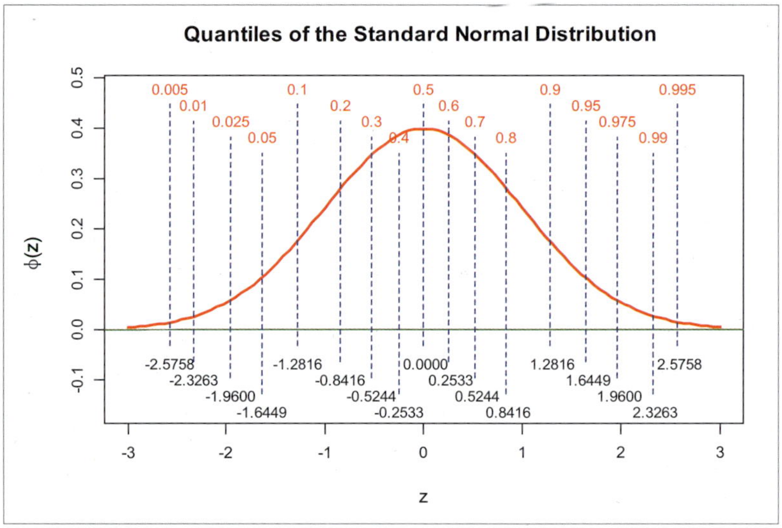

[그림 8-5] 표준정규분포의 주요 분위수

예제 8-6 20대 남성의 신장이 평균이 175, 분산이 64인 정규분포를 따른다고 할 때, 20대 남성 중 180과 185 사이의 신장을 갖는 비율을 구하시오.

| 풀이 |

$X \sim N(175, 8^2)$ 이므로, 다음과 같이 표준화하여 답을 구하거나, 직접 구할 수도 있다.

$$P(180<X<185)=P\left(\frac{180-175}{8}<Z<\frac{185-175}{8}\right)$$
$$=P(0.625<Z<1.25)=\Phi(1.25)-\Phi(0.625)\doteq 0.8944-0.7340=0.1604$$

```
# [1] 표준화 사용
pnorm(1.25); pnorm(0.625); pnorm(1.25)-pnorm(0.625)
[1] 0.8943502
[1] 0.7340145
[1] 0.1603358
# [2] 직접 계산: pnorm(x, mean, sd) 사용
pnorm(185, 175, 8) - pnorm(180, 175, 8)
[1] 0.1603358
```

예제 8-7 A사 Q모델의 엔진 수명은 평균 10년, 표준편차가 1.5년인 정규분포를 따른다고 알려져 있다. Q모델 엔진의 무상보증비율을 5% 이내로 유지해야 한다면, 무상보증기간은 최대 몇 년까지 가능하겠는가?

| 풀이 |

$X \sim N(10, 1.5^2)$이며, 무상보증기간을 m이라 하면, $P(X<m) \le 0.05$를 만족해야 하므로,

$P(X<m)=P\left(Z< \frac{m-10}{1.5}\right) \le 0.05$로부터

$\frac{m-10}{1.5} \le \Phi^{-1}(0.05) \doteq -1.645$이고, $m \le -1.645 \times 1.5 + 10 = 7.5325$

따라서 무상보증기간은 최대 약 7.53년이 된다.

```
# qnorm(p, mean, sd) 사용
qnorm(0.05, 10, 1.5)
[1] 7.53272
```

정리 8-2 정규분포의 가법성(additive property) 1

$X \sim N(\mu_1, \sigma_1^2)$, $Y \sim N(\mu_2, \sigma_2^2)$일 때, $Cov(X, Y) = \sigma_{12}$라 하면,

$X+Y \sim N(\mu_1 + \mu_2,\ \sigma_1^2 + \sigma_2^2 + 2\sigma_{12})$이다.

즉, 정규분포를 따르는 두 확률변수들의 합은 또 다른 정규분포를 따른다.

예제 8-8 어떤 볼트의 직경(X)은 $N(20, 0.3^2)$을 따르고, 너트의 직경(Y)은 $N(21.5, 0.4^2)$을 따른다. 이 볼트가 너트에 안 들어갈 확률을 구하시오.

| 풀이 |

$P(X>Y)=P(Y-X<0)$을 구하면 된다. [정리 8-2]에 의해 $Y-X \sim N(1.5, 0.4^2+0.3^2)$이므로, $P(Y-X<0)=P(Z<(0-1.5)/\sqrt{0.25})=\Phi(-3)$이 된다. $\Phi(-3) \doteq 0.0013$이므로, 볼트가 너트에 안 들어갈 확률은 약 0.13%가 된다.

```
pnorm(-3)
[1] 0.001349898
# pnorm(x, mean, sd) 사용
pnorm(0, 21.5-20, sqrt(0.4^2 +0.3^2))
[1] 0.001349898
```

따름정리 8-2 정규분포의 가법성(additive property) 2

$X_i \sim N(\mu_i, \sigma_i^2)$, $i=1, 2, \cdots, n$일 때, $Cov(X_i, X_j) = \sigma_{ij}$라 하면,

$Y \equiv \sum_{i=1}^{n} X_i \sim N\left(\sum_{i=1}^{n} \mu_i,\ \sum_{i=1}^{n} \sigma_i^2 + 2\sum_{i<j}^{n} \sigma_{ij}\right)$이다.

즉, 정규분포를 따르는 확률변수들의 합은 또 다른 정규분포를 따른다.

예제 8-9 각각의 길이가 $N(12.5, 2^2)$를 따르는 4개의 막대를 일렬로 연결했을 때, 전체 막대의 길이가 40과 60 사이일 확률을 구하시오.

| 풀이 |

전체 막대의 길이를 X라 하면, [따름정리 8-2]에 의해 $X \sim N(50, 4\times4)$이므로,

$$P(40<X<60)=P\left(\frac{40-50}{\sqrt{16}}<Z<\frac{60-50}{\sqrt{16}}\right)=\Phi(2.5)-\Phi(-2.5)$$

$\Phi(2.5) \doteq 0.9938$ 이므로, $\Phi(-2.5) \doteq 1-0.9938=0.0062$

따라서 $P(40<X<60) \doteq 0.9938-0.0062=0.9876$ 이 된다.

```
pnorm(2.5)
[1] 0.9937903
# pnorm(x, mean, sd) 사용
pnorm(60, 50, 4) - pnorm(40, 50, 4)
[1] 0.9875807
```

8.2 이항분포의 정규근사

6장에서 설명한 이항확률변수 X의 기댓값이 np, 분산이 $np(1-p)$이므로, 이를 표준화하여 다음의 정리를 얻는다.

정리 8-3 이항분포의 정규근사(normal approximation)

확률변수 $X \sim B(n, p)$이면, $Z \equiv \dfrac{X-np}{\sqrt{np(1-p)}} \overset{a}{\sim} N(0,1)$

즉, 표본크기 n이 크면 Z는 근사적으로 표준정규분포를 따른다.

예제 8-10 불량률 $p=0.2$인 공정에서 $n=25$개의 제품을 검사했을 때, 4개 이하의 불량품이 발견될 확률을 구하시오.

| 풀이 |

정확하게 계산하면 $P(X\le4)=\sum_{x=0}^{4}\binom{25}{x}(0.2)^x(0.8)^{25-x} \doteq 0.4207$

X의 기댓값은 $np=25\times0.2=5$, 분산은 $np(1-p)=25\times0.2\times0.8=4.0$

[정리 8-3]을 적용하여 근사적으로 계산하면, 아래와 같이 상당한 오차가 발생한다.

$$P(X\le4)=P\left(\frac{X-5}{2}\le\frac{4-5}{2}\right)\simeq P(Z\le-0.5) \doteq 0.3085$$

연속성 보정(continuity correction)을 적용하면,

$$P(X \le 4) \simeq P(X < 4.5) = P\left(Z < \frac{4.5-5}{2}\right) = \Phi(-0.25) \doteq 0.4013$$

```
# 정확한 계산 ⇒ pbinom(x, n, p) 사용
pbinom(4, 25, 0.2)
[1] 0.4206743
# 정규근사 ⇒ pnorm(x, mean, sd) 사용
pnorm(4, 5, 2)
[1] 0.3085375
# 연속성 보정 정규근사
pnorm(4.5, 5, 2)
[1] 0.4012937
```

예제 8-11 주사위를 100번 굴렸을 때 4 이상 나온 횟수가 40회 이상 45회 이하일 확률을 구하시오.

| 풀이 |

주사위를 한번 굴렸을 때 4 이상 나올 확률은 1/2이므로, 정확하게 계산하면,

$$P(40 \le X \le 45) = \sum_{x=40}^{45} \binom{100}{x} \left(\frac{1}{2}\right)^x \left(\frac{1}{2}\right)^{100-x} \doteq 0.1665$$

이항분포의 기댓값은 $\mu=50$, 분산은 $\sigma^2=25$ 이므로, 연속성 보정을 적용하면,

$$\begin{aligned} P(40 \le X \le 45) &\simeq P(39.5 < X < 45.5) = P\left(\frac{39.5-50}{5} < Z < \frac{45.5-50}{5}\right) \\ &= P(-2.1 < Z < -0.9) = \Phi(-0.9) - \Phi(-2.1) \\ &\doteq 0.1841 - 0.0179 = 0.1662 \end{aligned}$$

이 경우에는 정확한 계산 결과와의 차이가 크지 않은데, 이는 표본 크기가 충분히 크고 성공확률이 0.5로서 원래 대칭인 분포 형태였기 때문에 수렴속도가 빨랐기 때문이다.

```
# 정확한 계산 ⇒ pbinom(x, n, p) 사용
pbinom(45, 100, 0.5) - pbinom(39, 100, 0.5)
[1] 0.1665007
# 정규근사 ⇒ 차이가 큼
pnorm(45, 50, 5) - pnorm(40, 50, 5)
[1] 0.1359051
# 정규근사 연속성 보정 ⇒ 차이 감소
pnorm(45.5, 50, 5) - pnorm(39.5, 50, 5)
[1] 0.1661957
```

8.3 카이제곱분포

표준정규분포를 따르는 확률표본을 제곱해서 더하면 카이제곱분포를 얻는다.

정의 8-3 카이제곱분포(chi-square distribution)

표준정규모집단으로부터 추출된 확률표본을 $Z_1, Z_2, \cdots, Z_n$ 이라 하면, $\sum_{i=1}^{n} Z_i^2$ 는 자유도가 n인 카이제곱분포를 따른다.

| 카이제곱분포 R-함수 |

```
[1] 확률밀도함수 (df=자유도, ncp=비중심모수(사용하지 않음))
dchisq(x, df, ncp = 0)
# Excel 함수 = CHISQ.DIST(x, df, FALSE)
[2] 누적분포함수 F(x)
pchisq(x, df, ncp = 0, lower.tail = TRUE)
# Excel 함수 = CHISQ.DIST(x, df, TRUE)
[3] 분위수 (p=누적확률)
qchisq(p, df, ncp = 0, lower.tail = TRUE)
# Excel 함수 = CHISQ.INV(p, df)
[4] 카이제곱분포 확률변수 (n=난수의 개수)
rchisq(n, df, ncp = 0)
# Excel 함수 = CHISQ.INV(RAND( ), df) ⇒ 한 개의 난수 생성
```

자유도가 ν인 카이제곱분포를 따르는 확률변수 X의 확률밀도함수는 다음과 같다.

$$f(x)=\frac{1}{2^{\nu/2}\Gamma(\nu/2)}x^{\nu/2-1}e^{-x/2},\ x>0 \qquad (8-6)$$

식 (8-6)과 감마분포의 확률밀도함수를 비교해 보면, 카이제곱분포는 $\alpha=\nu/2$, $\theta=2$인 감마분포와 같음을 알 수 있다. 따라서 카이제곱분포의 기댓값과 분산은 다음과 같다.

$$E(X)=(\nu/2)\times 2=\nu,\ V(X)=(\nu/2)\times 2^2=2\nu \qquad (8-7)$$

다음 정리는 카이제곱분포의 가법성을 보이고 있다.

정리 8-4 카이제곱분포의 가법성(additive property)

확률변수 X_i가 서로 독립이고 자유도 ν_i인 카이제곱분포를 따르면, X_i들의 합도 카이제곱분포를 따르며 자유도는 더해진다. 즉,

$$\sum_{i=1}^{k} X_i = X_1 + X_2 + \cdots + X_k \sim \chi^2(\nu_1 + \nu_2 + \cdots + \nu_k) \tag{8-8}$$

카이제곱분포에서 **자유도**(degree of freedom)는 제곱합에 포함되는 '독립적인 항'의 개수를 의미한다. 겉으로 보기에는 n개 항의 제곱합이라도 독립적인 항의 개수가 $n-k$개라면, 자유도는 $n-k$가 된다.

예제 8-12 자유도 ν인 카이제곱분포를 따르는 확률변수를 χ^2_ν라 할 때, 자유도 5인 경우 $k=1,2,\cdots,10$에 대하여 누적확률 $P(\chi^2_\nu < k)$를 구하고 그래프를 작성하시오.

| 풀이 |

```
# 누적확률 표시 점 지정 및 함수 chi.prob() 실행 ⇒ [그림 8-6]
k= 1:10; nu= 5; chi.prob(nu, k)
     1      2      3      4      5      6      7      8      9     10
0.0374 0.1509 0.3000 0.4506 0.5841 0.6938 0.7794 0.8438 0.8909 0.9248
# [참고] 카이제곱분포의 누적확률 표시 함수 chi.prob() 사용법
ch8.man(6)
```

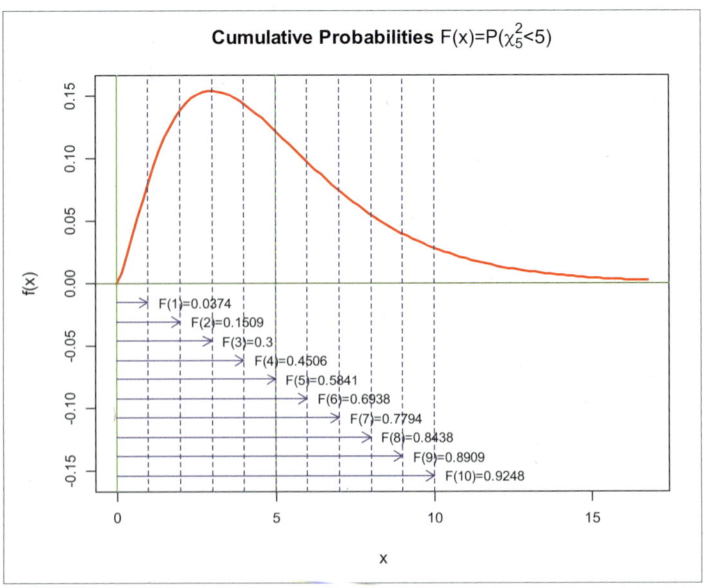

[그림 8-6] 카이제곱분포의 누적확률(자유도=5)

예제 8-13 자유도 $\nu=5$인 경우, 누적확률 0.5%, 1.0%, 2.5%, 5.0%, 10% ~ 90%, 95%, 97.5%, 99%, 99.5%에 대한 카이제곱분포의 분위수($P(\chi^2 \le \chi^2_{p;\nu})=p$를 만족하는 $\chi^2_{p;\nu}$ 값)를 구하고 그래프를 작성하시오.

| 풀이 |

```
# 누적확률 지정
nu = 5
# 표에서 나타낼 값
pv = c(0.005, 0.01, 0.025, 0.05, 1:9/10, 0.95, 0.975, 0.99, 0.995)
# 그래프에서 나타낼 값 지정 및 함수 chi.quant() 실행 ⇒ [그림 8-7]
pv2 = c(0.005, 0.01, 0.025, 0.05, 0.5, 0.95, 0.975, 0.99, 0.995)
chi.quant(nu, pv, pv2)
  0.005    0.01   0.025    0.05     0.1     0.2     0.3     0.4     0.5
 0.4117  0.5543  0.8312  1.1455  1.6103  2.3425  2.9999  3.6555  4.3515
    0.6     0.7     0.8     0.9    0.95   0.975    0.99   0.995
 5.1319  6.0644  7.2893  9.2364 11.0705 12.8325 15.0863 16.7496

# [참고] 카이제곱분포 분위수 그래프 작성 함수 chi.quant() 사용법
ch8.man(7)
```

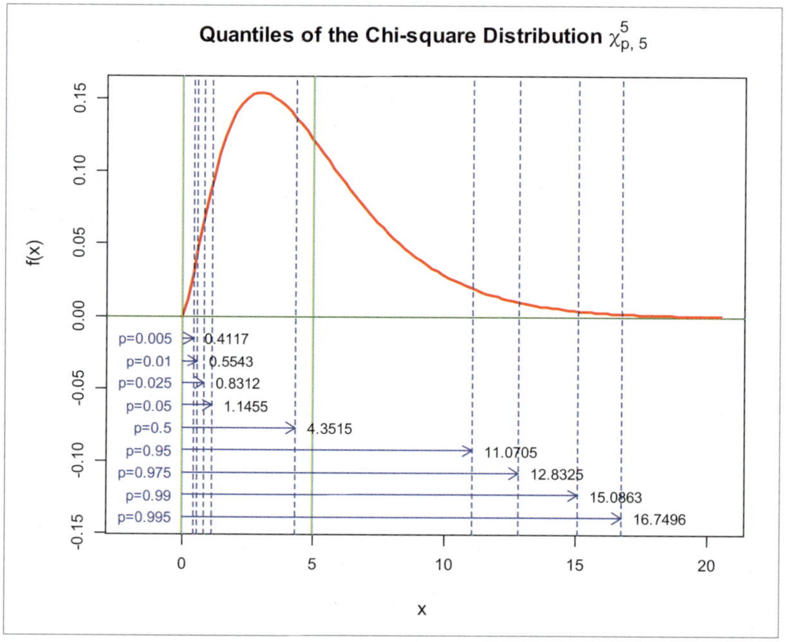

[그림 8-7] 카이제곱분포의 분위수(자유도=5)

예제 8-14 자유도 5, 10, 15, 20인 카이제곱분포의 확률밀도함수를 작성하여 비교하시오.

| 풀이 |

```
# 자유도 입력 및 x-축 값 생성
nu = c(5, 10, 15, 20); up = qchisq(0.99, max(nu))
# 함수 cont.spdf() 실행 ⇒ [그림 8-8]
cont.spdf("chi", 0, up, para=nu, xp=nu)
```

➲ 자유도가 커질수록 기댓값을 중심으로 대칭성이 커짐

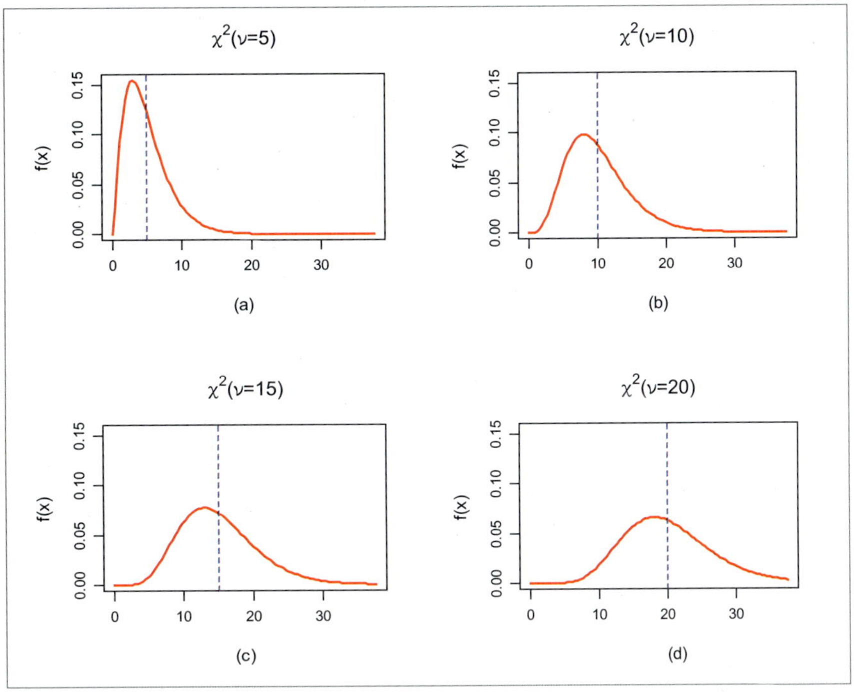

[그림 8-8] 카이제곱분포의 확률밀도함수(자유도=5,10,15,20)

예제 8-15 표준정규분포를 따르는 모집단에서 추출한 n개의 확률표본을 $Z_1, Z_2, \cdots, Z_n$이라고 하면, $n=5, 10, 30, 100$일 때 $P\left(\sum_{i=1}^{n} Z_i^2 \le a\right)=0.95$인 상수 a의 값은 각각 얼마인가?

| 풀이 |

```
# 자유도, 누적확률 입력
nu = c(5, 10, 30, 100); p = 0.95
# 분위수 (상수 a)
qchisq(p, nu)
[1]  11.07050  18.30704  43.77297 124.34211
```

8.4 t-분포

t-분포는 Student가 고안하였기 때문에 Student-t분포라고도 하며, 다음과 같이 정의된다.

정의 8-4 t-분포(t-distribution)

$Z \sim N(0,1)$이라 하고, Z와는 독립적으로 $Y \sim \chi^2(\nu)$라 하면, 확률변수 $T \equiv \dfrac{Z}{\sqrt{Y/\nu}}$는 자유도 ν인 t-분포를 따른다.

| t-분포의 R-함수 |

```
[1] 확률밀도함수 f(x) (df=자유도, ncp=비중심모수(사용하지 않음))
dt(x, df, ncp)
# Excel 함수 = T.DIST(x, df, FALSE)
[2] 누적분포함수 F(x)
pt(x, df, ncp, lower.tail = TRUE)
# Excel 함수 = T.DIST(x, df, TRUE)
[3] 분위수 (p=누적확률)
qt(p, df, ncp, lower.tail = TRUE)
# Excel 함수 = T.INV(p, df)
[4] t-분포의 확률변수 (n=난수의 개수)
rt(n, df, ncp)
# Excel 함수 = T.INV(RAND( ), df) ⇒ 한 개의 난수 생성
```

예제 8-16 표준정규분포와 자유도 1, 5, 10, 30인 t-분포의 확률밀도함수 그래프를 작성하여 비교하시오.

| 풀이 |

```
# 자유도 지정
nu = c(1, 5, 10, 30)
# 확률밀도 비교 함수 tnorm.comp() 실행 ⇒ [그림 8-9]
tnorm.comp(nu)

# [참고] 표준정규분포와 T-분포의 확률밀도 비교 함수 tnorm.comp() 사용법
ch8.man(8)
```

t-분포의 형태는 표준정규분포와 매우 유사하다. 두 분포 모두 평균 0을 중심으로 좌우 대칭이며, 엎어놓은 종 모양을 띠고 있다. 그러나 t-분포는 자유도에 따라 형태가 달라진다. 자유도 $\nu \to \infty$이면 두 분포는 같아진다. [그림 8-9]를 보면 t-분포의 자유도가 커질수록 표준정규분포에 가까워짐을 알 수 있다. 자유도가 30인 경우 육안으로 식별하기 어려우나, 로그 스케일로 그려보면 꼬리 부분의 차이가 확연히 나타난다.

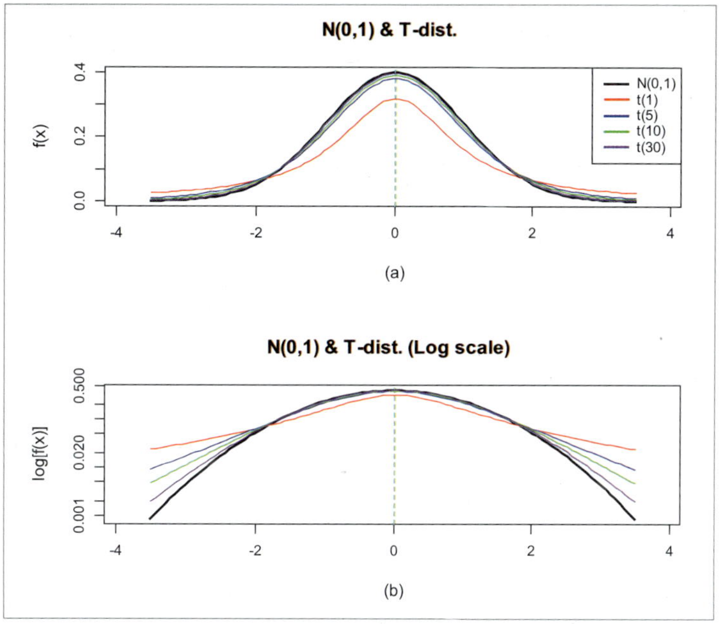

[그림 8-9] 표준정규분포와 t-분포의 확률밀도함수

예제 8-17 $P(T_\nu \le t_{p;\nu})=p$를 만족하는 분위수 $t_{p;\nu}$ 값을 구하는 표를 작성하시오.

| 풀이 |

```
# 표시 확률 지정
p = c(5:9/10, 0.95, 0.975, 0.99, 0.995, 0.999, 0.9995); nc = length(p)
# 자유도 지정
df = c(1:40, 50, 100, Inf); nr = length(df)
# 분위수 생성
qv = array(0, dim=c(nr, nc))
colnames(qv) = p; rownames(qv) = df
for (i in 1:nc) qv[,i] = qt(p[i], df)
print(round(qv, 3))
    0.5   0.6   0.7   0.8   0.9  0.95  0.975   0.99  0.995   0.999  0.9995
1     0 0.325 0.727 1.376 3.078 6.314 12.706 31.821 63.657 318.309 636.619
2     0 0.289 0.617 1.061 1.886 2.920  4.303  6.965  9.925  22.327  31.599
이하 줄임...
```

8.5 F-분포

F-분포는 다음과 같이 정의할 수 있다.

정의 8-5 F-분포(F-distribution)

독립적으로 자유도가 ν_1과 ν_2인 카이제곱분포를 따르는 확률변수 U와 V로부터

$$F \equiv \frac{U/\nu_1}{V/\nu_2} \sim F(\nu_1, \nu_2) \qquad (8-9)$$

| F-분포의 R-함수 |

```
[1] 확률밀도함수 (df1, df2 =자유도, ncp=비중심모수(사용하지 않음))
df(x, df1, df2, ncp)
# Excel 함수 = F.DIST(x, df1, df2, FALSE)
[2] 누적분포함수 F(x)
pf(x, df1, df2, ncp, lower.tail = TRUE)
# Excel 함수 = F.DIST(x, df1, df2, TRUE)
[3] 분위수 (p=누적확률)
qf(p, df1, df2, ncp, lower.tail = TRUE)
# Excel 함수 = F.INV(p, df1, df2)
[4] F-분포의 확률변수 (n=난수의 개수)
rf(n, df1, df2, ncp)
# Excel 함수 = F.INV(RAND( ), df1, df2)
```

F-분포는 분자의 자유도 ν_1과 분모의 자유도 ν_2를 갖는데, 분자와 분모를 바꾸면 자유도의 순서도 바뀌게 된다. F-분포의 분위수를 $F_{p;(\nu_1, \nu_2)}$라 하면, 이는 누적확률이 p가 되는 값을 의미한다. 분모와 분자를 바꾸면 대칭성에 의하여 꼬리확률이 누적확률이 되므로 다음 식이 성립한다.

$$F_{\alpha;(\nu_1, \nu_2)} = \frac{1}{F_{1-\alpha;(\nu_2, \nu_1)}} \qquad (8-10)$$

예제 8-18 각각 자유도 8과 5인 독립적인 카이제곱분포 모집단에서 10,000개씩 표본을 랜덤 추출하여 (1) $[\chi^2_{(8)}/8]/[\chi^2_{(5)}/5]$을 구하여 히스토그램을 작성하고, 자유도 8과 5인 F-분포를 따르는지 확인하시오. (2) 분자와 분모를 바꾸어 $[\chi^2_{(5)}/5]/[\chi^2_{(8)}/8]$을 구하여 히스토그램을 작성하고, 자유도 5와 8인 F-분포를 따르는지 확인하시오. (3) 이 예에서 식 (8-10)이 성립하는지 확인하시오.

| 풀이 |

```
# (1) F(8,5)-분포에 대해 함수 fdist.sim() 실행 ⇒ [그림 8-10]
fdist.sim(nu1=8, nu2=5)
       F(1)   F(2)   F(3)   F(4)   F(5)   F(6)   F(7)   F(8)   F(9)
이론 0.4748 0.7691 0.8792 0.9283 0.9535 0.9679 0.9768 0.9826 0.9865
실험 0.4739 0.7691 0.8818 0.9299 0.9563 0.9692 0.9798 0.9844 0.9880
# (2) F(5,8)-분포에 대해 함수 fdist.sim() 실행 (그림 생략)
fdist.sim(nu1=5, nu2=8)
       F(1)   F(2)   F(3)   F(4)   F(5)   F(6)   F(7)   F(8)   F(9)
이론 0.5252 0.8170 0.9188 0.9592 0.9774 0.9865 0.9915 0.9944 0.9961
실험 0.5292 0.8189 0.9190 0.9610 0.9782 0.9870 0.9909 0.9934 0.9947
# (3) 식 (8-10) 확인
p = c(0.01, 0.025, 0.05, 5:9/10, 0.95, 0.975, 0.99)
LHS = qf(p, 8, 5)
RHS = 1/qf(1-p, 5, 8)
round(LHS-RHS, 9)
[1] 0 0 0 0 0 0 0 0 0 0 0

# [참고] F-분포 모의실험 함수 fdist.sim() 사용법
ch8.man(9)
```

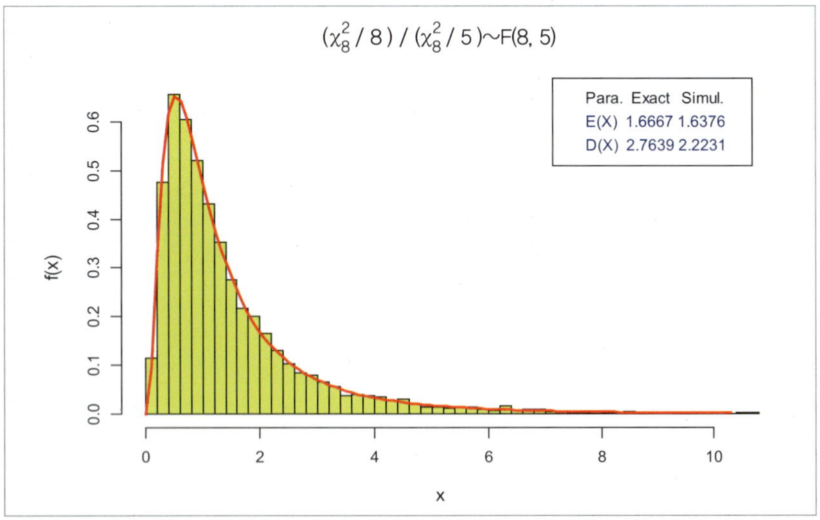

[그림 8-10] 카이제곱 비율 통계량의 분포 F(8, 5)

예제 8-19 자유도 ν_1과 ν_2인 F-분포를 따르는 확률변수를 F_{ν_1,ν_2}라 할 때, 자유도 $\nu_1=8$, $\nu_2=5$, $k=1,2,\cdots,7$에 대하여 누적확률 $P(F_{\nu_1,\nu_2}<k)$를 구하고 그래프를 작성하시오.

| 풀이 |

```
# 누적확률 표시 점 및 자유도 지정
k= 1:7; nu1 = 8; nu2= 5
# 함수 f.prob() 실행 ⇒ [그림 8-11]
f.prob(nu1, nu2, k)

# [참고] F-분포의 누적확률 표시 함수 f.prob() 사용법
ch8.man(10)
```

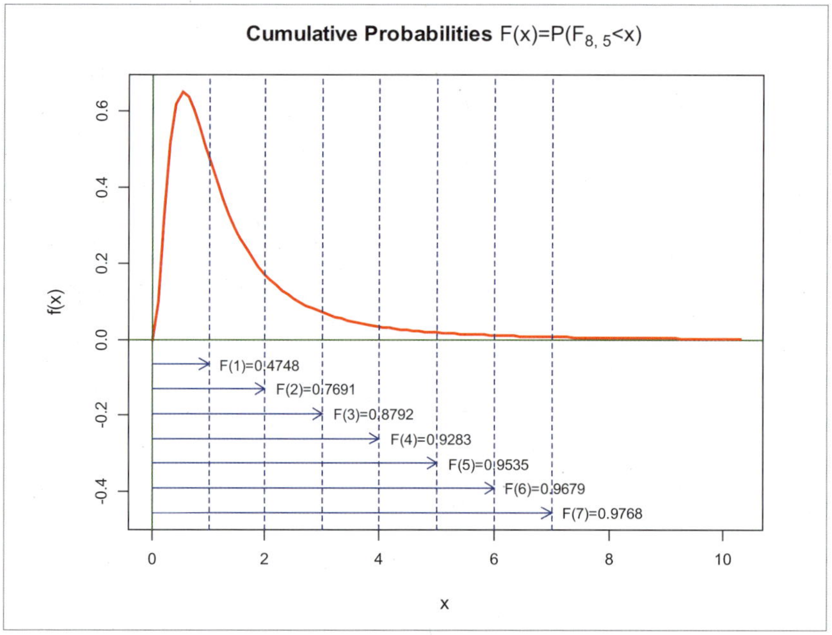

[그림 8-11] F-분포의 누적확률(자유도=8, 5)

예제 8-20 자유도 $\nu_1=8$, $\nu_2=5$인 경우, 누적확률 0.5%, 1.0%, 2.5%, 5.0%, 10%~90%, 95%, 97.5%, 99%, 99.5%에 대한 F-분포의 분위수($P(F_{\nu_1,\nu_2} \le F_{p;(\nu_1,\nu_2)})=p$를 만족하는 $F_{p;(\nu_1,\nu_2)}$ 값)를 구하고 그래프를 작성하시오.

| 풀이 |

```
# 자유도 및 F-분포 계산/표시 누적확률 지정
nu1 = 8; nu2 = 5
pv = c(0.005, 0.01, 0.025, 0.05, 1:9/10, 0.95, 0.975, 0.99, 0.995)
pv2 = c(0.05, 0.5, 0.95, 0.975, 0.99, 0.995)
# 함수 f.quant() 실행 ⇒ [그림 8-12]
f.quant(nu1, nu2, pv, pv2)
  0.005    0.01   0.025    0.05     0.1     0.2     0.3     0.4     0.5
 0.1205  0.1508  0.2076  0.2712  0.3668  0.5262  0.6823  0.8534  1.0545
    0.6     0.7     0.8     0.9    0.95   0.975    0.99   0.995
 1.3079  1.6557  2.2021  3.3393  4.8183  6.7572 10.2893 13.9610

# [참고] F-분포 분위수 그래프 작성 함수 f.quant() 사용법
ch8.man(11)
```

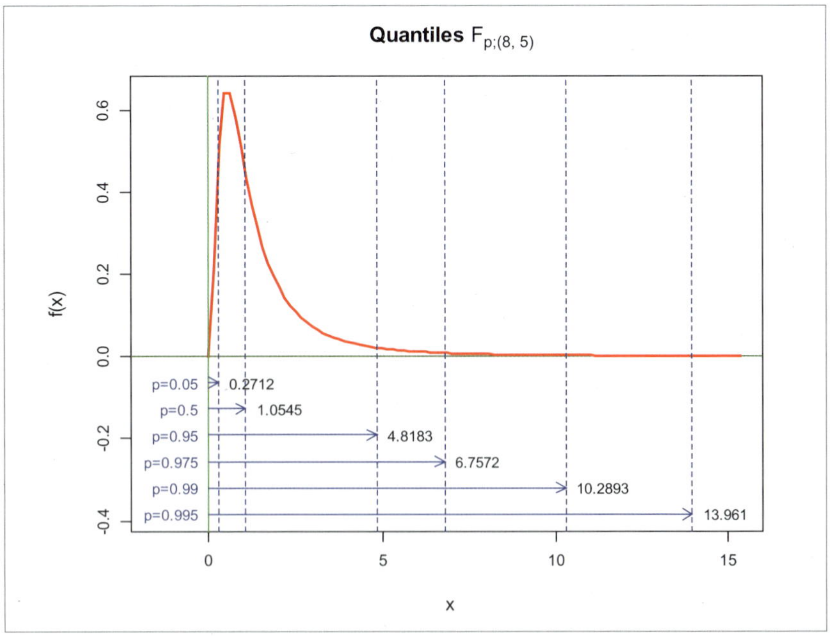

[그림 8-12] F-분포의 분위수(자유도= 8, 5)

예제 8-21 자유도 (3, 3), (3, 20), (20, 3), (20, 20)인 F-분포의 확률밀도함수를 작성하여 비교하시오.

| 풀이 |

```
# 자유도 입력
nu1 = c(3, 3, 20, 20); nu2 = c(3, 20, 3, 20)
# x-축 값 생성
up = max(qf(0.95, nu1, nu2))
# 함수 cont.spdf() 실행 [그림 8-13]
cont.spdf("f", 0, up, nu1, nu2, xp=nu2/(nu2-2))
# F-분포의 기댓값은 분모의 자유도에 의해 결정됨
# 분모의 자유도가 클수록 기댓값을 중심으로 모이는 경향
# 분자의 자유도가 클수록 대칭성이 커짐
```

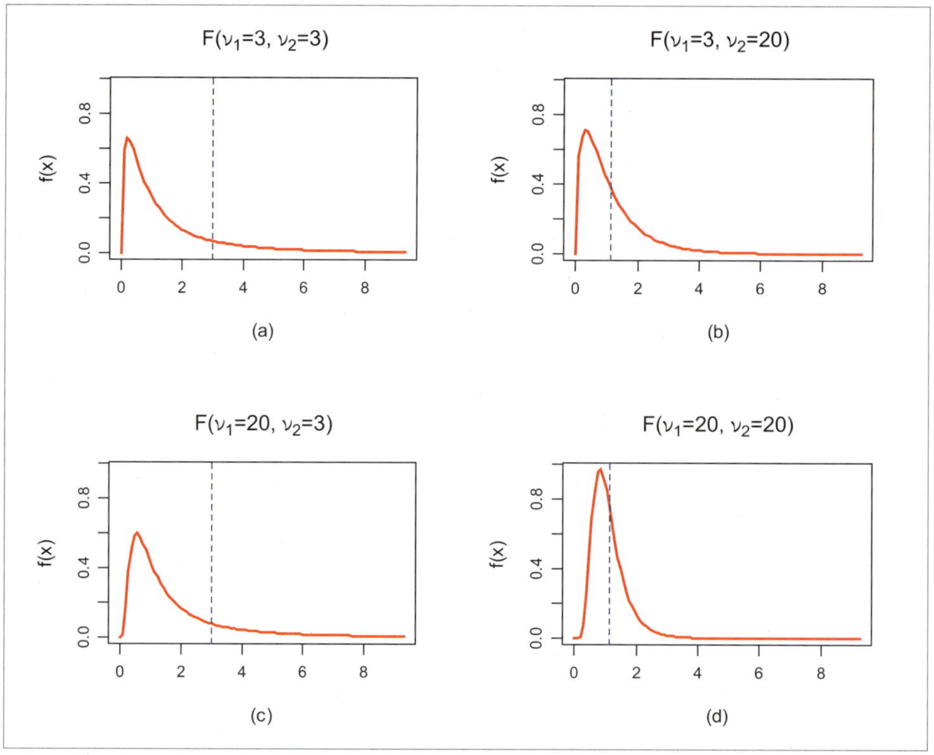

[그림 8-13] F-분포의 확률밀도함수(자유도=(3,3),(3,20),(20,3),(20,20))

연습문제

1 어떤 제품의 치수는 평균 μ, 표준편차 σ인 정규분포를 따르는데, 치수가 규격 [112 ± 6.0]을 벗어나면 불량이다. 다음 경우의 불량률을 구하여 비교하시오.

(1) $\mu=112,\ \sigma=1.5$
(2) $\mu=112,\ \sigma=2.0$
(3) $\mu=112,\ \sigma=3.0$
(4) $\mu=115,\ \sigma=1.5$
(5) $\mu=115,\ \sigma=2.0$
(6) $\mu=115,\ \sigma=3.0$

2 모의고사 성적이 평균 75.8, 표준편차 6.4인 정규분포를 따르는데, 백분위에 따라 아래와 같이 등급을 구분한다. 각 등급을 구분하는 컷 점수를 구하시오.

등급	1	2	3	4	5
비율	10%	25%	30%	25%	10%

3 어느 나라 성인 남자의 평균 머리둘레는 57.3cm, 95% 분위수는 61.9cm라 한다. 정규분포로 가정했을 때, 머리둘레의 표준편차는 얼마인가? 머리둘레가 66cm 이상인 성인 남자는 1만 명당 몇 명 나오겠는가?

4 어느 나라 성인의 머리둘레는 평균 56cm, 표준편차 2.0cm인 정규분포를 따르며, 성인의 IQ는 평균 106, 분산 12인 정규분포를 따른다고 한다. 머리둘레와 IQ를 독립이라 가정하고 다음을 구하시오.

(1) (IQ−머리둘레)의 분포는 무슨 분포가 되는가?
(2) (IQ−머리둘레)가 60 이상일 확률은 얼마인가?
(3) (IQ−머리둘레)가 50 이상, 60 이하일 확률은 얼마인가?

5 A사 S모델의 엔진 수명은 평균 12년, 표준편차가 1.8년인 정규분포를 따른다.

(1) 무상보증비율을 10% 이내로 하려면, 무상보증기간은 최대 몇 년까지 가능한가?
(2) 무상보증비율을 5% 이내로 하려면, 무상보증기간은 최대 몇 년까지 가능한가?
(3) 무상보증기간을 10년으로 정했다면, 무상보증비율은 얼마가 되겠는가?

6 규격 $[50\pm2]$인 막대를 만들고자 한다. 다음의 각 방법에 따른 불량률을 계산하고 비교하시오.

(1) 각각의 길이가 $N(10, 0.4^2)$을 따르는 5개의 막대를 일렬로 연결

(2) 각각의 길이가 $N(12.5, 0.5^2)$을 따르는 4개의 막대를 일렬로 연결

(3) 각각의 길이가 $N(6.25, 0.3^2)$을 따르는 8개의 막대를 일렬로 연결

7 어느 아파트의 가구당 월 전력소비량(kWh)은 정규분포를 따르며, 아래의 표와 같이 집계되었다고 하자. 전체 전력수요를 충족할 확률이 99% 이상 되려면 월 전력공급용량은 얼마 이상이 되어야 하겠는가?

구분	1인 가구	2인 가구	3인 가구	4인 이상
평균	260	310	400	410
표준편차	10	12	15	20
가구 수	40	55	60	45

8 불량률 $p=2\%$인 공정에서 $n=400$개의 제품을 검사했을 때, 다음에 답하시오.

(1) 4개 이하의 불량품이 발견될 확률을 구하시오.

(2) 4개 이하의 불량품이 발견될 확률을 정규근사 방법으로 구하시오.

(3) 앞의 두 결과를 비교 해석하시오.

9 주사위 두 개를 동시에 던지는 시행을 100회 반복하였다.

(1) 같은 눈이 나온 횟수가 20회 이상일 확률을 구하시오(Excel 또는 R 사용).

(2) 같은 눈이 나온 횟수가 20회 이상일 확률을 정규근사 방법으로 구하시오.

(3) 앞의 두 결과를 비교 해석하시오.

R1 $N(12, 2^2), N(12, 3^2), N(12, 4^2), N(15, 3^2)$에 대한 확률밀도함수를 작성하고 형태를 비교하시오.

10 카이제곱분포에 대한 아래의 값을 구하시오.

(1) 자유도 10인 경우의 99% 분위수, $\chi^2_{0.99;10}$ (2) $P(\chi^2_{20}>a)=0.025$가 되는 a값

(3) $P(a<\chi^2_{20}<34.170)=0.95$가 되는 a값 (4) $P(2.558<\chi^2_{10}<a)=0.98$이 되는 a값

R2 자유도 5인 카이제곱분포의 확률밀도함수를 작성하고, 아래의 누적확률에 대응하는 분위수 $\chi^2_{p;5}$을 표시하시오.

$p=0.025,\ 0.05,\ 0.1,\ 0.5,\ 0.9,\ 0.95,\ 0.975$

R3 (1) 자유도 $\nu=2, 3, \cdots, 100$에 대하여 카이제곱분포의 양쪽 2.5% 분위수와 기댓값의 비율 $(\chi^2_{0.975;\nu}/\nu)$와 $(\chi^2_{0.025;\nu}/\nu)$의 그래프를 작성하고, 결과를 해석하시오.

(2) 자유도 $\nu=2, 3, \cdots, 100$에 대하여 카이제곱분포의 양쪽 2.5% 분위수의 비율 $(\chi^2_{0.975;\nu}/\chi^2_{0.025;\nu})$의 그래프를 작성하고, 결과를 해석하시오.

11 확률변수 T_ν가 자유도 ν인 t-분포를 따를 때, 아래의 값을 구하시오.

(1) $P(T_{10}\le a)=0.025$가 되는 a값

(2) $P(T_{10}>b)=0.025$가 되는 b값

(3) 앞에서 구한 a, b값에 대한 확률 $P(a\le T_{10}\le b)$

(4) 확률 $P(T_{10}>1.812)$

(5) 확률 $P(T_{10}\le -1.812)$

(6) 확률 $P(-1.812<T_{10}<1.812)$

R4 자유도 $\nu=2, 3, \cdots, 100$에 대하여 t-분포의 95% 분위수와 표준정규분포 95% 분위수의 비율 $(t_{0.95;\nu}/z_{0.95})$ 그래프를 작성하고, 결과를 해석하시오.

R5 1에서 3 사이의 x에 대하여 자유도 $\nu=1, 3, 5, 10, 30$에 대한 $f_\nu(x)\equiv P(|T_\nu|<x)$와 $g(x)\equiv P(|Z|<x)$의 비율 $f_\nu(x)/g(x)$의 그래프를 작성하여 결과를 비교하시오.

12 확률변수 F_{ν_1,ν_2}가 자유도 ν_1, ν_2인 F-분포를 따를 때, 다음의 값을 구하시오.

(1) $P(F_{3,6}\le a)=0.025$가 되는 a값

(2) $P(F_{3,6}>b)=0.025$가 되는 b값

(3) $P(a\le F_{3,6}\le b)$

R6 자유도 $(\nu_1, \nu_2)=(2, 10), (10, 2), (2, 2), (10, 10)$인 F-분포의 확률밀도함수 그래프를 작성하고 비교하시오.

R7 자유도 $(2, 5), (5, 2)$인 F-분포의 확률밀도함수 그래프를 작성하고, 누적확률 $p=0.025, 0.05, 0.1, 0.5, 0.9, 0.95, 0.975$에 대응하는 분위수 $F_{p;(2,5)}$을 표시하시오.

CHAPTER 09

표본 통계량의 분포

Rstat

contents

09 표본 통계량의 분포

앞에서 확률변수의 개념과 다양한 확률분포에 대해 소개하였다. 본 장에서는 모집단에서 추출된 확률표본 $X_1, X_2, \cdots, X_n$ 으로부터 통계적 추론을 위해 만든 통계량의 확률분포에 대해 설명한다. 먼저 9장에서 사용할 함수를 다음과 같이 정의한다.

```
# R 아이콘을 더블클릭하여 실행
# 패키지 'Rstat'을 불러옴
library(Rstat)

# 9장 함수 정의 (번역) (번호를 입력하면 해당 함수의 사용법 확인 가능)
ch9.man()
[1] norm.sim          정규분포 모의실험 함수
[2] norm.spn          정규모집단에서 추출한 최소 표본개수
[3] tdist.sim         t-분포 모의실험 함수
[4] chi.sim           카이제곱분포 모의실험 함수
[5] fdist.sim2        F-분포 모의실험 함수
[6] clt.plot          중심극한정리 적용 진단 함수
```

확률표본이 되기 위한 요건은 두 가지인데, 첫째, 동일한 분포를 따라야 하며, 둘째, 독립적이어야 한다. 하나의 모집단에서 랜덤하게 독립적으로 추출한 표본들은 확률표본의 요건을 갖추게 된다.

정의 9-1 **확률표본(random sample)**

독립적이며 동일한 분포를 따르는(iid: independent and identically distributed) 확률변수들의 집합

9.1 통계량과 추정량

2장에서 설명한 바와 같이, 확률표본을 추출하는 이유는 모집단의 모수들을 추정하여 모집단에 대해 의사결정을 내리는 데 사용하기 위함이다. 이를 위해 확률표본을 적절히 가공하여 통계량을 만들어 모수에 대한 추정량으로 사용한다. 예를 들어, n개의 확률표본 $X_1, X_2, \cdots, X_n$ 으로부터 모평균 μ는 다음과 같이 표본평균으로 추정하는 것이 보편적이다.

$$\overline{X} = \frac{1}{n}\sum_{i=1}^{n} X_i \qquad (9-1)$$

식 (9–1)의 표본평균 $\overline{X}$는 또한 확률표본 $X_1, X_2, \cdots, X_n$의 함수로서 새로운 확률변수이자 통계량이며, 모평균 μ에 대한 추정량이 된다. 통계량은 관측 가능해야 하므로 미지의 모수를 포함할 수 없다. 예컨대 $\overline{X}/\sigma$는 모표준편차 σ 값을 안다면 통계량이 되지만, σ 값을 알지 못한다면 통계량이 아니다.

정의 9–2 **통계량(statistic)**

미지의(unknown) 모수를 포함하지 않는 확률표본의 함수

정의 9–3 **추정량(estimator)**

미지의 모수를 추정하기 위한 통계량

아주 게으른 사람이 있어 확률표본 $X_1, X_2, \cdots, X_n$ 중 X_1 하나만으로 모평균 μ를 추정한다 해도 X_1은 추정량이 된다. 다만 X_1은 표본평균 $\overline{X}$에 비해 좋은 추정량이 못된다. 좋은 추정량의 요건은 여러 가지가 있지만, 가장 기본적인 두 가지는 불편성과 최소분산(minimum variance)이다.

정의 9–4 **불편성(unbiasedness)**

추정량의 기댓값이 추정하고자 하는 모수와 같아지는 특성으로서, 좋은 추정량이 되기 위한 첫 번째 요건

확률표본 $X_1, X_2, \cdots, X_n$의 기댓값이 μ, 분산이 σ^2라 하고, 독립성을 이용하여 표본평균 $\overline{X}$의 기댓값과 분산을 계산하면 다음과 같다.

$$E(\overline{X})=E\left(\frac{1}{n}\sum_{i=1}^{n}X_i\right)=\frac{1}{n}\sum_{i=1}^{n}E(X_i)=\frac{1}{n}\sum_{i=1}^{n}\mu=\mu \qquad (9-2)$$

$$Var(\overline{X})=Var\left(\frac{1}{n}\sum_{i=1}^{n}X_i\right)=\frac{1}{n^2}\sum_{i=1}^{n}Var(X_i)=\frac{1}{n^2}\sum_{i=1}^{n}\sigma^2=\frac{\sigma^2}{n} \qquad (9-3)$$

식 (9-2)를 살펴보면 표본평균 $\overline{X}$의 기댓값이 추정하고자 하는 모수 μ와 같으므로 $\overline{X}$는 μ에 대한 불편추정량이다. 하지만 아주 게으른 사람의 추정량 X_1 또한 $E(X_1)=\mu$이므로 불편추정량이 된다. 이런 이유로 두 번째 기준을 통해 좋은 추정량을 선별하게 된다. 추정량 X_1의 분산은 $V(X_1)=\sigma^2$이므로 $n\geq 2$이면 $\overline{X}$의 분산보다 크며, 표본의 수 n이 클수록 그 차이는 늘어난다. 정규분포를 따르는 모집단에서 n개의 확률표본으로 만들 수 있는 μ에 대한 불편추정량 중 표본평균 $\overline{X}$의 분산이 가장 작기 때문에 우리는 자연스럽게 표본평균 $\overline{X}$를 모평균 μ에 대한 추정량으로 사용하는 것이다.

통계량은 확률변수들의 집단인 확률표본의 함수이므로, 통계량 또한 확률변수로서 확률분포를 갖는다. 이러한 통계량의 확률분포를 **표본분포**(sampling distribution)라 하며, 표본분포를 구하여 모수에 대한 추론(inference)을 하게 된다.

9.2절은 정규모집단 표본평균의 분포, 9.3절은 정규모집단 표본분산의 분포, 9.4절은 두 정규모집단의 표본분산 비율의 분포를 설명한다. 9.5절에서는 중심극한정리를 설명하고, 이를 이용하여 9.6절에서는 정규모집단이 아닌 경우의 표본분포를 알아본다.

9.2 정규모집단 표본평균의 분포

우리가 실제로 접하는 관측 데이터들은 평균값을 중심으로 종모양의 대칭적인 분포를 나타내는 경우가 많기 때문에, 대부분의 통계적 방법들은 정규분포를 가정하고 개발되었다. 9.2절에서는 모집단의 분포가 정규분포일 때, 확률표본으로부터 만든 통계량들의 분포를 살펴본다.

9.2.1 모분산을 아는 경우

흔하지 않은 경우지만, 모분산 σ^2의 값을 아는 경우에는 표본평균을 표준화하여 표준정규분포를 따르는 확률변수를 만들 수 있다.

정리 9-1 정규모집단 표본평균의 분포

평균이 μ 이고 분산이 σ^2 인 정규모집단으로부터 추출된 확률표본을 $X_1, X_2, \cdots, X_n$ 이라 하면, 표본평균 $\overline{X} = \frac{1}{n}\sum_{i=1}^{n} X_i$ 는 $N\left(\mu, \frac{\sigma^2}{n}\right)$ 를 따른다.

표본평균 $\overline{X}$ 의 기댓값은 μ, 분산은 σ^2/n 이므로, 다음과 같이 표준화할 수 있다.

따름정리 9-1 정규모집단 표준화된 표본평균의 분포

평균이 μ 이고 분산이 σ^2 인 정규모집단으로부터 추출된 확률표본을 $X_1, X_2, \cdots, X_n$ 이라 하면, $\frac{\overline{X}-\mu}{\sigma/\sqrt{n}}$ 는 표준정규분포를 따른다.

예제 9-1 평균 100, 분산 100인 정규분포 모집단에서 10개씩 표본을 랜덤 추출하여 표본평균을 구하는 작업을 10,000회 반복하자.

(1) 표본평균의 히스토그램을 그리고, 정규분포를 따르는지 확인하시오.

(2) 표준화된 표본평균이 표준정규분포를 따르는지 확인하시오.

| 풀이 |

다음과 같이 Rstat의 norm.sim() 함수에 $n=10$, $\mu=100$, $\sigma=10$을 입력하여 구한다.

```
# 함수 norm.sim() 실행 ⇒ [그림 9-1]
norm.sim(ns=10, mu=100, sig=10, N=10000)
      F(90)  F(95) F(100) F(105) F(110)
이론 0.0008 0.0569 0.5000 0.9431 0.9992
실험 0.0018 0.0575 0.4967 0.9421 0.9991
# [참고] 정규분포 모의실험 함수 norm.sim() 사용법
ch9.man(1)
```

[그림 9-1]의 위쪽 그래프를 살펴보면, 표본평균의 히스토그램과 이론적 확률밀도함수는 유사하게 나타나고, 표본평균의 평균과 표준편차 또한 이론적 값과 유사하게 나타남을 알 수 있다. 아래쪽 그래프를 살펴보면, 표준화 통계량의 히스토그램과 이론적 확률밀도함수는 유사하게 나타나고, 표준화 통계량의 평균과 표준편차 또한 이론적 값과 유사하게 나타남을 알 수 있다.

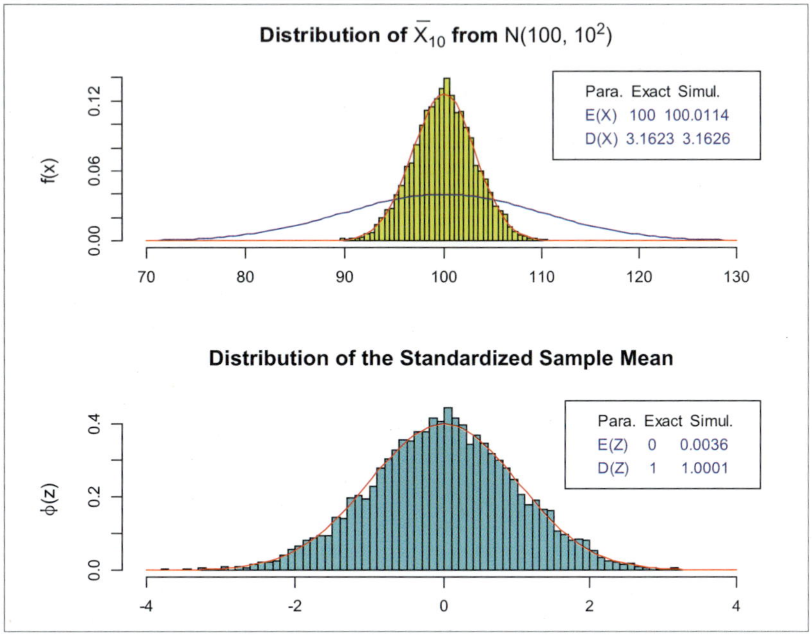

[그림 9-1] 정규모집단에서 추출한 표본평균의 분포 예시

예제 9-2 초콜릿 한 개의 무게는 평균 μ(g), 표준편차 5(g)인 정규분포를 따른다고 한다. 초콜릿 16개를 랜덤하게 샘플링 하여 무게를 측정했을 때, 표본평균과 모평균과의 차이가 2(g) 이내일 확률을 구하시오.

| 풀이 |

[따름정리 9-1]을 이용하여 표준화 하면

$$P(|\overline{X}-\mu|\le 2)=P\left(-\frac{2}{5/\sqrt{16}}\le\frac{\overline{X}-\mu}{5/\sqrt{16}}\le\frac{2}{5/\sqrt{16}}\right)=P(-1.6\le Z\le 1.6)\doteq 0.8904$$

```
n = 16; se = 5/sqrt(n)
# 방법 1 (직접계산)
pnorm(2, 0, se) - pnorm(-2, 0, se)
[1] 0.8904014
# 방법 2 (표준화)
pnorm(2/se) - pnorm(-2/se)
[1] 0.8904014
# 방법 3 (대칭성 이용)
2*pnorm(2/se) - 1
[1] 0.8904014
```

예제 9-3 [예제 9-2]에서 표본평균과 모평균과의 차이가 2(g) 이내가 될 확률이 0.95 이상이 되려면 최소 몇 개의 표본이 필요한가?

| 풀이 |

문제에서 요구하는 기준은 $P(|\overline{X}-\mu|\le 2)=P(-2\le \overline{X}-\mu \le 2)\ge 0.95$ 이므로,

$$p\left(-\frac{2}{5/\sqrt{n}}\le \frac{\overline{X}-\mu}{5/\sqrt{n}}\le \frac{2}{5/\sqrt{n}}\right)=P(-0.4\sqrt{n}\le Z\le 0.4\sqrt{n})$$
$$=\Phi(0.4\sqrt{n})-\Phi(-0.4\sqrt{n})=2\Phi(0.4\sqrt{n})-1\ge 0.95$$

따라서 $\Phi(0.4\sqrt{n})\ge 0.975$ 를 만족해야 하는데, $z_{0.975}\equiv\Phi^{-1}(0.975)\doteq 1.96$ 이므로, $0.4\sqrt{n}\ge 1.96$ 이 된다. 따라서 $n\ge(1.96/0.4)^2=24.01$ 임을 알 수 있다. $n=24$ 이면 요구사항을 만족하지 못하고, $n\ge 25$ 이어야 만족한다.

```
# 직접 계산
ceiling((qnorm(0.975)/0.4)^2)
[1] 25
# 간단한 함수 정의 (p=신뢰수준, sigma=오차한계(표준편차의 배수))
findsn = function(p, sigma) ceiling((qnorm(1-(1-p)/2)/sigma)^2)
findsn(0.95, 4:1/10)
[1]  25  43  97 385
findsn(95:99/100, 0.4)
[1] 25 27 30 34 42
```

예제 9-4 정규모집단에서 추출한 표본평균과 모평균과의 차이가 $k\sigma$ 이내가 될 확률이 $1-\alpha$ 이상이 되기 위한 최소 표본개수의 식을 구하고, 그래프를 작성하여 그 변화에 대해 분석하시오.

| 풀이 |

문제에서 요구하는 기준은 $P(|\overline{X}-\mu|\le k\sigma)=P(-k\sigma\le \overline{X}-\mu \le k\sigma)\ge 1-\alpha$ 이므로,

$$P\left(-\frac{k\sigma}{\sigma/\sqrt{n}}\le \frac{\overline{X}-\mu}{\sigma/\sqrt{n}}\le \frac{k\sigma}{\sigma/\sqrt{n}}\right)=P(-k\sqrt{n}\le Z\le k\sqrt{n})$$
$$=\Phi(k\sqrt{n})-\Phi(-k\sqrt{n})=2\Phi(k\sqrt{n})-1\ge 1-\alpha$$

따라서 $\Phi(k\sqrt{n})\ge 1-\alpha/2$ 를 만족해야 하므로, $n\ge[\Phi^{-1}(1-\alpha/2)/k]^2$ 을 만족하는 최소의 정수임을 알 수 있다.

```
# 세 가지 유의수준(alpha) 및 색상 정의
alp = c(0.01, 0.05, 0.1); dcol = c(2, 4, "green4")
# 함수 norm.spn() 실행 ⇒ [그림 9-2]
norm.spn(kp=0.4, alp, dcol=dcol)
0.01 0.05  0.1
  42   25   17

# [응용] k=0.2인 경우 (그래프 생략) ⇒ 표본개수 크게 증가함
norm.spn(kp=0.2, alp, dcol=dcol)
0.01 0.05  0.1
 166   97   68

# [참고] 최소 표본개수 계산 함수 norm.spn() 사용법
ch9.man(2)
```

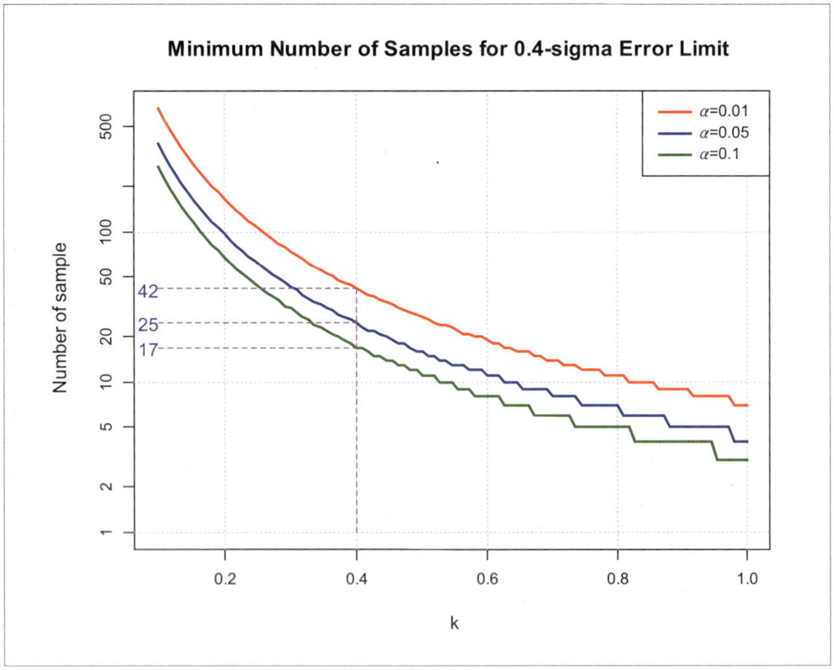

[그림 9-2] 0.4σ 오차한계 보장을 위한 표본개수 예시

9.2.2 모분산을 모르는 경우

모집단에 대해 아주 오래 축적된 정보를 갖고 있지 않은 한 모분산 σ^2을 모르기 때문에 [정리 9-1]이나 [따름정리 9-1]의 표본분포를 사용할 수 없는 경우가 많다. 정규모집단의 경우에는 모르는 σ의 자리에 표본표준편차 S를 대입하여 사용할 수 있다. 단, 이렇게 만든 통계량은 더 이상 표준정규분포를 따르지 않게 되고, 표준정규분포를 닮은 Student-t 분포를 따르게 된다.

정리 9-2 정규모집단 표본평균의 분포(σ를 모르는 경우)

평균이 μ이고 분산이 σ^2인 정규모집단으로부터 추출된 확률표본을 $X_1, X_2, \cdots, X_n$이라 하면, 확률변수 $T \equiv \dfrac{\overline{X}-\mu}{S/\sqrt{n}}$는 자유도가 $(n-1)$인 t-분포를 따른다.

확률변수 T는 다음의 식과 같이 나타낼 수 있으므로, [정리 8-4]에 의해 자유도 $(n-1)$인 t-분포를 따른다.

$$T=\frac{\overline{X}-\mu}{S/\sqrt{n}}=\frac{(\overline{X}-\mu)/(\sigma/\sqrt{n})}{\sqrt{S^2/\sigma^2}}=\frac{Z}{\sqrt{Y/(n-1)}} \tag{9-4}$$

예제 9-5 평균 100, 분산 100인 정규분포 모집단에서 10개씩 표본을 랜덤 추출하여 표본평균과 표본분산을 구하는 작업을 10,000회 반복하자. 표본분산을 사용하여 표본평균들을 표준화하여 히스토그램을 그리고, [정리 9-2]에서와 같이 자유도 9인 t-분포를 따르는지 확인하고, 표준정규분포와 어떤 차이가 있는지 비교하시오.

| 풀이 |

다음과 같이 Rstat의 tdist.sim() 함수에 $n=10$, $\mu=100$, $\sigma=10$을 입력하여 구한다.

```
# 모의실험 함수 tdist.sim() 실행 ⇒ [그림 9-3] ⇒ 꼬리 부분에서 t-분포가 더 가까움
tdist.sim(ns=10, mu=100, sig=10)
      F(-3)  F(-2)  F(-1)   F(0)   F(1)   F(2)   F(3)
이론 0.0075 0.0383 0.1717 0.5000 0.8283 0.9617 0.9925
실험 0.0068 0.0393 0.1669 0.4967 0.8272 0.9617 0.9922

# [참고] t-분포 모의실험 함수 tdist.sim() 사용법
ch9.man(3)
```

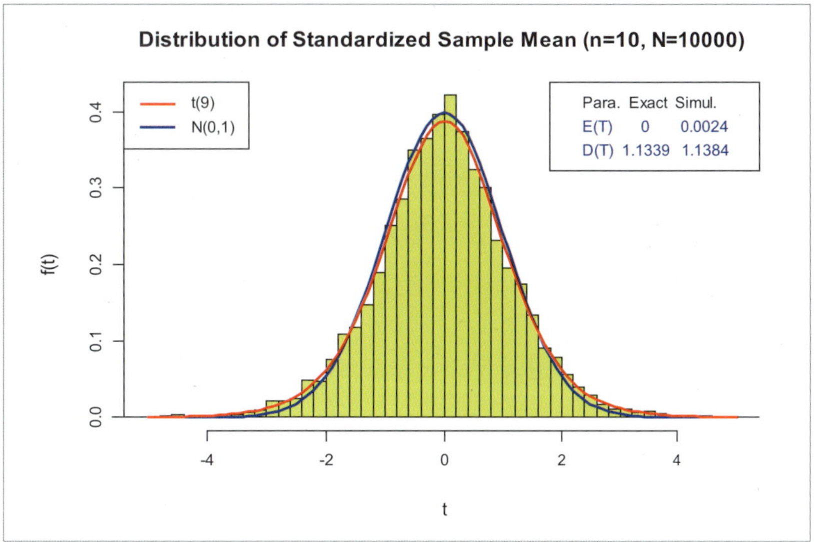

[그림 9-3] 표본표준편차로 표준화한 표본평균의 분포 예시

9.3 정규모집단 표본분산의 분포

다음의 정리는 정규모집단에서 추출한 확률표본을 표준화한 후 제곱해서 더하면 카이제곱분포를 따름을 보이고 있다. $Z_i \equiv (X_i - \mu)/\sigma$ 는 표준정규분포를 따르고 서로 독립이므로, [정의 8-3]에 의해 $\sum_{i=1}^{n} Z_i^2$ 는 자유도가 n인 카이제곱분포를 따른다.

정리 9-3 표준정규 확률표본 제곱합의 분포

평균이 μ 이고 분산이 σ^2 인 정규모집단으로부터 추출된 확률표본을 $X_1, X_2, \cdots, X_n$ 이라 하면, $\sum_{i=1}^{n} Z_i^2 = \sum_{i=1}^{n} \left(\frac{X_i - \mu}{\sigma} \right)^2$ 는 자유도가 n인 카이제곱분포를 따른다.

예제 9-6 평균 100, 분산 100인 정규분포 모집단에서 10개씩 표본을 랜덤 추출하여 $\sum_{i=1}^{n} Z_i^2 = \sum_{i=1}^{n} \left(\frac{X_i - 100}{10} \right)^2$ 을 구하는 작업을 10,000회 반복하자. 이들의 히스토그램을 그리고, [정리 9-3]에서와 같이 자유도 10인 카이제곱분포를 따르는지 확인하시오.

| 풀이 |

다음과 같이 Rstat의 `chi.sim()` 함수에 $n=10$, $\mu=100$, $\sigma=10$을 입력하여 구한다.

```
# 모의실험 함수 chi.sim() 실행 ⇒ [그림 9-4]
chi.sim(ns=10, mu=100, sig=10)
        F(0)   F(5)  F(10)  F(15)  F(20)  F(25)  F(30)  F(35)
실험     0 0.1074 0.5598 0.8692 0.9698 0.9957 0.9993 1.0000
이론     0 0.1088 0.5595 0.8679 0.9707 0.9947 0.9991 0.9999
오류     0 0.1657 0.6495 0.9091 0.9821 0.9970 0.9996 0.9999

# [참고] 카이제곱분포 모의실험 함수 chi.sim() 사용법
ch9.man(4)
```

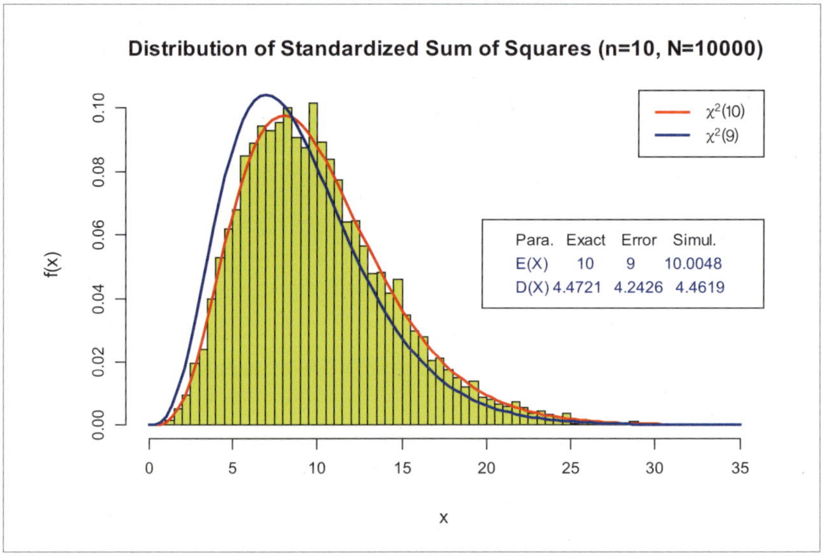

[그림 9-4] 정규모집단에서 표준화 통계량 제곱합의 분포 (n=10)

결과를 살펴보면, 모의실험 상의 누적확률이 이론상의 누적확률과 유사함을 알 수 있다. '오류'로 표시된 누적확률은 자유도를 9로 잘 못 적용한 경우로서, 모의실험 결과와 큰 차이를 보인다.

[그림 9-4]를 살펴보면, 자유도 10인 경우(붉은색)와 9인 경우(파란색)의 확률밀도함수 차이가 확연히 드러나며, 자유도 10인 경우가 모의실험 결과의 히스토그램에 보다 일치함을 알 수 있다. 또한 자유도 10인 경우가 기댓값과 표준편차 모두 실험결과에 가깝게 나타나, 모평균을 아는 경우에는 표준화 제곱합의 자유도가 줄어들지 않음을 확인할 수 있다.

정규모집단의 확률표본 $X_1, X_2, \cdots, X_n$ 으로부터 모분산 σ^2 을 추정할 때, 보편적으로 다음과 같이 표본분산을 사용한다.

$$S^2 = \frac{1}{n-1}\sum_{i=1}^{n}(X_i - \overline{X})^2 \tag{9-5}$$

다음의 정리는 표본분산 S^2 의 확률분포와 카이제곱분포의 연관성을 보이고 있다.

정리 9-4 정규모집단 표본분산의 분포

평균이 μ 이고 분산이 σ^2 인 정규모집단으로부터 추출된 확률표본을 $X_1, X_2, \cdots, X_n$ 이라 하면, 통계량 $\frac{(n-1)S^2}{\sigma^2} = \frac{1}{\sigma^2}\sum_{i=1}^{n}(X_i - \overline{X})^2$ 는 자유도 $n-1$ 인 카이제곱분포를 따른다.

➲ $\sum_{i=1}^{n}(X_i - \overline{X})^2$ 의 자유도가 $n-1$ 인 이유는, 선형 제약식 $\sum_{i=1}^{n}(X_i - \overline{X}) = 0$ 하나가 존재하므로 독립적인 항의 개수가 $n-1$ 이 되기 때문이라고 해석할 수 있다.

예제 9-7 평균 100, 분산 100인 정규분포 모집단에서 10개씩 표본을 랜덤 추출하여 $(10-1)S^2/100$ 을 구하는 작업을 10,000회 반복하자. 이들의 히스토그램을 그리고, [정리 9-4]에서와 같이 자유도 9인 카이제곱분포를 따르는지 확인하시오.

| 풀이 |

모분산 대신 표본분산을 사용하는 경우에는 chi.sim() 함수에 muknown=FALSE 인수를 추가한다.

```
# 카이제곱분포 모의실험 함수 chi.sim() 실행 ⇒ [그림 9-5]
chi.sim(ns=10, mu=100, sig=10, muknow=FALSE)
          F(0)   F(5)  F(10)  F(15)  F(20)  F(25)  F(30)  F(35)
실험      0 0.1633 0.6511 0.9120 0.9804 0.9972 0.9998 1.0000
이론      0 0.1657 0.6495 0.9091 0.9821 0.9970 0.9996 0.9999
오류      0 0.1088 0.5595 0.8679 0.9707 0.9947 0.9991 0.9999
```

결과를 살펴보면, 모의실험 상의 누적확률이 이론상의 누적확률과 유사함을 알 수 있다. '오류'로 표시된 누적확률은 자유도를 10으로 잘 못 적용한 경우로서, 모의실험 결과와 큰 차이를 보인다.

[그림 9-5]를 살펴보면, 자유도 9인 경우(붉은색)와 10인 경우(파란색)의 확률밀도함수 차이가 확연히 드러나며, 자유도 9인 경우가 모의실험 결과의 히스토그램에 보다 일치함을 알 수 있다. 또한 자유도 9인 경우가 기댓값과 표준편차 모두 실험결과에 가깝게 나타나, 모평균을 표본평균으로 추정한 경우에는 표준화 제곱합의 자유도가 1 줄어듦을 확인할 수 있다.

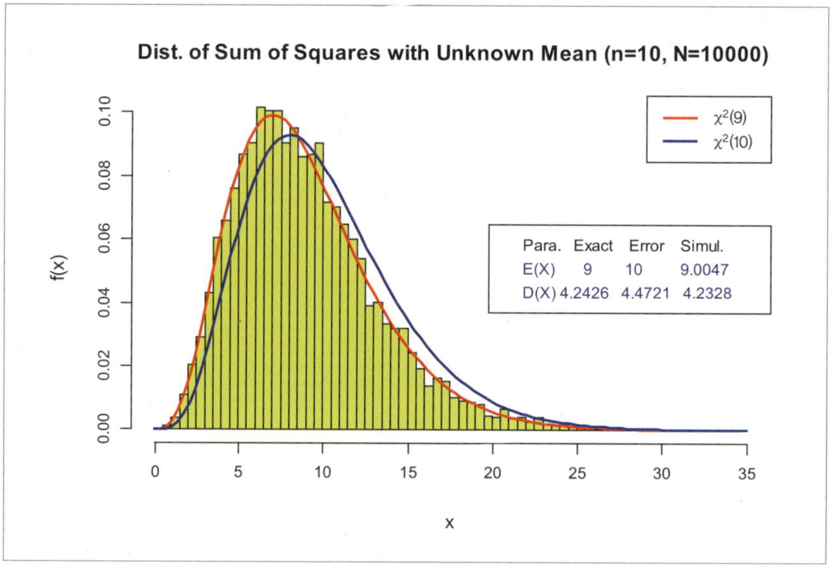

[그림 9-5] 정규모집단 표본분산 변환 통계량의 분포 (n=10)

예제 9-8 정규모집단으로부터 n개의 확률표본을 추출하여 표본분산 S^2를 구하였을 때, $n=5, 10, 30, 100$ 각각에 대하여 $P(S^2 \le c\sigma^2)=0.95$인 상수 c의 값은 얼마인가?

| 풀이 |

$$P(S^2 \le c\sigma^2)=P\left(\frac{(n-1)S^2}{\sigma^2} \le (n-1)c\right) \tag{9-6}$$

[정리 9-4]로부터 $\frac{(n-1)S^2}{\sigma^2}$은 자유도가 $(n-1)$인 카이제곱분포를 따르므로 $(n-1)c=\chi^2_{0.95;n-1}$이 된다. 따라서 상수 c의 값은 다음과 같이 구할 수 있다.

```
# 자유도, 누적확률 입력
n = c(5, 10, 30, 100); p = 0.95
# 분위수/자유도 (상수 c)
qchisq(p, n-1) / (n-1)
[1] 2.371932 1.879886 1.467482 1.244699
```

9.4 두 정규모집단 표본분산비의 분포

두 정규모집단의 분산을 비교하고자 할 때, 크기의 차이를 비교하기보다는 비율을 비교하는 것이 바람직하다. F-분포는 이러한 목적으로 사용되는 통계량의 분포로서, 이 분포를 처음 발표한 통계학자 R. A. Fisher를 기리기 위하여 명명되었다. 두 정규모집단 표본분산비의 분포에 대해 다음의 정리를 얻을 수 있다.

정리 9-5 두 정규모집단 표본분산비의 분포

분산이 각각 σ_1^2과 σ_2^2인 두 개의 독립적인 정규모집단으로부터 추출한 크기 n_1, n_2인 확률표본의 표본분산을 각각 S_1^2과 S_2^2라 하면,

$$\frac{S_1^2/\sigma_1^2}{S_2^2/\sigma_2^2} \sim F(n_1-1,\ n_2-1) \tag{9-7}$$

식 (9-7)의 분모와 분자를 다음과 같이 나타내면 [정의 8-5]에 의해 F-분포를 따름을 쉽게 알 수 있다.

$$\frac{S_1^2/\sigma_1^2}{S_2^2/\sigma_2^2} = \frac{\chi^2_{n_1-1}/(n_1-1)}{\chi^2_{n_2-1}/(n_2-1)} \sim F(n_1-1, n_2-1) \tag{9-8}$$

예제 9-9 분산이 각각 4와 49인 독립적인 정규분포 모집단에서 각각 8개, 6개씩 표본을 랜덤 추출하여 $(S_1^2/4)/(S_2^2/49)$을 구하는 작업을 10,000회 반복하자. 이들의 히스토그램을 그리고, [정리 9-5]에서와 같이 자유도 7과 5인 F-분포를 따르는지 확인하시오.

| 풀이 |

다음과 같이 Rstat의 fdist.sim2() 함수에 $\sigma_1=2$, $\sigma_2=7$, $n_1=8$, $n_2=6$을 입력하여 구한다.

```
# 함수 fdist.sim2() 실행 ⇒ [그림 9-6]
fdist.sim2(sig1=2, sig2=7, n1=8, n2=6)
        F(1)   F(2)   F(3)   F(4)   F(5)   F(6)   F(7)   F(8)   F(9)
실험 0.4803 0.7685 0.8729 0.9235 0.9519 0.9680 0.9755 0.9803 0.9839
이론 0.4813 0.7686 0.8777 0.9269 0.9524 0.9670 0.9761 0.9820 0.9861
오류 0.4852 0.7930 0.9011 0.9459 0.9673 0.9788 0.9855 0.9897 0.9924

# [참고] F-분포 모의실험 함수 fdist.sim2() 사용법
ch9.man(5)
```

결과를 살펴보면, 모의실험 상의 누적확률이 이론상의 누적확률과 유사함을 알 수 있다.

[그림 9-6]을 살펴보면, 자유도 (7, 5)인 경우(붉은색)와 (8, 6)인 경우(파란색)의 확률밀도 함수 차이가 확연히 드러나진 않지만, 자유도 (7, 5)인 경우가 모의실험 결과의 히스토그램에 보다 일치함을 알 수 있다. 또한 자유도 (7, 5)인 경우가 기댓값과 표준편차 모두 실험결과에 가깝게 나타나, 분모와 분자의 자유도가 모두 1씩 줄어듦을 확인할 수 있다.

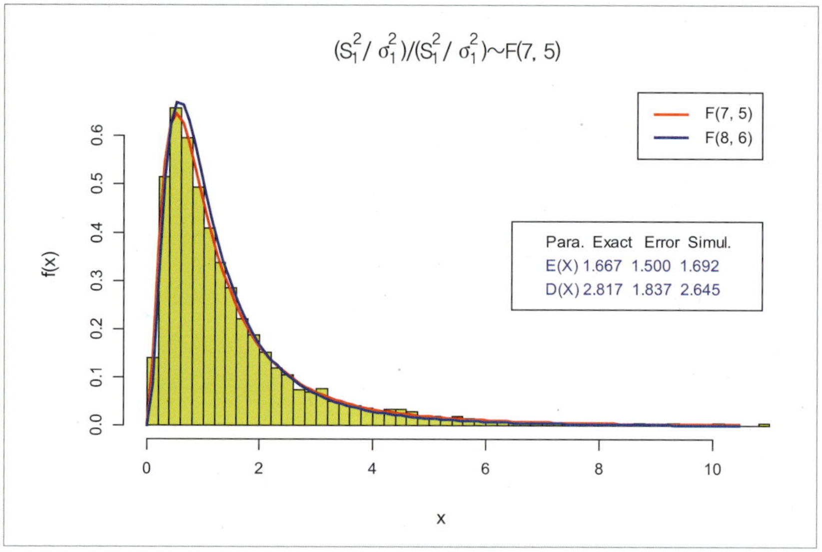

[그림 9-6] 표본분산 비율 통계량의 분포 F(7, 4)

예제 9-10 모분산이 같다고 알려져 있는 독립적인 두 정규모집단으로부터 각각 $n_1=12$, $n_2=16$인 두 확률표본을 추출하여 표본분산 S_1^2과 S_2^2을 얻었을 때, $P(S_1^2/S_2^2>a)=0.05$가 되는 a값은 얼마인가? 또한 표본분산의 비율이 2배 이상 차이 날 확률은 얼마인가?

| 풀이 |

$\sigma_1=\sigma_2$이므로 식 (9-7)로부터 $S_1^2/S_2^2 \sim F(n_1-1,\ n_2-1)$, 이를 사용하여 구한다.

```
# 두 가지 방법 : F(11, 15) 분포의 0.95 분위수
qf(0.05, 11, 15, lower.tail=FALSE)
[1] 2.506806
qf(0.95, 11, 15)
[1] 2.506806
# 표본분산의 비율이 2배 이상 차이 날 확률 = P(F<0.5)+P(F>2)
pf(0.5, 11, 15) + 1-pf(2, 11, 15)
[1] 0.2307009
```

9.5 중심극한정리

모집단의 분포가 정규분포와 유사할 수는 있지만, 완벽하게 정규분포를 따르는 경우는 거의 없을 것이다. 그럼에도 정규분포를 가정하고 통계적 추론을 할 수 있는 이유는 중심극한정리가 성립하기 때문이다. 중심극한정리란 모집단으로부터 충분히 큰 개수의 확률표본을 추출하면, 이들의 합, 혹은 표본평균의 분포는 모집단의 분포와는 상관없이 근사적으로 정규분포를 따른다는 것이다. 이 정리를 이용하여 표본의 개수가 충분히 크다면, 모집단이 정규분포를 따르지 않더라도 표본평균의 확률계산에 표준정규분포를 사용할 수 있다.

정리 9-6 중심극한정리(central limit theorem)

기댓값이 μ이고 분산이 σ^2인 정규모집단의 확률표본을 $X_1, X_2, \cdots, X_n$이라 할 때, 표본의 크기 n이 충분히 크다면 확률표본의 합, 혹은 표본평균의 분포는 근사적으로 다음과 같이 정규분포를 따른다.

$$S_n = X_1 + X_2 + \cdots + X_n \overset{a}{\sim} N(n\mu, n\sigma^2) \qquad (9-9)$$

$$\overline{X} = \frac{1}{n}\sum_{i=1}^{n} X_i \overset{a}{\sim} N\left(\mu, \frac{\sigma^2}{n}\right) \qquad (9-10)$$

➡ 확률표본의 합 $S_n = n\overline{X}$ 이므로 식 (9-9)와 (9-10)은 결국 같은 식이다.
식 (9-9)와 (9-10)은 **표준화**하여 다음과 같이 나타낼 수도 있다.

$$\frac{S_n - n\mu}{\sqrt{n}\,\sigma} = \frac{\overline{X} - \mu}{\sigma/\sqrt{n}} \overset{a}{\sim} N(0,1) \qquad (9-11)$$

[정리 9-6]에서 표본의 크기가 충분히 큰 경우 중심극한정리를 사용할 수 있다고 하였다. 그렇다면 충분한 표본의 크기는 어느 정도일까? 이 질문의 해답은 모집단의 분포의 형태에 좌우된다. [그림 9-7]에서 보듯이 모집단의 분포가 좌우 대칭에 가깝다면 표본이 많지 않더라도 정규분포 형태를 갖춘다. 그러나 모집단이 한쪽으로 크게 치우쳐져(skewed) 있다면 표본의 크기가 상당히 커야 한다. 심지어 분산이 존재하지 않는 분포의 경우에는 중심극한정리가 적용되지 않는다. 다수의 통계학 교재에서 표본의 크기가 30 이상이면 중심극한정리를 적용하는 데 큰 문제는 없다고 언급하고 있으나, 중심극한정리를 적용할 때는 모집단의 분포 형태에 유의할 필요가 있다.

예제 9-11 다음의 분포에 대해 중심극한정리를 적용하여 표준화 통계량의 히스토그램과 정규확률도를 작성하고, 수렴결과를 비교하시오. ($n=10, 30, 50; 10,000$ 회 반복)

① $t(3)$, ② $\text{Exp}(5)$, ③ $\Gamma(0.5, 10)$, ④ $Poi(1)$

| 풀이 |

```
# 표본크기 지정
nv = c(10, 30, 50)
# (1) t(3) 분포에 대해 함수 clt.plot() 실행 ⇒ [그림 9-7]
clt.plot("t", para=3, ns=nv, d=rep(0.4, 3))
# 대칭 분포 유지, 표본크기가 클수록 정규분포에 가까워짐
# (2) Exp(5) 분포에 대해 함수 clt.plot() 실행 (그래프 생략)
clt.plot("exp", para=5, ns=nv, d=rep(0.4, 3))
# 왼쪽으로 치우침, 표본크기가 클수록 히스토그램의 치우침이 줄어들고 정규분포에 가까워짐
# (3) Gam(0.5, 10) 분포에 대해 함수 clt.plot() 실행 (그래프 생략)
clt.plot("gam", para=0.5, para2=10, ns=nv, d=rep(0.4, 3))
# 심하게 왼쪽으로 치우침, 표본크기가 클수록 히스토그램의 치우침이 서서히 줄어듦
# (4) Poi(1) 분포에 대해 함수 clt.plot() 실행 (그래프 생략)
clt.plot("poi", para=1, ns=nv, d=c(0.7, 0.5, 0.4))
# 다소 왼쪽으로 치우치고 같은 값들이 많이 발생하며, 표본크기가 클수록 정규분포에 접근

# [참고] 중심극한정리 적용 진단 함수 clt.plot() 사용법
ch9.man(6)
```

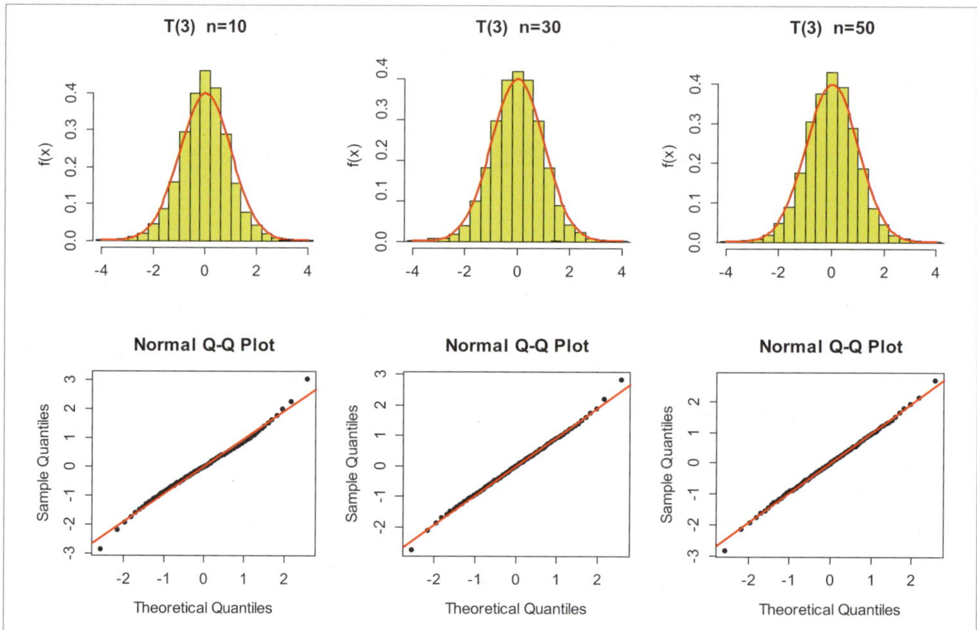

[그림 9-7] $t(3)$ 표본평균 표준화 통계량의 히스토그램과 정규확률도

| R-탐구 | *

```
# animation 패키지를 이용한 모의실험
library(animation)
# 시간간격 및 파라미터 설정
ani.options(interval = 0.1, nmax=50); win.graph(7,3)
par(mar = c(3, 3, 1, 1), mgp = c(1.5, 0.5, 0), tcl = -0.3)
# (1) t(3) 분포 ⇒ [그림 9-8]
set.seed(9857)
clt1 = clt.ani(FUN = function(n) rt(n, 3), mean = 0, sd = sqrt(3/1), mat=matrix(1:2,nc=2))
abline(lm(clt1$p.value ~ clt1$n), col=2)
# (2) Exp(5) 분포  (그래프 생략)
clt2 = clt.ani(FUN = function(n) rexp(n, 5), mean=1/5, sd=1/5, mat=matrix(1:2,nc=2))
abline(lm(clt2$p.value ~ clt2$n), col=2)
# (3) Gam(0.5,10) 분포 (그래프 생략)
clt3 = clt.ani(FUN = function(n) rgamma(n, 0.5, 1/10), mean = 5, sd = sqrt(50),
 mat=matrix(1:2,nc=2))
abline(lm(clt4$p.value ~ clt4$n), col=2)
# (4) Poi(1) 분포 (그래프 생략)
clt4 = clt.ani(FUN = function(n) rpois(n, 1), mean = 1, sd = 1, mat=matrix(1:2,nc=2))
abline(lm(clt8$p.value ~ clt8$n), col=2)
```

여기서 p-값은 귀무가설(주어진 확률표본은 정규분포를 따른다)을 기각했을 때 틀릴 확률이므로, p-값이 작을수록 정규분포와는 거리가 멀다. 따라서 p-값의 크기와 증가하는 기울기를 살펴보면, 분포별로 중심극한정리가 얼마나 빠르게 적용되는지 알 수 있다. 그러나 이 실험은 각 표본크기에서 한 번씩만 수행한 것이므로, 통계적 유의성은 크지 않다.

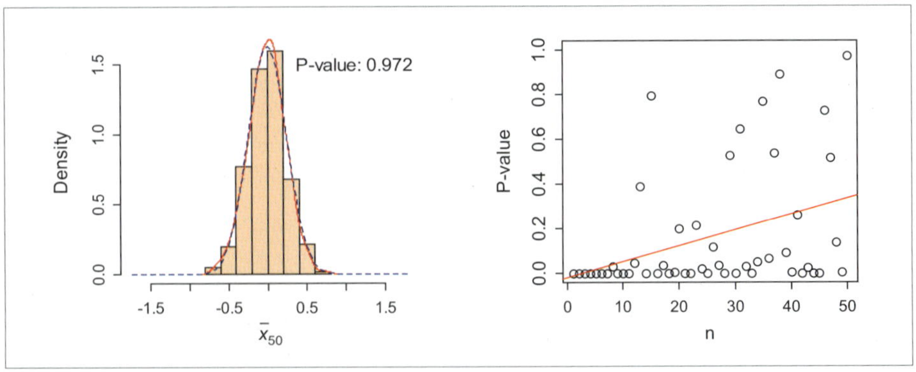

[그림 9-8] 분포 $t(3)$에 대한 중심극한정리 예시

예제 9-12 게임 기능사 자격시험 점수가 $B(100, 0.7)$을 따른다고 할 때, 랜덤하게 추출된 40명의 표본평균이 69점 이하일 확률을 근사적으로 계산하여 해석하시오.

| 풀이 |

$np=70$, $np(1-p)=21$ 이므로, $P(\overline{X}\le 69)\simeq P\left(Z\le \dfrac{69-70}{\sqrt{21/40}}\right)\doteq \Phi(-1.380)\doteq 0.084$

이 확률은 작으므로, 이 학생들은 성적이 좋지 않은 집단이라고 볼 수 있다.

```
pnorm(69, 70, sqrt(21/40))
[1] 0.08377314
```

예제 9-13 [예제 9-12]의 확률을 정확하게 구하시오.

| 풀이 |

40명의 점수의 합을 Y라 하면, $Y \sim B(4000, 0.7)$이므로 $P(Y\le 2{,}760)$을 구하면 된다.

```
pbinom(2760, 4000, 0.7)
[1] 0.08676363
# 앞에서 중심극한정리를 적용하여 구한 결과와 다소의 차이가 있음.
```

예제 9-14 어느 커피가게의 대기시간은 평균이 10분인 지수분포를 따른다고 한다. 랜덤하게 선택된 고객 40명의 평균 대기시간이 9분 이내일 확률을 근사적으로 구하시오.

| 풀이 |

중심극한정리를 적용하면 표본평균은 근사적으로 $\overline{X} \sim N(10, 100/40)$

```
pnorm(9, 10, sqrt(100/40))
[1] 0.2635446
```

예제 9-15* [예제 9-14]의 확률을 정확하게 구하시오.

| 풀이 |

대기시간의 합을 Y라 하면, $Y \sim \Gamma(40, 10)$이므로 $P(Y\le 360)$을 구하면 된다.

```
pgamma(360, 40, scale=10)
[1] 0.2736964
# 앞에서 중심극한정리를 적용하여 구한 결과와 다소의 차이가 있음.
```

9.6 정규모집단이 아닌 경우의 표본분포

모집단의 분포를 모르거나, 정규모집단이 아닌 경우에는 표본평균의 분포를 정확히 구할 수 없는 경우가 많지만, 표본의 크기가 충분히 큰 경우에는 9.5절의 중심극한정리를 사용하여 표본평균의 분포를 정규분포로 간주하고 통계적 추론을 하게 된다.

정리 9-7 표본평균의 분포(표본이 매우 큰 경우)

기댓값이 μ이고 분산이 σ^2인 모집단으로부터 추출된 확률표본을 $X_1, X_2, \cdots, X_n$이라 할 때, 표본의 크기 n이 충분히 크다면 다음과 같은 근사식을 적용할 수 있다.

$$\overline{X} \overset{a}{\sim} N\left(\mu, \frac{\sigma^2}{n}\right), \text{ 혹은 } \frac{\overline{X}-\mu}{\sigma/\sqrt{n}} \overset{a}{\sim} N(0,1) \qquad (9\text{-}12)$$

예제 9-16 주사위를 랜덤하게 40번 굴렸을 때 나온 눈의 평균이 3과 4 사이에 들어갈 확률을 근사적으로 구하시오.

| 풀이 |

주사위를 한 번 굴렸을 때 나오는 눈의 기댓값은 $\mu=(6+1)/2=3.5$, 분산은 $\sigma^2=(6+1)(6-1)/12=35/12$이므로 중심극한정리를 적용하면,

$$P(3<\overline{X}<4) \simeq P\left(\frac{3-3.5}{\sqrt{35/480}}<Z<\frac{4-3.5}{\sqrt{35/480}}\right) \doteq P(-1.8516<Z<1.8516) \doteq 0.9359$$

```
pnorm(4, 3.5, sqrt(35/480)) - pnorm(3, 3.5, sqrt(35/480))
[1] 0.9359225
```

따름정리 9-7 표본비율의 분포(표본이 큰 경우)

성공확률이 p인 n회의 시행에서 얻은 성공 횟수를 X라 할 때, 시행 횟수 n이 충분히 크면, [정리 9-6] 중심극한정리에 의해 다음과 같은 근사식이 성립한다.

$$\frac{X}{n} \overset{a}{\sim} N\left(p, \frac{p(1-p)}{n}\right), \text{ 혹은 } \frac{X/n-p}{\sqrt{p(1-p)/n}} = \frac{\overline{X}-np}{\sqrt{np(1-p)}} \overset{a}{\sim} N(0,1) \qquad (9\text{-}13)$$

➲ 이항분포의 정규근사에서 np와 $n(1-p)$의 값이 크면 클수록 정확도가 높아진다. 일반적으로는 $np>5$, $n(1-p)>5$인 경우 정규근사를 사용해도 문제가 없다고 알려져 있으나, 보다 정확도를 높이기 위해서 $np>10$, $n(1-p)>10$ 정도의 보수적인 기준을 적용하기도 한다.

예제 9-17 다음의 이항분포에서 구한 성공 횟수 표준화 통계량의 히스토그램과 정규확률도를 작성하고, 수렴결과를 비교하시오. ($n=10, 30, 50; 10,000$ 회 반복)

① $B(n, 0.5)$, ② $B(n, 0.3)$, ③ $B(n, 0.7)$, ④ $B(n, 0.1)$

| 풀이 |

```
# 각각 10, 30, 50개씩 샘플링
nv = c(10, 30, 50)
# (1) B(n, 0.5) 기댓값=0.5n, 분산=0.25n ⇒ [그림 9-9]
clt.plot("bin", para=0.5, ns=nv, d=c(0.6, 0.4, 0.3))
# 대칭 분포 유지, 표본크기가 클수록 히스토그램의 모양이 정규분포에
# 가까워지고, 정규확률도가 직선에 가까워지는 것을 알 수 있음.
# (2) B(n, 0.3) 기댓값=0.3n, 분산=0.21n (그래프 생략)
clt.plot("bin", para=0.3, ns=nv, d=c(0.7, 0.4, 0.3))
# 다소 왼쪽으로 치우치고 같은 값들이 발행함. 표본크기가 클수록 치우침이
# 줄어들고 정규확률도가 직선에 가까워지는 것을 알 수 있음.
# (3) B(n, 0.7) 기댓값=0.7n, 분산=0.21n (그래프 생략)
clt.plot("bin", para=0.7, ns=nv, d=c(0.7, 0.4, 0.3))
# 다소 오른쪽으로 치우치고 같은 값들이 발행함. 표본크기가 클수록 치우침이
# 줄어들고 정규확률도가 직선에 가까워지는 것을 알 수 있음.
# (4) B(n, 0.1) 기댓값=0.1n, 분산=0.09n (그래프 생략)
clt.plot("bin", para=0.1, ns=nv, d=c(1, 0.6, 0.5))
# 심하게 왼쪽으로 치우치고 같은 값들이 발행함. 표본크기가 클수록 치우침이
# 서서히 줄어들고 정규확률도가 직선에 가까워지는 것을 알 수 있음.
```

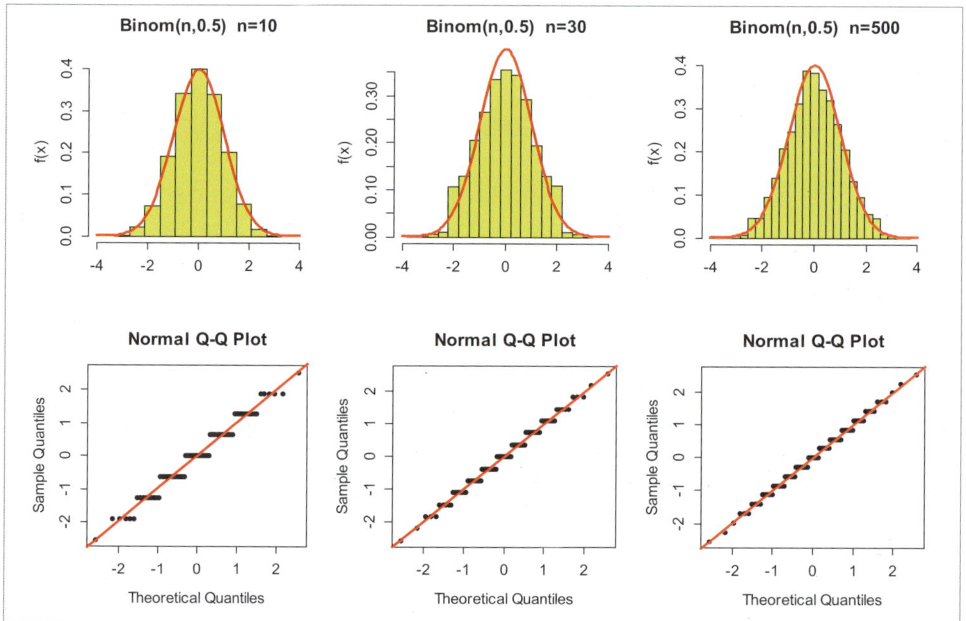

[그림 9-9] $B(n, 0.5)$ 에서 추출한 성공 횟수 표준화 통계량의 분포

예제 9-18 주사위를 랜덤하게 40번 굴렸을 때, 3이나 4가 나온 횟수가 10 이상 15 이하일 확률을 구하시오.

| 풀이 |

주사위를 한 번 굴렸을 때 3이나 4가 나올 확률은 1/3이므로, 40회 시행에서 3이나 4가 나오는 횟수를 X라 하면, X는 $B(40, 1/3)$을 따르므로 $P(10 \le X \le 15)$를 구하면 된다.

```
pbinom(15, 40, 1/3) - pbinom(9, 40, 1/3)
[1] 0.6722687
```

[따름정리 9-7]에 연속성 보정을 적용하여 근사적으로 계산하면,

$$P(10 \le X \le 15) \simeq P\left(\frac{9.5-40/3}{\sqrt{80/9}} < Z < \frac{15.5-40/3}{\sqrt{80/9}}\right) \doteq P(-1.2857 < Z < 0.7267) \doteq 0.6670$$

```
mu = 40/3; se = sqrt(80/9)
pnorm(15.5, mu, se) - pnorm(9.5, mu, se)
[1] 0.6670348
# 연속성 보정을 하지 않은 경우
pnorm(15, mu, se) - pnorm(10, mu, se)
[1] 0.5801487
```

모분산 σ^2을 모르는 경우에는 [정리 9-7]을 적용할 수 없지만, 표본의 크기가 충분히 큰 경우에는 표본분산 S^2로 모분산 σ^2을 대체하여 다음과 같이 통계적 추론을 하게 된다.

정리 9-8 **표본평균의 분포(모분산을 모르지만 표본이 매우 큰 경우)**

평균이 μ이고 분산이 σ^2인 모집단으로부터 추출된 확률표본을 $X_1, X_2, \cdots, X_n$이라 할 때, 표본의 크기 n이 충분히 크다면 근사적으로 $\frac{\overline{X}-\mu}{S/\sqrt{n}} \overset{a}{\sim} N(0, 1)$을 적용할 수 있다.

➲ [정리 9-8]에서는 두 번의 근사 과정이 적용되므로, 표본의 크기가 상당히 크지 않으면 오차가 발생할 수 있으니, 주의를 요함

연습문제

1 평균 μ, 표준편차 σ인 정규모집단에서 n개의 확률표본을 추출하여 구한 표본평균을 $\overline{X}$라 하자.

(1) $\sigma=4$, $n=16$일 때, $P(|\overline{X}-\mu|\le 1)$을 구하시오.

(2) $\sigma=4$, $n=25$일 때, $P(|\overline{X}-\mu|\le 1)$을 구하시오.

R1 $\sigma=4$일 때, 표본 크기 n이 1에서 100까지 증가함에 따라 $P(|\overline{X}-\mu|\le 1)$의 변화를 그래프로 작성하시오.

2 정규모집단 확률표본의 표본평균과 모평균과의 차이가 0.5σ 이내가 될 확률이 0.95 이상이 되려면 최소 몇 개의 표본이 필요한가?

3 어떤 회사에서 생산하는 초콜릿의 무게는 평균이 201g이고 표준편차가 2g인 정규분포를 따른다. 이 초콜릿 25개를 랜덤하게 추출하여 무게를 측정하였다.

(1) 표본평균이 200 이상일 확률을 구하시오.

(2) $P(\overline{X}\ge a)=0.95$인 상수 a를 구하시오.

(3) $P(\overline{X}\ge 200)=0.95$를 만족하려면, 초콜릿 무게의 모평균은 몇 g이 되어야 하겠는가?

R2 정규모집단 확률표본에 대하여 p를 x-축, n을 y-축으로 하여 다음의 그래프를 작성하시오. ($p=0.9, 0.991, \cdots, 0.999$)

(1) 표본평균과 모평균과의 차이가 0.5σ 이내가 될 확률이 p 이상 되기 위한 표본 수 n

(2) 표본평균과 모평균과의 차이가 0.75σ 이내가 될 확률이 p 이상 되기 위한 표본 수 n

(3) 표본평균과 모평균과의 차이가 1σ 이내가 될 확률이 p 이상 되기 위한 표본 수 n

4 분산이 $\sigma^2=4.5$인 정규모집단에서 20개의 확률표본을 구하였을 때, 편차들의 제곱합 $Y\equiv\sum_{i=1}^{20}(X_i-\overline{X})^2$에 대한 아래의 질문에 답하시오.

(1) $P(Y<a)=0.025$가 되는 a를 구하시오.

(2) $P(Y>b)=0.025$가 되는 b를 구하시오.

(3) 앞에서 구한 a, b값에 대해 $P(a\le Y\le b)$를 구하시오.

5 분산이 $\sigma^2=4.5$인 정규모집단에서 20개의 확률표본을 구하였을 때, 표본분산(S^2)에 대한 아래의 질문에 답하시오.

(1) $P(S^2<a)=0.025$가 되는 a를 구하시오.

(2) $P(S^2>b)=0.025$가 되는 b를 구하시오.

(3) 앞에서 구한 a, b값에 대해 $P(a\le S^2\le b)$를 구하시오.

(4) (3)의 결과를 문제 4의 (3)에서 구한 결과와 비교하시오.

6 정규모집단에서 25개의 확률표본을 추출하여 측정한 결과, 표본평균 150.5, 표본분산 6.25를 얻었다.

(1) 구간 $[a,\infty)$가 모평균을 포함할 확률이 0.95가 되는 a값을 구하시오.

(2) 구간 $(-\infty,b]$가 모평균을 포함할 확률이 0.95가 되는 b값을 구하시오.

(3) 표본평균과 모평균의 차이가 0.9 이내일 확률을 구하시오.

7 어떤 회사에서 생산하는 초콜릿의 무게는 정규분포를 따르는데, 평균 무게는 200g 이상이라고 주장한다. 이 초콜릿 25개를 랜덤하게 추출하여 무게를 측정한 결과, 표본평균 201g, 표본표준편차 2g으로 계산되었다. 이 회사의 주장이 맞을 확률을 구하시오.

8 모분산이 동일한 독립적인 두 정규모집단으로부터 각각 $n_1=5$, $n_2=10$인 확률표본을 추출하여 구한 표본분산을 S_1^2, S_2^2이라 하자.

(1) $P(S_1^2/S_2^2>a)=0.05$가 되는 a값을 구하시오.

(2) 표본분산의 비율 S_1^2/S_2^2이 2보다 클 확률을 구하시오.

9 모분산이 각각 $\sigma_1^2=3.5$, $\sigma_2^2=10.5$인 독립적인 두 정규모집단으로부터 각각 $n_1=16$, $n_2=25$인 확률표본을 추출하여 구한 표본분산을 S_1^2, S_2^2이라 하자.

(1) $P(S_1^2/S_2^2>a)=0.05$가 되는 a값을 구하시오.

(2) 표본분산의 비율 S_1^2/S_2^2이 1/2보다 클 확률을 구하시오.

10 언어영역의 전국 모의고사 점수가 $B(100, 0.8)$을 따를 때, 랜덤하게 추출된 100명의 점수를 구하였다.

(1) 100명 중 50명 이상이 80점 이상일 확률을 정규근사 방법으로 계산하시오.

(R) 100명 중 50명 이상이 80점 이상일 확률을 이항분포로 계산하여 앞의 결과와 비교하시오.

11* 어느 피자가게의 대기시간은 평균이 15(분), 분산이 75인 감마분포를 따른다고 한다.

(1) 랜덤하게 선택된 고객 100명 중 50명 이상의 대기시간이 15분 이상일 확률을 근사적으로 구하시오.

(R) 위의 확률을 정확하게 구하여 앞의 결과와 비교하시오.

12 주사위를 랜덤하게 400번 굴렸을 때, 5 이상 나온 횟수를 X라 하자.

(1) X가 120 이상 140 이하일 확률을 정규근사 방법으로 구하시오.

(R) 위의 확률을 정확하게 구하여 앞의 결과와 비교하시오.

R3 다음의 분포에 대해 중심극한정리([정리 9-7])를 적용한 표준화 통계량의 히스토그램과 정규확률도를 작성하고, 수렴결과를 비교하시오. ($n=10, 30, 50$; 10,000회 반복)

① $\chi^2(2)$ ② $\chi^2(20)$ ③ $F(1,1)$ ④ $F(1,10)$ ⑤ $F(10,10)$

R4 다음의 분포에 대해 [정리 9-8]을 적용한 표준화 통계량의 히스토그램과 정규확률도를 작성하고, 수렴결과를 비교하시오. ($n=10, 30, 50$; 10,000회 반복)

① $t(3)$ ② Exp(5) ③ $\Gamma(0.5, 10)$ ④ $Poi(5)$

R5 다음의 분포에 대해 [정리 9-8]을 적용한 표준화 통계량의 히스토그램과 정규확률도를 작성하고, 수렴결과를 비교하시오. ($n=10, 30, 50$; 10,000회 반복)

① $\chi^2(2)$ ② $\chi^2(20)$ ③ $F(1,1)$ ④ $F(1,10)$ ⑤ $F(10,10)$

CHAPTER 10

단일 모집단에 대한 추론

Rstat

contents

10 단일 모집단에 대한 추론

10장에서는 앞에서 학습한 확률표본의 분포 이론을 바탕으로 모집단의 평균, 분산, 비율 등에 대한 통계적 추론 방법을 학습한다. 또한 신뢰구간과 가설검정의 관계를 살펴보고, 신뢰구간의 의미와 가설검정에서의 검정력과 검사특성곡선의 개념을 설명한다. 먼저 10장에서 사용할 함수를 다음과 같이 정의한다.

```
# R 아이콘을 더블클릭하여 실행
# 패키지 'Rstat'을 불러옴
library(Rstat)

# 10장 함수 정의 (번역) (번호를 입력하면 해당 함수의 사용법 확인 가능)
ch10.man()
[1] pmean.ci            모평균에 대한 신뢰구간 (모분산을 아는 경우)
[2] meantest1.plot      모평균에 대한 검정(모분산을 아는 경우)
[3] pmean.ci2           모평균에 대한 신뢰구간 (모분산을 모르는 경우)
[4] meantest2.plot      모평균에 대한 검정 (모분산을 모르는 경우)
[5] prob.ci             단일 모집단 모비율에 대한 신뢰구간
[6] bntest.plot         정확한 이항 검정 결과 플롯 함수
[7] bntest2.plot        세 가지 방법의 이항 검정 결과 플롯 함수
[8] var1.ci             모분산에 대한 신뢰구간
[9] var1.test           모분산에 대한 검정
[10] chitest.plot       카이제곱 검정 결과 그래프 작성
[11] cimean.sim         모평균에 대한 신뢰구간 모의실험
[12] civar.sim          모분산에 대한 신뢰구간 모의실험
[13] ciprob.sim         모비율에 대한 신뢰구간 모의실험
[14] meanpower.plot     모평균에 대한 검정의 검정력 함수
[15] meanchar.plot      모평균에 대한 검정의 검사특성곡선
```

10.1 통계적 추론

모집단에 대한 의사결정을 내리기 위해 확률표본을 추출하고 이를 바탕으로 통계적 추론을 하게 된다. **통계적 추론**(inference)은 크게 추정과 검정으로 나눌 수 있는데, 10장에서는 하나의 모집단에 대한 추론, 11장에서는 두 모집단에 대한 추론 방법을 설명한다.

10.1.1 점추정

통계적 추정(estimation)이란 모집단으로부터 추출한 확률표본의 측정 데이터를 근거로 모집단의 모수(parameter, 모평균, 모비율, 모분산 등)를 추측하는 절차를 말한다. 모집단의 특성을 규명하는 모수는 다양하므로, 공통적으로 θ라고 나타내며, 미지의 모수 θ의 추정량을 $\hat{\theta}$으로 나타낸다.

통계적 추정은 크게 점추정과 구간추정으로 구분되는데, 점추정은 추정량을 통해 모수의 값을 추정하는 것이다. 9장에서 설명한데로 좋은 추정량의 첫 번째 조건은 **불편성**(unbiasedness), 즉 $E(\hat{\theta})=\theta$을 만족하는 것이다.

정의 10-1 점추정(point estimation)

추정량의 관측된 값을 통해 모수의 참값을 추정하는 절차

예제 10-1 평균이 μ인 모집단으로부터 n개의 표본을 추출하여 표본평균 $\overline{X}$를 구했을 때, $\overline{X}$는 μ의 불편추정량임을 보이시오.

| 풀이 |

$E(\overline{X})=\mu$임을 보이면 되므로, 식 (9-2)에서 보인 바와 같이,

$$E(\overline{X})=\frac{1}{n}E(X_1+X_2+\cdots+X_n)=\frac{1}{n}n\mu=\mu$$ ■

예제 10-2 모분산이 σ^2인 모집단으로부터 n개의 표본을 추출하였을 때, 표본분산 S^2이 모분산 σ^2의 불편추정량임을 보이시오.

| 풀이 |

[정리 9-4]로부터 $(n-1)S^2/\sigma^2$는 자유도 $n-1$인 카이제곱분포를 따른다. 카이제곱분포의 기댓값은 자유도와 같으므로, $E[(n-1)S^2/\sigma^2]=n-1$이 된다. 여기서 양변에 $\sigma^2/(n-1)$을 곱하면 $E(S^2)=\sigma^2$이 된다. ■

- 표본분산 S^2을 계산할 때, $\sum_{i=1}^{n}(X_i-\overline{X})^2$을 n으로 나누지 않고 $n-1$로 나누는 이유는 바로 불편추정량을 만들기 위함이다.

두 개의 추정량 $\hat{\theta}_1$과 $\hat{\theta}_2$가 모두 불편추정량일 때는 좋은 추정량의 두 번째 조건인 최소분산 기준을 사용함을 9장에서 설명하였다. 즉, 두 추정량 중 분산이 작은 추정량이 바람직한 추정량이 된다.

예제 10-3 **평균이 μ, 분산이 σ^2인 모집단으로부터 n개의 표본을 추출하여 표본평균 $\overline{X}$와 또 다른 추정량 $Y=(X_1+X_2)/2$를 구했을 때, 두 추정량의 불편성을 검토하고, 분산을 비교하시오.**

| 풀이 |

$E(\overline{X})=\mu$, $V(\overline{X})=\sigma^2/n$임은 이미 알고 있으므로, 추정량 Y에 대해서 기댓값과 분산을 계산한다.

$E(Y)=E\left(\frac{X_1+X_2}{2}\right)=\frac{2\mu}{2}=\mu$이므로 Y는 불편추정량이다. 다음으로

$V(Y)=V\left(\frac{X_1+X_2}{2}\right)=\frac{2\sigma^2}{4}=\frac{\sigma^2}{2}$이므로, $n\geq 3$이면 $V(\overline{X})<V(Y)$로서 표본평균 $\overline{X}$가 더 바람직한 추정량이 된다.

10.1.2 구간추정

추정량은 확률변수로서 모수의 참값과 정확히 일치하는 점추정 값이 나온다는 보장이 없기 때문에, 모수의 참값을 포함하는 구간을 결정하는 것이 의사결정에 더 도움이 될 것이다. 이를 **신뢰구간**(confidence interval)이라 하며, $\hat{\theta}_L<\theta<\hat{\theta}_U$의 형태로 표시한다. 그러나 신뢰구간 또한 확률변수로서, 모수의 참값을 항상 포함한다는 보장이 없다. 따라서 신뢰구간이 모수의 참값을 포함하지 못할 확률을 **유의수준**(significance level) α로 나타내고 이를 0.05와 같이 작은 값으로 지정한다. 유의수준 α가 정해지면 $P(\hat{\theta}_L<\theta<\hat{\theta}_U)=1-\alpha$를 만족하는 신뢰구간 $[\hat{\theta}_L, \hat{\theta}_U]$을 구한다. 여기서 $1-\alpha$를 **신뢰수준**(confidence level)이라 하며, 이러한 일련의 절차를 모수의 **구간추정**이라 한다.

정의 10-2 구간추정(interval estimation)

모수의 참값을 포함할 확률이 신뢰수준 $1-\alpha$가 되는 신뢰구간을 결정하는 절차

10.1.3 가설검정

사람은 창조적이기 때문에 항상 새로운 것을 만들거나 새로운 사실을 발견하는 일을 즐겨한다. 실험이나 관측을 통해 새로운 사실을 입증할만한 데이터를 모아놓고도, 새로운 사실을 입증하지 못한다면 매우 불행한 일일 것이다. 통계적 가설검정은 기존의 통념에 반하는 새로운 가설을 설정하고, 관측된 데이터를 바탕으로 가설의 진위여부를 판단하는 통계적 절차를 말한다.

통계적 가설검정에서는 두 개의 가설을 설정하는데, 기존의 통념을 나타내는 귀무가설과, 새로운 주장을 나타내는 대립가설로 구성된다. 일반적으로 귀무가설은 H_0 으로 표시하고 대립가설은 H_1 로 표시한다.

귀무가설(null hypothesis)은 기각할만한 명백한 사유가 입증되지 않는 한 채택되며, **대립가설**(alternative hypothesis)은 표본 데이터로부터 확실한 증거가 제시되어야 채택되는 가설이다. 가설검정의 결과는 귀무가설을 위주로 나타내는데, 귀무가설을 '채택(accept)'하거나 '기각(reject)'하거나 둘 중의 하나로 결론을 내린다. 귀무가설을 채택한다는 것은 귀무가설이 옳다는 뜻이 아니라 귀무가설을 기각할만한 충분한 증거가 없다는 의미이다. 이 경우에는 새로이 입증되는 사실이 없기 때문에 없던 일로 돌아간다는 소극적인 의미로서 '귀무(null)'라는 용어가 사용된 것이다. 반면에 귀무가설을 기각한다는 것은 새로운 주장, 즉 대립가설을 입증할 만한 충분한 증거가 있다는 적극적인 의미를 갖는다. 예컨대 박사과정 학생이 귀무가설을 채택한 결과만을 내놓는다면 졸업은 물 건너간 것이라고 볼 수 있다.

정의 10-3 통계적 가설검정(hypothesis testing)

기존의 통념(귀무가설)에 반하는 새로운 가설(대립가설)을 설정하고, 관측된 데이터를 바탕으로 귀무가설의 채택, 기각 여부를 결정하는 통계적 절차

통계적 가설검정은 모집단 전체가 아닌 일부의 표본 데이터에 근거하여 결론을 도출하기 때문에 옳지 않은 결론을 내릴 여지가 있다. 맞는 귀무가설을 기각하는 오류를 **제1종 오류**(type 1 error)라 하고, 틀린 귀무가설을 채택하는 오류를 **제2종 오류**(type 2 error)라 한다. 다시 말하면, 새로운 주장이 틀린데도 받아들이는 오류가 제1종 오류, 새로운 주장이 맞는데도 인정하지 않는 오류가 제2종 오류가 된다.

정의 10-4 제1종 오류(type 1 error)

귀무가설이 맞는데도 불구하고 이를 기각하는 오류

정의 10-5 제2종 오류(type 2 error)

대립가설이 맞는데도 불구하고 귀무가설을 채택하는 오류

통계학에서는 제1종 오류를 더 심각하게 받아들여, 가설검정에서 제1종 오류가 발생할 확률을 **유의수준**(significance level) α 이하로 유지하도록 검정 방법을 설계한다. 유의수준을 만족하면서 제2종 오류가 발생할 확률 β가 더 작은 가설검정 방법이 더 좋은 것으로 인정된다.

제1종 오류와 제2종 오류를 잘 구분하여 기억하려면 재판과정에 비유하는 것이 좋은 방법이다. 사람은 특별한 증거가 없는 한 무죄이므로 귀무가설=무죄, 확실한 증거가 나오면 유죄이므로 대립가설=유죄로 생각할 수 있다. 유죄인 사람(나쁜 사람)을 무죄로 선고하는 것도 심각한 오류지만, 무죄인 사람(선량한 사람)을 유죄로 선고하는 것이 보다 치명적인 오류이므로 제1종 오류가 된다. 가설검정과 재판과정에서 나올 수 있는 4가지 상황을 〈표 10-1〉과 같이 정리할 수 있다.

〈표 10-1〉 가설검정과 재판과정의 4가지 결과

검정 결과 \ 진실	귀무가설이 맞음 (죄가 없음)	대립가설이 맞음 (죄가 있음)
귀무가설 채택 (무죄 선고)	옳은 결정	제2종 오류
귀무가설 기각 (유죄 선고)	제1종 오류	옳은 결정

통계적 가설검정의 결과는 귀무가설 '채택' 혹은 '기각' 둘 중의 하나이므로, 이러한 결정을 구분하는 기준이 존재한다. 가설검정을 위해 사용되는 통계량을 **검정통계량**(test statistic)이라 하며, 귀무가설이 맞을 때 우리에게 익숙한 분포를 따르도록 만들어야 검정이 가능하다. 귀무가설을 기각하는 검정통계량의 영역을 **기각역**(rejection area)이라 하고, 기각역의 경계치를 **임계점**(critical point), 혹은 **기각치**(critical value)라 한다. 따라서 검정통계량이 임계점을 넘어 기각역에 위치하면 귀무가설을 기각하고, 그렇지 않으면 귀무가설을 채택한다.

이상 설명한 통계적 가설검정 절차를 요약하면 다음과 같다.

① 귀무가설 설정 $H_0 : \theta=\theta_0$

② 대립가설 설정 $H_1 : \theta<\theta_0$ 또는 $\theta>\theta_0$ 또는 $\theta\neq\theta_0$

③ 유의수준 α 설정

④ 검정통계량과 기각역 설정

⑤ 관측된 표본 데이터로부터 검정통계량의 관측치 계산

⑥ 귀무가설(H_0) 채택 또는 기각 결정

10.2 모평균에 대한 추론

10.2.1 모분산을 아는 경우의 추정

모평균 μ의 점추정량으로는 불편성과 최소분산을 만족하는 추정량 $\overline{X}$를 사용하는 것이 보편적이다. 모집단이 정규분포를 따른다면 표준화된 통계량 $Z=\dfrac{\overline{X}-\mu}{\sigma/\sqrt{n}}$는 표준정규분포를 따르고, 모집단이 정규분포를 따르지 않는다 해도 표본의 크기가 충분히 크면 중심극한정리에 의해 근사적으로 표준정규분포를 따른다. 따라서 표준정규분포에서 $\Phi(z_p)\equiv P(Z\leq z_p)=p$를 만족하는 값을 z_p라 하면, $P(z_{\alpha/2}\equiv -z_{1-\alpha/2}<Z<z_{1-\alpha/2})=1-\alpha$가 된다. 이상을 종합하여 다음과 같이 신뢰수준 $1-\alpha$인 신뢰구간을 유도할 수 있다.

정리 10-1 모평균의 신뢰구간(모분산을 아는 경우)

정규 모집단의 모평균 μ에 대한 신뢰수준 $1-\alpha$ 신뢰구간(confidence interval)은 다음과 같다. 이를 $100(1-\alpha)\%$ 신뢰구간이라고도 한다.

$$\left[\overline{X}-z_{1-\alpha/2}\frac{\sigma}{\sqrt{n}},\ \overline{X}+z_{1-\alpha/2}\frac{\sigma}{\sqrt{n}}\right]=\left[\overline{X}\pm z_{1-\alpha/2}\frac{\sigma}{\sqrt{n}}\right] \tag{10-1}$$

➲ 분위수의 정의로부터 표준정규 확률변수가 $z_{\alpha/2}\equiv -z_{1-2/\alpha}$와 $z_{1-\alpha/2}$ 사이에 들어갈 확률은 $1-\alpha$이므로 다음 식을 얻는다.

$$1-\alpha=P(-z_{1-\alpha/2}<Z<z_{1-\alpha/2})=P\left(-z_{1-\alpha/2}<\frac{\overline{X}-\mu}{\sigma/\sqrt{n}}<z_{1-\alpha/2}\right)$$

위 식의 오른쪽 항을 모평균 μ를 중심으로 정리하면 식 (10-1)의 신뢰구간을 얻는다.

예제 10-4 초콜릿 한 개의 무게는 모표준편차 5(g)인 정규분포를 따른다고 한다. 랜덤하게 추출한 초콜릿 50개 무게의 표본평균이 199.5(g)였을 때, 모평균에 대한 95% 신뢰구간을 구하시오.

| 풀이 |

모평균 μ의 점추정 값은 199.5이고 $z_{0.975} \doteq 1.96$이므로 95% 신뢰구간은 아래와 같이 계산된다.

$$\left[199.5 \pm 1.96 \times \frac{5}{\sqrt{50}}\right] \doteq [199.5 \pm 1.386] = [198.114, 200.886]$$

```
# 함수 pmean.ci() 실행
pmean.ci(xb=199.5, sig=5, n=50)
[199.5 ± 1.96×5/√50] = [199.5 ± 1.3859] = [198.1141, 200.8859]
pmean.ci(xb=199.5, sig=5, n=50, dig=3)
[199.5 ± 1.96×5/√50] = [199.5 ± 1.386] = [198.114, 200.886]

# [참고] 모평균에 대한 신뢰구간 (모분산을 아는 경우) 함수 pmean.ci() 사용법
ch10.man(1)
```

식 (10-1)에서 $z_{1-\alpha/2}\frac{\sigma}{\sqrt{n}}$ 을 **신뢰구간의 오차**(error)라 하는데, 오차를 일정수준 δ 이하로 유지하는데 필요한 표본의 개수를 $z_{1-\alpha/2}\frac{\sigma}{\sqrt{n}} \le \delta$ 로부터 다음과 같이 구할 수 있다.

$$n \ge \left(z_{1-\alpha/2}\frac{\sigma}{\delta}\right)^2 \qquad (10-2)$$

따라서 유의수준 α가 작을수록, 표준편차 σ가 클수록, 혹은 오차한계 δ가 작을수록 더 많은 수의 표본이 필요하게 된다.

예제 10-5 앞의 [예제 10-4]에서 95% 신뢰수준에서 신뢰구간의 오차를 각각 1, 2, 3 이하로 유지하기 위한 표본의 크기를 구하시오.

| 풀이 |

$n \ge (1.96 \times 5/\delta)^2 \doteq 96.04,\ 24.01,\ 10.67$ 이므로 각각 97, 25, 11개 이상의 표본이 필요하다.

```
# 함수 정의 및 실행
spn = function(del, sig, alp) ceiling((qnorm(1-alp/2)*sig/del)^2)
spn(1:3, 5, 0.05)
[1] 97 25 11
```

10.2.2 모분산을 아는 경우의 검정

오랜 경험을 통하여 모분산 σ^2을 알고 있는 경우, 모집단의 평균 μ에 대한 가설검정 절차를 살펴본다. 기존에 인정되던 모평균 값을 μ_0라 하면, 귀무가설은 $H_0: \mu=\mu_0$로 설정되며, 이에 대한 대립가설은 다음과 같이 세 가지가 가능하다.

① 모평균이 커졌다는 주장 $\Rightarrow$ $H_1: \mu>\mu_0$

② 모평균이 작아졌다는 주장 $\Rightarrow$ $H_1: \mu<\mu_0$

③ 모평균이 달라졌다는 주장 $\Rightarrow$ $H_1: \mu\neq\mu_0$

검정통계량은 귀무가설 $H_0: \mu=\mu_0$에서 표본평균 $\overline{X}$를 표준화하여 다음과 같이 구한다.

$$Z_0 \equiv \frac{\overline{X}-\mu_0}{\sigma/\sqrt{n}} \sim N(0,1) \,\Big|\, H_0 \qquad (10-3)$$

식 (10-3)의 의미는 귀무가설 H_0이 옳다는 전제($\mu=\mu_0$) 하에서 표준정규분포를 따른다는 뜻이다. 만약 귀무가설 H_0이 옳지 않다면, 검정통계량 Z_0은 표준정규분포를 따른다고 보기 어려울 정도로 특이한 값이 나올 것이다.

다음은 제1종 오류가 발생할 확률이 유의수준 α 이하가 되도록 기각역을 정해보자.

대립가설 $H_1: \mu>\mu_0$일 때, 표본평균 $\overline{X}$가 클수록 대립가설이 옳다는 증거가 되므로, 기각역은 $Z_0>c$ 형태가 된다. 기각치 c는 제1종 오류 확률 $P(H_0 \text{ 기각} \mid H_0)=P(Z_0>c \mid H_0)=\alpha$를 만족해야 하므로 $c=z_{1-\alpha}$가 된다.

대립가설 $H_1: \mu<\mu_0$일 때, 표본평균 $\overline{X}$가 작을수록 대립가설이 옳다는 증거가 되므로, 기각역은 $Z_0<c$ 형태가 된다. 기각치 c는 $P(H_0 \text{ 기각} \mid H_0)=P(Z_0<c \mid H_0)=\alpha$를 만족해야 하므로 $c=z_\alpha=-z_{1-\alpha}$가 된다.

대립가설 $H_1: \mu\neq\mu_0$일 때, 표본평균 $\overline{X}$가 크거나 작을수록 대립가설이 옳다는 증거가 되므로, 기각역은 $|Z_0|>c$ 형태가 된다. $P(H_0 \text{ 기각} \mid H_0)=P(|Z_0|>c \mid H_0)=\alpha$를 만족해야 하므로 $c=z_{1-\alpha/2}$가 된다. 이상을 정리하면 다음과 같다.

정리 10-2 모평균의 검정(모분산을 아는 경우)

귀무가설 $H_0: \mu=\mu_0$, 검정통계량 : $Z_0 \equiv \dfrac{\overline{X}-\mu_0}{\sigma/\sqrt{n}}$

① $H_1: \mu>\mu_0 \Rightarrow$ 기각역: $Z_0>z_{1-\alpha}$

② $H_1: \mu<\mu_0 \Rightarrow$ 기각역: $Z_0<z_\alpha=-z_{1-\alpha}$

③ $H_1: \mu\neq\mu_0 \Rightarrow$ 기각역: $|Z_0|>z_{1-\alpha/2}$

예제 10-6 A사 K모델 자동차의 연비는 평균 12.5(km/l), 표준편차 0.5(km/l)로 알려져 있는데, 새로 개발된 엔진을 장착한 40대의 자동차 연비를 측정한 결과 표본평균이 12.64(km/l)로 계산되었다. 연비가 개선되었는지 유의수준 5%에서 검정하시오.

| 풀이 |

$H_0 : \mu = 12.5$, $H_1 : \mu > 12.5$ 이며, 유의수준 $\alpha = 0.05$ 이므로 기각역은 $Z_0 > z_{0.95} \doteq 1.645$

검정통계량은 $Z_0 = \frac{12.64 - 12.5}{0.5/\sqrt{40}} \doteq 1.771$ 로서 기각치 1.645보다 크므로 유의수준 5%에서 귀무가설(H_0)을 기각한다. 즉, 유의수준 5%에서 연비가 개선되었다는 증거가 있다.

```
# 함수 meantest1.plot() 실행 ⇒ [그림 10-1]
meantest1.plot(xb=12.64, mu0=12.5, sig=0.5, n=40, side="up")
Z0 = (12.64 - 12.5) / (0.5/√40) = 1.7709
P-v = P(Z > Z0) = 0.0383
# ⇒ 검정통계량의 관측치 1.7710이 기각치 1.645보다 크므로 귀무가설 기각
# ⇒ 또는, p-값이 유의수준 0.05보다 작으므로 귀무가설 기각

# [참고] 모평균에 대한 검정(모분산을 아는 경우) 함수 meantest1.plot() 사용법
ch10.man(2)
```

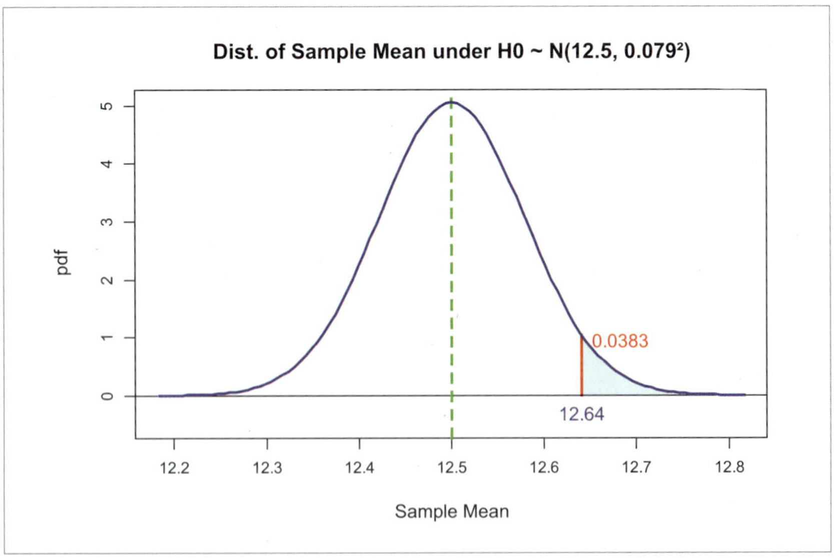

[그림 10-1] 귀무가설 하에서 표본평균의 분포와 p-값(단측검정)

예제 10-7 초콜릿 한 개의 무게는 평균 200(g), 표준편차 1.8(g)인 정규분포를 따른다고 한다. 최근에 생산된 초콜릿 50개 무게의 표본평균이 199.5(g)였을 때, 평균 무게가 변하였는지 유의수준 5%에서 검정하시오.

| 풀이 |

귀무가설 $H_0 : \mu = 200$, 대립가설 $H_1 : \mu \neq 200$ 이며, 유의수준 $\alpha = 0.05$ 이므로

기각역은 $|Z_0| > z_{0.975} \doteq 1.96$

검정통계량은 $|Z_0| = \dfrac{|199.5 - 200|}{1.8/\sqrt{50}} \doteq 1.964 > 1.96$ 이므로 유의수준 5%에서 귀무가설(H_0)을 기각한다. 즉, 유의수준 5%에서 평균 무게가 변하였다는 증거가 있다.

```
# 모분산을 아는 경우 모평균에 대한 검정(양측) 함수 실행 ⇒ [그림 10-2]
meantest1.plot(xb=199.5, mu0=200, sig=1.8, n=50, side="two")
Z0 = (199.5 - 200) / (1.8/√50) = -1.9642
P-v = 2×P(Z > |Z0|) = 0.0495
# ⇒ 검정통계량의 관측치 1.9642가 기각치 1.96보다 크므로 귀무가설 기각
# ⇒ 또는, p-값이 0.05보다 작으므로 귀무가설 기각

# [참고] 함수 pmean.ci() 사용 ⇒ 모평균에 대한 95% 신뢰구간
pmean.ci(xb=199.5, sig=1.8, n=50, alp=0.05, dig=3)
[199.5 ± 1.96×1.8/√50] = [199.5 ± 0.499] = [199.001, 199.999]
# ⇒ 신뢰구간이 200을 포함하지 않으므로 귀무가설 기각
```

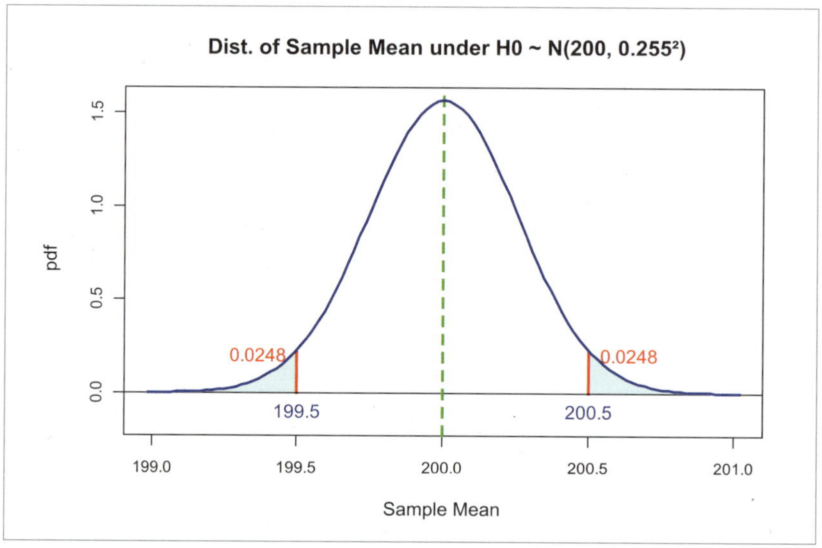

[그림 10-2] 귀무가설 하에서 표본평균의 분포와 p-값(양측검정)

10.2.3 모분산을 모르는 경우의 추정

모분산을 모르지만 모집단이 정규분포를 따르거나 중심극한정리를 적용할 수 있는 경우, t-분포를 이용하여 신뢰구간을 구할 수 있다. [정리 9-2]에 의해 $T=\dfrac{\overline{X}-\mu}{S/\sqrt{n}}\sim t(n-1)$ 이므로, 아래의 식을 μ를 중심으로 정리하면 식 (10-4)를 얻는다.

$$P\left(-t_{1-\alpha/2;(n-1)}<\frac{\overline{X}-\mu}{S/\sqrt{n}}<t_{1-\alpha/2;(n-1)}\right)=1-\alpha$$

정리 10-3 모평균의 신뢰구간(모분산을 모르는 경우)

모분산을 모르는 경우, 모평균 μ에 대한 $100(1-\alpha)\%$ 신뢰구간은 다음과 같다.

$$\left[\overline{X}-t_{1-\alpha/2;(n-1)}\frac{S}{\sqrt{n}},\ \overline{X}+t_{1-\alpha/2;(n-1)}\frac{S}{\sqrt{n}}\right]=\left[\overline{X}\pm t_{1-\alpha/2;(n-1)}\frac{S}{\sqrt{n}}\right] \qquad (10-4)$$

예제 10-8 초콜릿 한 개의 무게는 정규분포를 따른다고 한다. 랜덤하게 추출한 초콜릿 16개 무게의 표본평균이 199.5(g), 표본분산이 25.0이었을 때, 모평균에 대한 95% 신뢰구간을 구하시오.

| 풀이 |

$\overline{X}=199.5$, $S=5.0$이고, $t_{0.975;15}\doteq 2.131$이므로 모평균 μ의 95% 신뢰구간은

$\left[199.5\pm 2.131\times\dfrac{5.0}{\sqrt{16}}\right]\doteq[199.5\pm 2.664]=[196.836,\ 202.164]$

```
# 함수 pmean.ci2() 실행
pmean.ci2(xb=199.5, sig=5, n=16, alp=0.05, dig=3)
[199.5 ± 2.131×5/√16] = [199.5 ± 2.664] = [196.836, 202.164]
# [참고] 모평균에 대한 신뢰구간 (모분산을 모르는 경우) 함수 pmean.ci2() 사용법
ch10.man(3)
```

예제 10-9 초콜릿 한 개의 무게는 정규분포를 따른다고 한다. 랜덤하게 추출한 초콜릿 50개 무게의 측정 데이터가 다음과 같을 때, 모평균에 대한 95% 신뢰구간을 구하시오.

194	200	207	199	206	191	195	197	210	202
206	198	196	213	196	196	200	198	188	202
203	203	204	198	204	201	204	199	197	197
209	194	197	203	202	198	197	201	194	193
195	201	194	198	195	201	196	199	204	198

| 풀이 |

$\sum_{i=1}^{50} x_i = 9,973, \ \sum_{i=1}^{50} x_i^2 = 1,990,407$ 로부터,

$\overline{X} = 9,973/50 = 199.46, \ S = \sqrt{(1,990,407 - 9,973^2/50)/(50-1)} \doteq 4.933$

$t_{0.975;\,49} \doteq 2.010$ 이므로 모평균 μ의 95% 신뢰구간은

$\left[199.46 \pm 2.010 \times \frac{4.933}{\sqrt{50}}\right] \doteq [199.46 \pm 1.402] = [198.058, 200.862]$

```
# 데이터 셋(exa10_9)을 불러옴
data(exa10_9); x = exa10_9
# 표본평균, 표준편차 계산
mean(x); sd(x)
[1] 199.46
[1] 4.933062
# 신뢰구간 함수 pmean.ci2() 실행 (데이터 직접 사용)
pmean.ci2(x, dig=3)
[199.46 ± 2.01×4.933/√50] = [199.46 ± 1.402] = [198.058, 200.862]

# [참고] 기본 함수 t.test() 사용 (데이터가 있는 경우 사용 가능)
t.test(x)$conf[1:2]
[1] 198.058 200.862
```

10.2.4 모분산을 모르는 경우의 검정

모분산을 모르는 경우에는 10.2.3절에서 설명한데로 표본분산을 구하여 모분산을 대체하여, 귀무가설 $H_0 : \mu = \mu_0$ 하에서 검정통계량과 가설검정 방법은 다음과 같다.

$$T_0 \equiv \frac{\overline{X} - \mu_0}{S/\sqrt{n}} \sim t(n-1) \,\Big|\, H_0 \qquad (10\text{–}5)$$

정리 10-4 모평균의 검정(모분산을 모르는 경우)

귀무가설 $H_0 : \mu = \mu_0$, 검정통계량 : $T_0 \equiv \frac{\overline{X} - \mu_0}{S/\sqrt{n}}$

① $H_1 : \mu > \mu_0 \Rightarrow$ 기각역: $T_0 > t_{1-\alpha;\,n-1}$

② $H_1 : \mu < \mu_0 \Rightarrow$ 기각역: $T_0 < t_{\alpha;\,n-1} = -t_{1-\alpha;\,n-1}$

③ $H_1 : \mu \neq \mu_0 \Rightarrow$ 기각역: $|T_0| > t_{1-\alpha/2;\,n-1}$

예제 10-10 A사 K모델 자동차의 연비는 평균 12.5(km/l)로 알려져 있는데, 새로 개발된 엔진을 장착한 40대의 자동차 연비를 측정한 결과 표본평균 12.65(km/l), 표본표준편차 0.57(km/l)로 계산되었다. 연비가 개선되었는지 유의수준 5%에서 검정하시오.

| 풀이 |

귀무가설 $H_0 : \mu = 12.5$, 대립가설 $H_1 : \mu > 12.5$이며, 유의수준 $\alpha = 0.05$이므로

기각역은 $T_0 > t_{0.95;39} \doteq 1.685$

검정통계량은 $T_0 = \dfrac{12.65 - 12.5}{0.57/\sqrt{40}} \doteq 1.664 < 1.685$이므로 유의수준 5%에서 귀무가설($H_0$)을 채택한다. 즉, 유의수준 5%에서 연비가 개선되었다는 증거가 불충분하다.

```
# 함수 meantest2.plot() 실행 ⇒ [그림 10-3]
meantest2.plot(xb=12.65, mu0=12.5, sig=0.57, n=40, side="up")
T0 = (12.65 - 12.5) / (0.57/√40) = 1.6644
P-v = P(T > T0) = 0.052
# ⇒ p-값이 0.05보다 크므로 귀무가설 채택

# [참고] 모평균에 대한 검정 (모분산을 모르는 경우) 함수 meantest2.plot() 사용법
ch10.man(4)
```

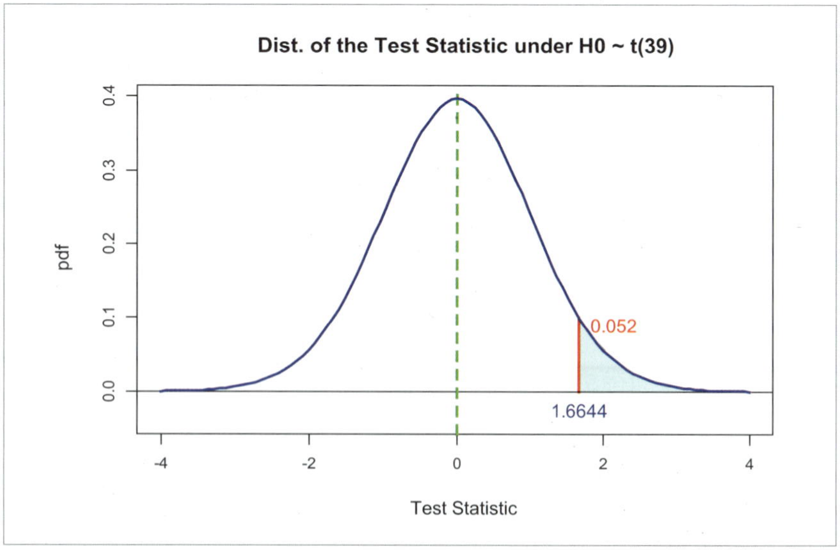

[그림 10-3] 귀무가설 하에서 검정통계량의 분포와 p-값(단측검정)

예제 10-11 초콜릿 한 개의 무게는 평균 200(g)인 정규분포를 따른다고 한다. 최근에 생산된 초콜릿 50개 무게의 표본평균이 199.5(g), 표본표준편차가 1.8(g)이었을 때, 평균 무게가 변하였는지 유의수준 5%에서 검정하시오.

| 풀이 |

귀무가설 $H_0 : \mu=200$, 대립가설 $H_1 : \mu\neq200$ 이며, 유의수준 $\alpha=0.05$ 이므로

기각역은 $|T_0|>t_{0.975;\,49}\doteq2.010$

검정통계량은 $|T_0|=\dfrac{|199.5-200|}{1.8/\sqrt{50}}\doteq1.964<2.010$ 이므로, 유의수준 5%에서 귀무가설(H_0)을 채택한다. 즉, 유의수준 5%에서 평균 무게가 변하였다는 증거가 불충분하다.

```
# 모분산을 모르는 경우 모평균에 대한 검정 ⇒ [그림 10-4]
meantest2.plot(xb=199.5, mu0=200, sig=1.8, n=50, side="two")
T0 = (199.5 - 200) / (1.8/√50) = -1.9642
P-v = 2×P(T > |T0|) = 0.0552
# ⇒ p-값이 0.05보다 크므로 귀무가설 채택
# 모평균에 대한 95% 신뢰구간 ⇒ 신뢰구간이 200을 포함하므로 귀무가설 채택
pmean.ci2(xb=199.5, sig=1.8, n=50)
[199.5 ± 2.0096×1.8/√50] = [199.5 ± 0.5116] = [198.9884, 200.0116]
```

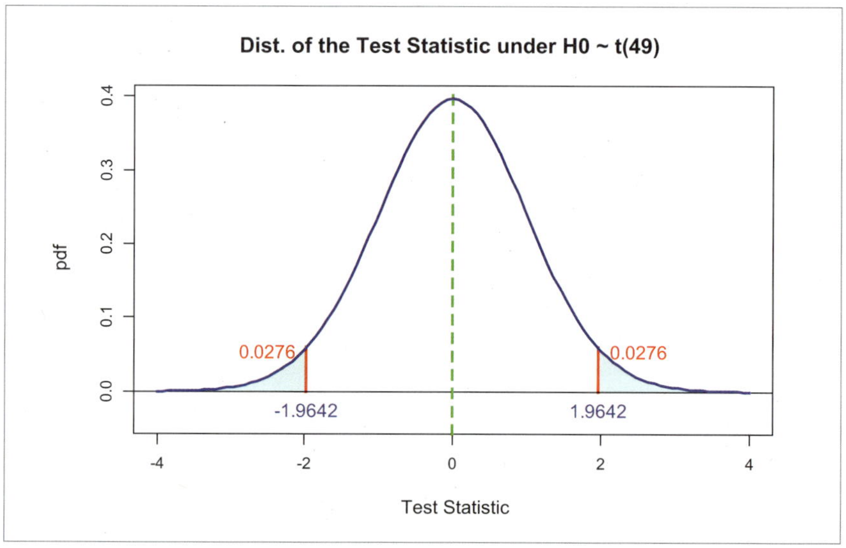

[그림 10-4] 귀무가설 하에서 검정통계량의 분포와 p-값(양측검정)

예제 10-12 랜덤하게 추출한 초콜릿 50개 무게의 측정 데이터가 [예제 10-9]와 같을 때, 모평균이 200과 다르다고 할 수 있는지 유의수준 5%에서 검정하시오.

| 풀이 |

$H_0 : \mu=200$, $H_1 : \mu \neq 200$, 유의수준 $\alpha=0.05$ 이므로 기각역은 $|T_0| > t_{0.975;\,49} \doteq 2.010$

$\overline{X}=199.46$, $S \doteq 4.933$ 으로부터 검정통계량은 $T_0 = \dfrac{199.46-200}{4.933/\sqrt{50}} \doteq -0.774$ 로서 $|T_0| \doteq 0.774 < 2.010$ 이므로 유의수준 5%에서 귀무가설(H_0)을 채택한다. 즉, 유의수준 5%에서 평균 무게가 변하였다는 충분한 증거가 없다.

```
# 데이터 입력 [예제 10-9]와 같음
x = exa10_9
# 기본 함수 t.test()를 이용하여 t-검정 ⇒ p-값이 0.05보다 크므로 귀무가설 채택
xo = t.test(x, mu=200); xo$stat[[1]]; xo$p.val
[1] -0.7740378
[1] 0.4426272
# 모평균에 대한 검정 함수 meantest2.plot() 실행 ⇒ [그림 10-5]
meantest2.plot(x, mu0=200, side="two")
T0 = (199.46 - 200) / (4.9331/√50) = -0.774
P-v = 2×P(T > |T0|) = 0.4426
# 신뢰구간 계산 ⇒ 신뢰구간이 200을 포함함 [예제 10-9] ⇒ 귀무가설 채택
xo$conf[1:2]
[1] 198.058 200.862
```

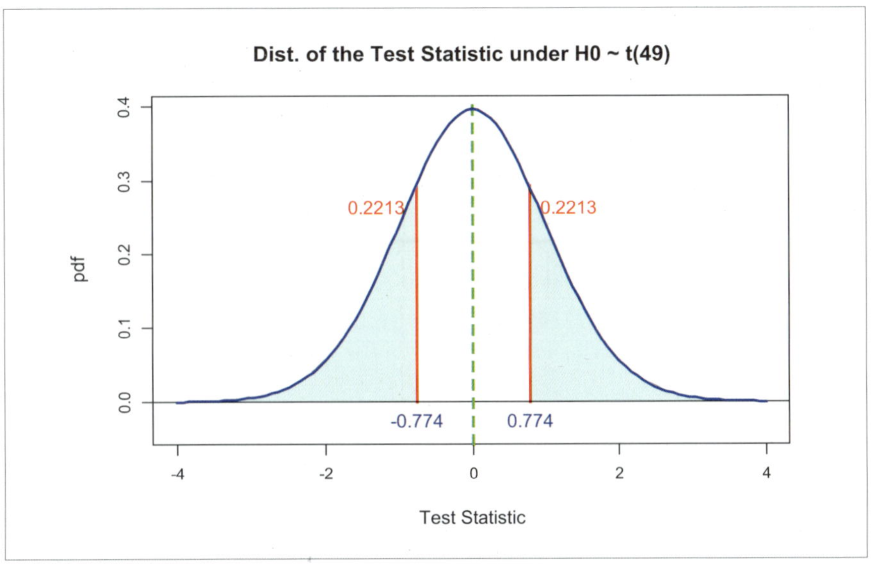

[그림 10-5] 귀무가설 하에서 검정통계량의 분포와 p-값(양측검정)

10.3 모비율에 대한 추론

프로세스의 불량률이나 유권자의 지지율 등 모집단의 비율에 대해 조사해야 하는 경우가 종종 발생하는데, 이런 경우 모비율에 대한 추정이 필요하다.

10.3.1 모비율의 추정

모비율을 성공확률 p라 간주하면, n개의 표본에서 나온 성공 횟수 X의 분포는 이항분포 $B(n, p)$를 따른다. X의 기댓값은 $E(X)=np$이므로, 모비율 p의 불편추정량 $\hat{p}=X/n$을 얻는다.

X의 분산은 $V(X)=np(1-p)$이므로 **중심극한정리**를 적용하면

$$\frac{X-np}{\sqrt{np(1-p)}}=\frac{\hat{p}-p}{\sqrt{p(1-p)/n}} \overset{a}{\sim} N(0,1) \qquad (10\text{-}6)$$

따라서 모비율 p에 대한 $100(1-\alpha)\%$ 근사 신뢰구간은 다음과 같다.

정리 10-5 모비율의 근사 신뢰구간(표본이 큰 경우)

표본크기 n이 클 때, 모비율 p에 대한 $100(1-\alpha)\%$ 근사 신뢰구간은

$$\left[\hat{p} \pm z_{1-\alpha/2}\sqrt{\frac{\hat{p}(1-\hat{p})}{n}}\right] \qquad (10\text{-}7)$$

- 식 (10-7)에서 표준오차는 $\sqrt{\frac{p(1-p)}{n}}$ 이어야 하지만, 모비율의 참값 p를 모르므로, 점추정치 $\hat{p}$을 대입한 것임

예제 10-13 어떤 프로세스에서 200개의 제품을 랜덤하게 추출하여 검사한 결과 15개의 불량품이 발견되었다. 프로세스 불량률에 대한 95% 신뢰구간을 구하시오.

| 풀이 |

불량률의 점추정치는 $\hat{p}=\frac{15}{200}=0.075$이고, $z_{0.975}\doteq1.96$이므로, 프로세스 불량률에 대한 95% 근사 신뢰구간은 다음과 같이 추정된다.

$$\left[0.075\pm1.96\times\sqrt{\frac{0.075\times0.925}{200}}\right]\doteq[0.075\pm0.037]=[0.038, 0.112]$$

```
# 함수 prob.ci() 실행
prob.ci(n=200, x=15)
[0.075 ± 1.96×√(0.075×0.925/200)] = [0.075 ± 0.0365] = [0.0385, 0.1115]
# 기본 함수 binom.test()를 이용한 정확한 신뢰구간 추정 (다소 차이를 보임)
binom.test(15, 200)$conf[1:2]
[1] 0.0425828 0.1206842

# [참고] 모비율의 정규근사 신뢰구간 함수 prob.ci() 사용법
ch10.man(5)
```

다음으로 신뢰구간 오차를 일정 수준 이하로 유지하기 위해 필요한 표본의 개수에 대해 알아보자. $100(1-\alpha)\%$ 확신 하에 오차를 δ 이하로 유지하려면 $z_{1-\alpha/2}\sqrt{\hat{p}(1-\hat{p})/n}\le\delta$로부터 $n\ge(z_{1-\alpha/2})^2\hat{p}(1-\hat{p})/\delta^2$을 얻는데, 이 식을 사용하려면 사전에 표본조사를 통해 $\hat{p}$을 알고 있어야 한다. 만약 모비율 p에 대한 정보가 없다면, $p(1-p)=-(p-1/2)^2+1/4$로부터 오차를 최대로 하는 $p^*=1/2$을 대입하여 가장 보수적으로 $n\ge(z_{1-\alpha/2})^2(1/2)^2/\delta^2$을 만족하는 표본의 개수를 구한다.

예제 10-14 어떤 프로세스의 불량률은 과거의 경험을 통하여 7.5%로 짐작되고 있다. 이때 95% 신뢰수준에서 모비율에 대한 신뢰구간의 오차가 0.02 이하가 되기 위해 필요한 표본의 크기를 구하시오.

| 풀이 |

$\hat{p}=0.075$이므로 $n\ge\dfrac{1.96^2\times0.075\times0.925}{0.02^2}\doteq666.3$, 즉 667개 이상의 표본이 필요하다.

- 모비율 p에 대한 정보가 전혀 없다면, $n\ge(1.96)^2(1/2)^2/0.02^2\doteq2400.9$, 즉 2401개의 표본이 필요하게 된다.

```
# 표본 개수를 구하는 함수 nsample() 정의 (오차한계, 유의수준, 비율추정치)
nsample = function(err, alp=0.05, ph=0.5) {
      n = qnorm(1-alp/2)^2 * ph*(1-ph) /err^2
      cat("n ≥", n, "⇒ n ≥", ceiling(n), "\n")}
# 함수 nsample() 실행
nsample(0.02, ph=15/200)
n ≥ 666.253 ⇒ n ≥ 667
nsample(0.02, ph=0.5)
n ≥ 2400.912 ⇒ n ≥ 2401
```

예제 10-15* 아래의 경우에 대해 모비율에 대한 신뢰구간의 오차한계를 유지하기 위해 필요한 표본크기의 그래프를 작성하시오.

(1) $\hat{p}=0.1, \alpha=0.05$ 일 때, 오차한계 $\delta=0.02 \sim 0.2$ 에서 변화

(2) $\hat{p}=0.1, \delta=0.02$ 일 때, 유의수준 $\alpha=0.01 \sim 0.1$ 에서 변화

(3) $\alpha=0.05, \delta=0.02$ 일 때, 모비율 $p=0.01 \sim 0.99$ 에서 변화

| 풀이 |

```
# 표본 개수를 구하는 함수 nsamp() 정의 (오차한계, 유의수준, 비율추정치)
nsamp = function(err, alp=0.05, ph=0.5) {
    n = ceiling(qnorm(1-alp/2)^2 * ph*(1-ph) /err^2)}
# 그래프 작성 ⇒ [그림 10-6]
win.graph(9,4)
par(mfrow=c(1,3))
# (1) 오차한계를 줄일수록 표본크기는 급격히 증가함
erv = (10:100)/500
plot(erv, nsamp(erv, 0.05, 0.1), type="l", lwd=3, col=2,
      main="오차한계에 따른 표본크기", xlab="오차한계", ylab="표본크기")
# (2) 유의수준을 작게 할수록 표본크기는 급격히 증가함
alpv = (10:100)/1000
plot(alpv, nsamp(0.02, alpv, 0.1), type="l", lwd=3, col=2,
      main="유의수준에 따른 표본크기", xlab="유의수준", ylab="표본크기")
# (3) 모비율이 0.5일 때, 표본크기는 최대가 됨
pv = (1:99)/100
plot(pv, nsamp(0.02, 0.05, pv), type="l", lwd=3, col=2,
      main="모비율에 따른 표본크기", xlab="모비율", ylab="표본크기")
abline(v=0.5, lty=2, col=4)
```

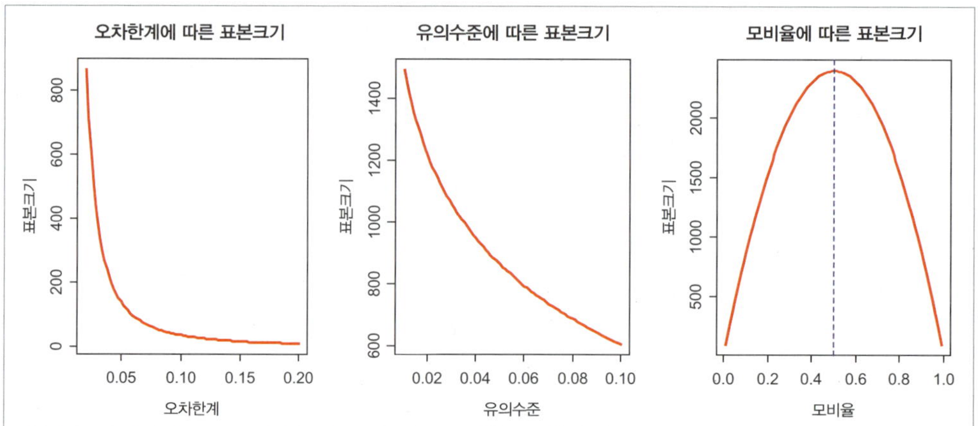

[그림 10-6] 모비율의 신뢰구간 추정에 필요한 표본크기 변화

10.3.2 모비율의 검정

프로세스의 불량률이나, 특정 후보에 대한 지지율 등 모비율에 대한 검정이 요구되는 경우도 자주 있다. 모비율을 p라 하면, 귀무가설은 $H_0 : p=p_0$로 설정되고, 대립가설은 $H_1 : p<p_0$, $H_1 : p>p_0$, $H_1 : p \neq p_0$ 중 하나가 된다.

(1) 표본이 크지 않은 경우

모집단으로부터 n개의 표본을 조사하여 얻은 성공 횟수를 X라 하면, 이를 검정통계량으로 사용할 수 있다. 귀무가설이 사실이면 X는 $B(n, p_0)$ 분포를 따르며, 귀무가설이 틀리다면 $B(n, p_0)$ 분포에서 나오기 힘든 X 값이 관측될 것이다. 관측된 검정통계량을 근거로 귀무가설을 기각했을 때 틀릴 확률을 p-값이라 하는데, 이는 제1종 오류의 확률이므로 유의수준 α 이하여야 한다. 즉, p-값이 유의수준 α 이하일 때, 귀무가설을 기각한다.

정의 10-6 p-값(p-value)

검정통계량의 현재 관측치를 근거로 귀무가설을 기각했을 때 틀릴 확률, 즉 귀무가설이 참인데도 우연히 검정통계량이 현재 관측치 이상(또는 이하)으로 벗어날 확률

표본이 크지 않은 경우, 모비율에 대한 검정 절차에서는 기각역을 정하는 대신, 검정통계량인 성공 횟수의 관측치에 대응하는 p-값을 계산하고 이를 유의수준 α와 비교하여 귀무가설의 채택, 기각 여부를 결정한다.

정리 10-6 모비율의 검정(표본이 크지 않은 경우)

$H_0 : p=p_0$, 성공 횟수의 관측치 : x

① $H_1 : p>p_0 \Rightarrow$ 기각역: $P(X \geq x \mid H_0) \leq \alpha$

② $H_1 : p<p_0 \Rightarrow$ 기각역: $P(X \leq x \mid H_0) \leq \alpha$

③ $H_1 : p \neq p_0 \Rightarrow$ 기각역: $\sum_y [f(y \mid H_0) : f(y \mid H_0) \leq f(x \mid H_0)] \leq \alpha$

➲ 양측 대립가설(③)의 경우, $f(x \mid H_0)$ 이하의 모든 확률을 더해서 p-값을 구한다.

예제 10-16 프로세스에서 10개의 제품을 검사한 결과 2개의 불량품이 발견되었다. 프로세스 불량률이 0.1보다 크다고 할 수 있는지 유의수준 10%에서 검정하시오.

| 풀이 |

$H_0: p=0.1$, $H_1: p>0.1$, 유의수준 $\alpha=0.1$, $X \sim B(10, 0.1)$이므로 p-값을 계산하면, $P(X \geq 2 \mid H_0)=1-P(X \leq 1 \mid H_0)=1-{}_{10}C_0(0.9)^{10}-{}_{10}C_1(0.1)(0.9)^9 \doteq 0.264$로서 유의수준 $\alpha=0.1$보다 크므로 귀무가설을 채택한다. 즉, 프로세스 불량률이 0.1보다 크다고 할 만한 충분한 증거가 없다.

- 만약 3개의 불량품이 발견되었다면, p-값은 $P(X \geq 3 \mid H_0)=1-P(X \leq 2 \mid H_0) \doteq 0.070$으로 계산되어 유의수준 $\alpha=0.1$보다 작으므로 귀무가설을 기각한다.

```
# 함수 bntest.plot() 실행 ⇒ [그림 10-7]
bntest.plot(x=2:4, n=10, p0=0.1, side="up", alp=0.1)
X = 2    P-v = P(X ≥ 2) = 0.2639        90%-CI = [0.0545, 1]
X = 3    P-v = P(X ≥ 3) = 0.0702        90%-CI = [0.1158, 1]
X = 4    P-v = P(X ≥ 4) = 0.0128        90%-CI = [0.1876, 1]
# X=2 ⇒ p-값이 유의수준 0.1보다 크므로 귀무가설 채택
# X=3 ⇒ p-값이 유의수준 0.1보다 작으므로 귀무가설 기각
# X=4 ⇒ 유의수준 0.05에서도 귀무가설 기각

# [참고] 정확한 이항 검정 결과 플롯 함수 bntest.plot() 사용법
ch10.man(6)
```

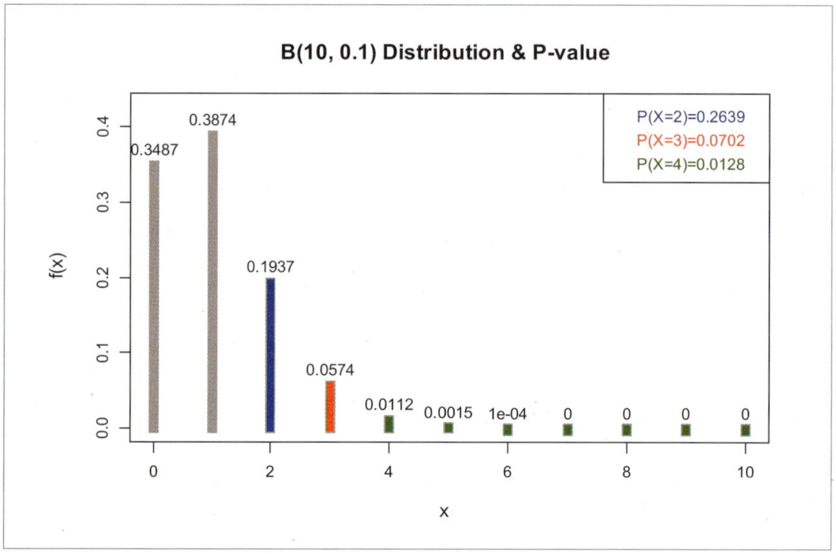

[그림 10-7] 이항확률 시행에서 p-값 예시

(2) 표본이 큰 경우

모비율 검정에서 표본의 크기가 크면 이항분포를 이용하여 p-값을 계산하기 어렵게 된다. 그러나 이항분포의 정규근사가 가능하므로 성공 횟수 X를 표준화하여 다음과 같은 검정 통계량을 사용할 수 있으며, 가설검정 방법을 요약하면 [정리 10-7]과 같다.

$$Z_0 \equiv \frac{X-np_0}{\sqrt{np_0(1-p_0)}} = \frac{X/n-p_0}{\sqrt{p_0(1-p_0)/n}} \overset{a}{\sim} N(0,1) \Big| H_0 \qquad (10\text{-}8)$$

정리 10-7 모비율의 검정(표본이 큰 경우)

$H_0 : p=p_0$, 검정통계량 : $Z_0 \equiv \dfrac{X-np_0}{\sqrt{np_0(1-p_0)}} = \dfrac{X/n-p_0}{\sqrt{p_0(1-p_0)/n}}$

① $H_1 : p > p_0 \Rightarrow$ 기각역: $Z_0 > z_{1-\alpha}$

② $H_1 : p < p_0 \Rightarrow$ 기각역: $Z_0 < z_\alpha = -z_{1-\alpha}$

③ $H_1 : p \neq p_0 \Rightarrow$ 기각역: $|Z_0| > z_{1-\alpha/2}$

예제 10-17 프로세스에서 200개의 제품을 랜덤 샘플링 하여 검사한 결과 15개의 불량품이 발견되었다. 프로세스 불량률이 0.1보다 작다고 할 수 있는지 유의수준 5%에서 검정하시오.

| 풀이 |

귀무가설 $H_0 : p=0.1$, 대립가설 $H_1 : p<0.1$, 유의수준 $\alpha=0.05$이므로 기각역은 $Z_0 < -1.645$가 된다. 검정통계량은 $Z_0 = \dfrac{15-20}{\sqrt{(200)(0.1)(0.9)}} \doteq -1.179$로서 $z_{0.05} \doteq -1.645$보다 크므로 귀무가설은 채택된다. 즉, 프로세스 불량률이 0.1보다 작다고 할 만한 충분한 증거가 없다.

```
# 함수 bntest2.plot() 실행 ⇒ [그림 10-8]
bntest2.plot(x=15, n=200, p0=0.1, alp=0.05, side="low")
Exact Binomial Test:      x/n = 0.075      P-v = P(X ≤ 15) = 0.1431
Normal approximation:      Z0 = -1.1785     P-v = P(Z < Z0) = 0.1193
Continuity correction:     Z0 = -1.0607     P-v = P(Z < Z0) = 0.1444
# p-값이 0.05보다 크므로 귀무가설 채택
# 연속성 보정을 한 경우의 p-값이 정확한 값에 더 가까움
# p=0.1로서 0.5와 다르므로 이항분포는 대칭이 아님 (다소 아래로 치우침)

# [참고] 세 가지 방법의 이항 검정 결과 플롯 함수 bntest2.plot() 사용법
ch10.man(7)
```

```
# [응용] 양측검정의 예 ⇒ [그림 10-9]
bntest2.plot(x=15, n=200, p0=0.1, alp=0.05, side="two")
Exact Binomial Test:      x/n = 0.075      P-v = Σ[f(y) ≤ f(15)] = 0.288
Normal approximation:      Z0 = -1.1785    P-v = 2×P(Z > |Z0|) = 0.2386
Continuity correction:    Z0 = -1.0607    P-v = 2×P(Z > |Z0|) = 0.2888
```

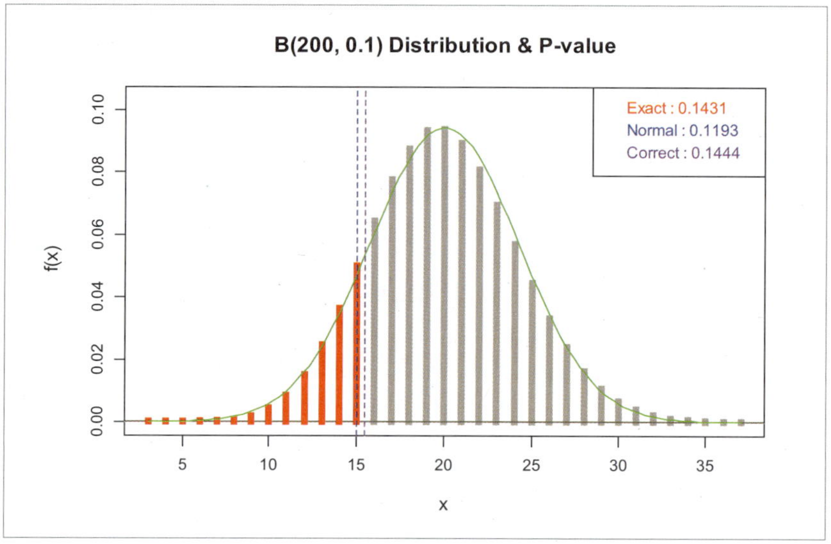

[그림 10-8] 이항확률 시행에서 정규근사, 연속성 보정 p-값(단측)

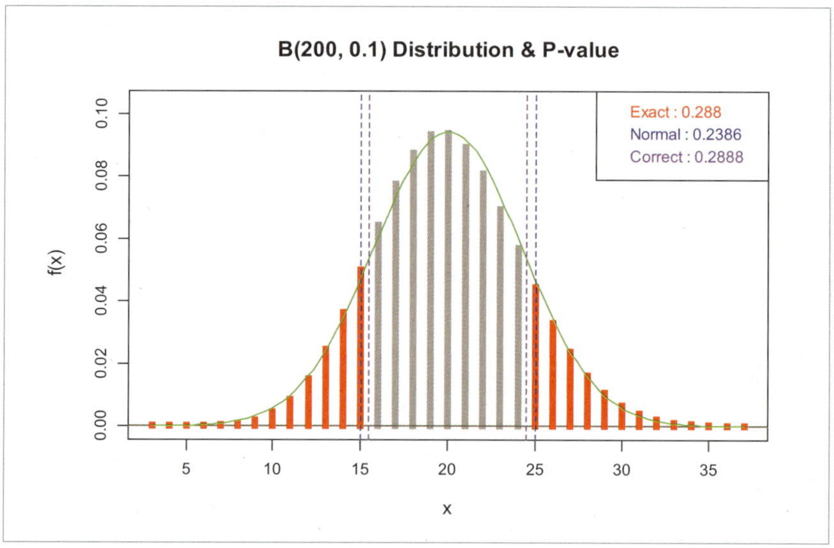

[그림 10-9] 이항확률 시행에서 정규근사, 연속성 보정 p-값(양측)

10.4 모분산에 대한 추론

모집단에 대한 연구에 있어서, 모평균의 변화뿐 아니라 산포의 변화 또한 매우 중요한 역할을 한다. 산포의 증가는 추정의 정밀도 및 검정의 민감도 저하와 직결되기 때문이다.

모분산이 σ^2인 정규모집단에서 n개의 표본을 추출하여 표본분산 S^2을 구하면, $(n-1)S^2/\sigma^2$은 자유도 $n-1$인 카이제곱분포를 따르며, $E(S^2)=\sigma^2$이 됨을 9장에서 설명하였다. 따라서 표본분산 S^2은 모분산 σ^2에 대한 불편추정량이며, 통계적 추론에는 카이제곱분포를 사용한다.

10.4.1 모분산의 추정

카이제곱분포의 분위수 $\chi^2_{p;\nu}$는 누적확률 $P(\chi^2_\nu \le \chi^2_{p;\nu})=p$를 만족하는 값으로 정의되며, 따라서 $P(\chi^2_{\alpha/2;\nu} \le \chi^2_\nu \le \chi^2_{1-\alpha/2;\nu})=1-\alpha$가 되므로,

$P\left(\chi^2_{\alpha/2;n-1} \le \dfrac{(n-1)S^2}{\sigma^2} \le \chi^2_{1-\alpha/2;n-1}\right)=1-\alpha$로부터 다음 정리를 얻는다.

정리 10-8 모분산의 신뢰구간

정규 모집단의 모분산 σ^2에 대한 $100(1-\alpha)\%$ 신뢰구간은

$$\left[\frac{(n-1)S^2}{\chi^2_{1-\alpha/2;n-1}},\ \frac{(n-1)S^2}{\chi^2_{\alpha/2;n-1}}\right] \qquad (10-9)$$

예제 10-18 품질특성치가 정규분포를 따르는 생산 프로세스에서 품질특성에 대한 분산을 추정하기 위하여 10개 제품을 랜덤하게 추출한 결과 다음의 데이터를 구하였다. 모분산의 95% 신뢰구간을 구하시오.

20.0	21.5	20.9	19.8	22.5	20.3	23.6	18.0	23.3	17.8

| 풀이 |

표본분산 $S^2=\dfrac{4350.13-207.7^2/10}{9}=\dfrac{36.201}{9}\doteq 4.022$, $\chi^2_{0.025;9}\doteq 2.700$, $\chi^2_{0.975;9}\doteq 19.023$이므로 모분산의 95% 신뢰구간은 다음과 같이 추정된다.

$\left[\dfrac{36.201}{19.023}, \dfrac{36.201}{2.700}\right]\doteq[1.903, 13.408]$

앞의 결과를 보면 신뢰구간의 폭이 너무 넓어서 다소 실망스러운데, 이는 표본 개수가 충분히 크지 않았기 때문이다.

```
# 데이터 입력
x = c(20.0, 21.5, 20.9, 19.8, 22.5, 20.3, 23.6, 18.0, 23.3, 17.8)
# 함수 var1.ci() 실행
var1.ci(x, dig=3)
95% CI = [36.201 / 19.023, 36.201 / 2.7] = [1.903, 13.406]

# [참고] 모분산에 대한 신뢰구간 계산 함수 var1.ci() 사용법
ch10.man(8)
```

10.4.2 모분산의 검정

모분산의 검정에서 귀무가설은 $H_0 : \sigma^2 = \sigma_0^2$로 정해지고, 대립가설은 $H_1 : \sigma^2 > \sigma_0^2$, $H_1 : \sigma^2 < \sigma_0^2$, $H_1 : \sigma^2 \neq \sigma_0^2$ 셋 중의 하나가 된다. 모집단이 정규분포를 따를 때 검정통계량은 다음과 같으며, 가설검정 방법을 요약하면 [정리 10-9]와 같다.

$$\chi_0^2 \equiv \frac{(n-1)S^2}{\sigma_0^2} = \frac{\sum_{i=1}^n (X_i - \overline{X})^2}{\sigma_0^2} \sim \chi^2(n-1) \,\Big|\, H_0 \qquad (10\text{-}10)$$

정리 10-9 모분산의 검정

귀무가설 $H_0 : \sigma^2 = \sigma_0^2$, 검정통계량 : $\chi_0^2 \equiv \frac{(n-1)S^2}{\sigma_0^2} = \frac{\sum_{i=1}^n (X_i - \overline{X})^2}{\sigma_0^2}$

① $H_1 : \sigma^2 > \sigma_0^2 \Rightarrow$ 기각역: $\chi_0^2 > \chi_{1-\alpha;\, n-1}^2$

② $H_1 : \sigma^2 < \sigma_0^2 \Rightarrow$ 기각역: $\chi_0^2 < \chi_{\alpha;\, n-1}^2$

③ $H_1 : \sigma^2 \neq \sigma_0^2 \Rightarrow$ 기각역: $\chi_0^2 > \chi_{1-\alpha/2;\, n-1}^2$, 혹은 $\chi_0^2 < \chi_{\alpha/2;\, n-1}^2$

예제 10-19 품질특성치가 분산이 0.8인 정규분포를 따르는 생산 프로세스에서 최근 품질에 문제가 있는지 알고자 25개 제품을 랜덤 추출하여 분석한 결과 표본의 분산이 1.24로 구해졌다. 모분산이 기존에 비해 커졌는지 유의수준 5%에서 검정하시오.

| 풀이 |

귀무가설 $H_0 : \sigma^2 = 0.8$, 대립가설 $H_1 : \sigma^2 > 0.8$, 유의수준 $\alpha = 0.05$이므로
기각역은 $\chi_0^2 > \chi_{0.95;\,24}^2 \doteq 36.415$이다. 검정통계량을 계산하면,
$\chi_0^2 = \dfrac{24 \times 1.24}{0.8} = 37.2 > 36.415$이므로 귀무가설을 기각한다. 즉, 유의수준 5%에서 최근 프로세스의 분산이 증가했다는 증거가 있다.

```
# 함수 var1.test() 실행
chi0 = var1.test(x=1.24, n=25, var0=0.8, side="up")
Chi0 = 24 × 1.24 / 0.8 = 37.2    P-v = 0.0418
95% CI = [29.76 / 39.3641, 29.76 / 12.4012] = [0.756, 2.3998]
# 함수 chitest.plot() 실행 ⇒ [그림 10-10]
chitest.plot(stat=chi0$stat, df=chi0$df, side="up")
Chi0 = 37.2      P-v = 0.0418

# [참고] 모분산에 대한 검정 함수 var1.test() 사용법
ch10.man(9)
# [참고] 카이제곱 검정 결과 그래프 작성 함수 chitest.plot() 사용법
ch10.man(10)
```

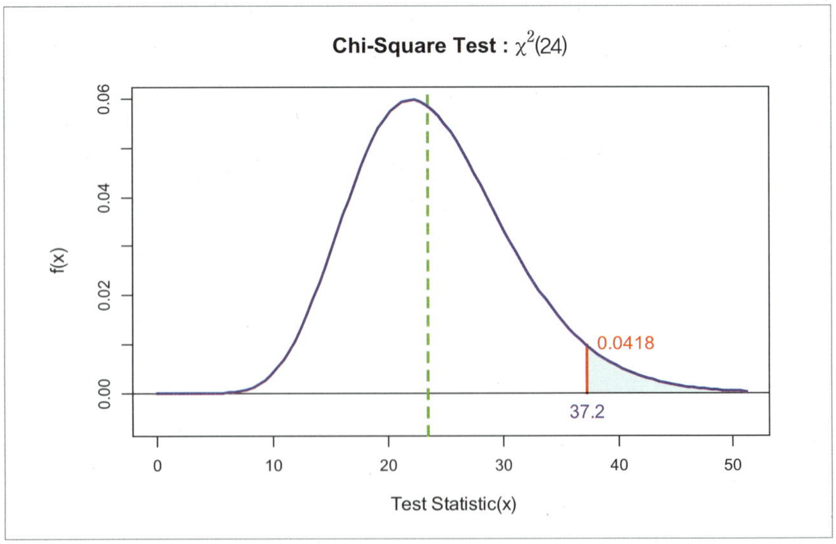

[그림 10-10] 모분산에 대한 검정통계량과 p-값 예시

예제 10-20 정규분포를 따르는 10개 제품의 품질특성을 측정하여 다음의 데이터를 구하였다. 모분산이 2와 다르다고 할 수 있는지 유의수준 5%에서 검정하시오.

20.0	21.5	20.9	19.8	22.5	20.3	23.6	18.0	23.3	17.8

| 풀이 |

$H_0: \sigma^2=2$, $H_1: \sigma^2 \neq 2$, 유의수준 $\alpha=0.05$ 이므로 기각역은 $\chi_0^2 > \chi^2_{0.975;\,9} \doteq 19.023$

$$S^2 = \frac{4350.13-207.7^2/10}{9} = \frac{36.201}{9} \doteq 4.022,\quad \chi_0^2 = \frac{36.201}{2} \doteq 18.101 < \chi^2_{0.975;\,9} \doteq 19.023$$

따라서 귀무가설 채택(유의수준 5%에서 모분산이 2와 다르다는 증거가 불충분)

```
# 데이터 입력 & 모분산 검정, var1.test() 함수
x = c(20.0, 21.5, 20.9, 19.8, 22.5, 20.3, 23.6, 18.0, 23.3, 17.8)
chi0 = var1.test(x=x, var0=2, side="two")
n = 10  Sxx = 36.201    Var(X) = 4.0223
Chi0 = 9 × 4.0223 / 2 = 18.1005         P-v = 0.0681
95% CI = [36.201 / 19.0228, 36.201 / 2.7004] = [1.903, 13.4058]
# 모분산에 대한 95% 양측 신뢰구간은 2를 포함하므로 모분산이 2와 다르다는 증거 불충분
# 그래프 검토 ⇒ [그림 10-11]
chitest.plot(stat=chi0$stat, df=chi0$df, side="two")
Chi0 = 18.1005    P-v = 0.0681
```

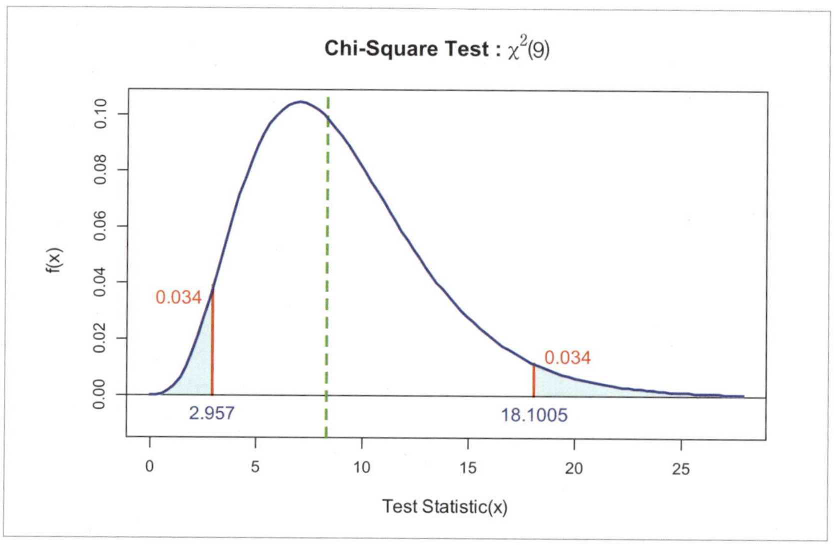

[그림 10-11] 모분산에 대한 검정통계량과 p-값(양측검정) 예시

10.5 신뢰구간의 이해

신뢰구간에 대한 오해는 다음의 (A)와 같은 표현에서 나타난다. 그러나 신뢰구간 $[L, U]$는 확률변수이므로 (B)와 같이 해석되어야 한다.

> (A) 모수 θ가 신뢰구간 $[a, b]$에 포함될 확률은 $100(1-\alpha)\%$이다.
> (B) 확률적인 신뢰구간 $[L, U]$가 모수 θ의 참값을 포함할 확률은 $100(1-\alpha)\%$인데, 그 신뢰구간 중 하나의 관측치가 $[a, b]$이다.

예제 10-21 평균 10, 분산 4인 정규모집단에서 크기 16의 확률표본을 추출하여 모평균에 대한 95% 신뢰구간을 구하는 과정을 100회 반복하여, 모평균 10을 포함하지 않는 신뢰구간이 몇 회 나타나는지 확인하시오.

| 풀이 |

```
# 모의실험 함수 cimean.sim() 실행 ⇒ [그림 10-12]
cimean.sim(n=16, mu=10, sig=2)
P(LCL > 10) = 4 / 100 = 0.04      P(UCL < 10) = 2 / 100 = 0.02
# 신뢰구간이 모평균을 포함하지 않는 확률이 6%로서 예상치 5%보다 다소 크게 나타남
cimean.sim(n=16, mu=10, sig=2, N=10000, plot=FALSE)
P(LCL > 10) = 264 / 10000 = 0.0264       P(UCL < 10) = 261 / 10000 = 0.0261
# 10,000회 반복 실행한 경우, 신뢰구간이 모평균을 포함하지 않는 확률이 5.25%로서 예상치 5%에 근접함
# [참고] 모평균에 대한 신뢰구간 모의실험 함수 cimean.sim() 사용법
ch10.man(11)
```

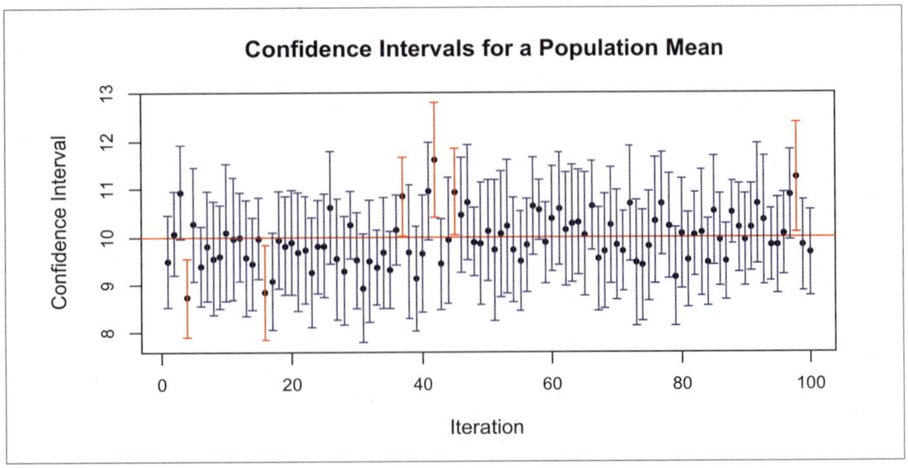

[그림 10-12] 모평균에 대한 신뢰구간 모의실험 예시

예제 10-22 평균 10, 분산 4인 정규모집단에서 크기 16의 확률표본을 추출하여 모분산에 대한 95% 신뢰구간을 구하는 과정을 100회 반복하여, 모분산 4를 포함하지 않는 신뢰구간이 몇 회 나타나는지 확인하시오.

| 풀이 |

```
# 모의실험 함수 civar.sim() 실행 ⇒ [그림 10-13]
civar.sim(n=16, mu=10, sig=2)
P(LCL > 4) = 1 / 100 = 0.01        P(UCL < 4) = 2 / 100 = 0.02
# 신뢰구간이 모분산을 포함하지 않는 확률이 3%로서 예상치 5%보다 다소 작게 나타남
civar.sim(n=16, mu=10, sig=2, N=10000, plot=FALSE)
P(LCL > 4) = 272 / 10000 = 0.0272        P(UCL < 4) = 242 / 10000 = 0.0242
# 10,000회 반복 시, 신뢰구간이 모분산을 포함하지 않는 확률이 5.14%로서 예상치 5%에 근접

# [참고] 모분산에 대한 신뢰구간 모의실험 함수 civar.sim() 사용법
ch10.man(12)
```

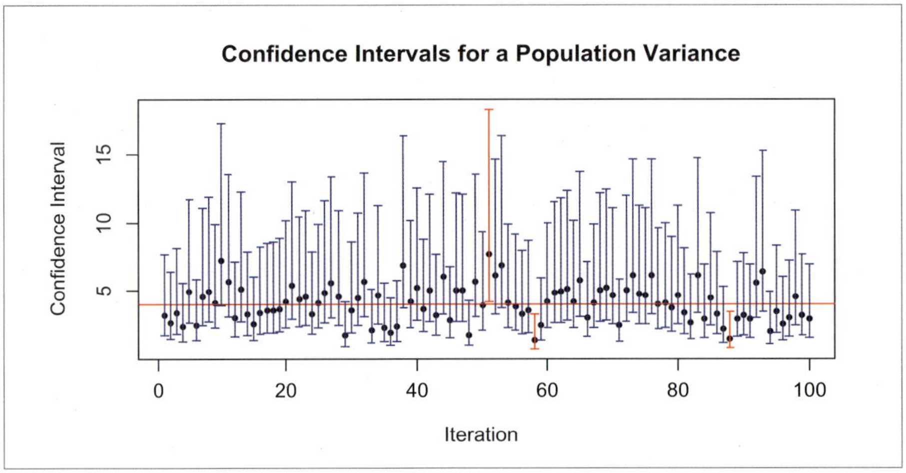

[그림 10-13] 모분산에 대한 신뢰구간 모의실험 예시

예제 10-23 모비율 0.6인 모집단에서 크기 16의 확률표본을 추출하여 모비율에 대한 95% 신뢰구간을 구하는 과정을 100회 반복하여, 모비율 0.6을 포함하지 않는 신뢰구간이 몇 회 나타나는지 확인하시오.

| 풀이 |

```
# 모의실험 함수 ciprob.sim() 실행 ⇒ [그림 10-14]
ciprob.sim(n=16, p=0.6, alp=0.05, N=100)
P(LCL > 0.6) = 7 / 100 = 0.07      P(UCL < 0.6) = 2 / 100 = 0.02
# 신뢰구간이 모비율을 포함하지 않는 확률이 9%로서 예상치 5%보다 매우 크게 나타남
ciprob.sim(n=16, p=0.6, alp=0.05, N=10000, plot=FALSE)
P(LCL > 0.6) = 687 / 10000 = 0.0687       P(UCL < 0.6) = 182 / 10000 = 0.0182
# 10,000회 반복 시, 신뢰구간이 모비율을 포함하지 않는 확률이 8.69%로서 5%보다 매우 큼

# [참고] 모비율에 대한 신뢰구간 모의실험 함수 ciprob.sim() 사용법
ch10.man(13)
```

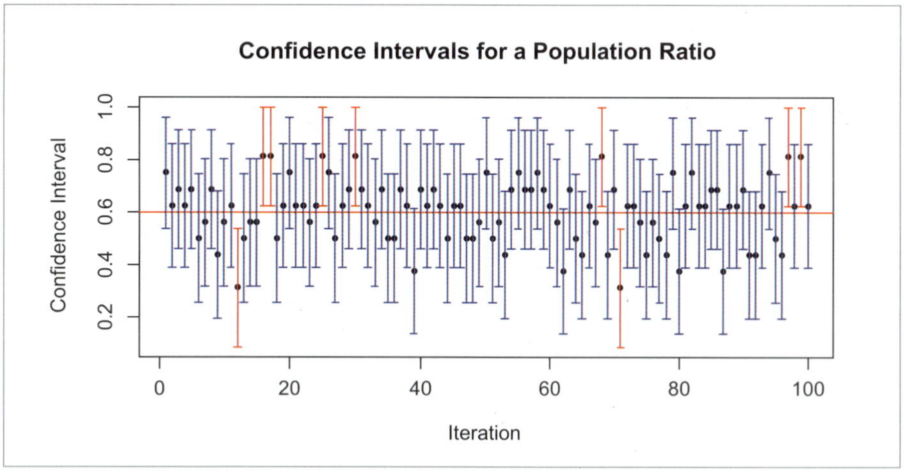

[그림 10-14] 모비율에 대한 신뢰구간 모의실험 예시

10.6 검사특성곡선*

가설검정에서 기각역을 설정할 때, 제1종 오류만을 기준으로 삼았지만, 모수 값이 귀무가설에서 벗어났을 때 가설검정 방법이 얼마나 민감하게 이를 발견하는지 알아볼 필요가 있으므로 모수 값의 변화에 따라 귀무가설 H_0 을 기각하는 확률로서 **검정력 함수**를 정의한다.

정의 10-7 검정력 함수(power function)

모수 값의 변화에 따라 귀무가설 H_0 을 기각할 확률의 함수, 즉

$$\psi(\theta)=P(H_0 \text{ 기각} \mid \theta)$$

모분산을 아는 경우 모평균에 대한 검정에서 검정력 함수는 다음과 같이 계산된다.

정리 10-10 모평균의 검정에서 검정력 함수(모분산을 아는 경우)

귀무가설 : $H_0 : \mu=\mu_0$

① $H_1 : \mu>\mu_0 \Rightarrow \psi(\mu)=P(Z_0 > z_{1-\alpha} \mid \mu)=1-\Phi\left(z_{1-\alpha}+\dfrac{\mu_0-\mu}{\sigma/\sqrt{n}}\right)$ (10-11)

② $H_1 : \mu<\mu_0 \Rightarrow \psi(\mu)=P(Z_0 < -z_{1-\alpha} \mid \mu)=\Phi\left(-z_{1-\alpha}+\dfrac{\mu_0-\mu}{\sigma/\sqrt{n}}\right)$ (10-12)

③ $H_1 : \mu\neq\mu_0 \Rightarrow \psi(\mu)=\Phi\left(-z_{1-\alpha/2}+\dfrac{\mu_0-\mu}{\sigma/\sqrt{n}}\right)+1-\Phi\left(z_{1-\alpha/2}+\dfrac{\mu_0-\mu}{\sigma/\sqrt{n}}\right)$ (10-13)

검사특성곡선은 검정력 함수와는 반대의 개념으로 다음과 같이 정의된다.

정의 10-8 검사특성곡선(operating characteristic curve)

모수 값의 변화에 따라 귀무가설 H_0 을 채택할 확률의 함수, 즉

$$P(H_0 \text{ 채택} \mid \theta)=1-\psi(\theta)$$

예제 10-24 모분산 25.0인 정규 모집단에서 $H_0 : \mu=100$, $H_1 : \mu>100$에 대하여 유의수준 5%에서 검정하는 경우, 표본 크기 $n=10, 30, 50, 100$ 각각에 대하여 (1) 모평균의 참값이 102일 때 귀무가설이 기각될 확률과 (2) 검정력함수를 구하여 해석하시오.

| 풀이 |

(1) $\psi(102) \doteq 1-\Phi\left(1.645+\dfrac{100-102}{5/\sqrt{n}}\right)$이므로,

$n=10$일 때 $\psi(102) \doteq 1-\Phi(0.380) \doteq 1-0.648=0.352$

$n=30$일 때 $\psi(102) \doteq 1-\Phi(-0.546) \doteq 1-0.293=0.707$

$n=50$일 때 $\psi(102) \doteq 1-\Phi(-1.183) \doteq 1-0.118=0.882$

$n=100$일 때 $\psi(102) \doteq 1-\Phi(-2.355) \doteq 1-0.009=0.991$

따라서 표본 크기가 증가할수록 검정력이 커짐을 알 수 있다.

```
# (2) 검정력 함수 ⇒ meanpower.plot() 실행 ⇒ [그림 10-15]
n = c(10, 30, 50, 100)
meanpower.plot(mu0=100, mu1=102, sig=5, nv=n, side="up")
    10     30     50    100
0.3520 0.7075 0.8817 0.9907
# n이 클수록 모평균 변화에 민감해 짐 (기울기가 급해짐)

# [참고] 모평균 검정의 검정력 함수 meanpower.plot() 사용법
ch10.man(14)
```

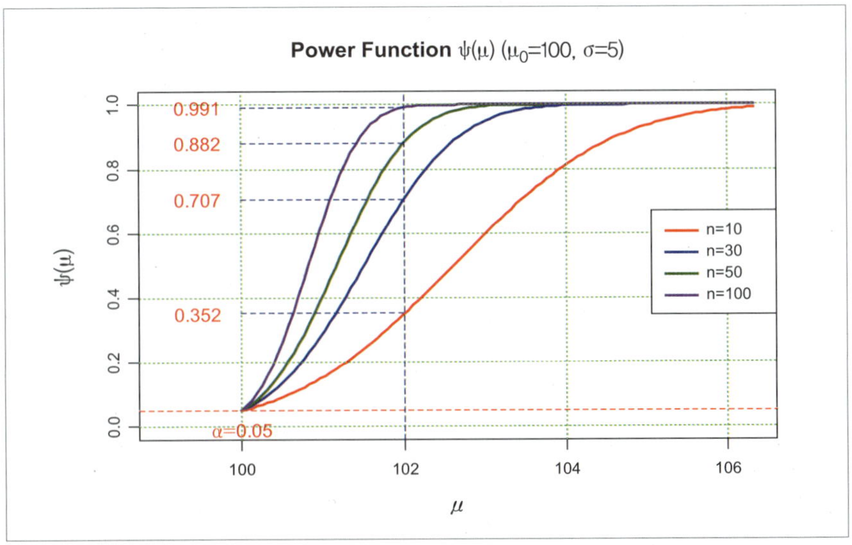

[그림 10-15] 검정력 함수(단측 검정) 예시

예제 10-25 모분산 25.0인 정규 모집단에서 $H_0 : \mu=100$, $H_1 : \mu \neq 100$에 대하여 유의수준 5%에서 검정하는 경우, 표본 크기 $n=10, 30, 50, 100$ 각각에 대하여 (1) 모평균의 참값이 102일 때 귀무가설이 기각될 확률과 (2) 검정력함수를 구하여 해석하시오.

| 풀이 |

(1) $\psi(102) \doteq \Phi\left(-1.96+\frac{100-102}{5/\sqrt{n}}\right)+1-\Phi\left(1.96+\frac{100-102}{5/\sqrt{n}}\right)$ 이므로,

표본 크기 $n=10$ 일 때 $\psi(102) \doteq \Phi(-3.225)+1-\Phi(0.695) \doteq 0.244$

$n=30$ 일 때 $\psi(102) \doteq \Phi(-4.151)+1-\Phi(-0.231) \doteq 0.591$

$n=50$ 일 때 $\psi(102) \doteq \Phi(-4.789)+1-\Phi(-0.868) \doteq 0.807$

$n=100$ 일 때 $\psi(102) \doteq \Phi(-5.960)+1-\Phi(-2.040) \doteq 0.979$

따라서 표본 크기가 증가할수록 검정력이 커짐을 알 수 있다.

```
# (2) 모평균에 대한 검정(양측)의 검정력 함수 ⇒ [그림 10-16]
n = c(10, 30, 50, 100)
meanpower.plot(mu0=100, mu1=102, sig=5, nv=n, side="two")
    10     30     50    100
0.2441 0.5913 0.8074 0.9793
# μ0를 중심으로 좌우 대칭 형태
# n이 클수록 모평균 변화에 민감해 짐 (기울기가 급해짐)
```

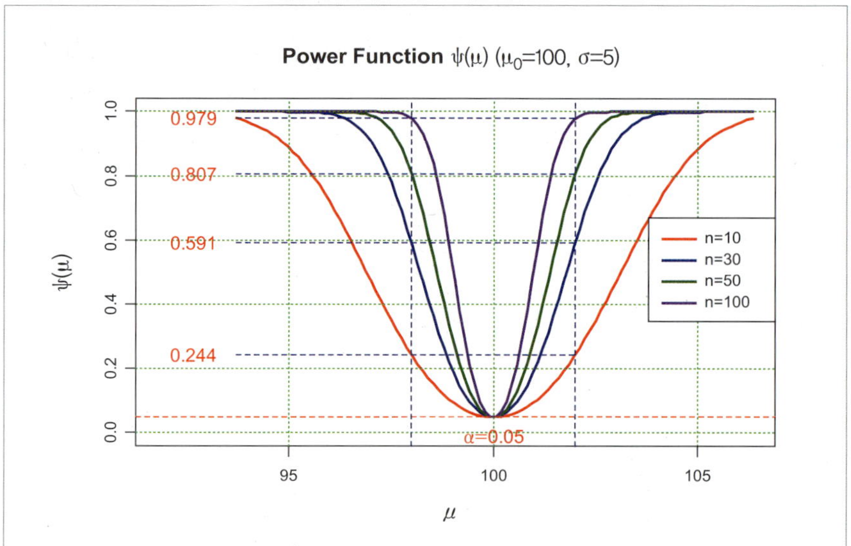

[그림 10-16] 검정력 함수(양측 검정) 예시

예제 10-26 모분산 25.0인 정규 모집단에서 $H_0 : \mu=100$, $H_1 : \mu<100$에 대하여 유의수준 5%에서 검정하는 경우, 표본 크기 $n=10, 30, 50, 100$ 각각에 대하여 (1) 모평균의 참값이 98일 때 귀무가설이 채택될 확률과 (2) 검사특성곡선을 구하여 해석하시오.

| 풀이 |

(1) $1-\psi(98)=1-\Phi\left(-z_{0.95}+\dfrac{\mu_0-98}{\sigma/\sqrt{n}}\right)\doteq1-\Phi\left(-1.645+\dfrac{100-98}{5/\sqrt{n}}\right)$이므로,

$n=10 \Rightarrow 1-\psi(98)\doteq1-\Phi(-0.380)\doteq1-0.352=0.648$

$n=30 \Rightarrow 1-\psi(98)\doteq1-\Phi(0.546)\doteq1-0.707=0.293$

$n=50 \Rightarrow 1-\psi(98)\doteq1-\Phi(1.183)\doteq1-0.882=0.118$

$n=100 \Rightarrow 1-\psi(98)\doteq1-\Phi(2.355)\doteq1-0.991=0.009$

```
# (2) 검사특성곡선 함수 meanchar.plot() 실행 ⇒ [그림 10-17]
n = c(10, 30, 50, 100)
meanchar.plot(mu0=100, mu1=98, sig=5, nv=n, side="low")
    10     30     50    100
0.6480 0.2925 0.1183 0.0093
# 검정력함수를 뒤집어 놓은 형태, n이 클수록 모평균 변화에 민감해 짐 (기울기가 급해짐)

# [참고] 모평균 검정의 검사특성곡선 함수 meanchar.plot() 사용법
ch10.man(15)
```

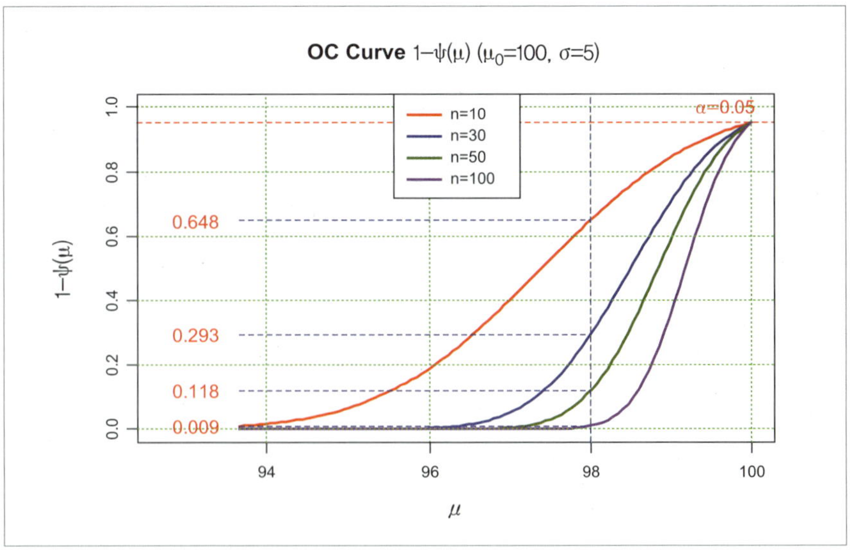

[그림 10-17] 검사특성곡선(단측 검정) 예시

예제 10-27 모분산 25.0인 정규 모집단에서 $H_0 : \mu=100$, $H_1 : \mu \neq 100$에 대하여 유의수준 5%에서 검정하는 경우, 표본 크기 $n=10, 30, 50, 100$ 각각에 대하여 (1) 모평균의 참값이 102일 때 귀무가설이 채택될 확률과 (2) 검사특성곡선을 구하여 해석하시오.

| 풀이 |

(1) $1-\psi(102) \doteq -\Phi\left(-1.96+\frac{100-102}{5/\sqrt{n}}\right)+\Phi\left(1.96+\frac{100-102}{5/\sqrt{n}}\right)$이므로,

$n=10$일 때 $1-\psi(102) \doteq -\Phi(-3.225)+\Phi(0.695) \doteq 0.756$

$n=30$일 때 $1-\psi(102) \doteq -\Phi(-4.151)+\Phi(-0.231) \doteq 0.409$

$n=50$일 때 $1-\psi(102) \doteq -\Phi(-4.789)+\Phi(-0.868) \doteq 0.193$

$n=100$일 때 $1-\psi(102) \doteq -\Phi(-5.960)+\Phi(-2.040) \doteq 0.021$

따라서 표본 크기가 증가할수록 검사특성곡선 값이 작아짐을 알 수 있다.

```
# (2) 모평균에 대한 검정(양측)의 검사특성곡선 ⇒ [그림 10-18]
n = c(10, 30, 50, 100)
meanchar.plot(mu0=100, mu1=102, sig=5, nv=n, side="two")
    10     30     50    100
0.7559 0.4087 0.1926 0.0207
# μ0를 중심으로 좌우 대칭 형태, 검정력함수를 뒤집어 놓은 형태
# n이 클수록 모평균 변화에 민감해 짐 (기울기가 급해짐)
```

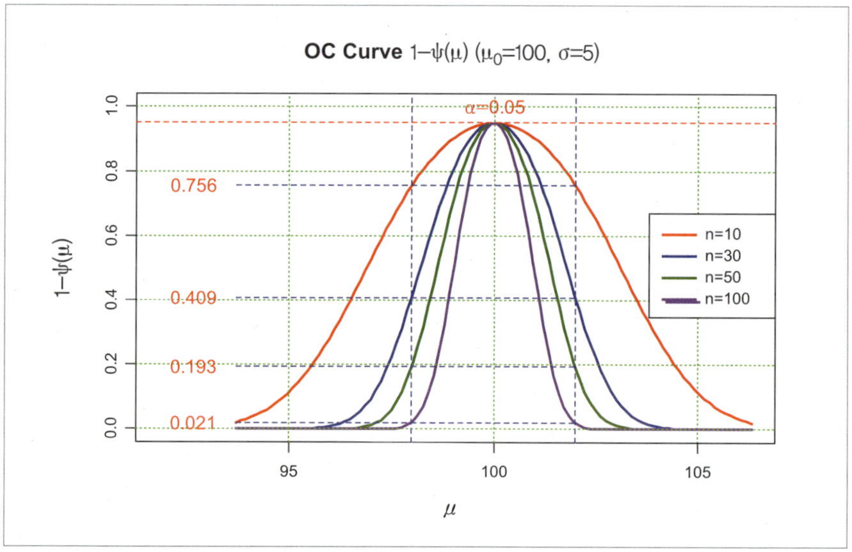

[그림 10-18] 검사특성곡선(양측 검정) 예시

연습문제

1 평균이 μ, 분산이 σ^2 인 모집단으로부터 3개의 표본을 추출하여 표본평균 $\overline{X}$ 와 또 다른 추정량 $Y=X_1/3+2X_2/3$ 을 구했을 때, 두 추정량의 불편성을 검토하고, 분산을 비교하시오.

2 모분산이 σ^2 인 두 독립 모집단으로부터 각각 n_1, n_2 개의 표본을 추출하였을 때, 합동분산 S_p^2 이 모분산 σ^2 의 불편추정량임을 보이시오.

3 앞면이 더 많이 나오는 것으로 의심되는 동전을 10번 던져서 앞면이 6회 이하로 나오면 귀무가설 $H_0: p=0.5$ 를 채택하고, 앞면이 7회 이상 나오면 귀무가설을 기각하기로 하였다.

(1) 대립가설을 설정하시오.
(2) 제1종 오류의 확률을 구하시오.
(3) 실제로 이 동전의 앞면이 나올 확률이 0.6일 때, 제2종 오류의 확률을 구하시오.
(4) 제1종 오류와 제2종 오류를 모두 줄이려면 어떤 조치를 해야 할 지에 대해 설명하시오.

4 새로 개발된 혈압 약을 200명의 환자에게 복용시켜 115명 이상이 효과를 보이면 귀무가설 $H_0: p=0.5$ 을 기각하고자 한다.

(1) 대립가설을 설정하시오.
(2) 제1종 오류의 확률을 구하시오.
(3) 실제로 이 혈압약이 효과를 나타낼 확률이 60%일 때, 제2종 오류의 확률을 구하시오.

5 모분산이 9인 정규모집단에서 20개의 표본을 추출한 결과, 표본평균이 18.7이었다.

(1) 모평균에 대한 95% 신뢰구간을 구하시오.
(2) 모평균이 17.0보다 크다고 할 수 있는지 유의수준 5%에서 검정하시오.
(3) 95% 신뢰수준에서 신뢰구간의 오차를 1.2 이하로 유지하기 위한 표본의 크기를 구하시오.

6 정규모집단으로부터 25개의 표본을 추출하여 측정한 결과, 표본평균 15.5, 표본분산 2.25였다.

(1) 모평균의 95% 신뢰구간을 구하시오.

(2) 모평균이 16.0과 다르다고 할 수 있는지 유의수준 5%에서 검정하시오.

7 대학생들의 평균 시급을 알아보기 위하여 400명 학생들의 일당(8시간 기준)을 조사해 보니 평균 58,000원, 표준편차 16,000원이었다.

(1) 대학생 시급의 모평균에 대한 99% 신뢰구간을 구하시오.

(2) 대학생 시급의 모평균이 6,700원보다 높다고 할 수 있는지 유의수준 5%에서 검정하시오.

8 A사 K모델 자동차의 출력은 평균 150마력, 표준편차 4마력인 정규분포를 따르는 것으로 알려져 있다. K모델 자동차 25대를 시험한 결과 평균 출력이 148.6마력이었다.

(1) K모델 평균 출력에 대한 90% 신뢰구간을 구하시오.

(2) 평균 출력이 150마력에 미치지 못한다고 할 수 있는지 유의수준 5%에서 검정하시오.

(R) 위의 표본을 근거로 평균 출력이 150마력에 미치지 못한다고 주장했을 때, 틀릴 확률은 얼마인가?

9 B사 S모델 자동차의 출력은 평균 150마력인 정규분포를 따르는 것으로 알려져 있다. S모델 자동차 25대를 시험한 결과, 출력의 평균은 148.6마력, 표준편차 4.2마력이었다.

(1) S모델 평균 출력에 대한 90% 신뢰구간을 구하시오.

(2) 평균 출력이 150마력에 미치지 못한다고 할 수 있는지 유의수준 5%에서 검정하시오.

(R) 위의 표본을 근거로 평균 출력이 150마력에 미치지 못한다고 주장했을 때, 틀릴 확률은 얼마인가?

10 볼트의 직경이 정규분포를 따른다고 한다. 랜덤하게 추출한 20개 볼트 직경의 측정 데이터가 다음과 같다. (데이터 ex10_10)

20.1 20.0 19.9 20.0 19.9	20.3 20.3 20.2 19.7 19.7
19.7 20.3 20.2 20.0 20.2	19.9 20.1 19.7 19.8 20.3

(1) 볼트 직경의 모평균에 대한 95% 신뢰구간을 구하시오.

(2) 볼트 직경의 모평균이 20.0과 다르다고 할 수 있는지 유의수준 5%에서 검정하시오.

(3) 볼트 직경의 모분산에 대한 95% 신뢰구간을 구하시오.

(4) 볼트 직경의 모분산이 0.1과 다르다고 할 수 있는지 유의수준 5%에서 검정하시오.

11 C사 Q모델 자동차의 출력은 평균 150마력인 정규분포를 따르는 것으로 알려져 있다. Q모델 자동차 25대를 시험한 결과는 다음과 같다. (데이터 ex10_11)

148	151	152	143	147	150	139	149	144	150
149	151	144	148	147	149	149	152	152	152
153	152	151	140	149					

(1) Q모델 평균 출력에 대한 90% 신뢰구간을 구하시오.

(2) Q모델 평균 출력이 150마력에 미치지 못한다고 할 수 있는지 유의수준 5%에서 검정하시오.

(R) 위의 표본을 근거로 평균 출력이 150마력에 미치지 못한다고 주장했을 때, 틀릴 확률은 얼마인가?

12 수재들이 모인 S대 학생들의 머리둘레가 55cm보다 큰지 알고자 20명의 학생을 랜덤하게 선택하여 측정한 결과는 다음과 같다. (데이터 ex10_12) 단, 머리둘레는 정규분포를 따르는 것으로 가정한다.

53 59 59 57 56 55 57 58 60 56	52 56 56 54 60 53 59 61 60 56

(1) S대 학생들의 평균 머리둘레에 대한 90% 신뢰구간을 구하시오.

(2) S대 학생들의 평균 머리둘레가 55cm보다 크다고 할 수 있는지 유의수준 5%에서 검정하시오.

(R) 위의 표본을 근거로 S대 학생들의 평균 머리둘레가 55cm보다 크다고 주장했을 때, 틀릴 확률은 얼마인가?

13 400명의 직장인을 대상으로 직장에 대한 만족도를 조사해 보니 평균이 45점이고 표준편차가 10점으로 산출되었다. 이를 기초로 만족도 평균점수에 대한 95% 신뢰구간을 구하시오.

14 성인 남성의 체중은 정규분포를 따르며, 표준편차는 7~11 사이라 한다. 모평균에 대한 95% 신뢰구간의 오차를 2.0 이하로 추정하기 위해 필요한 최소의 표본크기를 구하시오.

15 특정 후보에 대한 지지율을 조사하는데, 95% 신뢰구간의 오차를 0.02 이하로 추정하고자 한다.

(1) 지지율이 0.35로 예상될 때 필요한 최소의 표본크기를 구하시오.

(2) 지지율이 0.2~0.4 사이로 예상될 때 필요한 최소의 표본크기를 구하시오.

(3) 지지율에 대한 사전 정보가 없을 때, 필요한 최소의 표본크기를 구하시오.

16 MERS 대처 특별법 안에 대하여 랜덤하게 1,200명의 유권자를 대상으로 조사한 결과, 756명이 찬성하였다.

(1) 이 법안의 지지율에 대한 95% 근사 신뢰구간을 구하시오.

(2) 이 법안에 대한 지지율이 60%를 넘는다고 할 수 있는지 유의수준 2.5%에서 검정하시오.

(3) 지지율이 60%로 예상될 때, 95% 신뢰구간의 오차를 2% 이하로 추정하기 위해 필요한 최소의 표본크기를 구하시오.

17 어떤 공장에서 400개의 제품을 랜덤하게 추출하여 검사한 결과, 19개가 불량이었다.

(1) 이 제품의 불량률에 대한 95% 근사 신뢰구간을 구하시오.

(2) 이 제품의 불량률이 5%와 다르다고 할 수 있는지 유의수준 5%에서 검정하시오.

(3) 불량률이 5%로 예상될 때, 95% 신뢰구간의 오차를 1% 이하로 추정하기 위해 필요한 최소의 표본크기를 구하시오.

18 프로세스에서 15개의 제품을 랜덤 샘플링 하여 검사한 결과 4개의 불량품이 발견되었다. 프로세스 불량률이 0.1보다 크다고 할 수 있는지 유의수준 10%에서 검정하시오.

19 20대 200명을 랜덤 샘플링 하여 조사한 결과 59명이 흡연자라고 답하였다. 20대 흡연율이 35%보다 낮다고 할 수 있는지 유의수준 5%에서 검정하시오.

20 야구공의 무게는 분산이 3.5인 정규분포를 따른다. 최근 품질에 문제가 있는지 알고자 28개 야구공을 랜덤 샘플링 하여 측정한 결과 표본의 분산이 4.8이었다. 모분산이 커졌는지 유의수준 5%에서 검정하시오.

21 정규분포를 따르는 야구공 무게에 대한 분산을 추정하기 위하여 20개 제품을 랜덤 추출한 결과 다음의 데이터를 구하였다. (데이터 ex10_21)

149	153	148	151	149	152	149	148	149	147
146	149	148	145	144	146	146	150	151	146

(1) 야구공 무게의 모분산에 대한 90% 신뢰구간을 구하시오.

(2) 모분산이 3.5보다 크다고 할 수 있는지 유의수준 5%에서 검정하시오.

R1 평균 20, 분산 9인 정규모집단에서 크기 80의 확률표본을 추출하여 모평균에 대한 95% 신뢰구간을 구하여 그래프로 나타내고, 이 과정을 100회 반복하여 모평균 20을 포함하지 않는 신뢰구간이 몇 회 나타나는지 확인하시오.

R2 평균 20, 분산 5인 정규모집단에서 크기 80의 확률표본을 추출하여 모분산에 대한 95% 신뢰구간을 구하여 그래프로 나타내고, 이 과정을 100회 반복하여 모분산 5를 포함하지 않는 신뢰구간이 몇 회 나타나는지 확인하시오.

R3 모비율 0.3인 모집단에서 크기 80의 확률표본을 추출하여 모비율에 대한 95% 신뢰구간을 구하여 그래프로 나타내고, 이 과정을 100회 반복하여 모비율 0.3을 포함하지 않는 신뢰구간이 몇 회 나타나는지 확인하시오.

R4 모분산 1.0인 정규 모집단에서 가설 $H_0: \mu=10,\ H_1: \mu<10$에 대하여 유의수준 5%에서 검정하는 경우, 표본 크기 $n=10, 30, 50, 100$ 각각에 대한 검정력함수를 작성하고 해석하시오.

R5 모분산 1.0인 정규 모집단에서 가설 $H_0: \mu=10,\ H_1: \mu\neq10$에 대하여 유의수준 5%에서 검정하는 경우, 표본 크기 $n=10, 30, 50, 100$ 각각에 대한 검정력함수를 작성하고 해석하시오.

R6 모분산 1.0인 정규 모집단에서 가설 $H_0 : \mu = 10$, $H_1 : \mu > 10$에 대하여 유의수준 5%에서 검정하는 경우, 표본 크기 $n = 10, 30, 50, 100$ 각각에 대한 검사특성곡선을 작성하고 해석하시오.

R7 모분산 1.0인 정규 모집단에서 가설 $H_0 : \mu = 10$, $H_1 : \mu \neq 10$에 대하여 유의수준 5%에서 검정하는 경우, 표본 크기 $n = 10, 30, 50, 100$ 각각에 대한 검사특성곡선을 작성하고 해석하시오.

CHAPTER 11

두 모집단에 대한 추론

Rstat

contents

11 두 모집단에 대한 추론

11장에서는 10장에서 학습한 단일 모집단에 대한 통계적 추론 방법을 두 개의 모집단으로 확장하여 두 모집단의 평균, 분산, 비율 등에 대한 추정과 검정 방법을 설명한다. 먼저 11장에서 사용할 함수를 다음과 같이 정의한다.

```
# R 아이콘을 더블클릭하여 실행
# 패키지 'Rstat'을 불러옴
library(Rstat)

# 11장 함수 정의 (번역) (번호를 입력하면 해당 함수의 사용법 확인 가능)
ch11.man()
[1] mean2.ci            모평균 차이에 대한 신뢰구간
[2] mean2test.plot      모평균 차이에 대한 검정
[3] normtest.plot       정규분포를 따르는 통계량의 분포 그래프
[4] ttest.plot          t-분포를 따르는 통계량의 분포 그래프
[5] prob2.ci            모비율에 차이에 대한 신뢰구간
[6] prob2test.plot      표본이 큰 경우 두 모비율 차이에 대한 검정
[7] ftest.plot          F 검정통계량 분포 그래프
[8] var2.ci             모분산 비율에 대한 신뢰구간
[9] var2.test           모분산 비율에 대한 검정
[10] civar2.sim         모분산 비율에 대한 신뢰구간 모의실험
```

11.1 모평균 차이에 대한 추론(모분산을 아는 경우)

11.1.1 모평균 차이의 추정

10장에서는 단일 모집단 모평균의 구간추정에 대하여 살펴보았는데, 두 모집단 모평균을 비교해야 하는 경우도 자주 발생한다. 이는 두 개의 그룹을 비교함으로써 의사결정에 필요한 더 많은 정보를 얻을 수 있기 때문이다.

모평균이 각각 μ_1, μ_2이고, 모분산이 각각 σ_1^2, σ_2^2인 두 모집단으로부터 서로 독립이며 표본크기가 n_1, n_2인 확률표본을 추출하여 표본평균 $\overline{X}_1$과 $\overline{X}_2$를 얻었다고 하자. $\overline{X}_1-\overline{X}_2$의 기댓값과 분산은 $E(\overline{X}_1-\overline{X}_2)=\mu_1-\mu_2$, $V(\overline{X}_1-\overline{X}_2)=\sigma_1^2/n_1+\sigma_2^2/n_2$이므로, 이를 표준화하여 다음과 같이 $\mu_1-\mu_2$에 대한 신뢰구간을 구할 수 있다.

정리 11-1 모평균 차이의 신뢰구간(모분산을 아는 경우)

모분산을 아는 경우, 두 정규 모집단의 모평균 차이 $\mu_1-\mu_2$에 대한 $100(1-\alpha)\%$ 신뢰구간(confidence interval)은 다음과 같다.

$$\left[(\overline{X}_1-\overline{X}_2)\pm z_{1-\alpha/2}\sqrt{\frac{\sigma_1^2}{n_1}+\frac{\sigma_2^2}{n_2}}\right] \qquad (11\text{-}1)$$

예제 11-1 두 라인에서 생산되는 초콜릿의 무게는 표준편차 5.0(g)인 정규분포를 따른다고 한다. 라인 1에서 생산된 초콜릿 표본 25개의 평균무게는 198.5(g), 라인 2에서 생산된 초콜릿 표본 34개의 평균무게는 201.3(g)으로 측정되었다. 모평균의 차이 $\mu_1-\mu_2$에 대한 95% 신뢰구간을 구하시오.

| 풀이 |

$\mu_1-\mu_2$의 점추정 값은 $198.5-201.3=-2.8$(g)이고, $z_{0.975}\doteqdot 1.96$이므로 $\mu_1-\mu_2$에 대한 95% 신뢰구간은 $\left[-2.8\pm 1.96\sqrt{\frac{5^2}{25}+\frac{5^2}{34}}\right]\doteqdot[-2.8\pm 2.582]=[-5.382, -0.218]$

95% 신뢰구간에 0이 포함되지 않으므로, 95%의 확신을 갖고 두 모평균의 차이는 0이 아니라고 말할 수 있다.

```
# 함수 mean2.ci() 실행 (표본평균, 표준편차, 표본개수 입력)
mean2.ci(xb1=198.5, xb2=201.3, s1=5, s2=5, n1=25, n2=34, pvar="known")
[(198.5 - 201.3) ± 1.96 × √(25/25 + 25/34)]
 = [-2.8 ± 2.5819] = [-5.3819, -0.2181]
# [참고] 모평균 차이의 신뢰구간 함수 mean2.ci() 사용법
ch11.man(1)
```

11.1.2 모평균 차이의 검정

두 모집단의 모평균 차이에 대한 검정 절차는 귀무가설을 $H_0 : \mu_1 - \mu_2 = \delta_0$ 로 설정하면, 단일 모집단 모평균에 대한 검정 절차와 유사하게 전개된다. 대립가설의 형태에 따라 가설검정 방법을 요약하면 다음과 같다.

정리 11-2 모평균 차이의 검정(모분산을 아는 경우)

귀무가설 $H_0 : \mu_1 - \mu_2 = \delta_0$, 검정통계량 : $Z_0 \equiv \dfrac{(\overline{X}_1 - \overline{X}_2) - \delta_0}{\sqrt{\sigma_1^2/n_1 + \sigma_2^2/n_2}}$ (11-2)

① $H_1 : \mu_1 - \mu_2 > \delta_0 \Rightarrow$ 기각역: $Z_0 > z_{1-\alpha}$

② $H_1 : \mu_1 - \mu_2 < \delta_0 \Rightarrow$ 기각역: $Z_0 < z_\alpha = -z_{1-\alpha}$

③ $H_1 : \mu_1 - \mu_2 \neq \delta_0 \Rightarrow$ 기각역: $|Z_0| > z_{1-\alpha/2}$

예제 11-2 두 라인에서 생산되는 초콜릿의 무게는 표준편차 5.0(g)인 정규분포를 따른다고 한다. 라인 1에서 생산된 초콜릿 표본 25개의 평균무게는 198.5(g), 라인 2에서 생산된 초콜릿 표본 34개의 평균무게는 201.3(g)으로 측정되었다([예제 11-1]). 두 모평균의 차이가 있는지 유의수준 5%에서 검정하시오.

| 풀이 |

귀무가설 $H_0 : \mu_1 = \mu_2$, 대립가설 $H_1 : \mu_1 \neq \mu_2$ 이며, 유의수준 $\alpha = 0.05$ 이므로

기각역은 $|Z_0| > z_{0.975} \doteq 1.96$

$Z_0 \equiv \dfrac{198.5 - 201.3}{\sqrt{5^2/25 + 5^2/34}} \doteq -2.126$ 로서 $|Z_0| > 1.96$ 이므로, 유의수준 5%에서 귀무가설을 기각한다.

즉, 두 모평균의 차이가 있다는 증거가 있다.

```
# 함수 mean2test.plot() 실행 (표본평균, 표준편차, 표본개수 입력) ⇒ [그림 11-1]
mean2test.plot(xb1=198.5, xb2=201.3, s1=5, s2=5, n1=25, n2=34, pvar="known")
Z0 = (198.5 - 201.3 - 0) / √(25/25 + 25/34) = -2.1256
P-v = 2 × P(Z > |Z0|) = 0.0335
# ⇒ p-값이 0.05보다 작으므로 귀무가설 기각
# [예제 11-1]에서 구한 95% 신뢰구간 [−5.382, −0.218]에 0이 포함되지 않으므로, 95%의
  확신으로 두 모평균의 차이는 0이 아니라고 말할 수 있다.

# [참고] 두 모평균 차이에 대한 검정 함수 mean2test.plot() 사용법
ch11.man(2)
```

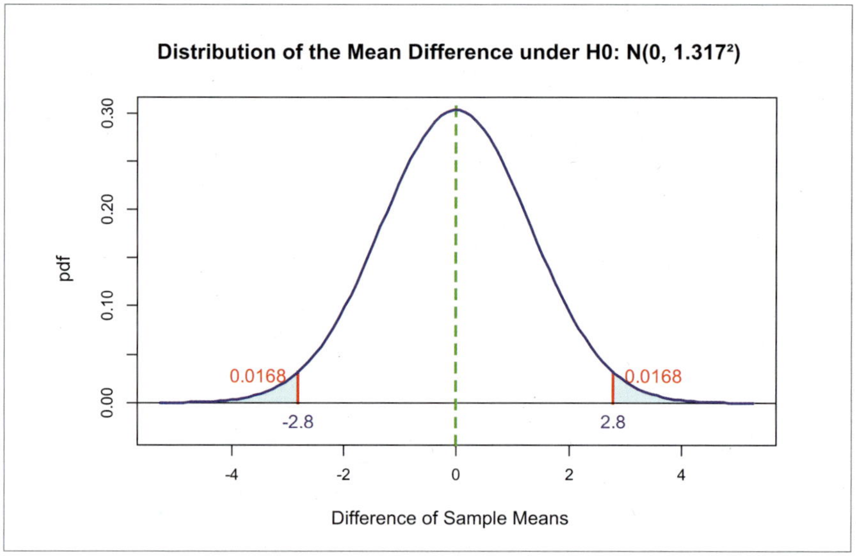

[그림 11-1] 귀무가설 하에서 표본평균 차의 분포와 p-값(양측검정)

11.2 모평균 차이에 대한 추론(모분산을 모르지만 같은 경우)

11.2.1 모평균 차이의 추정

두 모집단의 분산을 모르는 경우가 보다 일반적인데, 이 경우에는 두 모집단의 분산이 같은 경우와 같지 않은 경우로 구분하여 모평균 차이에 대한 추정을 수행한다.

정리 11-3 모평균 차이의 신뢰구간(모분산을 모르지만 같은 경우)

모분산을 모르지만 같다고 볼 수 있는 경우, 두 정규 모집단의 모평균 차이 $\mu_1 - \mu_2$ 에 대한 $100(1-\alpha)\%$ 신뢰구간(confidence interval)은

$$\left[(\overline{X}-\overline{Y}) \pm t_{1-\alpha/2;\,(n_1+n_2-2)} S_p \sqrt{\frac{1}{n_1}+\frac{1}{n_2}}\right] \qquad (11\text{-}3)$$

단, S_p^2 은 두 모집단 표본의 합동분산(pooled variance)으로서,

$$S_p^2 = \frac{\sum_{i=1}^{n_1}(X_i-\overline{X})^2 + \sum_{i=1}^{n_2}(Y_i-\overline{Y})^2}{n_1+n_2-2} = \frac{(n_1-1)S_1^2+(n_2-1)S_2^2}{n_1+n_2-2} \qquad (11\text{-}4)$$

예제 11-3 두 라인에서 생산되는 초콜릿의 무게는 정규분포를 따른다고 한다. 라인 1에서 생산된 초콜릿 표본 25개의 무게는 평균 198.5(g), 표준편차 4.8(g), 라인 2에서 생산된 초콜릿 표본 34개의 무게는 평균 201.3(g), 표준편차 5.1(g)으로 측정되었다. 모평균의 차이 $\mu_1-\mu_2$에 대한 95% 신뢰구간을 구하시오.

| 풀이 |

표준편차가 크게 다르지 않으므로 모분산이 같다고 가정하면, 식 (11-4)로부터 합동분산은 $S_p^2=\frac{24\times4.8^2+33\times5.1^2}{24+33}\doteq24.759$가 된다. 따라서 $S_p\doteq4.976$이고, $t_{0.975;\,57}\doteq2.002$이므로 $\mu_1-\mu_2$의 95% 신뢰구간은

$$\left[(198.5-201.3)\pm(2.002)(4.976)\sqrt{\frac{1}{25}+\frac{1}{34}}\right]\doteq[-2.8\pm2.625]=[-5.425,\ -0.175]$$

```
# 모평균 차이의 신뢰구간 (모분산을 모르지만 같은 경우)
# 함수 mean2.ci() 실행 (표본평균, 표본표준편차, 표본개수 입력)
mean2.ci(xb1=198.5, xb2=201.3, s1=4.8, s2=5.1, n1=25, n2=34, pvar="equal")
Sp²= 24.7595    Sp = 4.9759      df = 57
[(198.5 - 201.3) ± 2.0025 × 4.9759 × √(1/25+1/34)]
 = [-2.8 ± 2.6251] = [-5.4251, -0.1749]
# ⇒ 95% 신뢰구간에 0이 포함되지 않으므로, 95%의 확신을 갖고 두 모평균의 차이는 0이 아
  니라고 말할 수 있다.
```

예제 11-4 두 라인에서 생산되는 초콜릿의 무게는 정규분포를 따른다고 한다. 라인 1에서 생산된 초콜릿 표본 25개의 무게와 라인 2에서 생산된 초콜릿 표본 34개의 무게는 아래와 같다(exa11_4). 모평균의 차이 $\mu_1-\mu_2$에 대한 95% 신뢰구간을 구하시오.

라인 1	195 204 200 192 190 197 200 196 207 202 200 203 204 194 192 196 197 204 189 202 200 198 193 205 202
라인 2	205 202 203 210 193 198 209 202 209 184 199 200 195 204 203 194 202 207 201 204 197 204 200 197 199 196 201 202 202 206 200 201 202 209

| 풀이 |

$\sum_{i=1}^{25}x_i=4,962,\ \sum_{i=1}^{25}x_i^2=985,456,\ \sum_{i=1}^{34}y_i=6,840,\ \sum_{i=1}^{34}y_i^2=1,376,952$ 로부터,

표본평균 $\overline{X}=4,962/25=198.48,\ \overline{Y}=6,840/34\doteq201.176$

합동분산 $S_p^2=\frac{(985,456-4,962^2/25)+(1,376,952-6,840^2/34)}{25+34-2}\doteq26.372$

$S_p \doteq 5.135$, $t_{0.975;\,57} \doteq 2.002$ 이므로 $\mu_1 - \mu_2$ 의 95% 신뢰구간은

$$[(198.48-201.176) \pm 2.002 \times 5.135 \times \sqrt{1/25+1/34}] \doteq [-2.696 \pm 2.708] = [-5.404,\ 0.012]$$

```
# 저장된 데이터 셋(exa11_4)을 불러옴
data(exa11_4); str(exa11_4)
List of 2
 $ x: num [1:25] 195 204 200 192 190 197 200 196 207 202 ...
 $ y: num [1:34] 205 202 203 210 193 198 209 202 209 184 ...
x = exa11_4$x; y = exa11_4$y
mean(x); sd(x);  mean(y); sd(y)
[1] 198.48
[1] 4.992661
[1] 201.1765
[1] 5.236646
# 기본 함수 t.test() 사용 (등분산 가정) ⇒ 앞의 풀이에서 반올림 오차로 차이 발생
t.test(x, y, var.equal=T)$conf[1:2]
[1] -5.40572515  0.01278397
# 등분산 가정을 하지 않은 경우 ⇒ 다소 폭이 좁아짐
t.test(x, y)$conf[1:2]
[1] -5.389909674 -0.003031503
# 모평균 차이 신뢰구간 함수 mean2.ci() 사용
mean2.ci(x, y, pvar="equal")
xb1 = 198.48      xb2 = 201.1765
std1 = 4.9927     std2 = 5.2366
Sp²= 26.3716    Sp = 5.1353       df = 57
[(198.48 - 201.1765) ± 2.0025 × 5.1353 × √(1/25+1/34)]
 = [-2.6965 ± 2.7093] = [-5.4057, 0.0128]
```

11.2.2 모평균 차이의 검정

두 모분산을 모르지만, 같다고 볼 수 있는 경우, 가설검정 방법을 요약하면 다음과 같다.

정리 11-4 모평균 차이의 검정(모분산을 모르지만 같은 경우)

귀무가설 $H_0 : \mu_1 - \mu_2 = \delta_0$, 검정통계량 : $T_0 = \dfrac{(\overline{X}_1 - \overline{X}_2) - \delta_0}{\sqrt{S_p^2(1/n_1 + 1/n_2)}}$ (11–5)

① $H_1 : \mu_1 - \mu_2 > \delta_0$ ⇒ 기각역: $T_0 > t_{1-\alpha;\, n_1+n_2-2}$

② $H_1 : \mu_1 - \mu_2 < \delta_0$ ⇒ 기각역: $T_0 < t_{\alpha;\, n_1+n_2-2} = -t_{1-\alpha;\, n_1+n_2-2}$

③ $H_1 : \mu_1 - \mu_2 \neq \delta_0$ ⇒ 기각역: $|T_0| > t_{1-\alpha/2;\, n_1+n_2-2}$

예제 11-5 라인 1에서 생산된 초콜릿 표본 25개의 무게는 평균 198.5(g), 표준편차 4.8(g), 라인 2에서 생산된 초콜릿 표본 34개의 무게는 평균 201.3(g), 표준편차 5.1(g)으로 측정되었다([예제 11-3]). 모평균의 차이가 있는지 유의수준 5%에서 검정하시오.

| 풀이 |

$H_0 : \mu_1 - \mu_2 = 0$, $H_1 : \mu_1 - \mu_2 \neq 0$ 이며, 표준편차가 크게 다르지 않으므로 모분산이 같다고 가정할 수 있다. 유의수준 $\alpha = 0.05$ 이므로 기각역은 $|T_0| > t_{0.975;57} \doteqdot 2.002$ 이다. $S_p^2 = \frac{24 \times (4.8^2) + 33 \times (5.1^2)}{24 + 33} \doteqdot 24.759$, $S_p \doteqdot 4.976$, $T_0 \doteqdot \frac{(198.5 - 201.3) - 0}{4.976 \times \sqrt{1/25 + 1/34}} \doteqdot -2.136$, 따라서 $|T_0| \doteqdot 2.136 > 2.002$ 이므로 유의수준 5%에서 귀무가설을 기각한다. 즉, 유의수준 5%에서 두 모평균의 차이가 있다는 증거가 있다. 또한 [예제 11-3]에서 구한 95% 신뢰구간 $[-2.8 \pm 2.625]$에 0이 포함되지 않으므로, 두 모평균은 다르다고 할 수 있다.

```
# 두 모평균 차이의 검정 (모분산을 모르지만 같은 경우)
# 함수 mean2test.plot(표본평균, 표본표준편차, 표본개수) 실행 ⇒ [그림 11-2]
mean2test.plot(xb1=198.5, xb2=201.3, s1=4.8, s2=5.1, n1=25, n2=34, pvar="equal")
Sp² = 24.7595    s.e.= 1.311
T0 = (198.5 - 201.3 - 0) / √(24.7595 × (1/25+1/34)) = -2.1359
P-v = 2 × P(T > |T0|) = 0.037
# ⇒ p-값이 0.05보다 작으므로 귀무가설 기각
```

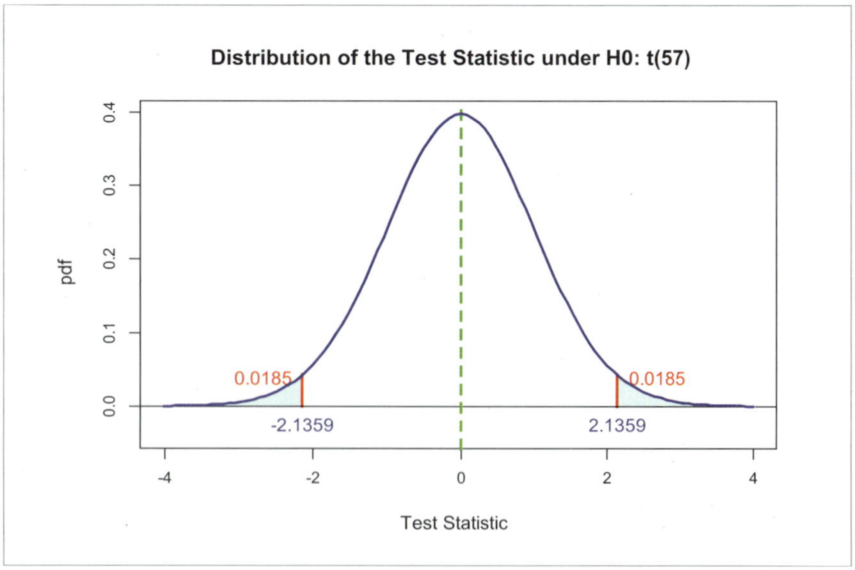

[그림 11-2] 귀무가설 하에서 검정통계량의 분포와 p-값(양측검정)

예제 11-6 라인 1의 초콜릿 표본 25개의 무게와 라인 2의 초콜릿 표본 34개의 무게는 [예제 11-4]와 같다. 두 모평균의 차이가 있는지 유의수준 5%에서 검정하시오.

| 풀이 |

$H_1 : \mu_1 \neq \mu_2$, $S_1^2 = \dfrac{985,456-4,962^2/25}{24} \doteq 24.927$, $S_2^2 = \dfrac{1,376,952-6,840^2/34}{33} \doteq 27.422$ 로서 비슷하여 모분산이 같다고 가정한다. $\overline{X_1} = 4,962/25 = 198.48$, $\overline{X_2} = 6,840/34 \doteq 201.176$

합동분산은 $S_p^2 = \dfrac{(985.456-4,962^2/25)+(1,376,952-6,840^2/34)}{25+34-2} \doteq 26.372$

$S_p \doteq 5.135$, $T_0 \doteq \dfrac{198.48-201.176}{5.135 \times \sqrt{1/25+1/34}} \doteq -1.993$, 따라서 $|T_0| < t_{0.975;57} \doteq 2.002$ 이므로 유의수준 5%에서 귀무가설을 채택한다. 즉, 두 모평균의 차이가 있다는 충분한 증거가 없다. 또한 [예제 11-4]에서의 신뢰구간 $[-5.404, 0.012]$이 0을 포함하므로 같은 결론을 얻는다.

```
# 데이터 입력 ⇒ [예제 11-4]와 같음, 함수 mean2test.plot() 사용 ⇒ [그림 11-3]
mean2test.plot(x, y, pvar="equal")
xb1 = 198.48      xb2 = 201.1765
std1 = 4.9927     std2 = 5.2366
Sp² = 26.3716    s.e.= 1.353
T0 = (198.48 - 201.1765 - 0) / √(26.3716 × (1/25+1/34)) = -1.993
P-v = 2 × P(T > |T0|) = 0.0511
# ⇒ p-값이 유의수준 0.05보다 크므로 귀무가설 채택
```

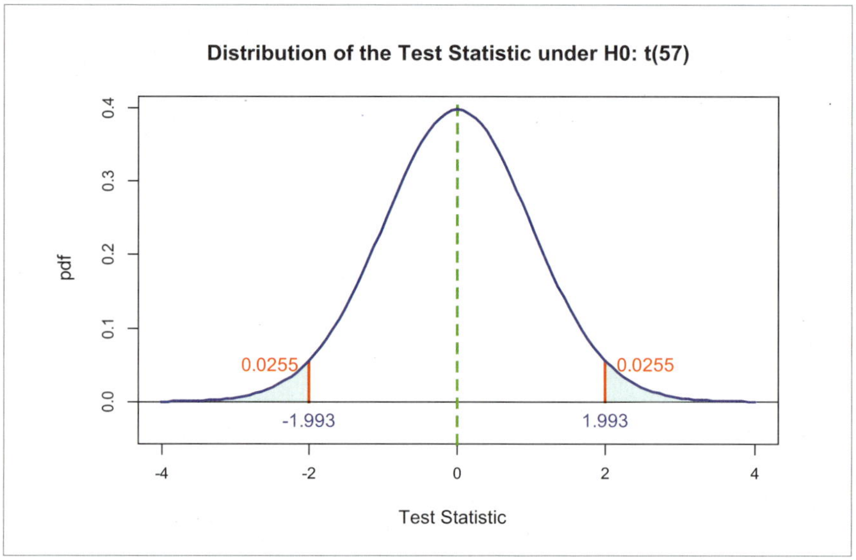

[그림 11-3] 귀무가설 하에서 검정통계량의 분포와 p-값 (등분산, 양측검정)

11.3 모평균 차이에 대한 추론(모분산을 모르며 다른 경우)

11.3.1 모평균 차이의 추정

두 모분산이 같다는 가정을 할 수 없을 때는 정확한 표본 분포를 유도할 수 없지만, 통계학자 Satterthwaite가 다음과 같은 근사적 방법을 제안하였다.

$$T=\frac{(\overline{X}_1-\overline{X}_2)-(\mu_1-\mu_2)}{\sqrt{S_1^2/n_1+S_2^2/n_2}} \overset{a}{\sim} t(\nu^*) \quad (11\text{-}6)$$

여기서 자유도 ν^*는 Satterthwaite 자유도라고 하며, 아래와 같이 계산한다.

$$\nu^*=\frac{(S_1^2/n_1+S_2^2/n_2)^2}{(S_1^2/n_1)^2/(n_1-1)+(S_2^2/n_2)^2/(n_2-1)} \quad (11\text{-}7)$$

이에 따라 $\mu_1-\mu_2$의 $100(1-\alpha)\%$ 신뢰구간은 다음과 같이 구할 수 있다.

정리 11-5 모평균 차이의 신뢰구간(모분산을 모르며 다른 경우)

모분산을 모르며 같다고 볼 수 없는 경우, 두 정규 모집단의 모평균 차이 $\mu_1-\mu_2$에 대한 $100(1-\alpha)\%$ 신뢰구간(confidence interval)은

$$\left[(\overline{X}_1-\overline{X}_2)\pm t_{1-\alpha/2;\nu^*}\sqrt{S_1^2/n_1+S_2^2/n_2}\right] \quad (11\text{-}8)$$

예제 11-7 두 라인에서 생산되는 초콜릿의 무게는 정규분포를 따른다고 한다. 라인 1에서 생산된 초콜릿 표본 25개의 무게는 평균 198.5(g), 표준편차 2.8(g), 라인 2에서 생산된 초콜릿 표본 34개의 무게는 평균 201.3(g), 표준편차 5.5(g)으로 측정되었다. 모평균의 차이 $\mu_1-\mu_2$에 대한 95% 신뢰구간을 구하시오.

| 풀이 |

모분산이 같다고 보기에는 표준편차의 차이가 크므로, 식 (11-8)로부터

$\left[(198.5-201.3)\pm t_{0.975;\nu^*}\sqrt{2.8^2/25+5.5^2/34}\right]$를 얻는다. 이 때 Satterthwaite 자유도는

$$\nu^*=\frac{(2.8^2/25+5.5^2/34)^2}{(2.8^2/25)^2/24+(5.5^2/34)^2/33}\doteq 51.556$$

$t_{0.975;51.556}\doteq 2.0076$이므로 95% 근사적 신뢰구간은 다음과 같다.

$\left[(198.5-201.3)\pm 2.007\times\sqrt{2.8^2/25+5.5^2/34}\right]\doteq[-2.8\pm 2.202]$

```
# 모평균 차이에 대한 신뢰구간 (모분산을 모르며 다른 경우)
# 함수 mean2.ci(표본평균, 표본표준편차, 표본개수) 실행
mean2.ci(xb1=198.5, xb2=201.3, s1=2.8, s2=5.5, n1=25, n2=34, pvar="unequal")
nu* = 51.556      t(nu*) = 2.0071
[(198.5 - 201.3) ± 2.0071 × √(7.84/25 + 30.25/34)]
 = [-2.8 ± 2.2016] = [-5.0016, -0.5984]
```

예제 11-8 두 라인에서 생산되는 초콜릿의 무게는 정규분포를 따른다고 한다. 라인 1에서 생산된 초콜릿 표본 25개의 무게와 라인 2에서 생산된 초콜릿 표본 34개의 무게는 아래와 같다(exa11_8). 모평균의 차이 $\mu_1-\mu_2$에 대한 95% 신뢰구간을 구하시오.

라인 1	200 203 201 194 195 202 200 199 204 199 195 196 199 200 199 198 200 198 199 199 197 194 197 193 202
라인 2	204 201 196 202 205 205 197 209 197 201 187 201 192 204 203 200 207 201 213 198 198 208 197 197 199 194 203 204 205 202 202 197 207 212

| 풀이 |

표본평균 $\overline{X}_1=\dfrac{4,963}{25}=198.52,\ \overline{X}_2=\dfrac{6,848}{34}\doteq 201.412$

$S_1^2=\dfrac{985,453-4,963^2/25}{24}=8.26,\ S_2^2=\dfrac{1,380,252-6,848^2/34}{33}\doteq 29.825$

두 표본분산이 크게 다르므로 모분산이 같다고 가정할 수 없다. Satterthwaite 자유도는

$\nu^*=\dfrac{(8.26/25+29.825/34)^2}{(8.26/25)^2/24+(29.825/34)^2/33}\doteq 52.332$ 이므로 $t_{0.975;52.332}\doteq 2.006$

모평균의 차이 $\mu_1-\mu_2$에 대한 95% 신뢰구간은

$$\left[(198.52-201.412)\pm(2.006)\sqrt{\frac{8.26}{25}+\frac{29.825}{34}}\right]\doteq[-2.892\pm 2.204]=[-5.096,\ -0.688]$$

```
# 저장된 데이터 셋(exa11_8)을 불러옴
data(exa11_8); str(exa11_8)
List of 2
 $ x: num [1:25] 200 203 201 194 195 202 200 199 204 199 ...
 $ y: num [1:34] 204 201 196 202 205 205 197 209 197 201 ...
x = exa11_8$x; y = exa11_8$y
mean(x); sd(x); mean(y); sd(y)
[1] 198.52
[1] 2.874022
[1] 201.4118
[1] 5.461256
# 데이터 사전조사 ⇒ [그림 11-4]
```

```
# 라인2에서 생산된 초콜릿 무게의 평균과 분산이 모두 큰 것으로 나타남
win.graph(7, 5)
boxplot(list(라인1=x, 라인2=y), col=c(7, "cyan"), boxwex=0.6, horizontal=T,
        main="두 라인에서 생산된 초콜릿 무게의 분포")
# 데이터 점 표시
points(x, rep(1,length(x))); points(y, rep(2,length(y)))
# 통계량 계산 fivenum()  ⇒ (최소값, Q1, Q2, Q3, 최대값)
xfn = fivenum(x); yfn = fivenum(y)
# 통계량 표시 (최소값, Q1, Q2, Q3, 최대값)
text(xfn, 0.6, labels=xfn, cex=0.9, col=4)
text(yfn, 1.6, labels=yfn, cex=0.9, col=4)
# 두 모평균 차이의 신뢰구간 계산 함수 mean2.ci() 사용
mean2.ci(x, y, pvar="unequal")
xb1 = 198.52      xb2 = 201.4118
std1 = 2.874      std2 = 5.4613
nu* = 52.3322     t(nu*) = 2.0063
[(198.52 - 201.4118) ± 2.0063 × √(8.26/25 + 29.8253/34)]
 = [-2.8918 ± 2.2048] = [-5.0966, -0.687]
# [참고] R 기본함수 t.test() 사용 (등분산 가정을 하지 않은 경우)
t.test(x, y)$conf[1:2]
[1] -5.0965667 -0.6869627
# [참고] R 기본함수 t.test() 사용 (등분산 가정 ⇒ 이 경우에서는 잘못된 가정임)
t.test(x, y, var.equal=T)$conf[1:2]
[1] -5.2946895 -0.4888399
```

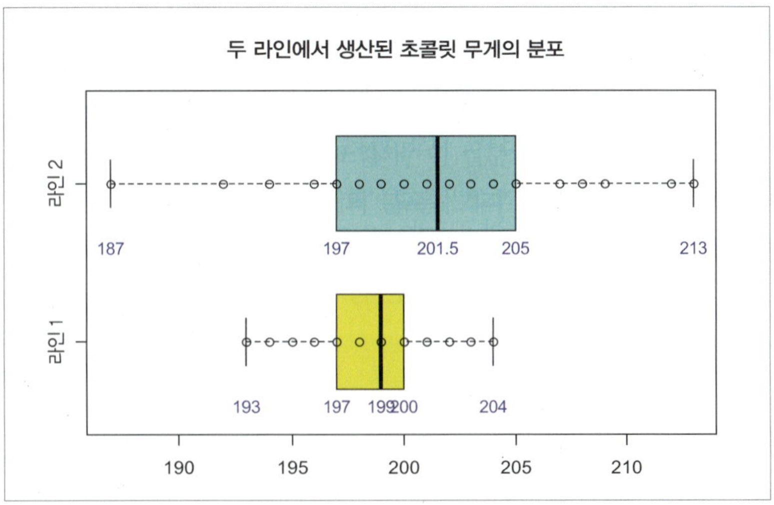

[그림 11-4] 두 라인에서 생산된 초콜릿 무게 사전조사

11.3.2 모평균 차이의 검정

두 모분산을 모르며 같다고 볼 수 없는 경우의 검정통계량은 식 (11–9)와 같으며, 가설검정 방법을 요약하면 [정리 11–6]과 같다.

$$T_0 = \frac{(\overline{X}_1 - \overline{X}_2) - \delta_0}{\sqrt{S_1^2/n_1 + S_2^2/n_2}} \overset{a}{\sim} t(\nu^*) \Bigg| H_0 \qquad (11\text{–}9)$$

단, Satterthwaite 자유도 $\nu^* = \dfrac{(S_1^2/n_1 + S_2^2/n_2)^2}{(S_1^2/n_1)^2/(n_1-1) + (S_2^2/n_2)^2/(n_2-1)}$

정리 11–6 모평균 차이의 검정(모분산을 모르며 다른 경우)

귀무가설 $H_0 : \mu_1 - \mu_2 = \delta_0$, 검정통계량 : $T_0 = \dfrac{(\overline{X}_1 - \overline{X}_2) - \delta_0}{\sqrt{S_1^2/n_1 + S_2^2/n_2}}$

① $H_1 : \mu_1 - \mu_2 > \delta_0 \Rightarrow$ 기각역: $T_0 > t_{1-\alpha;\nu^*}$

② $H_1 : \mu_1 - \mu_2 < \delta_0 \Rightarrow$ 기각역: $T_0 < t_{\alpha;\nu^*} = -t_{1-\alpha;\nu^*}$

③ $H_1 : \mu_1 - \mu_2 \neq \delta_0 \Rightarrow$ 기각역: $|T_0| > t_{1-\alpha/2;\nu^*}$

예제 11–9 두 라인에서 생산되는 초콜릿의 무게는 정규분포를 따른다고 한다. 라인 1에서 생산된 초콜릿 표본 25개의 무게와 라인 2에서 생산된 초콜릿 표본 34개의 무게는 [예제 11–8]과 같다. 모평균의 차이가 있는지 유의수준 5%에서 검정하시오.

| 풀이 |

$H_0 : \mu_1 - \mu_2 = 0$, $H_1 : \mu_1 - \mu_2 \neq 0$ 이며, $\overline{X}_1 = 198.52$, $\overline{X}_2 = 201.412$, $S_1^2 = 8.26$, $S_2^2 \doteq 29.825$ 로서 두 표본분산이 크게 다르므로 모분산이 같다고 가정하기 어렵다.

$$T_0 = \frac{(198.52 - 201.412) - 0}{\sqrt{8.26/25 + 29.825/34}} \doteq -2.632$$

$$\nu^* = \frac{(8.26/25 + 29.825/34)^2}{(8.26/25)^2/24 + (29.825/34)^2/33} \doteq 52.332$$

$|T_0| = 2.632 > t_{0.975;52.332} \doteq 2.006$ 이므로 유의수준 5%에서 귀무가설(H_0)을 기각한다. 즉, 유의수준 5%에서 두 모평균의 차이가 있다는 증거가 있다. 또한 [예제 11–8]에서 구한 95% 신뢰구간 $[-2.892 \pm 2.204] = [-5.096, -0.688]$ 에 0이 포함되지 않으므로, 두 모평균은 다르다고 할 수 있다.

```
# 데이터 입력 ⇒ [예제 11-8]의 데이터 사용
# 두 모평균 차이에 대한 검정 (모분산을 모르며 다른 경우) ⇒ [그림 11-5]
mean2test.plot(x, y, pvar="unequal")
xb1 = 198.52      xb2 = 201.4118
std1 = 2.874      std2 = 5.4613
nu* = 52.3322     s.e = 1.0989
T0 = (198.52 - 201.4118 - 0) / √(8.26/25 + 29.8253/34) = -2.6315
P-v = 2 × P(T > |T0|) = 0.0111
# p-값이 유의수준 0.05보다 작으므로 귀무가설 기각

# [참고] R 기본함수 t.test() 사용 (등분산 가정 안함)
xo2 = t.test(x, y)
cat("Stat =", round(xo2$stat, 4), "\tP-v =", round(xo2$p.val, 5),
         "\n95% 신뢰구간 = [", round(xo2$conf, 4),
         "]\n자유도 =", round(xo2$para, 4), "\n")
Stat = -2.6315  P-v = 0.01114
95% 신뢰구간 = [ -5.0966 -0.687 ]
자유도 = 52.3322
```

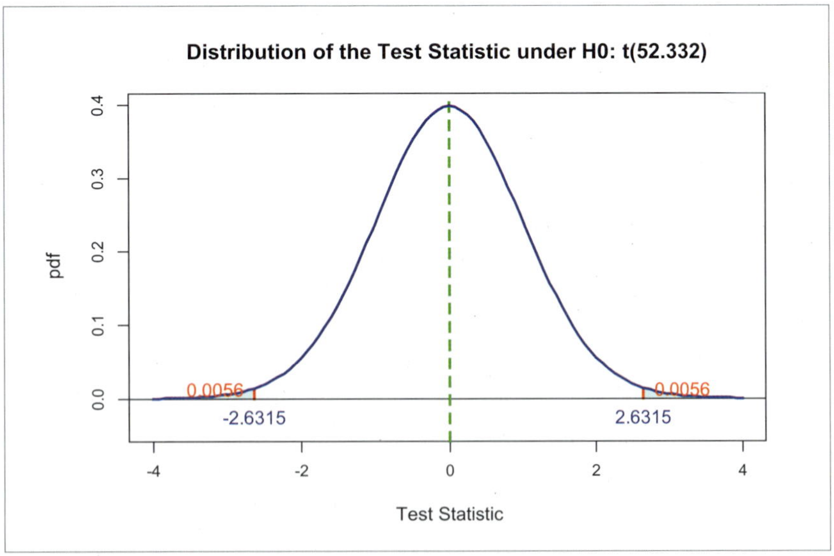

[그림 11-5] 귀무가설 하에서 검정통계량의 분포와 p-값(이분산, 양측검정)

11.4 모평균 차이에 대한 추론(모집단이 대응되는 경우)

앞에서는 두 모집단이 독립적인 경우를 설명하였으나, 독립이 아닌 상황도 종종 발생한다. 특히, 동일한 대상에 대해 어떤 조치를 행한 후, 조치 전의 모집단과 조치 후의 모집단을 비교하는 경우, 대응되는 모집단이 되며, 이렇게 얻은 표본을 **쌍체표본**(paired sample)이라 한다. 쌍체표본은 한 표본에서 두 개의 측정값을 구하여 비교하는 경우에 발생하며, 표본마다 나타나는 조치의 차이에 대하여 살펴보는 것이다.

예를 들어, 혈압 약의 효과를 알아보기 위하여 복용 전후의 혈압 차이를 추정하거나, 식이요법 전후의 몸무게 차이를 추정하는 경우가 해당된다. 이때 n개의 표본에 대하여 조치 전후의 차이를 나타내는 확률표본을 $D_1, D_2, \cdots, D_n$ 라 하면, 모집단은 두 개 이지만 표본은 단일표본이 된다. 이 확률표본이 평균이 $\mu_D = \mu_1 - \mu_2$, 분산이 σ_D^2 인 정규분포를 따른다고 가정하면, 다음과 같이 표준화한 통계량 T는 자유도 $n-1$ 인 t-분포를 따르게 된다.

$$T = \frac{\overline{D} - \mu_D}{S_D/\sqrt{n}} \sim t(n-1) \quad (11\text{–}10)$$

단, $S_D^2 = \sum_{i=1}^{n} (D_i - \overline{D})^2 / (n-1)$

따라서 μ_D 의 $100(1-\alpha)\%$ 의 신뢰구간은 다음과 같이 정리된다.

정리 11–7 모평균 차이의 신뢰구간(모집단이 대응되는 경우)

두 정규 모집단이 대응되는 경우, $\mu_1 - \mu_2$ 에 대한 $100(1-\alpha)\%$ 신뢰구간은

$$\left[\overline{D} \pm t_{1-\alpha/2;n-1} \frac{S_D}{\sqrt{n}}\right] \quad (11\text{–}11)$$

귀무가설을 $H_0 : \mu_D = \delta_0$ 로 설정하고, 가설검정 방법을 요약하면 다음과 같다.

정리 11–8 모평균 차이의 검정(모집단이 대응되는 경우)

귀무가설 $H_0 : \mu_D = \delta_0$, 검정통계량 : $T_0 = \dfrac{\overline{D} - \delta_0}{S_D/\sqrt{n}}$ (11–12)

① $H_1 : \mu_D > \delta_0 \Rightarrow$ 기각역: $T_0 > t_{1-\alpha;n-1}$

② $H_1 : \mu_D < \delta_0 \Rightarrow$ 기각역: $T_0 < t_{\alpha;n-1} = -t_{1-\alpha;n-1}$

③ $H_1 : \mu_D \neq \delta_0 \Rightarrow$ 기각역: $|T_0| > t_{1-\alpha/2;n-1}$

예제 11-10 다음 표는 비만약 복용 전후의 체중 측정 결과로서, 체중은 정규분포를 따른다고 가정하자. 비만약 복용 전후의 체중 변화에 대한 95% 신뢰구간을 구하시오. 또한, 비만약 복용 전후의 체중 변화가 있었는지 유의수준 5%에서 검정하시오.

표본	1	2	3	4	5	6	7	8	9	10	11	12	13	14	15	16
복용 전	68	61	60	68	67	64	66	67	66	67	72	74	61	71	58	77
복용 후	56	55	67	62	59	67	50	60	59	53	60	65	62	61	64	57
차이	12	6	−7	6	8	−3	16	7	7	14	12	9	−1	10	−6	20

| 풀이 |

$$\overline{D}=110/16=6.875,\ S_D^2=\left[\sum_{i=1}^{16} d_i^2-\left(\sum_{i=1}^{16} d_i\right)^2/16\right]/(16-1)=\frac{1,650-110^2/16}{15}\doteqdot 59.583$$

따라서 $S_D \doteqdot 7.719$이고, $t_{0.975;15} \doteqdot 2.131$이므로, 95% 신뢰구간은 다음과 같다.

$$\left[6.875 \pm 2.131 \times \frac{7.719}{\sqrt{16}}\right] \doteqdot [6.875 \pm 4.112]=[2.763, 10.987]$$

$H_1 : \mu_D \neq 0$이므로 기각역은 $|T_0|>t_{0.975;15} \doteqdot 2.131$이다. $\overline{D}=6.875$, $S_D \doteqdot 7.719$로서 검정통계량은 $T_0 \doteqdot \dfrac{6.875-0}{7.719/\sqrt{16}} \doteqdot 3.563>2.131$이므로 유의수준 5%에서 귀무가설을 기각한다. 즉, 유의수준 5%에서 평균 체중이 변하였다는 증거가 있다.

```
# 저장된 데이터 셋(exa11_10)을 불러옴
data(exa11_10)
x = exa11_10$x; y = exa11_10$y
d = x-y; mean(d); sd(d)
[1] 6.875
[1] 7.719024
# 단일 모집단 모평균에 대한 신뢰구간 pmean.ci2() 함수 (10장)
pmean.ci2(d)
[6.875 ± 2.1314×7.719/√16] = [6.875 ± 4.1132] = [2.7618, 10.9882]
# 단일 모집단 모평균에 대한 가설검정 meantest2.plot() 함수 (10장) (그래프 생략)
meantest2.plot(d, mu0=0)
T0 = (6.875 - 0) / (7.719/√16) = 3.5626
P-v = 2×P(T > |T0|) = 0.0028

# [참고] R 기본함수 t.test() 사용, 대응되는 표본 (paired=T)
t.test(x, y, paired=T)$conf
[1]  2.761822 10.988178
# [참고] 단일 표본(d) 사용 ⇒ 같은 결과를 얻음 (신뢰구간에 0이 포함되지 않음)
t.test(d)$conf[1:2]
[1]  2.761822 10.988178
```

11.5 모비율 차이에 대한 추론(표본이 큰 경우)

프로세스의 불량률이나 유권자의 지지율 등 모집단의 비율에 대해 조사해야 하는 경우가 종종 발생하는데, 이런 경우 모비율에 대한 추정이 필요하다.

11.5.1 모비율 차이의 추정

앞에서는 단일 모집단 모비율의 구간추정에 대하여 살펴보았는데, 다음으로 두 모집단의 모비율 차이에 대한 추정에 대하여 살펴보기로 하자. 모비율이 각각 p_1, p_2인 모집단에서 각각 표본 n_1, n_2개를 추출하여 얻은 성공 횟수 X와 Y는 이항분포 $X \sim B(n_1, p_1)$, $Y \sim B(n_2, p_2)$를 따른다. 이때 $E(X)=n_1p_1$, $E(Y)=n_2p_2$이므로 $\hat{p}_1=X/n_1$, $\hat{p}_2=Y/n_2$은 각각 p_1, p_2에 대한 불편추정량이 된다.

모비율의 차이에 대한 추정량 $\hat{p}_1-\hat{p}_2$의 기댓값은 $E(\hat{p}_1-\hat{p}_2)=p_1-p_2$, 분산은 $V(\hat{p}_1-\hat{p}_2)=p_1(1-p_1)/n_1+p_2(1-p_2)/n_2$이므로, 표본 n_1, n_2가 큰 경우, 중심극한정리와 정규분포의 가법성에 의하여 식 (11-13)이 성립하므로 [정리 11-9]를 얻는다.

$$\frac{(\hat{p}_1-\hat{p}_2)-(p_1-p_2)}{\sqrt{p_1(1-p_1)/n_1+p_2(1-p_2)/n_2}} \overset{a}{\sim} N(0,1) \qquad (11\text{-}13)$$

정리 11-9 모비율 차이의 신뢰구간(표본이 큰 경우)

표본크기 n_1, n_2가 클 때, 모비율 차이 p_1-p_2에 대한 $100(1-\alpha)\%$ 근사 신뢰구간은

$$\left[(\hat{p}_1-\hat{p}_2) \pm z_{1-\alpha/2}\sqrt{\frac{\hat{p}_1(1-\hat{p}_1)}{n_1}+\frac{\hat{p}_2(1-\hat{p}_2)}{n_2}}\right] \qquad (11\text{-}14)$$

예제 11-11 두 개의 라인에서 생산한 제품의 불량률을 비교하기 위하여 라인1과 라인2에서 각각 160개와 200개의 표본을 검사한 결과 각각 12개와 13개의 불량품이 발견되었다. 두 생산라인의 불량률 차이에 대한 90% 신뢰구간을 구하시오.

| 풀이 |

$\hat{p}_1=\frac{12}{160}=0.075$, $\hat{p}_2=\frac{13}{200}=0.065$이고, $z_{0.95} \doteq 1.645$이므로

$$\left[(0.075-0.065)\pm(1.645)\sqrt{\frac{0.075\times0.925}{160}+\frac{0.065\times0.935}{200}}\right] \doteq [0.01\pm0.045]$$

```
# 함수 prob2.ci() 실행
prob2.ci(n1=160, x1=12, n2=200, x2=13, alp=0.1)
[(0.075 - 0.065) ± 1.6449 × √(0.075 × 0.925/160 + 0.065 × 0.935/200)]
 = [0.01 ± 0.0447] = [-0.0347, 0.0547]

# [참고] 유의수준 0.05인 경우 ⇒ 신뢰구간의 폭이 넓어짐
prob2.ci(n1=160, x1=12, n2=200, x2=13, alp=0.05)
[(0.075 - 0.065) ± 1.96 × √(0.075 × 0.925/160 + 0.065 × 0.935/200)]
 = [0.01 ± 0.0532] = [-0.0432, 0.0632]

# [참고] 두 모집단 모비율 차이에 대한 신뢰구간 함수 prob2.ci() 사용법
ch11.man(5)
```

11.5.2 모비율 차이의 검정

두 모집단의 모비율을 비교하고자 할 때는 귀무가설은 $H_0: p_1 - p_2 = 0$로 정하고, 대립가설은 $H_1: p_1 - p_2 < 0$, $H_1: p_1 - p_2 > 0$, $H_1: p_1 - p_2 \neq 0$ 셋 중에 하나가 된다. 두 독립 모집단으로부터 각각 n_1, n_2개의 표본에서 구한 성공 횟수를 X_1, X_2라 하면, 표본비율은 각각 $\hat{p}_1 = X_1/n_1$, $\hat{p}_2 = X_2/n_2$가 된다. 귀무가설이 참이면 $p_1 = p_2$이므로, 이를 공통비율 p로 놓고 합동추정량 $\hat{p} = \dfrac{X_1 + X_2}{n_1 + n_2}$을 구하여 다음과 같이 검정한다.

정리 11-10 모비율 차이의 검정(표본이 큰 경우)

귀무가설 $H_0: p_1 = p_2$, 검정통계량 : $Z_0 = \dfrac{\hat{p}_1 - \hat{p}_2}{\sqrt{\hat{p}(1-\hat{p})(1/n_1 + 1/n_2)}}$ (11-15)

① $H_1: p_1 - p_2 > 0 \Rightarrow$ 기각역: $Z_0 > z_{1-\alpha}$

② $H_1: p_1 - p_2 < 0 \Rightarrow$ 기각역: $Z_0 < z_\alpha = -z_{1-\alpha}$

③ $H_1: p_1 - p_2 \neq 0 \Rightarrow$ 기각역: $|Z_0| > z_{1-\alpha/2}$

예제 11-12 두 개의 라인에서 생산한 제품의 불량률을 비교하기 위하여 라인1과 라인2에서 각각 150개와 250개의 표본을 검사한 결과 각각 12개와 10개의 불량품이 발견되었다. 생산라인 1의 불량률이 생산라인 2의 불량률보다 크다고 할 수 있는지 유의수준 5%에서 검정하시오.

| 풀이 |

귀무가설 $H_0 : p_1 = p_2$, 대립가설 $H_1 : p_1 > p_2$, 유의수준 $\alpha = 0.05$이므로 기각역은 $Z_0 > z_{0.95} \doteqdot 1.645$이며, 불량률의 추정치는 다음과 같다.

$$\hat{p}_1 = \frac{12}{150} = 0.08,\ \hat{p}_2 = \frac{10}{250} = 0.04,\ \hat{p} = \frac{12+10}{150+250} = 0.055$$

검정통계량은 $Z_0 = \dfrac{0.08-0.04}{\sqrt{0.055 \times 0.945\left(\frac{1}{150} + \frac{1}{250}\right)}} \doteqdot 1.699 > 1.645$이므로 귀무가설은 기각된다. 즉, 유의수준 5%에서 생산라인 1의 불량률이 생산라인 2의 불량률보다 크다고 할 만한 증거가 있다.

```
# 함수 prob2test.plot() 실행 ⇒ [그림 11-6]
prob2test.plot(n1=150, x1=12, n2=250, x2=10, side="up", dig=4)
p1 = 0.08         p2 = 0.04        ph = 0.055
se = √(0.055 × 0.945 × (1/150 + 1/250)) =0.0235
Z0 = (0.08 - 0.04) / 0.0235 = 1.6988
P-v = P(Z > Z0) = 0.0447
#  p-값이 유의수준보다 작으므로 귀무가설 기각

# [참고] 표본이 큰 경우 두 모비율 차이에 대한 검정 함수 prob2test.plot() 사용법
ch11.man(6)
```

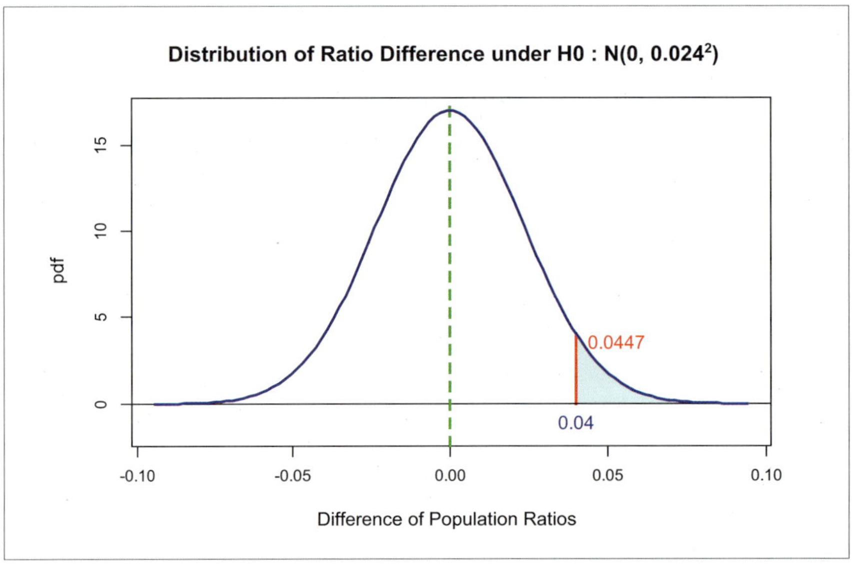

[그림 11-6] 모비율 차의 검정에서 정규근사에 의한 p-값 예시

11.6 모분산 비율에 대한 추론

11.6.1 모분산 비율의 추정

10.4절에서는 단일 모집단 모분산의 구간추정에 대하여 살펴보았는데, 이제 두 모집단의 모분산 비에 대한 추정절차를 설명한다. 두 모집단이 정규분포를 따르고, 모분산을 각각 σ_1^2, σ_2^2라 하고 표본분산을 각각 S_1^2, S_2^2라 하면, $\dfrac{S_1^2/\sigma_1^2}{S_2^2/\sigma_2^2} \sim F(n_1-1, n_2-1)$를 따르므로

$$P\left(F_{\alpha/2;(n_1-1,n_2-1)} \le \frac{S_1^2/\sigma_1^2}{S_2^2/\sigma_2^2} \le F_{1-\alpha/2;(n_1-1,n_2-1)}\right) = 1-\alpha \quad (11\text{–}16)$$

정리 11-11 모분산 비율의 신뢰구간

두 정규 모집단의 모분산 비율 σ_1^2/σ_2^2에 대한 $100(1-\alpha)\%$ 신뢰구간은

$$\left[\frac{S_1^2/S_2^2}{F_{1-\alpha/2;(n_1-1,n_2-1)}},\ \frac{S_1^2/S_2^2}{F_{\alpha/2;(n_1-1,n_2-1)}}\right] \quad (11\text{–}17)$$

예제 11-13 [예제 11-8]의 데이터를 사용하여 두 모집단 모분산 비율 σ_1^2/σ_2^2에 대한 95% 신뢰구간을 구하시오.

| 풀이 |

$S_1^2 = \dfrac{985,453-4,963^2/25}{24} = 8.26$, $S_2^2 = \dfrac{1,380,252-6,848^2/34}{33} \doteq 29.825$, $F_{0.025;(24,33)} \doteq 0.457$,

$F_{0.975;(24,33)} \doteq 2.088$이므로, 모분산 비율 σ_1^2/σ_2^2에 대한 95% 신뢰구간은

$$\left[\frac{8.26/29.825}{2.088}, \frac{8.26/29.825}{0.457}\right] \doteq [0.133, 0.606]$$

```
# 데이터 입력 ⇒ [예제 11-8]
data(exa11_8); x = exa11_8$x; y = exa11_8$y
var(x); var(y)
[1] 8.26 [1] 29.82531
var2.ci(x, y)
F0 = s1^2/s2^2 = 8.26 / 29.8253 = 0.2769
[LCL, UCL] = [0.2769/2.0885, 0.2769/0.4574] = [0.1326, 0.6055]
# 기본함수 var.test() 사용
round(var.test(x, y)$conf[1:2], 4)
[1] 0.1326 0.6055
# 신뢰구간에 1이 포함되지 않으므로 95%의 확신을 갖고 두 모분산은 같지 않다고 볼 수 있다.
```

11.6.2 모분산 비율의 검정

독립적인 두 정규모집단의 모분산비에 대한 검정에서 귀무가설 $H_0 : \sigma_1^2 = \sigma_2^2$이 참이면, [정리 9-5]로부터 S_1^2/S_2^2는 자유도 $F(n_1-1, n_2-1)$ 분포를 따르므로, 다음 정리를 얻는다.

정리 11-12 모분산 비율의 검정

귀무가설 $H_0 : \sigma_1^2 = \sigma_2^2$, 검정통계량 : $F_0 = \dfrac{S_1^2}{S_2^2} \sim F(n_1-1,\ n_2-1) \Big| H_0$

① $H_1 : \sigma_1^2 > \sigma_2^2 \Rightarrow$ 기각역: $F_0 > F_{1-\alpha;(n_1-1, n_2-1)}$

② $H_1 : \sigma_1^2 < \sigma_2^2 \Rightarrow$ 기각역: $F_0 < F_{\alpha;(n_1-1, n_2-1)}$

③ $H_1 : \sigma_1^2 \neq \sigma_2^2 \Rightarrow$ 기각역: $F_0 > F_{1-\alpha/2;(n_1-1, n_2-1)}$ 혹은 $F_0 < F_{\alpha/2;(n_1-1, n_2-1)}$

예제 11-14 [예제 11-8]의 데이터를 사용하여 두 모분산 간에 차이가 있는지 유의수준 5%에서 검정하시오.

| 풀이 |

$H_0 : \sigma_1^2 = \sigma_2^2$, $H_1 : \sigma_1^2 \neq \sigma_2^2$, $\alpha = 0.05$이므로 기각역은 $F_0 < F_{0.025;(24, 33)} \doteq 0.457$, 또는 $F_0 > F_{0.975;(24, 33)} \doteq 2.088$이 된다.

$S_1^2 = \dfrac{985,453 - 4,963^2/25}{24} = 8.26$, $S_2^2 = \dfrac{1,380,252 - 6,848^2/34}{33} \doteq 29.825$로부터

검정통계량은 $F_0 = \dfrac{S_1^2}{S_2^2} = \dfrac{8.26}{29.8253} \doteq 0.277 < 0.457$이므로 귀무가설은 기각된다. 즉, 두 모분산 간에 차이가 있다는 증거가 있다.

```
# 데이터 입력 ⇒ [예제 11-8]
data(exa11_8); x = exa11_8$x; y = exa11_8$y
var2.test(x, y)
F0 = 0.2769 ⇒ [0.4574, 2.0885] ⇒ Reject H0      (p-v = 0.0017)
# var.test() 함수 실행 및 결과 정리
vo = var.test(x, y)
cat("F0 =", round(vo$stat, 4), "\tP-v =", round(vo$p.val, 4), "\n")
F0 = 0.2769      P-v = 0.0017
# ⇒ p-값이 유의수준 0.05보다 작으므로 귀무가설 기각
# 함수 ftest.plot() 실행 (그래프 생략)
ftest.plot(fstat=vo$stat, deg=as.vector(vo$para), pmax=0.9999, side="two")

# [참고] F 검정통계량 분포 그래프 함수 ftest.plot() 사용법
ch11.man(7)
```

예제 11-15 분산이 각각 8과 4이며 독립적인 두 정규모집단에서 각각 크기 25, 16의 확률표본을 100회 반복 추출하여 모분산비에 대한 95% 신뢰구간을 그래프로 나타내고, 모분산비 2.0을 포함하지 않는 신뢰구간이 몇 회 나타나는지 확인하시오.

| 풀이 |

```
# 모의실험 함수 civar2.sim() 실행 ⇒ [그림 11-7]
civar2.sim(n1=25, n2=16, sig1=sqrt(8), sig2=2)
P(LCL > 2) = 3/100 = 0.03          P(UCL < 2) = 2/100 = 0.02
# 신뢰구간이 모분산비 2.0을 포함하지 않는 확률이 예상치 5%와 우연히 일치함.
# 모의실험 10,000회 반복
civar2.sim(n1=25, n2=16, sig1=sqrt(8), sig2=2, N=10000, plot=F)
P(LCL > 2) = 230/10000 = 0.023    P(UCL < 2) = 250/10000 = 0.025
# 10,000회 반복 실행한 경우, 이 확률은 4.8%로서 5%에 근접함

# [참고] 모분산 비율에 대한 신뢰구간 모의실험 함수 civar2.sim() 사용법
ch11.man(10)
```

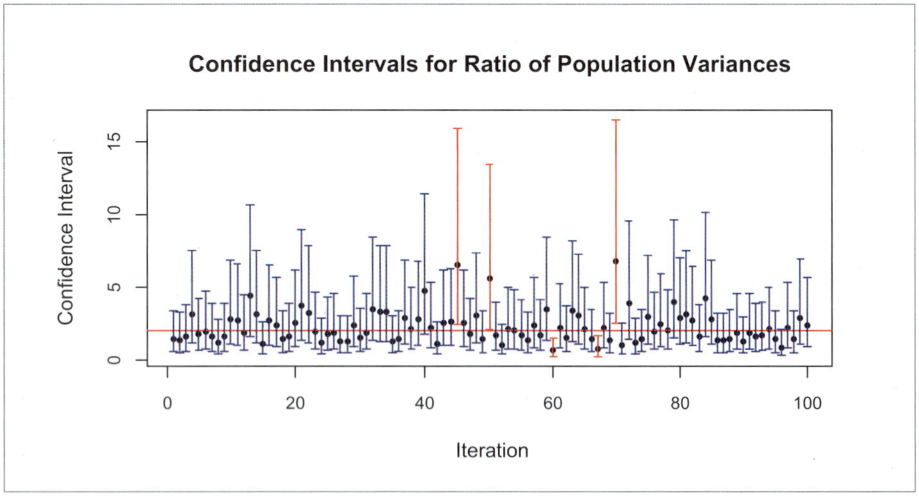

[그림 11-7] 모분산비에 대한 신뢰구간 모의실험 예시

연습문제

1 어느 나라 대학생들의 머리둘레는 표준편차 2.5(cm)인 정규분포를 따른다고 한다. 랜덤하게 선택된 A대 학생들 25명의 평균은 56.5cm, B대 학생들 20명의 평균은 55.2cm으로 측정되었다.

(1) 모평균의 차이 $\mu_1 - \mu_2$ 에 대한 95% 신뢰구간을 구하시오.
(2) 모평균의 차이가 있는지 유의수준 5%에서 검정하시오.
(R) 두 대학 학생들의 평균 머리둘레가 다르다고 주장했을 때, 틀릴 확률은 얼마인가?

2 두 라인에서 생산되는 볼트의 직경은 정규분포를 따른다고 한다. 라인 1에서 생산된 볼트 표본 20개의 직경은 평균 20.2(mm), 표준편차 0.22(mm), 라인 2에서 생산된 볼트 표본 16개의 무게는 평균 19.8(mm), 표준편차 0.19(mm)로 측정되었다.

(1) 모분산 비율 σ_1^2/σ_2^2 에 대한 95% 신뢰구간을 구하시오.
(2) 모분산의 차이가 있는지 유의수준 5%에서 검정하시오.
(3) 모평균의 차이 $\mu_1 - \mu_2$ 에 대한 95% 신뢰구간을 구하시오.
(4) 모평균의 차이가 있는지 유의수준 5%에서 검정하시오.

3 두 라인에서 생산되는 볼트의 직경은 정규분포를 따른다고 한다. 라인 1에서 생산된 표본 20개의 직경과 라인 2에서 생산된 볼트 표본 25개의 직경은 아래와 같다. (데이터 ex11_3)

19.8 20.2 20.1 19.8 19.7 　 19.9 20.2 20.0 20.1 20.2 　 20.1 20.2 20.0 20.0 19.8 　 20.1 19.8 20.1 19.9 20.3

19.7 19.6 19.8 19.8 19.4 　 19.6 19.1 19.2 19.6 19.5 　 19.4 19.0 19.3 19.7 19.7 　 19.3 19.4 19.9 19.4 19.6
19.6 19.3 19.4 19.4 19.3

(1) 모분산 비율 σ_1^2/σ_2^2 에 대한 95% 신뢰구간을 구하시오.
(2) 모분산의 차이가 있는지 유의수준 5%에서 검정하시오.
(3) 모평균의 차이 $\mu_1 - \mu_2$ 에 대한 95% 신뢰구간을 구하시오.
(4) 모평균의 차이가 있는지 유의수준 5%에서 검정하시오.

4 A모델과 B모델 자동차의 출력은 정규분포를 따른다고 한다. 랜덤하게 선택된 A모델 자동차 24대의 출력과 B모델 자동차 20대의 출력은 아래와 같다. (데이터 ex11_4)

A모델	119 119 119 116 119 114 116 120 120 119 121 123 123 119 126 115 127 118 113 122 114 123 124 120
B모델	118 116 121 124 118 122 119 121 125 131 121 120 118 120 127 125 121 122 123 130

(1) 모분산 비율 σ_1^2/σ_2^2에 대한 95% 신뢰구간을 구하시오.
(2) 모분산의 차이가 있는지 유의수준 5%에서 검정하시오.
(3) 모평균의 차이 $\mu_1 - \mu_2$에 대한 95% 신뢰구간을 구하시오.
(4) 모평균의 차이가 있는지 유의수준 5%에서 검정하시오.

5 두 업체에서 납품되는 부품의 길이는 정규분포를 따른다고 한다. A업체에서 납품된 부품 표본 20개의 길이는 평균 45(mm), 표준편차 2.2(mm), B업체에서 납품된 부품 표본 16개의 길이는 평균 41(mm), 표준편차 3.7(mm)로 측정되었다.

(1) 모분산 비율 σ_1^2/σ_2^2에 대한 95% 신뢰구간을 구하시오.
(2) 모분산의 차이가 있는지 유의수준 5%에서 검정하시오.
(3) 모평균의 차이 $\mu_1 - \mu_2$에 대한 95% 신뢰구간을 구하시오.
(4) 모평균의 차이가 있는지 유의수준 5%에서 검정하시오.

6 두 업체에서 납품되는 부품의 길이는 정규분포를 따른다고 한다. A업체에서 납품된 부품 표본 20개의 길이와 B업체에서 납품된 부품 표본 16개의 길이는 아래와 같다. (데이터 ex11_6)

41 46 43 46 48 46 48 47 45 45 44 48 44 45 44 48 43 48 46 43
38 41 46 46 41 41 39 37 36 45 42 46 39 46 41 34

(1) 모분산 비율 σ_1^2/σ_2^2에 대한 95% 신뢰구간을 구하시오.
(2) 모분산의 차이가 있는지 유의수준 5%에서 검정하시오.
(3) 모평균의 차이 $\mu_1 - \mu_2$에 대한 95% 신뢰구간을 구하시오.
(4) 모평균의 차이가 있는지 유의수준 5%에서 검정하시오.

7 C모델과 D모델 자동차의 출력은 정규분포를 따른다고 한다. 랜덤하게 선택된 C모델 자동차 30대의 출력과 D모델 자동차 28대의 출력은 아래와 같다. (데이터 ex11_7)

C모델	144 128 145 144 140 146 142 135 142 140 142 142 144 141 141 135 142 138 135 141 146 138 140 136 140 140 142 136 131 140
D모델	140 137 139 136 139 135 138 140 137 139 139 136 140 130 139 133 139 141 138 135 142 136 135 139 136 136 137 137

(1) 모분산 비율 σ_1^2/σ_2^2 에 대한 95% 신뢰구간을 구하시오.

(2) 모분산의 차이가 있는지 유의수준 5%에서 검정하시오.

(3) 모평균의 차이 $\mu_1-\mu_2$ 에 대한 95% 신뢰구간을 구하시오.

(4) 모평균의 차이가 있는지 유의수준 5%에서 검정하시오.

8 두 라인에서 생산되는 야구공의 무게는 정규분포를 따른다고 한다. 라인 1에서 생산된 야구공 표본 150개의 무게는 평균 148.4(g), 표준편차 1.2(g), 라인 2에서 생산된 야구공 표본 180개의 무게는 평균 148.1(g), 표준편차 1.5(g)으로 측정되었다. 두 모평균의 차이가 있는지 유의수준 5%에서 검정하시오.

9 다음 표는 혈압약 복용 전후의 혈압 측정 결과로서, 혈압은 정규분포를 따른다고 가정하자. (데이터 ex11_9)

전	122	127	121	126	123	129	130	123	118	134	130	133	127	133	121
후	116	121	119	123	125	121	124	126	120	127	122	129	125	128	123

(1) 혈압약 복용 전후의 혈압 변화에 대한 90% 신뢰구간을 구하시오.

(2) 혈압약 복용 후의 혈압이 떨어졌는지 유의수준 5%에서 검정하시오.

10 다음 표는 연료 첨가제 투입 전후의 연비 측정 결과로서, 연비는 정규분포를 따른다고 가정하자. (데이터 ex11_10)

전	12.8	15.9	11.0	13.1	12.6	8.5	10.9	14.0	11.2	13.7	13.3	9.7	13.1	13.5
후	14.9	16.9	13.0	12.4	9.8	5.1	10.9	14.8	13.3	12.8	16.9	12.4	12.1	16.7

(1) 연료 첨가제 투입 전후의 연비 변화에 대한 90% 신뢰구간을 구하시오.

(2) 연료 첨가제 투입 후에 연비가 향상되었는지 유의수준 5%에서 검정하시오.

11 어느 나라 20대 남성과 여성 각각 800명씩을 랜덤하게 추출하여 조사한 결과, 남성은 150명이, 여성은 126명이 '남성 육아휴직'안에 찬성하였다.

(1) 20대 남성과 여성 찬성률 차이에 대한 95% 신뢰구간을 구하시오.

(2) 20대 남성과 여성 찬성률에 차이가 있는지 유의수준 5%에서 검정하시오.

12 어느 나라에서 20대 남성과 여성의 흡연율을 비교하기 위하여 각각 180명과 220명의 표본을 조사한 결과, 각각 55명과와 48명이 흡연자라고 답하였다.

(1) 20대 남성과 여성 흡연율 차이에 대한 90% 신뢰구간을 구하시오.

(2) 20대 남성의 흡연율이 여성의 흡연율보다 높다고 할 수 있는지 유의수준 5%에서 검정하시오.

R1 분산이 각각 6과 5이며 독립적인 두 정규모집단에서 각각 크기 80의 확률표본을 추출하여 모분산 비율에 대한 95% 신뢰구간을 구하는 과정을 100회 반복하여 그래프로 나타내고, 모분산 비율 1.2를 포함하지 않는 신뢰구간이 몇 회 나타나는지 확인하시오.

CHAPTER 12

범주형 데이터 분석

Rstat

contents

12 범주형 데이터 분석

2장에서 설명한데로 **범주형 데이터**(categorical data)는 속성을 구분하는 데이터로서, 요인(factor)별로 집계하여 표 형태로 요약할 수 있다. 범주형 데이터는 순서가 없는 명목형(norminal) 데이터와, 순서가 있는 순위형(ordinal) 데이터로 구분된다. 범주형 데이터의 예로는 국가별, 지역별, 회사별, 부서별, 프로세스별, 라인별, 성별, 연령대별 등 무수히 많다.

범주형 데이터의 분석 방법은 다양하지만, 여기서는 적합도 검정과 교차분석 두 가지를 설명한다. 적합도 검정에서는 관측된 데이터의 분포가 특정한 분포를 따르는지를 검정하고, 교차분석은 분할표 분석이라고도 하며, 두 변수 간의 연관성을 분석한다. 먼저 12장에서 사용할 함수를 다음과 같이 정의한다.

```
# 패키지 'Rstat'을 불러옴
library(Rstat)

# 12장 함수 (번역) (번호를 입력하면 해당 함수의 사용법 확인 가능)
ch12.man()
[1] chi.gof1          표형식의 집계 확률에 대한 적합도 검정
[2] chi.gof2          포아송/이항분포에 대한 적합도 검정
[3] cross.test        동질성/독립성 검정
[4] chitest.plot2     카이제곱 검정 그래프 함수
[5] mosaic2           모자이크 플롯 함수

# 모자이크 플롯 함수 mosaic2() 사용법
ch12.man(5)
```

12.1 적합도 검정

적합도 검정은 관측이나 실험을 통해 얻어진 표본 데이터의 분포가 특정 형태의 분포와 일치하는지 알아보고자 하는 검정 방법으로서, 범주형 데이터의 관측치와 기댓값과의 차이를 근거로 검정을 수행한다.

적합도 검정에서 귀무가설은 "관측 데이터는 특정 분포를 따름"으로 설정되며, 대립가설은 그 반대가 된다. 범주의 총 개수를 k, 범주 i의 기대도수(expected frequency)를 E_i, 범주 i가 관측된 도수(observed frequency)를 O_i라 하면, Pearson이 제안한 카이제곱 검정통계량은 개념적으로 다음과 같다.

$$\chi_0^2 \equiv \sum_{i=1}^{k} \frac{(O_i - E_i)^2}{E_i} \sim \chi^2(k-1) \qquad (12-1)$$

전체 표본개수를 n이라 하면, 귀무가설에서 지정된 특정 분포에 따라 범주 i의 발생확률 p_i를 계산하여 기대도수 $E_i = np_i$를 구하고 범주 i의 도수 X_i를 관측한다. 이를 식 (12-1)에 대입한 검정통계량은 귀무가설 하에서 자유도 $(k-1)$을 갖는 카이제곱분포를 따르게 된다. 검정통계량에서 $\sum_{i=1}^{k}(X_i - np_i) = 0$ 이라는 제약이 하나 생기기 때문에 자유도가 $k-1$이 되는 것이다.

$$\chi_0^2 = \sum_{i=1}^{k} \frac{(X_i - np_i)^2}{np_i} \sim \chi^2(k-1) \,\Big|\, H_0 \qquad (12-2)$$

관측도수 X_i와 기대도수 np_i 간에 차이가 클수록 귀무가설이 틀릴 가능성이 높아지며, 식 (12-2)의 검정통계량 값이 커진다. 따라서 검정통계량 값이 자유도 $(k-1)$을 갖는 카이제곱분포를 따른다고 보기엔 너무 큰 경우 귀무가설을 기각한다. 따라서 유의수준 α에서 검정의 기각역은 $\chi_0^2 > \chi^2_{1-\alpha;k-1}$가 된다.

만약 귀무가설에서 설정한 분포의 모수를 추정해야 한다면, 범주 i의 발생확률 p_i들도 추정치가 되기 때문에 추정한 모수의 개수 m만큼 자유도를 더 잃게 된다. 이상을 정리하면 다음과 같다.

정리 12-1 적합도 검정(goodness of fit test)

귀무가설 H_0 : "관측 데이터는 특정 분포를 따름"(범주 i의 확률 $= p_i$, $i = 1, 2, \cdots, k$)

검정통계량은 $\chi_0^2 = \sum_{i=1}^{k} \frac{(X_i - np_i)^2}{np_i}$, 기각역은 $\chi_0^2 > \chi^2_{1-\alpha;\,k-1-m}$

예제 12-1 주사위를 120번 던져서 나온 눈의 도수가 아래와 같을 때, 이 주사위가 공정한지 유의수준 5%에서 검정하시오.

눈	1	2	3	4	5	6	계
도수	31	26	22	18	13	10	120

| 풀이 |

$H_0 : p_i = 1/6,\ i = 1, 2, \cdots, 6$ 으로부터 검정통계량은 아래와 같이 계산된다.

범주	1	2	3	4	5	6	계
X_i	31	26	22	18	13	10	120
np_i	20	20	20	20	20	20	120
$\frac{(X_i - np_i)^2}{np_i}$	6.05	1.8	0.2	0.2	2.45	5.0	15.7

자유도는 $6-1=5$, 기각역은 $\chi_0^2 > \chi_{0.95;5}^2 \doteqdot 11.070$ 이며, 검정통계량은 $\chi_0^2 = 15.7 > 11.07$ 이므로 귀무가설을 기각한다. 즉, 이 주사위는 공정하지 않다는 증거가 있다.

```
# 기본함수 chisq.test(x) 사용 (p를 지정하지 않으면 균일하게 배정됨)
x = c(31,26,22,18,13,10); (ct = chisq.test(x))
X-squared = 15.7, df = 5, p-value = 0.007755
# 카이제곱 검정 그래프 함수 chitest.plot2() 실행 ⇒ [그림 12-1]
chitest.plot2(stat=ct$stat, df=ct$para, side="up")
# ⇒ p-값이 유의수준보다 작으므로 귀무가설 기각
chi.gof1(x)  # 중간계산 확인
```

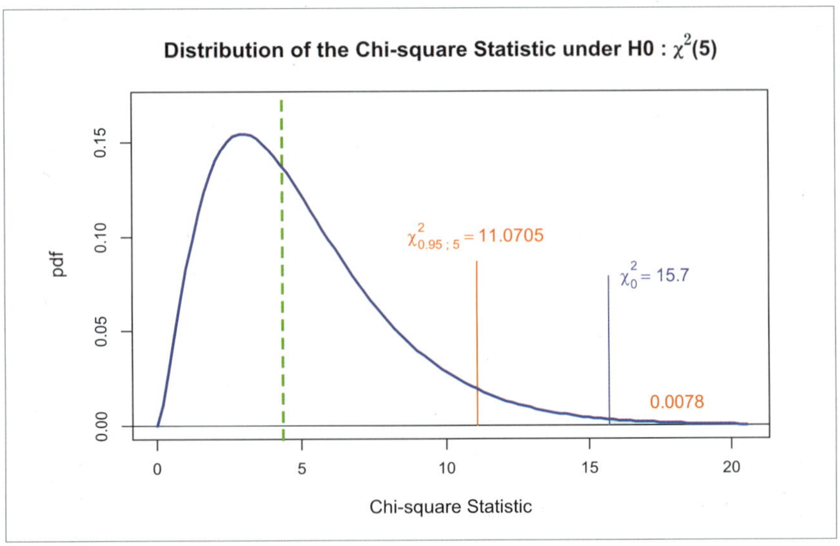

[그림 12-1] 적합도 검정의 기각역 예시 1

예제 12-2 한 공연기획사는 관람객의 연령분포가 20대 15%, 30대 30%, 40대 25%, 50대 20%, 60대 이상 10%로 예상하고 있다. 관람객 200명을 무작위로 조사하여 아래와 같은 연령분포를 얻었을 때, 기획사의 예상이 맞는지 유의수준 5%에서 검정하시오.

연령대	20대	30대	40대	50대	60대+	계
도수	32	65	47	38	18	200
예상 비율	0.15	0.3	0.25	0.2	0.1	1.0

| 풀이 |

귀무가설 $H_0 : \vec{p}=(0.15, 0.3, 0.25, 0.2, 0.1)$로부터 기대도수 $n\vec{p}=(30, 60, 50, 40, 20)$이 되어 아래의 표를 얻는다.

범주	1	2	3	4	5	계
X_i	32	65	47	38	18	200
np_i	30	60	50	40	20	200
$\frac{(X_i-np_i)^2}{np_i}$	0.133	0.417	0.18	0.1	0.2	1.03

범주1의 경우, $(32-30)^2/30 \doteq 0.133$으로 계산된다. 자유도는 $5-1=4$이므로 귀무가설의 기각역은 $\chi_0^2 > \chi_{0.95;4}^2 \doteq 9.488$이며, 검정통계량은 $\chi_0^2 \doteq 1.03$이므로 귀무가설을 채택한다. 즉, 기획사의 예상이 맞지 않다는 충분한 증거가 없다.

```
# 관측도수, 예상비율 입력
x = c(32, 65, 47, 38, 18); p = c(0.15, 0.3, 0.25, 0.2, 0.1)
# 기본함수를 이용하여 적합도 검정
(ct = chisq.test(x, p=p))
        Chi-squared test for given probabilities
X-squared = 1.03, df = 4, p-value = 0.9052
# 카이제곱 검정 그래프 함수 chitest.plot2() 실행 (그래프 생략)
chitest.plot2(stat=ct$stat, df=ct$para, side="up", ppt=50)
P-v = 0.9052
# p-값이 상당히 크므로 귀무가설 채택
chi.gof1(x, p)   # 중간계산 확인
```

예제 12-3 한 화랑에서는 시간당 방문 관람객 수의 분포가 평균 4명인 포아송분포를 따르는 것으로 예상하고 있다. 최근 80시간 동안 집계한 결과, 다음과 같은 시간당 관람객 수를 얻었을 때, 화랑의 예상이 맞는지 유의수준 5%에서 검정하시오. (데이터 exa12_3)

```
66223   52613   21396   30322   24444   14244
44427   67473   38153   87426   26444   25227
44542   77434   46333   34227
```

| 풀이 |

시간당 방문 관람객 수를 Y라 하면, 귀무가설 $H_0 : Y \sim Poi(4)$로 설정하고, 포아송분포로부터 기대도수 $np(y) = n \times e^{-4} 4^y / y!$을 얻는다. 따라서 검정통계량은 아래의 표와 같이 구할 수 있다. 단, 카이제곱분포 근사에서의 오차를 줄이기 위해 기대도수가 5보다 작은 범주 0, 1과 범주 7, 8, 9는 합쳐서 계산한다. 범주 0–1의 경우, 다음과 같이 계산된다. $np(y) = 80 \times e^{-4}(4^0/0! + 4^1/1!) \doteq 7.326$이므로, $(5-7.326)^2/7.326 \doteq 0.739$

범주(y)	0	1	2	3	4	5	6	7	8	9	계
도수(X_i)	1	4	17	13	22	4	8	8	2	1	80
$np(y)$	7.326		11.722	15.629	15.629	12.503	8.336	8.854			80.0
$\frac{(X_y - np(y))^2}{np(y)}$	0.739		2.376	0.442	2.597	5.783	0.014	0.520			12.471

범주가 7개로 줄었으므로 자유도는 6이다. 검정통계량은 $\chi_0^2 \doteq 12.471 < \chi_{0.95;6}^2 \doteq 12.592$이므로 귀무가설을 채택한다. 즉, 유의수준 5%에서 시간당 관람객 수가 평균 4명인 포아송분포를 따르지 않다는 충분한 증거가 없다. 그러나 유의수준을 조금만 높인다면 반대의 결론이 나올 수 있다.

```
# 저장된 데이터 셋(exa12_3)을 불러옴
data(exa12_3)
# 관측 데이터 정리, table() 함수 사용
(x = table(exa12_3))
exa12_3
 0  1  2  3  4  5  6  7  8  9
 1  4 17 13 22  4  8  8  2  1
# 테이블 범주를 수치형으로 변환
y = as.numeric(names(x)); x = as.numeric(x)
# 확률 및 기대도수 계산
py = dpois(y, 4); npy = 80*py; round(npy, 3)
[1]  1.465  5.861 11.722 15.629 15.629 12.503  8.336  4.763  2.382  1.058
# 기대도수가 작은 범주 (0,1), (7,8,9) 합병
p = c(py[1]+py[2], py[3:7], 1-sum(py[1:7])); np = 80*p; round(np, 3)
[1]  7.326 11.722 15.629 15.629 12.503  8.336  8.854
(x = c(x[1]+x[2], x[3:7], sum(x[8:10])))
[1]  5 17 13 22  4  8 11
# 기본함수를 이용하여 적합도 검정 ⇒ p-값이 0.05보다 크므로 귀무가설 채택
(ct = chisq.test(x, p=p))
 X-squared = 12.471, df = 6, p-value = 0.05225
# 카이제곱 검정 그래프 함수 chitest.plot2() 실행 ⇒ [그림 12-2] ⇒ 귀무가설 채택
chitest.plot2(stat=ct$stat, df=ct$para, side="up")
P-v = 0.0522
chi.gof2(x, para=4, mc1=1:2, mc2=8:10, dig=3)  # 중간계산 확인
```

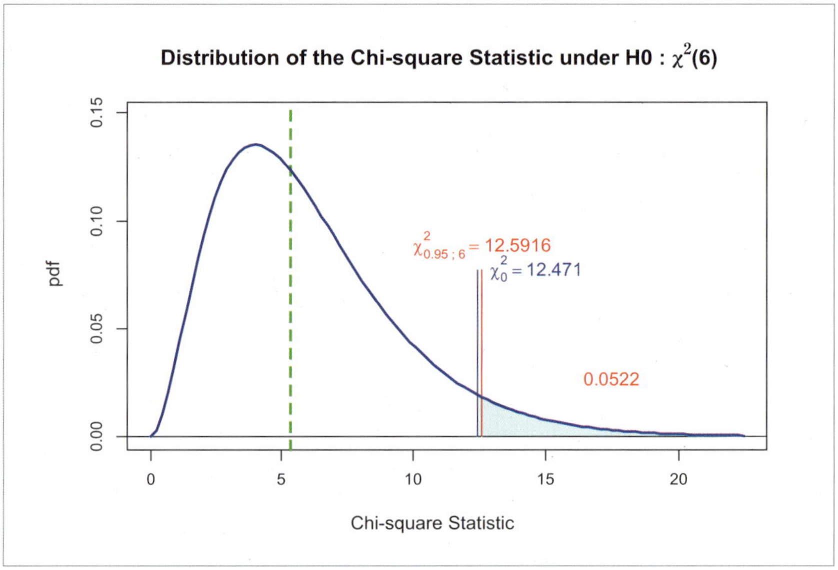

[그림 12-2] 적합도 검정의 기각역 예시 2

예제 12-4 [예제 12-3]에서 시간당 방문 관람객 수의 분포가 포아송분포를 따르는지 유의수준 5%에서 검정하시오.

| 풀이 |

$H_0 : Y \sim Poi(\lambda)$ 로 설정하고, $\hat{\lambda}=\sum_{y=0}^{9} yX_y / \sum_{y=0}^{9} X_y = 314/80 = 3.925$, 기대도수 $np(y) = n[e^{-3.925} \times 3.925^y / y!]$을 얻는다. 따라서 검정통계량은 아래의 표와 같이 구할 수 있다. 단, 카이제곱분포 근사에서의 오차를 줄이기 위해 기대도수가 5보다 작은 범주 0, 1과 7, 8, 9는 합쳐서 계산한다. 범주 0–1의 경우, 다음과 같이 계산된다.

$np(y) = 80 \times e^{-3.925}(1+3.925) \doteq 7.778$ 이므로, $(5-7.778)^2/7.778 \doteq 0.992$

범주(y)	0	1	2	3	4	5	6	7	8	9	계
도수(X_i)	1	4	17	13	22	4	8	8	2	1	80
$np(y)$	7.778		12.166	15.917	15.618	12.260	8.020	8.241			80.0
$\frac{(X_y - np(y))^2}{np(y)}$	0.992		1.921	0.534	2.608	5.565	0.000	0.924			12.545

여기서 자유도는 추정된 모수의 개수만큼 줄어들게 된다. 따라서 자유도는 $7-1-1=5$, 기각역은 $\chi_0^2 > \chi_{0.95;5}^2 \doteq 11.070$ 이다. 검정통계량은 $\chi_0^2 \doteq 12.545 > 11.07$ 이므로 귀무가설을 기각한다. 즉, 유의수준 5%에서 시간당 관람객 수가 포아송분포를 따르지 않다는 증거가 있다. 앞의 [예제 12-3]에서와는 달리 모수 λ를 데이터로부터 추정했기 때문에 결론이 반대로 나오게 되었다.

```
# 관측 데이터의 기댓값 추정 & 확률 및 기대도수 계산
(mv = mean(exa12_3))
[1] 3.925
py = dpois(y, mv); npy = 80*py; round(npy, 3)
[1]  1.579  6.199 12.166 15.917 15.618 12.260  8.020  4.497  2.206  0.962
# 범주 합병
p = c(py[1]+py[2], py[3:7], 1-sum(py[1:7])); np = 80*p; round(np, 3)
[1]  7.778 12.166 15.917 15.618 12.260  8.020  8.241
# 적합도 검정 통계량 ⇒ 자유도 1 공제해야 하므로 p-값이 틀림
(ct = chisq.test(x, p=p))
X-squared = 12.545, df = 6, p-value = 0.05086
# p-값 계산 (자유도 1 공제) ⇒ p-값이 0.05보다 작으므로 귀무가설 기각
deg = ct$para[[1]]-1; pv = 1-pchisq(ct$stat[[1]], deg); round(pv, 4)
[1] 0.028
chi.gof2(x, mc1=1:2, mc2=8:10, dig=3)  # 중간계산 확인
```

12.2 교차분석

교차분석(cross tabulation)은 두 개의 범주형 변수 간의 연관성을 분석하는 기법으로서, 동질성 검정과 독립성 검정으로 구분된다. 범주형 변수는 교차표(cross table) 혹은 이차원 분할표(two-way contingency table) 형태로 정리되므로 분할표 분석이라고도 한다.

12.2.1 동질성 검정

동질성 검정은 한 변수의 변화와는 무관하게 다른 변수의 분포가 동일한지를 통계적으로 검정한다. 일반적으로 독립변수(X)를 행으로, 종속변수(Y)를 열로 하여 다음과 같이 교차표를 작성한다. 행의 합은 X의 각 범주에 속한 데이터의 개수로서, 사전에 정해진 수이므로 소문자 n_{i+} 로 표기하고, 각 셀의 도수와 열의 합은 확률변수이므로 대문자로 표기한다.

X \ Y	1	2	…	c	계
1	N_{11}	N_{12}	…	N_{1c}	n_{1+}
2	N_{21}	N_{22}	…	N_{2c}	n_{2+}
⋮	⋮	⋮	⋮	⋮	⋮
r	N_{r1}	N_{r2}	…	N_{rc}	n_{r+}
계	N_{+1}	N_{+2}	…	N_{+c}	n

$p_{ij} \equiv P(X=i, Y=j)$, $p_{i+} \equiv P(X=i)$, $p_{+j} \equiv P(Y=j)$ 라 하면, 동질성 검정의 가설은 $H_0 : (p_{i1}, p_{i2}, \cdots, p_{ic}) = (p_{+1}, p_{+2}, \cdots, p_{+c})$, $i=1, 2, \cdots, r$ 와 같다.

만약 귀무가설이 사실이라면 모든 i, j 에 대해 $E_{ij} \equiv E(N_{ij} \mid H_0) = n_{i+} p_{+j}$ 이므로

$$\sum_{i=1}^{r}\sum_{j=1}^{c}\frac{(N_{ij}-E_{ij})^2}{E_{ij}} = \sum_{i=1}^{r}\sum_{j=1}^{c}\frac{(N_{ij}-n_{i+}p_{+j})^2}{n_{i+}p_{+j}} \sim \chi^2(r(c-1)) \quad (12\text{-}3)$$

$\hat{p}_{+j} = N_{+j}/n$ 으로 추정하여 식 (12-3)에 대입하면 다음과 같은 검정 통계량을 얻는다.

$$\chi_0^2 = \sum_{i=1}^{r}\sum_{j=1}^{c}\frac{(N_{ij}-n_{i+}N_{+j}/n)^2}{n_{i+}N_{+j}/n} \sim \chi^2((r-1)(c-1)) \quad (12\text{-}4)$$

이때 자유도는 $r(c-1)-(c-1)=(r-1)(c-1)$ 이 된다. 마치 $p_{+1}, p_{+2}, \cdots, p_{+c}$ 모두를 추정한 것 같지만, $p_{+1}+p_{+2}+\cdots+p_{+c}=1$ 이므로 실제로는 $(c-1)$ 개의 모수를 추정한 것이다. 따라서 기각역은 $\chi_0^2 > \chi^2_{1-\alpha;(r-1)(c-1)}$ 이 되며, 이상을 정리하면 다음과 같다.

정리 12-2 동질성 검정(test of homogeneity)

귀무가설 H_0 : "Y의 분포는 X와 상관없이 동일하다"

검정통계량은 $\chi_0^2 = \sum_{i=1}^{r}\sum_{j=1}^{c}\frac{(N_{ij}-n_{i+}N_{+j}/n)^2}{n_{i+}N_{+j}/n}$, 기각역은 $\chi_0^2 > \chi^2_{1-\alpha;(r-1)(c-1)}$

예제 12-5 네 라인으로부터 제품을 생산하는 한 회사는 제품을 5등급으로 나누어 관리한다. 각 생산라인에서 100개씩 랜덤 샘플링 하여 분석한 결과는 다음 표와 같다. 제품 등급 분포가 생산라인과 상관없이 일정한지 유의수준 5%에서 검정하시오.

라인 \ 등급	1	2	3	4	5	계
1	20	16	29	21	14	100
2	14	22	26	25	13	100
3	18	24	32	18	8	100
4	8	18	33	16	25	100
계	60	80	120	80	60	400

| 풀이 |

귀무가설 하에서 각 등급별 비율 추정치와 기대도수는 다음과 같다.

$\vec{p} = (60, 80, 120, 80, 60)/400 = (0.15, 0.2, 0.3, 0.2, 0.15)$, $n_{i+}\vec{p} = 100 \times \vec{p} = (15, 20, 30, 20, 15)$

검정통계량은 아래의 표와 같이 계산되며, 라인1의 경우 $(20-15)^2/15 \doteq 1.667$, $(16-20)^2/20 \doteq 0.800$, $(29-30)^2/30 \doteq 0.033$, $(21-20)^2/20 \doteq 0.050$, $(14-15)^2/15 \doteq 0.067$

라인 \ 등급	1	2	3	4	5	계
1	1.667	0.800	0.033	0.050	0.067	2.617
2	0.067	0.200	0.533	1.250	0.267	2.317
3	0.600	0.800	0.133	0.200	3.267	5.000
4	3.267	0.200	0.300	0.800	6.667	11.233
계	5.600	2.000	1.000	2.300	10.267	21.167

자유도는 $(4-1)(5-1)=12$, $\chi_0^2 \doteq 21.167 > \chi_{0.95;\,12}^2 \doteq 21.026$이므로 귀무가설을 기각한다. 즉, 제품의 등급 분포가 생산라인에 따라 다르다는 증거가 있다.

```
# 저장된 데이터 셋(exa12_5)을 불러옴
data(exa12_5)
# 기본함수 chisq.test() 사용 ⇒ p-값이 유의수준보다 작으므로 귀무가설 기각
(ct = chisq.test(exa12_5))
X-squared = 21.167, df = 12, p-value = 0.04799
# chitest.plot2() 실행 ⇒ [그림 12-3] ⇒ 검정통계량 값이 기각치보다 크므로 귀무가설 기각
chitest.plot2(stat=ct$stat, df=ct$para, side="up")
P-v = 0.048
cross.test(exa12_5, dig=3)  # 중간계산 확인
```

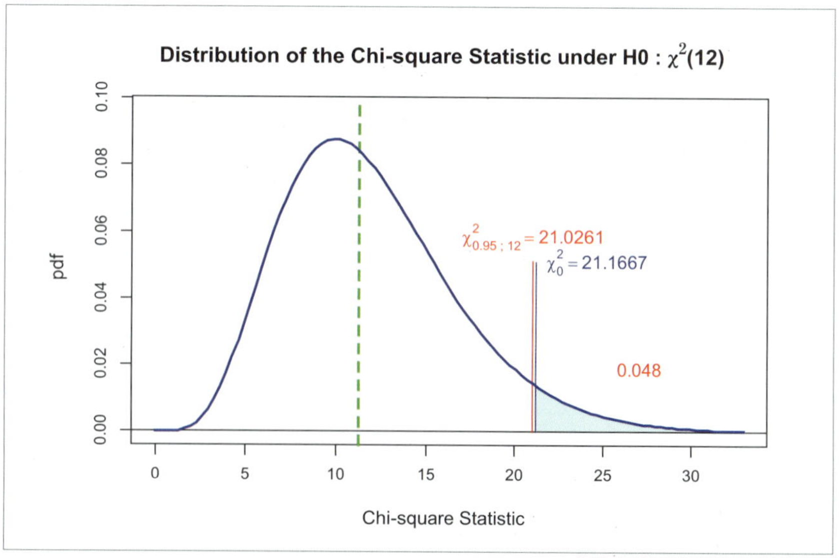

[그림 12-3] 동질성 검정의 기각역 예시

예제 12-6 [예제 12-5]에서 라인4의 품질에 문제가 있어 제외하고, 제품의 등급이 생산라인 1, 2, 3과 상관없이 일정한 분포를 따르는지 유의수준 5%에서 검정하시오.

| 풀이 |

생산라인 1, 2, 3만 대상이 되므로, 집계 도수는 아래와 같다.

라인 \ 등급	1	2	3	4	5	계
1	20	16	29	21	14	100
2	14	22	26	25	13	100
3	18	24	32	18	8	100
계	52	62	87	64	35	300

귀무가설 하에서 각 등급별 비율 추정치와 기대도수는 다음과 같다.

$\vec{p}=(52, 62, 87, 64, 35)/300 \doteq (0.173, 0.207, 0.290, 0.213, 0.117)$

$n_{i+}\vec{p}=100\times\vec{p} \doteq (17.333, 20.667, 29.0, 21.333, 11.667)$

따라서 검정통계량은 다음의 표와 같이 계산할 수 있다. 라인1의 경우

$(20-17.333)^2/17.333 \doteq 0.410$, $(16-20.667)^2/20.667 \doteq 1.054$, $(29-29)^2/29=0$, ⋯

라인 \ 등급	1	2	3	4	5	계
1	0.410	1.054	0.000	0.005	0.467	1.936
2	0.641	0.086	0.310	0.630	0.152	1.820
3	0.026	0.538	0.310	0.521	1.152	2.547
계	1.077	1.677	0.621	1.156	1.771	6.303

검정통계량 $\chi_0^2 \doteq 6.303$이 기각치 $\chi^2_{0.95;8} \doteq 15.507$보다 작으므로 귀무가설을 채택한다. 즉, 제품의 등급 분포가 이 생산라인 1, 2, 3에 따라 다르다는 충분한 증거가 없다.

```
# [예제 12-5]에 이어서..., 4행 제거
(x2 = exa12_5[-4,])
     [,1] [,2] [,3] [,4] [,5]
[1,]   20   16   29   21   14
[2,]   14   22   26   25   13
[3,]   18   24   32   18    8
# 카이제곱 검정 ⇒ p-값이 유의수준보다 크므로 귀무가설 채택
(ct = chisq.test(x2))
Pearson's Chi-squared test
data:  x
X-squared = 6.3027, df = 8, p-value = 0.6134
cross.test(x2, dig=3)  # 중간계산 확인
```

12.2.2 독립성 검정

독립성 검정은 여러 범주를 가지는 두 개의 변수가 서로 독립적인지 아닌지를 통계적으로 검정하는 기법이다. 동질성 검정과는 달리 영향을 줄 수 있는 변수와 영향을 받을 수 있는 변수를 구분하지 않고 랜덤하게 관측하여 다음과 같이 교차표를 작성한다.

X \ Y	1	2	…	c	계
1	N_{11}	N_{12}	…	N_{1c}	N_{1+}
2	N_{21}	N_{22}	…	N_{2c}	N_{2+}
⋮	⋮	⋮	⋮	⋮	⋮
r	N_{r1}	N_{r2}	…	N_{rc}	N_{r+}
계	N_{+1}	N_{+2}	…	N_{+c}	n

두 변수의 결합분포함수를 $p_{ij} \equiv P(X=i, Y=j)$라 하고, X와 Y의 주변분포함수를 각각 $p_{i+} \equiv P(X=i)$, $p_{+j} \equiv P(Y=j)$라 하자. 만약 귀무가설이 사실이라면 모든 i, j에 대해 $p_{ij}=p_{i+}p_{+j}$이므로 기대도수는 $E_{ij} \equiv E(N_{ij} \mid H_0)=np_{i+}p_{+j}$가 된다. 12.1절의 카이제곱 통계량을 모든 범주에 대해 적용하면, 범주들은 서로 독립이므로

$$\sum_{i=1}^{r}\sum_{j=1}^{c}\frac{(N_{ij}-np_{i+}p_{+j})^2}{np_{i+}p_{+j}} \sim \chi^2(rc-1) \qquad (12\text{–}5)$$

$\hat{p}_{i+}=N_{i+}/n$, $\hat{p}_{+j}=N_{+j}/n$을 위의 식에 대입하면 다음의 검정통계량을 얻게 된다.

$$\chi_0^2=\sum_{i=1}^{r}\sum_{j=1}^{c}\frac{(N_{ij}-N_{i+}N_{+j}/n)^2}{N_{i+}N_{+j}/n} \sim \chi^2((r-1)(c-1)) \qquad (12\text{–}6)$$

자유도는 $(rc-1)-(r-1)-(c-1)=(r-1)(c-1)$이 된다. 따라서 기각역은 $\chi_0^2 > \chi^2_{1-\alpha;(r-1)(c-1)}$이 되며, 이상을 정리하면 다음과 같다.

정리 12–3 독립성 검정(test of independence)

귀무가설 H_0: "X와 Y는 서로 독립이다"

검정통계량은 $\chi_0^2=\sum_{i=1}^{r}\sum_{j=1}^{c}\frac{(N_{ij}-N_{i+}N_{+j}/n)^2}{N_{i+}N_{+j}/n}$, 기각역은 $\chi_0^2 > \chi^2_{1-\alpha;(r-1)(c-1)}$

예제 12-7 랜덤하게 선택된 중학생 400명을 대상으로 선호하는 교과목과 장래희망을 조사한 결과가 아래 분할표와 같다. 중학생들의 선호 교과목과 장래희망이 서로 독립인지 유의수준 5%에서 검정하시오.

과목 \ 희망	교사	공무원	전문직	회사원	기타	계
국어	39	18	12	31	14	114
영어	35	23	18	35	13	124
수학	27	16	17	24	8	92
기타	9	12	8	19	22	70
계	110	69	55	109	57	400

| 풀이 |

귀무가설 하에서 각 셀의 기대도수는 $\hat{E}_{ij}=N_{i+}N_{+j}/n$ 으로 추정되므로, 다음과 같다.

과목 \ 희망	교사	공무원	전문직	회사원	기타	계
국어	31.35	19.665	15.675	31.065	16.245	114
영어	34.1	21.39	17.05	33.79	17.67	124
수학	25.3	15.87	12.65	25.07	13.11	92
기타	19.25	12.075	9.625	19.075	9.975	70
계	110	69	55	109	57	400

검정통계량은 각 셀에서 $(N_{ij}-\hat{E}_{ij})^2/\hat{E}_{ij}$ 를 계산하여 아래의 표와 같이 집계할 수 있다.

과목 \ 희망	교사	공무원	전문직	회사원	기타	계
국어	1.867	0.141	0.862	0.000	0.310	3.180
영어	0.024	0.121	0.053	0.043	1.234	1.475
수학	0.114	0.001	1.496	0.046	1.992	3.649
기타	5.458	0.000	0.274	0.000	14.496	20.229
계	7.463	0.264	2.685	0.089	18.033	28.533

자유도는 $(4-1)(5-1)=12$, $\chi_0^2 \doteq 28.533 > \chi^2_{0.95;12} \doteq 21.026$ 이므로 귀무가설을 기각한다. 즉, 중학생들의 선호 교과목과 장래희망이 서로 독립이 아니라는 증거가 있다.

```
# 저장된 데이터 셋(exa12_7)을 불러옴
data(exa12_7); x = exa12_7
# 카이제곱 검정 ⇒ p-값이 유의수준보다 작으므로 귀무가설 기각
(ct = chisq.test(x))
X-squared = 28.533, df = 12, p-value = 0.00462
# 카이제곱 검정 그래프 함수 chitest.plot2() 실행 (그래프 생략)
chitest.plot2(stat=ct$stat, df=ct$para, side="up", pup=0.9995)
P-v = 0.0046
# 모자이크 플롯 (영어로 입력, 한글 변수는 오류 발생)
Subject = c("Kor", "Eng", "Math", "Etc"); Hope = c("Sam", "Pub", "Exp", "Sal", "Etc")
# 행렬을 테이블로 변환하고 변수 이름과 범주 지정
t1 = as.table(x) ; dimnames(t1) = list(Subject=Subject, Hope=Hope)
# 'vcd' 라이브러리 설치 및 적재 (설치 안 된 경우)
install.packages("vcd")
library(vcd)
# 모자이크 플롯 함수 mosaic2() 실행 ⇒ [그림 12-4]
win.graph(7, 6) ; mosaic2(tab=t1, mt="학생 선호과목과 장래희망")
검정통계량 = 28.5329     자유도 = 12      p-값 = 0.0046
cross.test(x, dig=3)  # 중간계산 확인
```

[그림 12-4]에서 셀의 면적은 관측도수의 상대적인 크기이며, 셀 안의 숫자는 피어슨 잔차를 나타낸다. 기타 교과목(Etc)에서 종속성이 눈에 띄는데, 다른 교과목에 비해 선생님(Sam)을 희망한 비율은 낮은(붉은색) 반면, 기타 직업(Etc)을 희망한 비율은 높게(파란색) 나타났다.

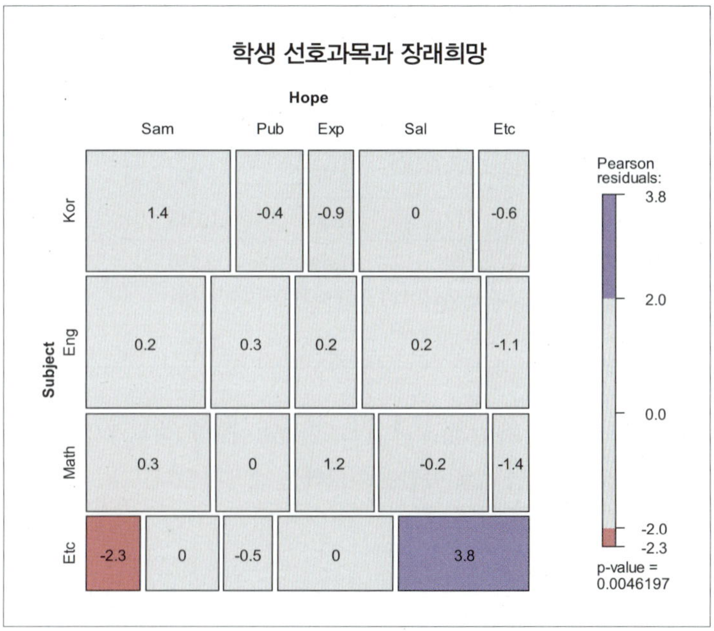

[그림 12-4] 독립성 검정 결과 모자이크 플롯

연습문제

1 S그룹에서 한 달간 전 사원의 요일별 결근 횟수를 집계하였다.

요일	월	화	수	목	금	계
결근 횟수	68	49	42	51	58	268

(1) 이를 근거로 요일별 결근 확률이 동일하다고 할 수 있는지 유의수준 5%에서 검정하시오.

(R) 귀무가설 하에서 검정통계량의 확률분포함수를 도시하고, 기각치와 관측된 검정통계량 값을 표시하시오.

2 A 패스트푸드점에서는 세트 메뉴 가격과 판매량이 반비례할 것으로 예상하고 있다. 지난주 판매량을 집계한 결과가 아래 표와 같다.

가격	1000	2000	3000	4000	6000	8000	계
판매량	2,382	1,121	845	656	383	313	5,700

(1) 이를 근거로 위의 예상이 맞는다고 할 수 있는지 유의수준 5%에서 검정하시오.

(R) 귀무가설 하에서 검정통계량의 확률분포함수를 도시하고, 기각치와 관측된 검정통계량 값을 표시하시오.

3 B 백화점에서는 X, Y, Z 브랜드가 A, B, C 브랜드에 비해 2배의 판매량을 보일 것으로 예상하고 있다. 지난달 판매량을 집계한 결과가 아래 표와 같다.

브랜드	A	B	C	X	Y	Z	계
판매량	124	148	139	245	228	276	1,160

(1) 위의 예상이 맞는다고 할 수 있는지 유의수준 5%에서 검정하시오.

(R) 귀무가설 하에서 검정통계량의 확률분포함수를 도시하고, 기각치와 관측된 검정통계량 값을 표시하시오.

4 K 도서관에서는 층별 사용자 수가 층수에 반비례 할 것으로 예상하고 있다. 지난달 사용현황을 집계한 결과가 다음 표와 같다.

층	1	2	3	4	계
사용자	3,287	1,720	1,145	812	6,964

(1) 위의 예상이 맞는다고 할 수 있는지 유의수준 5%에서 검정하시오.

(R) 귀무가설 하에서 검정통계량의 확률분포함수를 도시하고, 기각치와 관측된 검정통계량 값을 표시하시오.

5 H 자동차사의 모델별 작년 매출 비중과 금년 상반기 판매량은 아래와 같다.

모델	A	B	C	D	E	계
매출비중	14%	18%	24%	32%	12%	100%
판매량	712	826	1,198	1,510	514	4,760

(1) 작년에 비해 올해 매출 비중이 달라졌는지 유의수준 5%에서 검정하시오.

(R) 귀무가설 하에서 검정통계량의 확률분포함수를 도시하고, 기각치와 관측된 검정통계량 값을 표시하시오.

6 주사위를 150번 던져서 나온 결과가 아래와 같을 때, 이 주사위가 공정한지 유의수준 5%에서 검정하시오. (데이터 ex12_6)

```
2541232562  3142315424  1646365232  6312323615
4322333562  6123221146  2253425612  4114342424
2533662236  1234124632  1136414454  4114615564
5312351333  5326354625  4311161262
```

7 한 보석점에서 100일 동안 다이아몬드 반지 판매량 집계한 결과가 아래와 같다. (데이터 ex12_7)

```
5 9 7 4 9 9 6 3 9 6 5 7 9 3 10 10 6 11 8 10 8 7 9 9 7 7 11 7 6 5
5 10 7 11 5 3 9 7 7 8 9 6 5 8 5 5 5 5 5 11 9 9 8 3 7 7 6 5 9 9
11 5 4 7 6 6 3 4 8 8 5 6 9 6 7 4 6 7 6 7 6 4 9 8 9 7 10 5 9 5
7 5 4 5 11 8 11 8 11 6
```

(1) 일일 다이아몬드 반지 판매량이 평균 8인 포아송분포를 따르는지 유의수준 5%에서 검정하시오.

(2) 일일 다이아몬드 반지 판매량이 포아송분포를 따르는지 유의수준 5%에서 검정하시오.

8 90명의 학생이 10문제를 풀어서 맞은 정답의 수는 아래와 같다. (데이터 ex12_8)

```
5 7 5 7 6 7 3 7 2 4   5 2 4 7 3 7 4 6 7 6   6 3 4 4 6 7 2 3 5 8
7 5 5 4 8 9 5 6 4 6   6 8 2 7 8 4 6 7 2 7   9 4 8 5 4 5 9 5 4 9
4 7 6 6 5 6 7 5 3 5   7 9 4 5 7 5 4 8 8 5   7 6 3 7 4 5 6 5 3 4
```

(1) 학생별로 맞힌 정답의 수가 정답률 0.6인 이항분포를 따르는지 유의수준 5%에서 검정하시오.

(2) 학생별로 맞힌 정답의 수가 이항분포를 따르는지 유의수준 5%에서 검정하시오.

9 연령대별로 삶에서 가장 중요한 요소에 대해 설문조사를 실시하였다. 삶의 요소가 연령대별로 차이가 있는지 유의수준 5%에서 검정하시오. (데이터 ex12_9)

삶의 요소	명예	재산	사랑	쾌락	건강	계
이십대	12	23	32	28	5	100
삼십대	10	25	29	27	9	100
사십대	9	26	27	24	14	100
오십대	9	29	24	19	19	100
육십 이상	12	24	22	14	28	100

10 대학생들의 학년별 고민사항을 조사한 결과가 아래 표와 같다. 학년에 따라 대학생들의 고민사항에 차이가 있는지 유의수준 5%에서 검정하시오. (데이터 ex12_10)

	학점	취업	연애	전공	학비	교우	계
일학년	9	5	15	29	8	34	100
이학년	11	9	22	25	11	22	100
삼학년	15	16	19	21	17	12	100
사학년	16	24	16	18	17	9	100

11 한 회사는 제품을 6등급으로 나누어 관리한다. 네 개의 생산라인에서 각각 120개씩 랜덤 샘플링 하여 분석한 결과는 아래 표와 같다. (데이터 ex12_11)

라인 \ 등급	A	B	C	D	E	F	계
가	19	17	29	22	15	18	120
나	13	22	27	26	13	19	120
다	17	23	32	19	12	17	120
라	9	14	15	31	25	26	120
계	58	76	103	98	65	80	480

(1) 제품의 등급이 생산라인과 상관없이 일정한 분포를 따르는지 유의수준 5%에서 검정하시오.

(2) 라인-라의 품질에 문제가 있어 이 라인을 제외한 3개의 생산라인만 운영하기로 하였다. 제품의 등급이 생산라인 가, 나, 다와 상관없이 일정한 분포를 따르는지 유의수준 5%에서 검정하시오.

12 랜덤하게 선택된 고등학생 800명을 대상으로 선호하는 교과목과 희망하는 전공계열을 조사하여 정리한 결과가 아래 분할표와 같다. (데이터 ex12_12)

과목 \ 계열	인문	사회	경상	자연	공학	기타	계
국어	34	29	24	21	19	12	139
영어	36	31	28	25	26	11	157
수학	22	21	24	27	29	8	131
사회	29	35	31	27	25	7	154
과학	21	22	25	32	31	6	137
기타	6	10	12	17	13	24	82
계	148	148	144	149	143	68	800

(1) 고등학생들의 선호 교과목과 진로희망 계열이 서로 독립인지 유의수준 5%에서 검정하시오.

(2) 기타 과목과 기타 계열을 제외하면 결과는 어떻게 나타나는가?

(R) 분할표의 전체 데이터에 대한 모자이크 플롯을 작성하시오.

CHAPTER 13

분산분석

Rstat

contents

13 분산분석

서로 독립인 두 모집단 평균에 대한 통계적 추론은 10장과 11장에서 설명한 바와 같이 주로 t-분포를 이용하여 수행된다. 서로 독립인 세 개 이상의 모집단 평균에 대한 통계적 추론은 분산분석을 통하여 수행된다. 독립변수의 수준에 따라 반응치가 영향을 받는 경우, 독립변수의 수준별로 평균이 달라지기 때문에 여러 개의 모집단이 형성되는 것이다.

분산분석에서는 어떤 요인이 반응치에 영향을 주는지 분석하는 것이 주요목적이 된다. 따라서 분산분석을 통해 의미 있는 요인들을 선별하고, 바람직한 반응치를 얻을 수 있는 수준 범위를 사전에 찾아 놓으면 추후의 분석에 많은 도움이 된다. 예를 들면, 분산분석에서 선별된 요인과 수준 범위를 사용하여 회귀분석에서는 요인과 반응치의 함수관계를 분석하게 된다. 13장에서는 이러한 분산분석의 개념과 기본적 분산분석 모형에 대하여 학습한다. 먼저 13장에서 사용할 함수를 다음과 같이 정의한다.

```
# R 아이콘을 더블클릭하여 실행
# 패키지 'Rstat'을 불러옴
library(Rstat)

# 13장 함수 정의 (번역) (번호를 입력하면 해당 함수의 사용법 확인 가능)
ch13.man()
[1] anova1        일원 분산분석
[2] anova2        이원 분산분석
# [참고] 일원 분산분석 함수 anova1() 사용법
ch13.man(1)
# [참고] 이원 분산분석 함수 anova2() 사용법
ch13.man(2)
```

13.1 분산분석의 개념

분산분석에서 반응치에 영향을 미칠 것으로 예상되는 원인들 중에서 분석에서 고려되는 원인을 **요인**(factor) 또는 **인자**라 하는데, 회귀분석에서는 독립변수에 해당한다. 실험 또는 관측에서 선별된 요인의 값을 **수준**(level)이라 하며, 요인의 각 수준에서 얻어진 종속변수의 관측치를 **반응치**(response value)라 한다.

예를 들어, 화학프로세스에서 온도를 100℃, 150℃, 200℃로, 압력을 1기압, 2기압으로 하여 온도와 압력의 조합을 랜덤하게 바꾸어가며 실험하여 수율(yield)을 측정하였다면, 온도는 3수준 요인, 압력은 2수준 요인이 되고, 수율은 반응치가 된다. 만약 온도가 변해도 반응치의 변화가 미미하다면 온도는 반응치에 영향을 준다고 보기 어렵다. 반면, 온도의 변화에 따라 반응치가 크게 변한다면 온도는 반응치에 영향을 준다고 볼 수 있다. 이와 같이 요인의 수준 변화에 따른 반응치의 산포를 분석하면 그 요인이 의미가 있는지 여부를 알 수 있다.

분산분석이란 반응치의 산포를 제곱합(sum of squares)으로 나타내고, 이 제곱합을 각 요인의 제곱합으로 분해하여 오차에 비해 의미 있는 영향을 주는 요인을 선별하는 분석방법이다. 각 요인의 제곱합을 그 요인의 자유도로 나누면 그 요인의 평균제곱이 되며, 오차의 평균제곱에 대한 상대적인 크기를 검토하여 의미가 있는지 판단한다. 따라서 분산분석이란 반응치의 산포를 요인별로 분해하여 어느 요인이 의미 있는 산포를 나타내는지를 선별하는 통계적 기법이다.

정의 13-1 분산분석(Analysis of Variance: ANOVA)

반응치의 산포를 요인별로 분해하여, 반응치에 유의한 영향을 주는 요인을 찾아내는 통계적 기법

분산분석이 공정한 결과를 내기 위해서는 고려되는 요인 외에 반응치에 영향을 미칠 수 있는 다른 원인들은 모두 일정 수준으로 고정되어야 하며, 실험(관측) 순서 또한 랜덤하게 이루어져야 한다. 이를 **랜덤화의 원리**라 하며, 시간 공간적 환경의 영향을 최소화하기 위함이다.

13.2 일원 분산분석

한 요인만 고려하는 경우의 분산분석을 **일원 분산분석**(one-way ANOVA)이라 한다.

13.2.1 데이터의 구조

일원 분산분석에서는 요인의 수준별로 같은 수의 데이터를 얻을 필요는 없다. 요인 A가 r개의 수준을 가질 때, i 수준에서 n_i개의 반응치를 얻었다면, 데이터는 다음 표와 같이 정리된다. 여기서 y_{ij}는 요인의 i번째 수준에서 j번째로 얻어진 반응치를 의미한다.

데이터가 집계되면 수준별로 합계와 평균을 구한다. 수준별 평균들의 차이가 크게 나타난다면 요인 A는 반응치에 영향을 미칠 가능성이 클 것이며, 반대로 수준별 평균들의 차이가 작게 나타난다면 요인 A는 반응치에 영향을 미칠 가능성이 적을 것이다. 단, 평균들의 차이가 '크다'와 '작다'의 기준은 상대적이므로, 실험(측정) 오차와 비교하여 결정하게 된다.

〈표 13-1〉 일원 분산분석 데이터

	A_1	A_2	⋯	A_r	
실험의 반복	y_{11} y_{12} ⋮ ⋮ y_{1n_1}	y_{21} y_{22} ⋮ y_{2n_2}	⋯ ⋯ ⋯	y_{r1} y_{r2} ⋮ ⋮ y_{rn_r}	
합계 평균	$T_{1.}$ $\bar{y}_{1.}$	$T_{2.}$ $\bar{y}_{2.}$	⋯ ⋯	$T_{r.}$ $\bar{y}_{r.}$	T $\bar{y}$

전체 수준에서의 모평균을 μ, 수준 A_i에서 반응치의 모평균을 μ_i라 하면, 데이터의 구조식은 다음과 같이 나타낼 수 있다. 반응변수는 변량이므로 대문자로 표기하는 것이 원칙이지만, 소문자로 나타내기로 한다.

$$y_{ij}=\mu_i+\epsilon_{ij}=\mu+a_i+\epsilon_{ij},\ \ i=1,2,\cdots,r,\ \ j=1,2,\cdots,n_i \tag{13-1}$$

여기서 $a_i \equiv \mu_i-\mu$를 요인 A의 주효과라 한다.

기본적으로 오차 ϵ_{ij}들은 서로 독립이고 $N(0,\sigma^2)$ 분포를 따르는 것으로 가정한다. 여기에는 오차에 대한 네 가지 가정, 즉 독립성, 정규성, 불편성$(E(\epsilon_{ij})=0)$, 등분산성이 내포되어 있다. 오차의 가정에 따라 반응변수는 다음과 같은 특성을 갖는다.

① $E(\epsilon_{ij})=0$이므로 $E(y_{ij})=\mu_i=\mu+a_i$

② $Var(\epsilon_{ij})=\sigma^2$이므로 $Var(y_{ij})=Var(\epsilon_{ij})=\sigma^2$

③ ϵ_{ij}가 서로 독립이므로 y_{ij}도 서로 독립이다.

13.2.2 제곱합의 분해

분산분석을 수행하기 위해 반응치의 전체 변동을 요인별 변동으로 분해할 필요가 있다. 먼저 일원 분산분석에서의 편차들은 아래와 같이 정의된다.

① **총편차**$(y_{ij}-\overline{y})$: 각각의 표본 관측치(y_{ij})와 전체 평균$(\overline{y})$과의 차이
② **수준간편차**$(\overline{y}_{i.}-\overline{y})$: 각 수준의 평균$(\overline{y}_{i.})$과 전체 평균$(\overline{y})$과의 차이
③ **수준내편차**$(y_{ij}-\overline{y}_{i.})$: 각 표본 관측치$(y_{ij})$와 그 수준의 평균$(\overline{y}_{i.})$과의 차이(잔차)

총편차는 다음과 같이 수준간편차와 수준내편차로 분해할 수 있다.

$$y_{ij}-\overline{y}=(\overline{y}_{i.}-\overline{y})+(y_{ij}-\overline{y}_{i.}) \qquad (13\text{–}2)$$

편차를 그대로 더하면 ±값들이 상쇄되어 사라지므로, 편차를 제곱하여 더함으로써 변동의 지표인 제곱합을 구한다. 식 (13–2)의 양변을 제곱하여 더하면 다음의 정리를 얻는다.

정리 13–1 일원 분산분석 제곱합의 분해

$$SS_T=SS_A+SS_E \qquad (13\text{–}3)$$

총제곱합: $$SS_T=\sum_{i=1}^{r}\sum_{j=1}^{n_i}(y_{ij}-\overline{y})^2=\sum_{i=1}^{r}\sum_{j=1}^{n_i}y_{ij}^2-\frac{T^2}{N} \qquad (13\text{–}4)$$

처리제곱합: $$SS_A=\sum_{i=1}^{r}\sum_{j=1}^{n_i}(\overline{y}_{i.}-\overline{y})^2=\sum_{i=1}^{r}\frac{T_{i.}^2}{n_i}-\frac{T^2}{N} \qquad (13\text{–}5)$$

오차제곱합: $$SS_E=\sum_{i=1}^{r}\sum_{j=1}^{n_i}(y_{ij}-\overline{y}_{i.})^2=SS_T-SS_A \qquad (13\text{–}6)$$

여기서 $N=\sum_{i=1}^{r}n_i$로서 전체 데이터의 수를 나타내며, T^2/N을 **보정항**(correction term)이라 하는데, 제곱합을 계산할 때 공통적으로 제하여지는 항으로서, 데이터 총합(T)의 제곱을 전체 데이터 개수로 나눈 것이다.

다음으로 각 제곱합의 자유도를 구해본다. 자유도는 제곱합에 포함된 독립적인 항의 개수임을 기억하자. 총제곱합에는 N개의 편차가 있으나 제약 조건 $\sum_{i=1}^{r}\sum_{j=1}^{n_i}(y_{ij}-\overline{y})=0$이 있으므로 자유도는 $\phi_T=N-1$이 된다.

처리제곱합에는 r개의 독립적인 편차가 있으나 모두 더하면 $\sum_{i=1}^{r}n_i(\overline{y}_{i.}-\overline{y})=0$이 되므로 자유도는 $\phi_A=r-1$이 된다. 오차제곱합에는 N개의 편차가 있지만, 각 수준마다 $\sum_{j=1}^{n_i}(y_{ij}-\overline{y}_{i.})=0$인 제약이 있으므로 총 r개의 제약으로 인해 자유도는 $\phi_E=N-r$이 된다. 따라서 총제곱합의 자유도는 다음과 같이 분할됨을 알 수 있다.

$$\phi_T = N-1 = (r-1)+(N-r) = \phi_A + \phi_E \quad (13\text{-}7)$$

13.2.3 가설검정

분산분석의 주요 관심사는 해당 요인이 반응치에 의미 있는 영향을 주는가 여부라 할 수 있다. 만약 해당 요인이 반응치에 영향을 주지 못한다면, 요인의 각 수준에서 반응치의 평균은 차이가 없을 것인데, 이를 귀무가설로 설정한다. 즉, 다음의 가설을 검정함으로써 해당 요인의 유의성을 판가름할 수 있다.

$H_0 : \mu_1 = \mu_2 = \cdots = \mu_r$
H_1 : 적어도 한 개의 μ_i는 나머지와 같지 않다.

만약 요인의 수준변화가 반응치에 영향을 미친다면(귀무가설이 거짓이라면) [그림 13-1]의 왼쪽처럼 수준별 반응치 평균 $\overline{y}_{i.}$ 들은 산포에 비해 큰 차이를 갖게 되어, 처리제곱합(SS_A)이 오차제곱합(SS_E)에 비해 상대적으로 크게 나올 것이다.

요인의 수준변화가 반응치에 영향을 주지 못한다면(귀무가설이 참이라면) [그림 13-1]의 오른쪽처럼 요인의 모든 수준에 걸쳐 반응치의 평균 $\overline{y}_{i.}$ 들은 비슷한 값들이 나올 가능성이 높다. 따라서 처리제곱합(SS_A)은 오차제곱합(SS_E)에 비해 상대적으로 작게 나올 것이다. 수준별 평균의 차이가 전혀 없는 것은 아니지만, 상자그림의 폭으로 나타나는 산포를 고려할 때 의미 있는 차이를 나타내지 못하는 것이다.

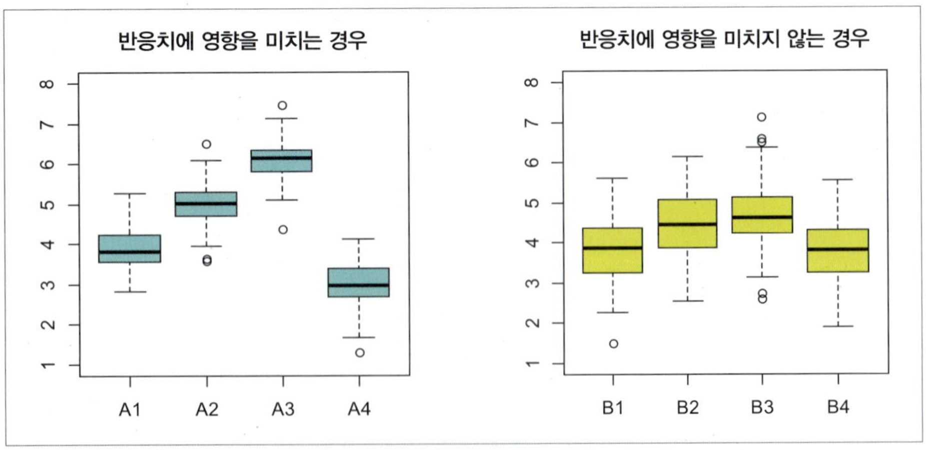

[그림 13-1] 반응치에 영향을 미치는 요인과 영향을 미치지 않는 요인

상대적 크기를 비교하기 위해 처리제곱합(SS_A)을 자유도 ϕ_A로 나누어서 처리평균제곱(MS_A)을 구하고, 오차제곱합(SS_E)도 자유도 ϕ_E로 나누어서 오차평균제곱(MS_E)을 구한다. 검정통계량은 처리평균제곱을 오차평균제곱으로 나눈 비율(MS_A/MS_E)을 사용한다.

귀무가설 $H_0 : \mu_1 = \mu_2 = \cdots = \mu_r$이 맞는다면, 검정통계량 $F_0 \equiv MS_A/MS_E$는 귀무가설 하에서 자유도 ϕ_A와 ϕ_E를 갖는 F-분포를 따르게 된다. 만약 귀무가설이 틀리다면 F_0 값은 F-분포의 위쪽에 위치하게 될 것이다. 따라서 $F_0 > F_{1-\alpha;(\phi_A, \phi_E)}$이면 유의수준 α에서 F-분포를 따른다고 볼 수 없기 때문에 귀무가설을 기각한다. 이상을 정리하면 다음의 분산분석표(〈표 13-2〉)와 같다.

〈표 13-2〉 일원 분산분석표

구분	제곱합	자유도	평균제곱	검정통계량	기각역
처리	SS_A	$r-1$	$MS_A = \dfrac{SS_A}{r-1}$	$\dfrac{MS_A}{MS_E}$	$F_{1-\alpha;(r-1, N-r)}$
오차	SS_E	$N-r$	$MS_E = \dfrac{SS_E}{N-r}$		
계	SS_T	$N-1$			

예제 13-1 한 화학공정에서 온도 150℃, 200℃, 250℃, 300℃ 4수준에서 랜덤한 순서로 반복 실험하여 얻은 수율 데이터가 다음의 표와 같다. 제곱합을 계산하여 분산분석표를 작성하고, 이 공정에서 온도의 변화가 수율에 영향을 미치는지 유의수준 5%에서 검정하시오.

반복 \ 온도 수준	150℃	200℃	250℃	300℃
1	79	81	86	76
2	83	89	91	81
3	88	91	93	82
4	78	84	90	79
5	75	86	89	
6		82		

| 풀이 |

먼저 요인의 수준별 합계와 평균을 구하면 다음과 같다.

온도 수준	150℃	200℃	250℃	300℃	전체
합계	403	513	449	318	1683
평균	80.60	85.50	89.80	79.50	84.15

다음으로 각각의 제곱합을 구하면,

$$SS_T=\sum_{i=1}^{r}\sum_{j=1}^{n_i} y_{ij}^2-\frac{T^2}{N}=142,171-\frac{1,683^2}{20}=546.55$$

$$SS_A=\sum_{i=1}^{r}\frac{T_{i.}^2}{n_i}-\frac{T^2}{N}=\left(\frac{403^2}{5}+\frac{513^2}{6}+\frac{449^2}{5}+\frac{318^2}{4}\right)-\frac{1,683^2}{20}=320.05$$

$$SS_E=SS_T-SS_A=546.55-320.05=226.5$$

각 제곱합의 자유도는 $\phi_T=N-1=20-1=19$, $\phi_A=r-1=4-1=3$, $\phi_E=N-r=20-4=16$

구분	제곱합	자유도	평균제곱	F_0	$F_{0.95;(3,16)}$
처리	320.05	3	106.6833	7.536	3.239
오차	226.50	16	14.1563		
계	546.55	19			

검정통계량 $F_0 \doteq 7.536 > F_{0.95;(3,16)} \doteq 3.239$ 이므로 유의수준 5%에서 귀무가설을 기각한다. 즉, 이 공정에서 4수준의 온도 변화는 수율에 영향을 미친다는 증거가 있다.

```
# 저장된 데이터(exa13_1)를 불러옴
data(exa13_1)
y = exa13_1[[1]]; f = exa13_1[[2]]
# 일원 분산분석 함수 anova1() 실행 (단계 0~3)
anova1(y, f, xl="온도", yl="수율", step=0:3)
[Step 0] Mean of 수율 for each level of 온도 ---------
 150  200  250  300
80.6 85.5 89.8 79.5
[Step 1] Box Plot of 수율 for each level of 온도 ---------
[Step 2] ANOVA Table of 수율 w.r.t. 온도 ---------
      Sum of Sq. df Mean Sq.     F0 P-value
온도      320.05   3 106.6833   7.5361   0.0023
Error      226.5   16  14.1562
Total     546.55   19
[Step 3] ANOVA Diagnostic Plot of 수율 w.r.t. 온도 ---------
# 데이터 사전 조사 (step=1) ⇒ [그림 13-2]
# 수율은 수준 3까지 증가하다가 수준 4에서 감소함
# 산포는 수준 1에서 가장 크고, 수준이 오름에 따라 점차 감소함
# 진단 그래프 (step=3) ⇒ [그림 13-3]
# 수준별로 잔차가 비교적 고르게 퍼져있어 등분산 가정에 큰 문제는 없어 보임.
# 잔차 간에 눈에 띄는 규칙이나 습성이 없으므로, 독립성 가정에 큰 문제는 없어 보임.
# 정규확률도가 직선에서 크게 벗어나지 않으므로 정규성 가정에 큰 문제는 없어 보임..
# 단, 3번, 5번, 8번 점이 다소 눈에 띄므로, 이들 데이터에 대한 검토가 필요함.
```

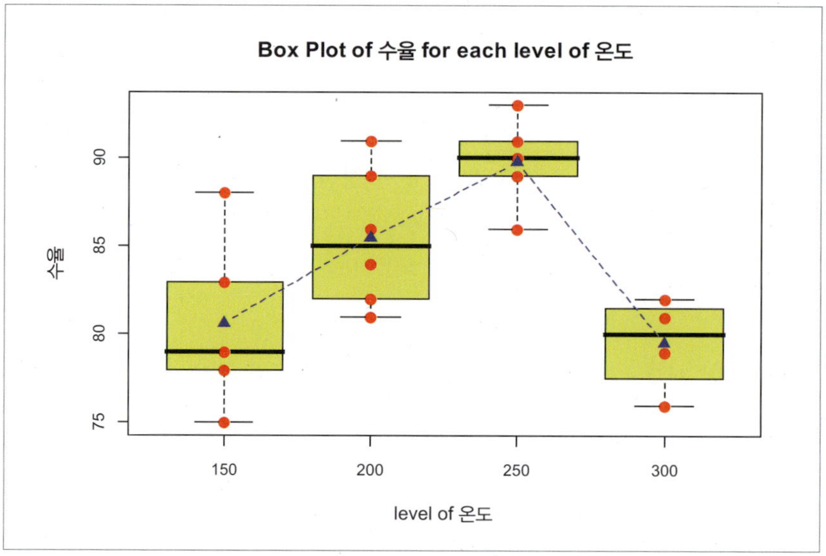

[그림 13-2] 분산분석 사전 데이터 조사 예시

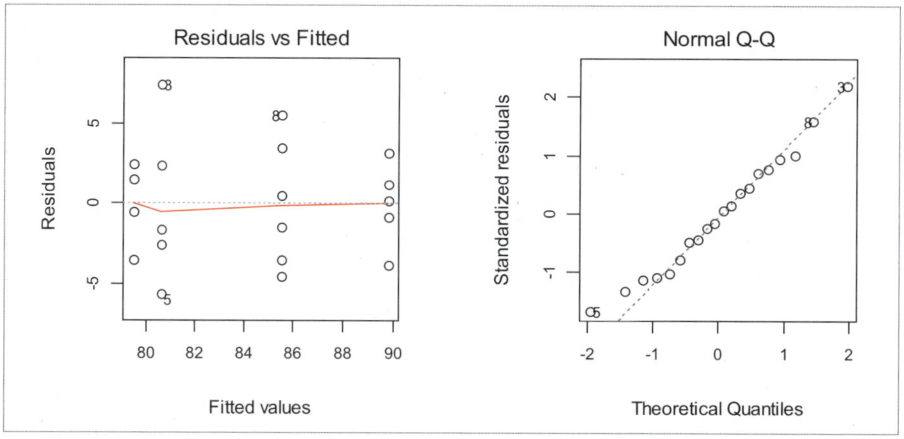

[그림 13-3] 분산분석 잔차 진단 그래프

```
# [참고] R 기본함수 aov()를 사용하여 직접 수행하는 방법 -------------------
af = as.factor(f); an1 = aov(y ~ af); summary(an1)
            Df Sum Sq Mean Sq F value  Pr(>F)
af           3  320.0  106.68   7.536 0.00231 **
Residuals   16  226.5   14.16
# 진단 그래프 작성
win.graph(7,4); par(mfrow=c(1,2)); plot(an1, which=1:2)
```

13.2.4 분산분석 후의 추정

분산분석의 결과, 귀무가설이 기각되어 요인이 반응치에 영향을 미친다고 판단되는 경우에는 추가적인 분석을 실시한다. 우선적으로 요인의 수준에 따른 반응변수의 모평균 μ_i에 대해 추정한다. 모분산 σ^2을 MS_E로 추정하여 수준 i에서의 모평균 μ_i에 대한 $100(1-\alpha)\%$ 신뢰구간을 아래와 같이 구한다.

$$\left[\overline{y}_{i.} \pm t_{1-\alpha/2;N-r}\sqrt{\frac{MS_E}{n_i}}\right] \tag{13-8}$$

다음으로는 요인의 서로 다른 두 수준에서의 모평균 차이에 대한 추정을 실시한다. 수준 i와 i'에서의 두 모평균 차이 $\mu_i - \mu_{i'}$에 대한 $100(1-\alpha)\%$ 신뢰구간은 다음과 같다.

$$\left[(\overline{y}_{i.} - \overline{y}_{i'.}) \pm t_{1-\alpha/2;N-r}\sqrt{MS_E\left(\frac{1}{n_i}+\frac{1}{n_{i'}}\right)}\right] \tag{13-9}$$

예제 13-2 [예제 13-1]에서 온도의 각 수준별로 수율의 모평균에 대한 95% 신뢰구간을 구하고, 이를 그래프로 작성하시오.

| 풀이 |

분산분석표에서 $MS_E \doteq 14.1563$이고 $t_{0.975;16} \doteq 2.120$이므로, 95% 신뢰구간은 다음과 같다.

수준 1: $[80.6 \pm 2.120 \times \sqrt{14.1563/5}] \doteq [80.6 \pm 3.567] = [77.033, 84.167]$

수준 2: $[85.5 \pm 2.120 \times \sqrt{14.1563/6}] \doteq [85.5 \pm 3.256] = [82.244, 88.756]$

수준 3: $[89.8 \pm 2.120 \times \sqrt{14.1563/5}] \doteq [89.8 \pm 3.567] = [86.233, 93.367]$

수준 4: $[79.5 \pm 2.120 \times \sqrt{14.1563/4}] \doteq [79.5 \pm 3.988] = [75.512, 83.488]$

```
# 일원 분산분석 (step=4, 5)
anova1(y, f, xl="온도", yl="수율", step=4:5, alp=0.05, dig=4)
[Step 4] 95% CI for the Mean of 수율 w.r.t. 온도 ---------
MSE = 14.1562
       150     200     250     300
ym  80.600 85.5000 89.800 79.500
tol  3.567  3.2562  3.567  3.988
lcl 77.033 82.2438 86.233 75.512
ucl 84.167 88.7562 93.367 83.488
[Step 5] 95% CI Plot for the Mean of 수율 w.r.t. 온도 ---------
# 신뢰구간 그림 (step=5) ⇒ [그림 13-4]
# 수율은 온도 250까지 증가 후 다시 감소함
```

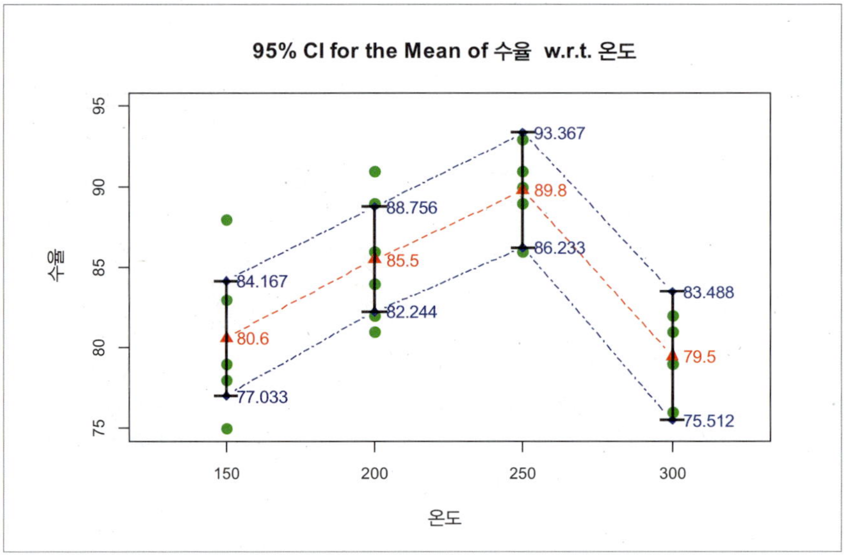

[그림 13-4] 요인 수준별 반응치 모평균의 신뢰구간 예시

예제 13-3 [예제 13-1]에서 온도의 두 수준에서 수율의 모평균 차이에 대한 95% 신뢰구간을 구하고, 모평균 차이가 유의한지 검정하시오.

| 풀이 |

분산분석표에서 $MS_E \doteq 14.1563$ 이고 $t_{0.975;16} \doteq 2.120$ 이므로, 온도의 두 수준에서 수율의 모평균 차이에 대한 95% 신뢰구간은 다음과 같다.

$$\mu_1 - \mu_2 : \left[(80.6-85.5) \pm 2.120 \times \sqrt{14.1563\left(\frac{1}{5}+\frac{1}{6}\right)}\right] \doteq [-4.9 \pm 4.830]$$

$$\mu_1 - \mu_3 : \left[(80.6-89.8) \pm 2.120 \times \sqrt{14.1563\left(\frac{1}{5}+\frac{1}{5}\right)}\right] \doteq [-9.2 \pm 5.045]$$

$$\mu_1 - \mu_4 : \left[(80.6-79.5) \pm 2.120 \times \sqrt{14.1563\left(\frac{1}{5}+\frac{1}{4}\right)}\right] \doteq [1.1 \pm 5.351]$$

$$\mu_2 - \mu_3 : \left[(85.5-89.8) \pm 2.120 \times \sqrt{14.1563\left(\frac{1}{6}+\frac{1}{5}\right)}\right] \doteq [-4.3 \pm 4.830]$$

$$\mu_2 - \mu_4 : \left[(85.5-79.5) \pm 2.120 \times \sqrt{14.1563\left(\frac{1}{6}+\frac{1}{4}\right)}\right] \doteq [6.0 \pm 5.149]$$

$$\mu_3 - \mu_4 : \left[(89.8-79.5) \pm 2.120 \times \sqrt{14.1563\left(\frac{1}{5}+\frac{1}{4}\right)}\right] \doteq [10.3 \pm 5.351]$$

따라서 수준 1에서의 모평균은 수준 2와 수준 3에서의 모평균보다 유의하게 작으며, 수준 4에서의 모평균은 수준 3에서의 모평균보다 유의하게 작다. 그러나 수준 1과 수준 4, 수준 2와 수준 3 간의 모평균 차이는 유의하지 않다.

```
# 일원 분산분석 (step=6, 7)
anova1(y, f, xl="온도", yl="수율", step=6:7, alp=0.05, dig=4)
[Step 6] 95% CI for the Mean Differences of 수율 w.r.t. 온도 ---------
         A1-A2      A1-A3     A1-A4     A2-A3     A2-A4     A3-A4
ym2    -4.9000    -9.2000    1.1000   -4.3000    6.0000   10.3000
tol2    4.8298     5.0445    5.3505    4.8298    5.1486    5.3505
lcl2   -9.7298   -14.2445   -4.2505   -9.1298    0.8514    4.9495
ucl2   -0.0702    -4.1555    6.4505    0.5298   11.1486   15.6505
[Step 7] 95% CI Plot for the Mean Differences of 수율 w.r.t. 온도 ---------
# 신뢰구간 그림 (step=7) ⇒ [그림 13-5]
# 수준3의 수율은 수준1, 수준4와 유의한 차이가 나타남(오렌지 색)
# 수준2의 수율은 수준1, 수준4와 유의한 차이가 나타남(오렌지 색)
# 수준2와 수준3의 수율은 유의수준 5%에서는 유의한 차이가 나타나지 않으나, 유의수준 10%
  에서는 유의한 차이가 예상됨.
```

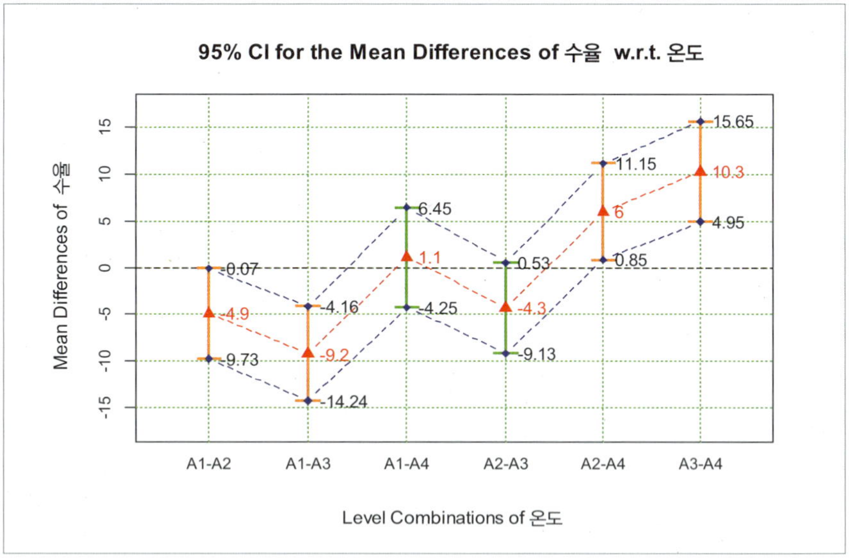

[그림 13-5] 요인 수준조합별 반응치 모평균 차의 신뢰구간 예시

13.3 이원 분산분석

13.3.1 교호작용

두 개의 요인에 대하여 반응치에 영향을 미치는지 분석하는 경우를 **이원 분산분석**(two-way ANOVA)이라 하며, 세 개 이상의 요인을 다루는 경우는 다원 분산분석(multi-way ANOVA)이라 한다.

두 개 이상의 요인이 있는 경우, **교호작용**(interaction)을 고려한다. 교호작용이란 두 개 이상의 요인이 서로 간섭효과를 일으키는 상호작용을 말한다. 이원배치법에서 두 요인을 A, B라 할 때, A의 효과가 B의 수준에 따라 다르게 나타나는 경우에 A, B 간에는 교호작용($A \times B$로 표현함)이 있다고 한다. 예를 들어, 화학공정에서 온도와 압력에 따른 수율을 측정할 때, 낮은 압력에서는 온도의 상승에 따라 수율이 증가하고 높은 압력에서는 온도의 상승에 따라 수율이 감소하다면, 온도와 압력 간에 교호작용이 존재하는 것이다.

교호작용의 존재 여부를 짐작하기 위하여 요인 A, B의 수준 변화에 따른 반응치를 [그림 13-6]과 같이 그래프로 작성해볼 수 있다. (a)의 경우처럼 반응치가 평행으로 나타나면 교호작용이 없을 가능성이 높고, (c)의 경우처럼 교차하면 교호작용이 존재할 가능성이 높다. (b)의 경우처럼 교차하지는 않지만 기울기가 다른 경우 교호작용이 있을 수 있으나 확인이 필요하다.

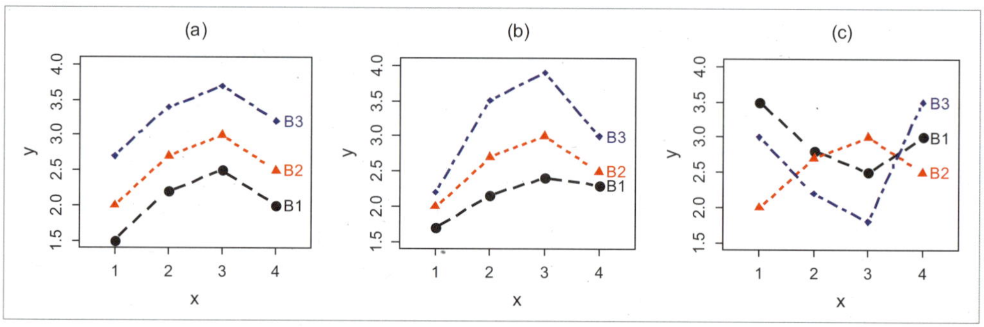

[그림 13-6] 교호작용의 사전조사 그래프

13.3.2 데이터의 구조

요인 A는 r 수준, 요인 B는 s 수준, 반복 n회로 하여 전체 $N=r \times s \times n$개의 반응치를 랜덤한 순서로 구했다면, 데이터는 다음 표와 같이 정리된다.

〈표 13-3〉 이원 분산분석의 자료배열

	A_1	A_2	$\cdots$	A_r	합계	평균
B_1	$\left.\begin{matrix} y_{111} \\ y_{112} \\ \vdots \\ y_{11n} \end{matrix}\right\} \begin{matrix} T_{11.} \\ \overline{y}_{11.} \end{matrix}$	$\left.\begin{matrix} y_{211} \\ y_{212} \\ \vdots \\ y_{21n} \end{matrix}\right\} \begin{matrix} T_{21.} \\ \overline{y}_{21.} \end{matrix}$	$\cdots$	$\left.\begin{matrix} y_{r11} \\ y_{r12} \\ \vdots \\ y_{r1n} \end{matrix}\right\} \begin{matrix} T_{r1.} \\ \overline{y}_{r1.} \end{matrix}$	$T_{.1.}$	$\overline{y}_{.1.}$
B_2	$\left.\begin{matrix} y_{121} \\ y_{122} \\ \vdots \\ y_{12n} \end{matrix}\right\} \begin{matrix} T_{12.} \\ \overline{y}_{12.} \end{matrix}$	$\left.\begin{matrix} y_{221} \\ y_{222} \\ \vdots \\ y_{22n} \end{matrix}\right\} \begin{matrix} T_{22.} \\ \overline{y}_{22.} \end{matrix}$	$\cdots$	$\left.\begin{matrix} y_{r21} \\ y_{r22} \\ \vdots \\ y_{r2n} \end{matrix}\right\} \begin{matrix} T_{r2.} \\ \overline{y}_{r2.} \end{matrix}$	$T_{.2.}$	$\overline{y}_{.2.}$
$\vdots$	$\vdots$	$\vdots$	$\vdots$	$\vdots$	$\vdots$	$\vdots$
B_s	$\left.\begin{matrix} y_{1s1} \\ y_{1s2} \\ \vdots \\ y_{1sn} \end{matrix}\right\} \begin{matrix} T_{1s.} \\ \overline{y}_{1s.} \end{matrix}$	$\left.\begin{matrix} y_{2s1} \\ y_{2s2} \\ \vdots \\ y_{2sn} \end{matrix}\right\} \begin{matrix} T_{2s.} \\ \overline{y}_{2s.} \end{matrix}$	$\cdots$	$\left.\begin{matrix} y_{rs1} \\ y_{rs2} \\ \vdots \\ y_{rsn} \end{matrix}\right\} \begin{matrix} T_{rs.} \\ \overline{y}_{rs.} \end{matrix}$	$T_{.s.}$	$\overline{y}_{.s.}$
합계	$T_{1..}$	$T_{2..}$	$\cdots$	$T_{r..}$	T	
평균	$\overline{y}_{1..}$	$\overline{y}_{2..}$	$\cdots$	$\overline{y}_{r..}$		$\overline{y}$

13.3.3 제곱합의 분해

반응치의 변동이 요인 A의 수준변화에 의한 것인지, 요인 B의 수준변화에 의한 것인지, 두 요인간의 교호작용에 의한 것인지 여부를 검정하기 위해 총제곱합을 분해한다. 이를 위해 먼저 총편차를 다음과 같이 분해한다.

① **총편차**($y_{ijk}-\overline{y}$): 각각의 반응치(y_{ijk})와 전체평균($\overline{y}$)과의 차이

② **요인 A의 수준간편차**($\overline{y}_{i..}-\overline{y}$): 요인 A의 수준별 평균($\overline{y}_{i..}$)과 전체평균($\overline{y}$)과의 차이

③ **요인 B의 수준간편차**($\overline{y}_{.j.}-\overline{y}$): 요인 B의 각 수준별 평균($\overline{y}_{.j.}$)과 전체평균($\overline{y}$)과의 차이

④ **교호작용에 의한 편차**($\overline{y}_{ij.}-\overline{y}_{i..}-\overline{y}_{.j.}+\overline{y}$): 요인 A와 요인 B의 각 수준조합별 평균($\overline{y}_{ij.}$)과 전체평균($\overline{y}$)과의 차이에서 요인 A의 수준간편차와 요인 B의 수준간편차를 제한 나머지 편차

⑤ **수준내편차(잔차)**($y_{ijk}-\overline{y}_{ij.}$): 각 반응치($y_{ijk}$)와 요인 A와 요인 B의 각 수준조합별 평균($\overline{y}_{ij.}$)과의 차이

교호작용에 의한 편차는 아래와 같이 A_iB_j 수준에서 발생하는 편차 중 요인 A의 효과와 요인 B의 효과로 설명되지 않는 나머지 편차를 의미한다.

$$(\overline{y}_{ij.}-\overline{y})-(\overline{y}_{i..}-\overline{y})-(\overline{y}_{.j.}-\overline{y})=\overline{y}_{ij.}-\overline{y}_{i..}-\overline{y}_{.j.}+\overline{y} \quad (13\text{–}10)$$

그러면 다음과 같이 ① 총편차는 ② 요인 A의 수준간편차, ③ 요인 B의 수준간편차, ④ 요인 A와 B간의 교호작용에 의한 편차, ⑤ 수준내편차(잔차)의 합으로 분해된다.

$$y_{ijk}-\overline{y}=(\overline{y}_{i..}-\overline{y})+(\overline{y}_{.j.}-\overline{y})+(\overline{y}_{ij.}-\overline{y}_{i..}-\overline{y}_{.j.}+\overline{y})+(y_{ijk}-\overline{y}_{ij.}) \quad (13\text{–}11)$$

다음으로 총제곱합을 분해하여 정리하면 다음과 같다.

정리 13-2 이원 분산분석 제곱합의 분해

$$SS_T=SS_{AB}+SS_E=(SS_A+SS_B+SS_{A\times B})+SS_E \quad (13\text{–}12)$$

총제곱합: $$SS_T=\sum_{i=1}^{r}\sum_{j=1}^{s}\sum_{k=1}^{n}(y_{ijk}-\overline{y})^2=\sum_{i=1}^{r}\sum_{j=1}^{s}\sum_{k=1}^{n}y_{ijk}^2-\frac{T^2}{N} \quad (13\text{–}13)$$

요인 A 제곱합: $$SS_A=sn\sum_{i=1}^{r}(\overline{y}_{i..}-\overline{y})^2=\sum_{i=1}^{r}\frac{T_{i..}^2}{sn}-\frac{T^2}{N} \quad (13\text{–}14)$$

요인 B 제곱합: $$SS_B=rn\sum_{j=1}^{s}(\overline{y}_{.j.}-\overline{y})^2=\sum_{j=1}^{s}\frac{T_{.j.}^2}{rn}-\frac{T^2}{N} \quad (13\text{–}15)$$

교호작용제곱합: $$SS_{A\times B}=SS_{AB}-SS_A-SS_B \quad (13\text{–}16)$$

오차제곱합: $$SS_E=\sum_{i=1}^{r}\sum_{j=1}^{s}\sum_{k=1}^{n}(y_{ijk}-\overline{y}_{ij.})^2=SS_T-SS_{AB} \quad (13\text{–}17)$$

AB 총제곱합: $$SS_{AB}\equiv n\sum_{i=1}^{r}\sum_{j=1}^{s}(\overline{y}_{ij.}-\overline{y})^2=\sum_{i=1}^{r}\sum_{j=1}^{s}\frac{T_{ij.}^2}{n}-\frac{T^2}{N} \quad (13\text{–}18)$$

다음으로 제곱합에 속한 항의 개수에서 제약식의 개수를 제하여 각 변동의 자유도를 구한다. $\phi_T=N-1=rsn-1$, $\phi_A=r-1$, $\phi_B=s-1$, $\phi_{A\times B}=(r-1)(s-1)$, $\phi_E=rs(n-1)$ 교호작용의 자유도는 $\phi_{A\times B}=\phi_{AB}-\phi_A-\phi_B$로 구한다. $\phi_{AB}=rs-1$이므로,

$$\phi_{A\times B}=(rs-1)-(r-1)-(s-1)=(r-1)(s-1) \quad (13\text{–}19)$$

이상을 종합하면 다음과 같다.

$$\phi_T=\phi_{AB}+\phi_E=(\phi_A+\phi_B+\phi_{A\times B})+\phi_E \quad (13\text{–}20)$$

13.3.4 가설검정

일원 분산분석에서는 하나의 요인에 대하여 그 효과가 유의한지 검정하였지만, 이원 분산분석에서는 다음과 같은 세 가지 가설에 대한 검정을 각각 실시한다.

① 귀무가설: 요인 A의 수준변화가 반응치에 미치는 영향이 없다.

② 귀무가설: 요인 B의 수준변화가 반응치에 미치는 영향이 없다.

③ 귀무가설: 요인 A와 B의 교호작용이 없다.

아래의 분산분석표를 사용하여 세 가지 가설을 검정할 수 있다.

〈표 13-4〉 이원 분산분석표

구분	제곱합	자유도	평균제곱	검정통계량	기각치
A	SS_A	$r-1$	MS_A	MS_A/MS_E	$F_{1-\alpha;(\phi_A,\phi_E)}$
B	SS_B	$s-1$	MS_B	MS_B/MS_E	$F_{1-\alpha;(\phi_B,\phi_E)}$
$A\times B$	$SS_{A\times B}$	$(r-1)(s-1)$	$MS_{A\times B}$	$MS_{A\times B}/MS_E$	$F_{1-\alpha;(\phi_{A\times B},\phi_E)}$
E	SS_E	$rs(n-1)$	MS_E		
T	SS_T	$rsn-1$			

예제 13-4 한 화학공정에서 온도 100℃, 150℃, 200℃, 250℃ 4수준과 압력 1기압, 2기압, 3기압에서 랜덤한 순서로 2회 반복 실험하여 얻은 수율 데이터가 다음의 표와 같다. 제곱합을 계산하여 분산분석표를 작성하고, 이 공정에서 온도와 압력의 변화가 수율에 영향을 미치는지 유의수준 5%에서 검정하시오.

수준	100℃	150℃	200℃	250℃
1기압	76 79	79 81	87 91	79 82
2기압	81 79	84 86	91 94	85 84
3기압	83 85	89 88	88 86	77 76

| 풀이 |

먼저 요인의 수준별 합계와 평균을 구하면 다음과 같다.

수준	100℃	150℃	200℃	250℃	합계	평균
1기압	155	160	178	161	654	81.75
2기압	160	170	185	169	684	85.5
3기압	168	177	174	153	672	84.0
합계	483	507	537	483	2010	
평균	80.5	84.5	89.5	80.5		83.75

다음으로 각각의 제곱합을 구하면,

$$SS_T=\sum_{i=1}^{r}\sum_{j=1}^{s}\sum_{k=1}^{n} y_{ijk}^2-\frac{T^2}{N}=168,910-\frac{2,010^2}{24}=572.5$$

$$SS_A=\sum_{i=1}^{r}\frac{T_{i..}^2}{sn}-\frac{T^2}{N}=\left(\frac{483^2+507^2+537^2+483^2}{6}\right)-\frac{2,010^2}{24}=328.5$$

$$SS_B=\sum_{j=1}^{s}\frac{T_{.j.}^2}{rn}-\frac{T^2}{N}=\left(\frac{654^2+684^2+672^2}{8}\right)-\frac{2,010^2}{24}=57.0$$

$$SS_{AB}=\sum_{i=1}^{r}\sum_{j=1}^{s}\frac{T_{ij.}^2}{n}-\frac{T^2}{N}=\left(\frac{155^2+160^2+\cdots+153^2}{2}\right)-\frac{2,010^2}{24}=539.5$$

$$SS_{A\times B}=SS_{AB}-SS_A-SS_B=539.5-328.5-57.0=154.0$$

$$SS_E=SS_T-SS_{AB}=572.5-539.5=33.0$$

자유도는 $\phi_T=N-1=24-1=23$, $\phi_A=r-1=4-1=3$, $\phi_B=s-1=3-1=2$, $\phi_{A\times B}=3\times 2=6$, $\phi_E=rs(n-1)=4\times 3=12$ 이므로 분산분석표는 다음과 같다.

구분	제곱합	자유도	평균제곱	F_0	$F_{0.95;(\phi,\phi_E)}$
A	328.5	3	109.5	39.818	3.490
B	57.0	2	28.5	10.364	3.885
$A\times B$	154.0	6	25.667	9.333	2.996
E	33.0	12	2.75		
계	572.5	23			

① 검정통계량 $F_0 \doteq 39.818 > F_{0.95;(3,12)} \doteq 3.490$ 이므로 유의수준 5%에서 귀무가설을 기각한다. 즉, 이 공정에서 4수준의 온도 변화는 수율에 영향을 미친다는 증거가 있다.

② 검정통계량 $F_0 \doteq 10.364 > F_{0.95;(2,12)} \doteq 3.885$ 이므로 유의수준 5%에서 귀무가설을 기각한다. 즉, 이 공정에서 3수준의 압력 변화는 수율에 영향을 미친다는 증거가 있다.

③ 검정통계량 $F_0 \doteq 9.333 > F_{0.95;(6,12)} \doteq 2.996$ 이므로 유의수준 5%에서 귀무가설을 기각한다. 즉, 이 공정에서 온도와 압력의 교호작용은 수율에 영향을 미친다는 증거가 있다.

```
# 저장된 데이터(exa13_4)를 불러옴, attach() 함수 실행 ⇒ 하위 변수 직접 사용
data(exa13_4); str(exa13_4); attach(exa13_4)
List of 3
 $ 수율: num [1:24] 76 79 81 79 83 85 79 81 84 86 ...
 $ 온도: num [1:24] 100 100 100 100 100 100 150 150 150 150 ...
 $ 압력: num [1:24] 1 1 2 2 3 3 1 1 2 2 ...
# 수준을 요인으로 변환
온도 = as.factor(온도); 압력 = as.factor(paste0(압력, "기압")); levels(압력)
[1] "1기압" "2기압" "3기압"
```

```
# 이원 분산분석 함수 anova2() 실행 (단계 0~3)
# 교호작용 그림 (step=1) ⇒ [그림 13-7], 진단 그래프 (step=3) ⇒ [그림 13-8]
anova2(수율, 온도, 압력, step=0:3)
[Step 0] Mean of 수율 for each combination of 온도 & 압력 ---------
       100   150   200   250    mean
1기압  77.5  80.0  89.0  80.5  81.75
2기압  80.0  85.0  92.5  84.5  85.50
3기압  84.0  88.5  87.0  76.5  84.00
mean   80.5  84.5  89.5  80.5  83.75
[Step 1] Interaction Plot of 수율 for each combination of 온도 & 압력 ---------
[Step 2] ANOVA Table of 수율 w.r.t. 온도 & 압력 ---------
           Sum of Sq.  df  Mean Sq.      F0  P-value
온도            328.5   3     109.5 39.8182        0
압력               57   2      28.5 10.3636   0.0024
온도*압력         154   6   25.6667  9.3333    6e-04
Error              33  12      2.75
Total           572.5  23
[Step 3] ANOVA Diagnostic plot of 수율 w.r.t. 온도 & 압력 ---------
# 평균 연결선들이 교차하므로 교호작용이 존재할 것으로 보임
# 온도 3수준의 수율이 높아 보이지만, 압력이 높은 경우에는 온도 2수준의 수율이 더 높게
  나타남
# 온도 주효과, 압력 주효과, 교호작용 등 모든 경우의 p-값이 유의수준 0.05보다 작으므로
  세 가지 귀무가설을 모두 기각함.
# [예제 13-4]에서는 3단계까지 수행함
# 이후 모평균 추정은 4-5단계, 모평균 차이 추정은 6-7단계에서 수행함

# [참고] 교호작용 그림 직접 작성 ⇒ R의 interaction.plot() 함수 사용
interaction.plot(온도, 압력, 수율, col=c(1,2,4), lwd=2, ylab="수율 평균",
 main="수율에 대한 온도와 압력의 교호작용 그림")
# [참고] 분산분석 (step=2) 직접 수행 ⇒ R의 aov() 함수 사용
an2 = aov(수율 ~ 온도 * 압력)
summary(an2)
             Df  Sum Sq  Mean Sq  F value    Pr(>F)
온도          3   328.5   109.50   39.818  1.63e-06    ***
압력          2    57.0    28.50   10.364   0.00243    **
온도:압력     6   154.0    25.67    9.333   0.00061    ***
Residuals    12    33.0     2.75
Signif. codes:  0 '***' 0.001 '**' 0.01 '*' 0.05 '.' 0.1 ' ' 1
# [참고] 진단 그래프 직접 작성 ⇒ ⇒ R의 plot() 함수 사용
win.graph(7, 4); par(mfrow=c(1,2))
plot(an2, which=1:2)
```

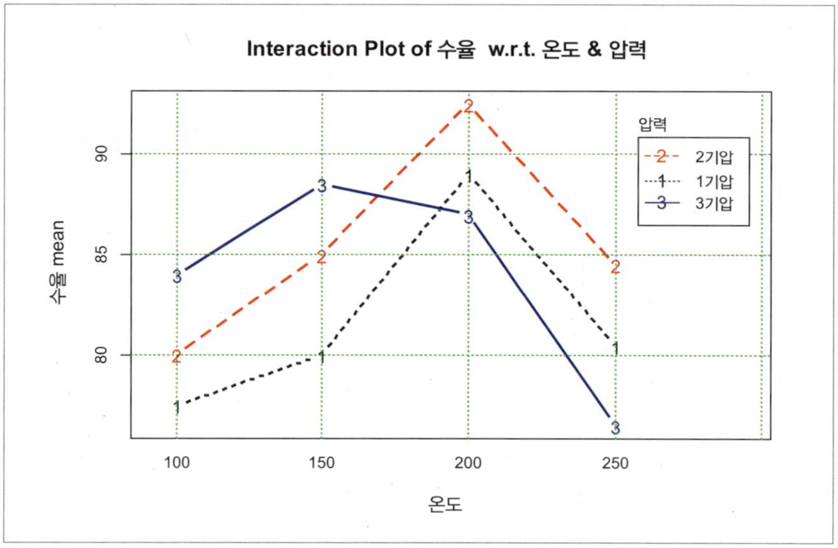

[그림 13-7] 이원 분산분석에서의 교호작용 그래프

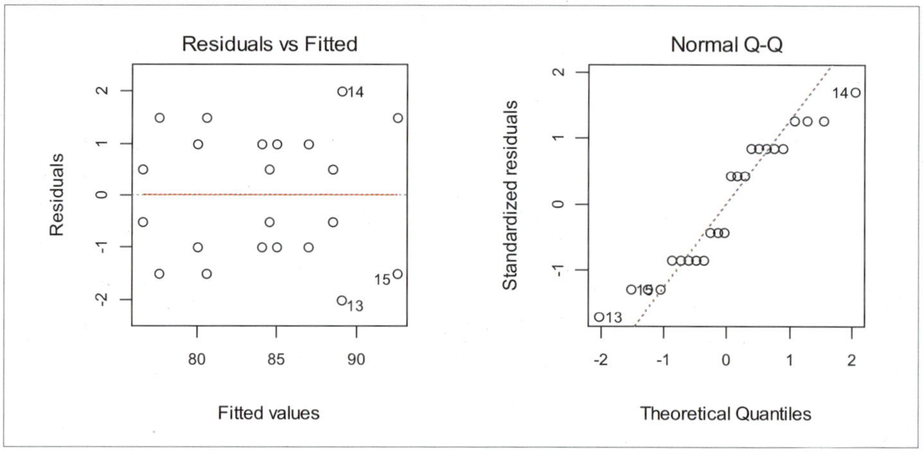

[그림 13-8] 이원 분산분석에서의 잔차 진단 그래프

- 잔차의 산포가 수준별로 큰 차이가 없고, 특별히 이상한 잔차는 보이지 않으므로, 등분산 가정에 큰 문제는 없어 보임.
- 정규확률도가 직선에서 크게 벗어나지 않으므로 정규성 가정에 큰 문제는 없어 보임.
- 단, 13, 14, 15번째 점이 다소 눈에 띄므로, 데이터에 대한 검토가 필요함.

13.3.5 분산분석 후의 추정

이원 분산분석의 결과, 하나 이상의 귀무가설이 기각되어 해당 요인이 반응치에 영향을 미친다고 판단되는 경우에는 추가적인 분석을 실시한다. 여러 가지 상황이 발생할 수 있으므로, 각각의 경우에 대해 살펴본다.

(1) 요인 A의 수준별 모평균에 대한 추정

분산분석 결과, 요인 A의 주효과만 유의하게 나온 경우에는 요인 A의 수준별 모평균에 대한 추정을 실시한다. 요인 A의 수준 i에서 모평균에 대한 $100(1-\alpha)\%$ 신뢰구간은

$$\left[\overline{y}_{i..} \pm t_{1-\alpha/2;\phi_E}\sqrt{\frac{MS_E}{sn}}\right] \tag{13-21}$$

다음으로는 요인의 서로 다른 두 수준에서의 모평균 차이에 대한 추정을 실시한다. 요인 A의 수준 i와 i'에서의 두 모평균 차이에 대한 $100(1-\alpha)\%$ 신뢰구간은

$$\left[(\overline{y}_{i..} - \overline{y}_{i'..}) \pm t_{1-\alpha/2;\phi_E}\sqrt{\frac{2MS_E}{sn}}\right] \tag{13-22}$$

(2) 요인 B의 수준별 모평균에 대한 추정

분산분석 결과, 요인 B의 주효과만 유의하게 나온 경우에는 요인 B의 수준별 모평균에 대한 추정을 실시한다. 요인 B의 수준 j에서 모평균에 대한 $100(1-\alpha)\%$ 신뢰구간은

$$\left[\overline{y}_{.j.} \pm t_{1-\alpha/2;\phi_E}\sqrt{\frac{MS_E}{rn}}\right] \tag{13-23}$$

요인 B의 수준 j와 j'에서의 두 모평균 차이에 대한 $100(1-\alpha)\%$ 신뢰구간은

$$\left[(\overline{y}_{.j.} - \overline{y}_{.j'.}) \pm t_{1-\alpha/2;\phi_E}\sqrt{\frac{2MS_E}{rn}}\right] \tag{13-24}$$

(3) 요인 A, B의 수준조합별 모평균에 대한 추정

분산분석 결과, 요인 A와 요인 B의 효과를 모두 고려할 필요가 있는 경우에는 요인 A, B의 수준조합별 모평균에 대한 추정을 실시한다. 수준조합 A_iB_j에서 모평균의 추정은 교호작용이 의미 있는 경우와 무의미한 경우로 나누어 추정한다.

① 교호작용이 의미 있는 경우, 수준조합 A_iB_j에서의 모평균의 $100(1-\alpha)\%$ 신뢰구간은

$$\left[\overline{y}_{ij.} \pm t_{1-\alpha/2;\phi_E}\sqrt{\frac{MS_E}{n}}\right] \tag{13-25}$$

수준조합 A_iB_j와 $A_{i'}B_{j'}$의 모평균 차이의 $100(1-\alpha)\%$ 신뢰구간은

$$\left[(\overline{y}_{ij.}-\overline{y}_{i'j'.})\pm t_{1-\alpha/2;\phi_E}\sqrt{\frac{2MS_E}{n}}\right] \tag{13-26}$$

② 교호작용이 무의미한 경우, 수준조합 A_iB_j에서의 모평균의 $100(1-\alpha)\%$ 신뢰구간은

$$\left[(\overline{y}_{i..}+\overline{y}_{.j.}-\overline{y})\pm t_{1-\alpha/2;\phi_E'}\sqrt{MS_E'\frac{(r+s-1)}{N}}\right] \tag{13-27}$$

여기서 MS_E'는 풀링 후의 평균제곱오차를 나타내는데, 풀링이란 무의미한 교호작용을 오차항에 합치는 것을 말한다. 따라서 교호작용 $A\times B$를 오차항에 풀링하는 경우, 오차제곱합은 $SS_E'=SS_E+SS_{A\times B}$, 오차 자유도는 $\phi_E'=\phi_E+\phi_{A\times B}=rs(n-1)+(r-1)(s-1)$이므로, 풀링 후의 오차평균제곱은 $MS_E'=\dfrac{SS_E+SS_{A\times B}}{rs(n-1)+(r-1)(s-1)}$가 된다.

예제 13-5 [예제 13-4]에서 (1) 수율을 가장 높이는 온도와 압력의 수준조합을 구하고, 그 수준조합에서 수율의 모평균에 대한 95% 신뢰구간을 구하시오.
(2) 요인 수준별 반응치 모평균의 95% 신뢰구간을 구하고 도식하시오.
(3) 최적 4 수준조합별 반응치 모평균 차의 95% 신뢰구간을 구하고 도식하시오.

| 풀이 |

먼저 요인의 수준조합별 평균을 구하면 다음과 같다.

수준	100℃	150℃	200℃	250℃
1기압	77.5	80.0	89.0	80.5
2기압	80.0	85.0	92.5	84.5
3기압	84.0	88.5	87.0	76.5

(1) 수율을 가장 높이는 온도와 압력의 수준조합은 A_3B_2임을 알 수 있다. 분산분석표에서 $MS_E=2.75$, $t_{0.975;12}\doteq 2.179$이므로, $\mu(A_3B_2)$에 대한 95% 신뢰구간은

$\mu(A_3B_2):[92.5\pm 2.179\times\sqrt{2.75/2}]\doteq[92.5\pm 2.555]=[89.945, 95.055]$

(2) 교호작용이 의미가 있으므로, 식 (13-25)로부터 표준오차를 구하면

$s.e.=2.179\sqrt{2.75/2}\doteq 2.555$, 따라서 95% 신뢰구간은 $[\overline{y}_{ij.}\pm 2.555]$

(3) 식 (13-26)으로부터 표준오차를 구하면 $s.e.=2.179\sqrt{2\times 2.75/2}\doteq 3.613$, 따라서 95% 신뢰구간은 $[(\overline{y}_{ij.}-\overline{y}_{i'j'.})\pm 3.613]$

```
# 이원 분산분석 수준조합에서의 신뢰구간
anova2(수율, 온도, 압력, step=4:5)
[Step 4] CI for the Best Mean of 수율 w.r.t. 온도 & 압력 ---------
MSE = 2.75
[92.5 ± 2.5549] = [89.9451, 95.0549]
Means of 수율 w.r.t. 온도 & 압력 ---------
       100  150  200  250
1기압  77.5 80.0 89.0 80.5
2기압  80.0 85.0 92.5 84.5
3기압  84.0 88.5 87.0 76.5
Lower limits for the Mean of 수율 w.r.t. 온도 & 압력 ---------
          100       150       200       250
1기압  74.9451   77.4451   86.4451   77.9451
2기압  77.4451   82.4451   89.9451   81.9451
3기압  81.4451   85.9451   84.4451   73.9451
Upper limits for the Mean of 수율 w.r.t. 온도 & 압력 ---------
          100       150       200       250
1기압  80.0549   82.5549   91.5549   83.0549
2기압  82.5549   87.5549   95.0549   87.0549
3기압  86.5549   91.0549   89.5549   79.0549
[Step 5] 95% CI for the Mean of 수율 w.r.t. 온도 & 압력 ---------
# 신뢰구간 그림 (step=5) ⇒ [그림 13-9]

# 이원 분산분석 최적 4수준에서의 신뢰구간 비교
anova2(수율, 온도, 압력, step=6:7)
[Step 6] Mean Differences of 수율 for best 4 Combinations of 온도 & 압력 ------
---
       32-31   32-23   32-33   31-23   31-33   23-33
ye2    3.5000  4.0000  5.5000  0.5000  2.0000  1.5000
tol2   3.6132  3.6132  3.6132  3.6132  3.6132  3.6132
lcl2  -0.1132  0.3868  1.8868 -3.1132 -1.6132 -2.1132
ucl2   7.1132  7.6132  9.1132  4.1132  5.6132  5.1132
[Step 7] 95% CI for the Mean Differences of 수율 w.r.t. 온도 & 압력 ---------
# 신뢰구간 그림 (step=7) ⇒ [그림 13-10]
# 수준조합 A3B2에서의 수율 모평균은 A3B1 이외의 다른 수준조합에서의 모평균보다 유의하게
  크게 나타남 (오렌지색)
```

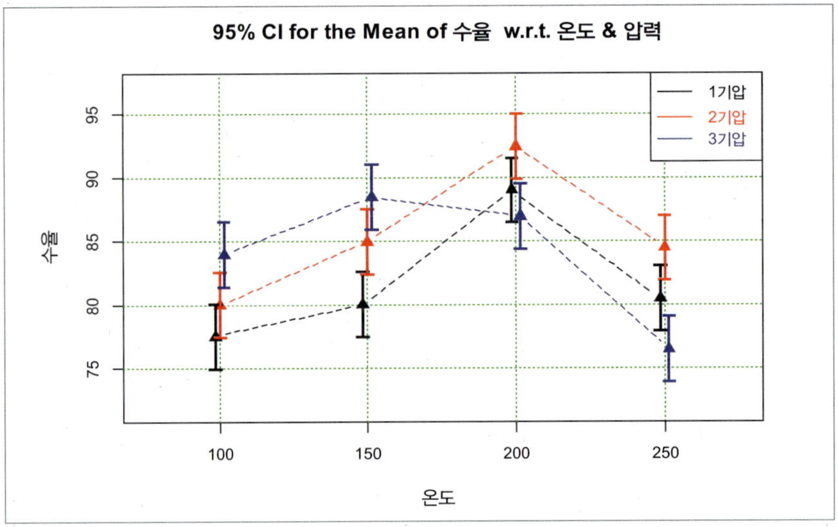

[그림 13-9] 요인 수준별 반응치 모평균의 신뢰구간 예시

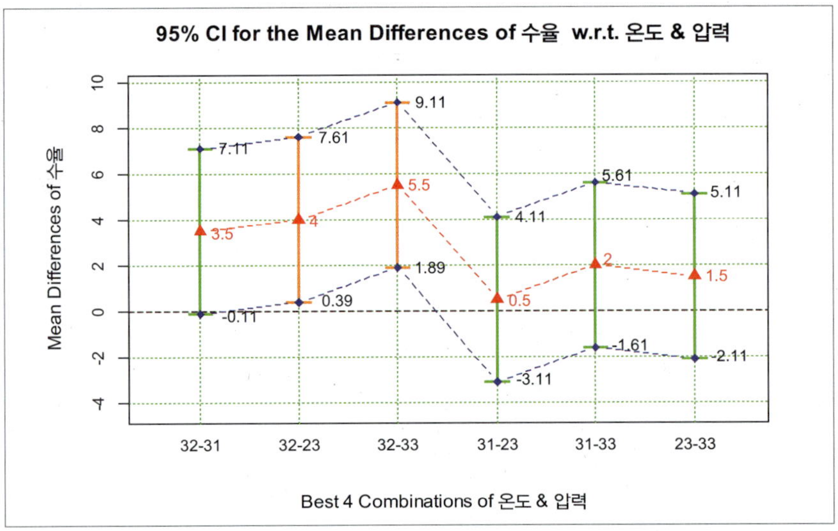

[그림 13-10] 최적 4 수준조합별 반응치 모평균 차의 신뢰구간

13.3.6 반복실험을 하지 않은 경우

만약 이원 분산분석에서 반복실험을 하지 않았다면, 어떤 변화가 있을지 생각해보자. 결론적으로 교호작용을 구할 수 없게 된다. 다음의 데이터의 구조식을 살펴보면, 교호작용 $(ab)_{ij}$과 실험오차 e_{ij}의 첨자가 같아져서 분리할 수 없게 된다. 이때 교호작용과 실험오차는 **교락**(confound)되었다고 하며, 교호작용은 오차에 흡수되어 변동을 구할 수 없게 된다.

$$y_{ij}=\mu+a_i+b_j+(ab)_{ij}+\epsilon_{ij} \quad (13-28)$$

(1) 제곱합 계산

요인 A는 r 수준, 요인 B는 s 수준으로 하여 전체 $N=r\times s$개의 반응치를 랜덤한 순서로 구했다면, 데이터는 다음 표와 같이 정리된다.

〈표 13-5〉 이원 분산분석의 자료배열(반복실험하지 않은 경우)

	A_1	A_2	$\cdots$	A_r	합계	평균
B_1	y_{11}	y_{21}	$\cdots$	y_{r1}	$T_{.1}$	$\overline{y}_{.1}$
B_2	y_{12}	y_{22}	$\cdots$	y_{r2}	$T_{.2}$	$\overline{y}_{.2}$
$\vdots$	$\vdots$	$\vdots$	$\vdots$	$\vdots$	$\vdots$	$\vdots$
B_s	y_{1s}	y_{2s}		y_{rs}	$T_{.s}$	$\overline{y}_{.s}$
합계	$T_{1.}$	$T_{2.}$	$\cdots$	$T_{r.}$	T	
평균	$\overline{y}_{1.}$	$\overline{y}_{2.}$	$\cdots$	$\overline{y}_{r.}$		$\overline{y}$

총편차는 다음과 같이 요인 A의 수준간편차, 요인 B의 수준간편차, 수준내편차(잔차)의 합으로 분해되고, 총제곱합은 각 편차의 제곱합으로 분해되어 [정리 13-3]을 얻는다.

$$y_{ij}-\overline{y}=(\overline{y}_{i.}-\overline{y})+(\overline{y}_{.j}-\overline{y})+(y_{ij}-\overline{y}_{i.}-\overline{y}_{.j}+\overline{y}) \quad (13-29)$$

정리 13-3 이원 분산분석 제곱합의 분해(반복실험하지 않은 경우)

$$SS_T=SS_A+SS_B+SS_E \quad (13-30)$$

총제곱합: $$SS_T=\sum_{i=1}^{r}\sum_{j=1}^{s}(y_{ij}-\overline{y})^2=\sum_{i=1}^{r}\sum_{j=1}^{s}y_{ij}^2-\frac{T^2}{N} \quad (13-31)$$

요인 A 제곱합: $$SS_A=s\sum_{i=1}^{r}(\overline{y}_{i.}-\overline{y})^2=\sum_{i=1}^{r}\frac{T_{i.}^2}{s}-\frac{T^2}{N} \quad (13-32)$$

요인 B 제곱합: $$SS_B=r\sum_{j=1}^{s}(\overline{y}_{.j}-\overline{y})^2=\sum_{j=1}^{s}\frac{T_{.j}^2}{r}-\frac{T^2}{N} \quad (13-33)$$

오차제곱합: $$SS_E=SS_T-SS_A-SS_B \quad (13-34)$$

자유도는 $\phi_T=N-1=rs-1$, $\phi_A=r-1$, $\phi_B=s-1$, $\phi_E=\phi_T-\phi_A-\phi_B=(r-1)(s-1)$ 등으로 계산되며, 오차제곱합의 자유도는 앞 절에서 교호작용의 자유도와 같다. 이는 두 효과가 교락되었기 때문이다.

(2) 분산분석 및 가설검정

반복실험을 하지 않은 이원 분산분석에서는 다음과 같은 두 가지 가설에 대한 검정을 각각 실시한다.

① 귀무가설: 요인 A의 수준변화가 반응치에 미치는 영향이 없다.
② 귀무가설: 요인 B의 수준변화가 반응치에 미치는 영향이 없다.

아래의 분산분석표를 사용하여 두 가지 가설을 검정할 수 있다.

〈표 13-6〉 이원 분산분석표(반복실험하지 않은 경우)

구분	제곱합	자유도	평균제곱	검정통계량	기각치
A	SS_A	$r-1$	MS_A	MS_A/MS_E	$F_{1-\alpha;(\phi_A,\phi_E)}$
B	SS_B	$s-1$	MS_B	MS_B/MS_E	$F_{1-\alpha;(\phi_B,\phi_E)}$
E	SS_E	$(r-1)(s-1)$	MS_E		
T	SS_T	$rs-1$			

예제 13-6 한 화학공정에서 온도 100℃, 150℃, 200℃, 250℃ 4수준과 압력 1기압, 2기압, 3기압에서 랜덤한 순서로 1회씩 실험하여 얻은 수율 데이터가 다음의 표와 같다. 제곱합을 계산하여 분산분석표를 작성하고, 이 공정에서 온도와 압력의 변화가 수율에 영향을 미치는지 유의수준 5%에서 검정하시오.

수준	100℃	150℃	200℃	250℃
1기압	77.5	80	89	80.5
2기압	80	85	92.5	84.5
3기압	84	88.5	87	76.5

| 풀이 |

먼저 요인의 수준별 합계와 평균을 구하면 다음과 같다.

수준	100℃	150℃	200℃	250℃	합계	평균
1기압	77.5	80	89	80.5	327	81.75
2기압	80	85	92.5	84.5	342	85.5
3기압	84	88.5	87	76.5	336	84.0
합계	241.5	253.5	268.5	241.5	1005	
평균	80.5	84.5	89.5	80.5		83.75

다음으로 각각의 제곱합을 구하면,

$$SS_T=\sum_{i=1}^{r}\sum_{j=1}^{s}y_{ij}^2-\frac{T^2}{N}=84,438.5-\frac{1,005^2}{12}=269.75$$

$$SS_A=\sum_{i=1}^{r}\frac{T_{i.}^2}{s}-\frac{T^2}{N}=\left(\frac{241.5^2+253.5^2+268.5^2+241.5^2}{3}\right)-\frac{1,005^2}{12}=164.25$$

$$SS_B=\sum_{j=1}^{s}\frac{T_{.j}^2}{r}-\frac{T^2}{N}=\left(\frac{327^2+342^2+336^2}{4}\right)-\frac{1,005^2}{12}=28.5$$

$$SS_E=SS_T-SS_A-SS_B=269.75-164.25-28.5=77.0$$

각 제곱합의 자유도는 $\phi_T=N-1=12-1=11$, $\phi_A=r-1=4-1=3$, $\phi_B=s-1=3-1=2$, $\phi_E=3\times2=6$이므로 분산분석표는 다음과 같다.

구분	제곱합	자유도	평균제곱	F_0	$F_{0.95;(\phi,\phi_E)}$
A	164.25	3	54.75	4.266	4.757
B	28.5	2	14.25	1.110	5.143
E	77.0	6	12.833		
계	269.75	11			

① 검정통계량 $F_0 \doteq 4.266 < F_{0.95;(3,6)} \doteq 4.757$이므로 유의수준 5%에서 귀무가설을 채택한다. 즉, 이 공정에서 4수준의 온도 변화는 수율에 영향을 미친다는 충분한 증거가 없다.

② 검정통계량 $F_0 \doteq 1.110 < F_{0.95;(2,6)} \doteq 5.143$이므로 유의수준 5%에서 귀무가설을 채택한다. 즉, 이 공정에서 3수준의 압력 변화는 수율에 영향을 미친다는 충분한 증거가 없다.

이 예제는 [예제 13-4]의 반복 데이터를 평균하여 인위적으로 만든 것이다. [예제 13-4]에서는 인자 A와 B의 효과가 모두 유의하게 나왔지만, 이 예에서는 모두 유의하지 않게 나타났다. 그 주된 이유는 교호작용의 효과가 오차항에 교락되어 오차제곱합이 커졌기 때문인 것으로 해석할 수 있다. 이와 같이 교호작용이 유의할 것으로 예상되는 경우에는 실험설계에서 반복을 고려할 필요가 있다.

```
# 이전 데이터를 모두 지우고, 저장된 데이터(exa13_6)를 불러옴
rm(list=ls()); data(exa13_6)
# 데이터(exa13_6)의 하위 변수 직접 사용
attach(exa13_6)
# 수준을 요인으로 변환
온도 = as.factor(온도); 압력 = as.factor(paste0(압력, "기압"))
# 이원 분산분석 (반복하지 않은 경우) 수행 (step 0~3)
anova2(수율, 온도, 압력, step=0:3, inter=FALSE)
[Step 0] Mean of 수율 for each combination of 온도 & 압력 ---------
```

```
       100   150   200   250   mean
1기압  77.5  80.0  89.0  80.5  81.75
2기압  80.0  85.0  92.5  84.5  85.50
3기압  84.0  88.5  87.0  76.5  84.00
mean   80.5  84.5  89.5  80.5  83.75
[Step 1] Interaction Plot of 수율 for each combination of 온도 & 압력 ---------
[Step 2] ANOVA Table of 수율 w.r.t. 온도 & 압력 ---------
       Sum of Sq.  df  Mean Sq.      F0 P-value
온도       164.25   3     54.75  4.2662   0.062
압력         28.5   2     14.25  1.1104  0.3888
Error          77   6   12.8333
Total      269.75  11
[Step 3] ANOVA Diagnostic plot of 수율 w.r.t. 온도 & 압력 ---------

# 온도와 압력 주효과 모두 p-값이 유의수준 0.05보다 크므로 두 가지 귀무가설을 모두 채택함.
# 데이터 사전 조사 (step=1) ⇒ [그림 13-7] 교호작용 그래프와 같음
# 반응치 연결선들이 교차하므로 교호작용이 존재할 것으로 보임
# 온도 3수준에서의 수율이 높아 보이지만, 압력이 높은 경우에는 온도 2수준에서의 수율이
  더 높게 나타남
# 진단 그래프 (step=3) ⇒ [그림 13-11]
# 잔차의 범위가 [그림 13-8]에 비해 2배 가까이 증가함.
# 정규확률도가 직선에서 크게 벗어나지 않으므로 정규성 가정에 큰 문제는 없어 보임.
# 단, 9, 10, 12번째 점이 다소 눈에 띄므로, 데이터에 대한 검토가 필요함.

# [참고] 교호작용 그래프를 직접 작성하는 방법
interaction.plot(온도, 압력, 수율, col=c(1,2,4), lwd=2, ylab="수율",
  main="수율에 대한 온도와 압력의 교호작용 그림")
# [참고] 분산분석 (step=2) 직접 수행하는 방법
an2 = aov(수율 ~ 온도 + 압력)
(ans2 = summary(an2))
            Df Sum Sq Mean Sq F value  Pr(>F)
온도         3  164.2   54.75   4.266   0.062
압력         2   28.5   14.25   1.110   0.389
Residuals    6   77.0   12.83
# [참고] 진단 그래프를 직접 작성하는 방법
win.graph(7,3.5); par(mfrow=c(1,2))
plot(an2, which=1:2)
```

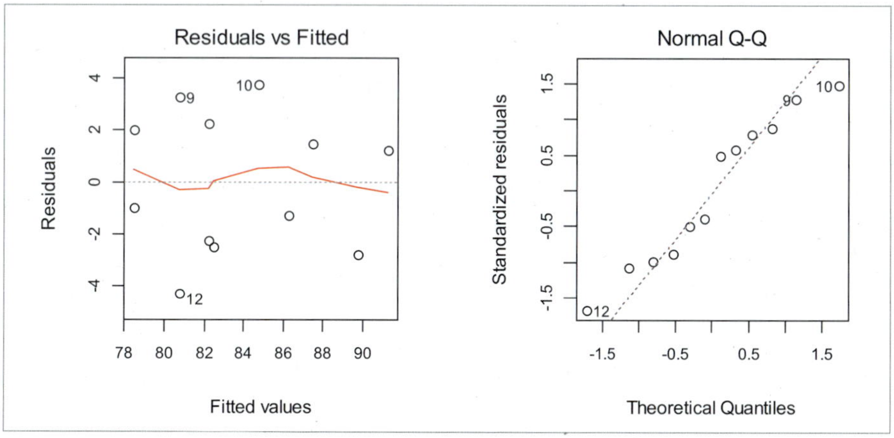

[그림 13-11] 이원 분산분석(무반복)에서의 잔차 진단 그래프

(3) 분산분석 후의 추정

분산분석 후의 추정 과정은 반복이 있는 이원 분산분석의 과정과 유사하다. 반복이 없으므로, 평균의 첨자에서 끝의 점을 빼고, 분산의 분모에서 $n=1$로 놓으면 된다.

① 요인 A의 수준 i에서의 모평균에 대한 $100(1-\alpha)\%$ 신뢰구간

$$\left[\overline{y}_{i.} \pm t_{1-\alpha/2;\phi_E}\sqrt{\frac{MS_E}{s}}\right] \quad (13-35)$$

② 요인 A의 수준 i와 i'에서의 두 모평균 차에 대한 $100(1-\alpha)\%$ 신뢰구간

$$\left[(\overline{y}_{i.} - \overline{y}_{i'.}) \pm t_{1-\alpha/2;\phi_E}\sqrt{\frac{2MS_E}{s}}\right] \quad (13-36)$$

③ 요인 B의 수준 j에서의 모평균에 대한 $100(1-\alpha)\%$ 신뢰구간

$$\left[\overline{y}_{.j} \pm t_{1-\alpha/2;\phi_E}\sqrt{\frac{MS_E}{r}}\right] \quad (13-37)$$

④ 요인 B의 수준 j와 j'에서의 두 모평균 차에 대한 $100(1-\alpha)\%$ 신뢰구간

$$\left[(\overline{y}_{.j} - \overline{y}_{.j'}) \pm t_{1-\alpha/2;\phi_E}\sqrt{\frac{2MS_E}{r}}\right] \quad (13-38)$$

⑤ 수준조합 A_iB_j에서의 모평균의 $100(1-\alpha)\%$ 신뢰구간(교호작용 무시)

$$\left[(\overline{y}_{i.} + \overline{y}_{.j} - \overline{y}) \pm t_{1-\alpha/2;\phi_E}\sqrt{MS_E\frac{(r+s-1)}{rs}}\right] \quad (13-39)$$

예제 13-7 [예제 13-6]에서 수율을 가장 높이는 온도와 압력의 수준조합을 구하고, 그 수준조합에서 수율의 모평균에 대한 95% 신뢰구간을 구하시오.

| 풀이 |

$\max\{\overline{y}_{i.}\}=\overline{y}_{3.}=89.5$, $\max\{\overline{y}_{.j}\}=\overline{y}_{.2}=85.5$ 이므로 수율을 가장 높이는 온도와 압력의 수준조합은 A_3B_2 임을 알 수 있다. 분산분석표에서 $MS_E \doteq 12.833$ 이고 $t_{0.975;6} \doteq 2.447$ 이므로, $\mu(A_3B_2)$ 에 대한 95% 신뢰구간은 다음과 같다.

$$\mu(A_3B_2) : \left[(89.5+85.5-83.75) \pm 2.447 \times \sqrt{12.833\left(\frac{1}{3}+\frac{1}{4}-\frac{1}{12}\right)}\right]$$
$$\doteq [91.25 \pm 6.198] = [85.052, 97.448]$$

- 이 예제에서는 두 인자 모두 유의하지 않았기 때문에, 굳이 신뢰구간을 추정할 필요는 없지만, 연습을 위해 절차를 밟아 본 것이다.
- 반복실험을 하지 않음으로 인해 [예제 13-5]에 비해 신뢰구간의 오차가 2배 이상 커졌음에 주목하자.

```
# 이원 분산분석 실행 (step 4)
anova2(수율, 온도, 압력, step=4, inter=FALSE)
[Step 4] CI for the Best Mean of 수율 w.r.t. 온도 & 압력 ---------
MSE = 12.8333
[91.25 ± 6.1983] = [85.0517, 97.4483]
Means of 수율 w.r.t. 온도 & 압력 ---------
         100     150     200     250
1기압    78.50   82.50   87.50   78.50
2기압    82.25   86.25   91.25   82.25
3기압    80.75   84.75   89.75   80.75
Lower limits for the Mean of 수율 w.r.t. 온도 & 압력 ---------
         100     150     200     250
1기압  72.3017 76.3017 81.3017 72.3017
2기압  76.0517 80.0517 85.0517 76.0517
3기압  74.5517 78.5517 83.5517 74.5517
Upper limits for the Mean of 수율 w.r.t. 온도 & 압력 ---------
         100     150     200     250
1기압  84.6983 88.6983 93.6983 84.6983
2기압  88.4483 92.4483 97.4483 88.4483
3기압  86.9483 90.9483 95.9483 86.9483
```

연습문제

1 한 화학공정에서 4종류의 촉매에 따르는 수율(yield)을 비교하고자 각 4회씩 총 16회의 실험을 랜덤한 순서로 수행하여 아래의 결과를 얻었다. (데이터 ex13_1)

반복 \ 촉매	A1	A2	A3	A4
1	93	96	84	88
2	90	98	87	84
3	85	90	91	87
4	86	95	89	86

(1) 분산분석을 수행하여 촉매의 종류가 수율에 영향을 미치는지 유의수준 0.05에서 검정하시오.

(2) 각 촉매의 종류별로 평균 수율의 95% 신뢰구간을 구하고, 그래프로 작성하시오.

(3) 촉매의 두 수준 조합별로 수율의 모평균 차이에 대한 95% 신뢰구간을 구하고, 모평균 차이가 유의한지 검정하시오.

(R) 잔차 진단 그래프를 작성하여 오차에 대한 가정의 타당성을 검토하시오.

2 S대학에서는 신입생 30명을 랜덤하게 선택하여 1년간 상담횟수와 1학년 평균학점을 조사하였다. (데이터 ex13_2)

상담횟수	평균 학점							
0	3.1	2.8	2.5	2.2	2.7	2.4	3.3	2.6
1	2.9	3.2	3.4	3.1	2.8	2.6		
2	3	2.7	3.3	3.2	3.7	3.3		
3	3.3	3.5	2.8	4.1				
4	3.6	3.4	3.8					
5	3.9	3.5	3.7					

(1) 분산분석을 수행하여 상담횟수가 학점에 영향을 미치는지 유의수준 0.05에서 검정하시오.

(2) 각 상담횟수별로 평균 학점의 95% 신뢰구간을 구하고, 그래프로 작성하시오.

(3) 상담횟수의 두 수준 조합별로 평균 학점 차이에 대한 95% 신뢰구간을 구하고, 모평균 차이가 유의한지 검정하시오.

(R) 잔차 진단 그래프를 작성하여 오차에 대한 가정의 타당성을 검토하시오.

3 한 제조공장에서는 5개의 생산라인별로 200개씩 제품을 랜덤 샘플링 하여 불량개수를 조사하였다.

생산라인	1	2	3	4	5
불량개수	7	12	15	9	4
전체	200	200	200	200	200

(1) 분산분석을 수행하여 생산라인에 따라 불량률에 차이가 있는지를 유의수준 10%에서 검정하시오.

(2) 각 생산라인별로 불량률의 95% 신뢰구간을 구하고, 그래프로 작성하시오.

(3) 두 생산라인 조합별로 불량률 차이에 대한 95% 신뢰구간을 구하고, 모불량률 차이가 유의한지 검정하시오.

(R) 잔차 진단 그래프를 작성하여 오차에 대한 가정의 타당성을 검토하시오.

4 J 산업기술시험원에서는 세탁기 4종류와 세제 4종류를 사용하여 각 1회씩 총 16회의 실험을 랜덤한 순서로 실시하여 오물 잔류율(%) 데이터를 구하였다. (데이터 ex13_4)

세제 \ 세탁기	A1	A2	A3	A4
B1	10	9	7	11
B2	8	8	9	9
B3	7	7	4	8
B4	11	7	7	9

(1) 세탁기 종류에 따른 오물 잔류율의 변화를 그래프를 작성하여 검토하시오.

(2) 세제 종류에 따른 오물 잔류율의 변화를 그래프를 작성하여 검토하시오.

(3) 세탁기와 세제 종류에 따른 오물 잔류율의 변화를 그래프를 작성하여 검토하시오.

(4) 제곱합을 분해하여 분산분석표를 작성하시오.

(5) 세탁기 종류와 세제 종류 각각의 효과가 유의한지 유의수준 0.1에서 검정하시오.

(6) 세탁기 종류별로 오물 잔류율의 95% 신뢰구간을 구하고, 그래프로 작성하시오.

(7) 세제 종류별로 오물 잔류율의 95% 신뢰구간을 구하고, 그래프로 작성하시오.

(8) 오물 잔류율을 가장 작게 하는 세탁기와 세제의 수준조합을 구하고, 그 수준조합에서 오물 잔류율의 모평균에 대한 95% 신뢰구간을 구하시오.

(R) 잔차 진단 그래프를 작성하여 오차에 대한 가정의 타당성을 검토하시오.

5 K 산업기술시험원에서는 세탁기 4종류와 세제 4종류를 사용하여 각 3회씩 총 48회의 실험을 랜덤한 순서로 실시하여 오물 잔류율(%) 데이터를 구하였다. (데이터 ex13_5)

세제 \ 세탁기	A1	A2	A3	A4
B1	11 9 10	9 10 8	7 8 7	9 11 12
B2	8 7 11	8 7 9	9 8 10	10 9 9
B3	7 6 8	7 7 8	4 5 3	8 7 9
B4	12 11 10	6 7 8	7 6 8	9 8 10

(1) 세탁기 종류에 따른 오물 잔류율의 변화를 그래프를 작성하여 검토하시오.

(2) 세제 종류에 따른 오물 잔류율의 변화를 그래프를 작성하여 검토하시오.

(3) 세탁기 종류와 세제 종류간의 교호작용을 검토할 수 있는 그래프를 작성하시오.

(4) 제곱합을 분해하여 분산분석표를 작성하시오.

(5) 세탁기 종류, 세제 종류, 이 둘의 교호작용 등 각 요인의 효과가 유의한지 유의수준 0.05에서 검정하시오.

(6) 세탁기 종류별로 오물 잔류율의 95% 신뢰구간을 구하고, 그래프로 작성하시오.

(7) 세제 종류별로 오물 잔류율의 95% 신뢰구간을 구하고, 그래프로 작성하시오.

(8) 오물 잔류율을 가장 작게 하는 세탁기와 세제의 수준조합을 구하고, 그 수준조합에서 오물 잔류율의 모평균에 대한 95% 신뢰구간을 구하시오.

(R) 잔차 진단 그래프를 작성하여 오차에 대한 가정의 타당성을 검토하시오.

CHAPTER 14

상관분석과 회귀분석

Rstat

contents

14 상관분석과 회귀분석

징후를 통해 결과를 잘 예측할 수 있다면 좋은 의사결정을 할 수 있다. 예를 들어 '금리가 떨어지면 주가가 상승한다'는 확실한 근거가 있다면, 금리 수준을 보고 주식투자 전략을 세울 수 있다. 이와 같이 변수 간의 관련성을 연구하는 분야가 상관분석과 회귀분석이다. 상관분석은 두 변수간의 선형관계를 계량적으로 분석하는 기법으로서, 기초적인 정보를 제공한다. 회귀분석은 변수를 설명변수와 종속변수로 구분하여, 종속변수를 설명변수의 특정한 함수 형태로 설명할 수 있는지를 분석하는 보다 고급 기법이다. 14장에서는 이와 같은 상관분석과 회귀분석에 대해 학습한다. 먼저 14장에서 사용할 함수를 다음과 같이 정의한다.

```
# R 아이콘을 더블클릭하여 실행
# 패키지 'Rstat'을 불러옴
library(Rstat)

# 14장 함수 정의 (번역) (번호를 입력하면 해당 함수의 사용법 확인 가능)
ch14.man()
[1] corr.mplot          이변량 데이터 리스트로부터 여러 개의 산점도 작성
[2] corr.reg1           상관분석 & 단순선형회귀분석
[3] corr.mreg           다중회귀분석
# [참고] 이변량 데이터 리스트로부터 산점도 작성 함수 corr.mplot() 사용법
ch14.man(1)
# [참고] 상관분석 & 단순선형회귀분석 함수 corr.reg1() 사용법
ch14.man(2)
# 다중회귀분석 함수 corr.mreg() 사용법
ch14.man(3)
```

14.1 상관분석

14.1.1 상관계수의 추정

상관분석(correlation analysis)은 두 변수간의 선형관계를 분석하는 기법이다. **상관계수**(correlation coefficient)는 두 확률변수 X와 Y의 상관관계(선형관계)의 부호와 강약을 나타내는 척도이다. X와 Y의 공분산을 $Cov(X, Y) \equiv \sigma_{XY}$, X와 Y의 표준편차를 각각 σ_X와 σ_Y라 하면, 상관계수는 아래와 같이 정의되며, [정리 14–1]의 특성을 갖는다.

$$\rho_{XY} \equiv Corr(X, Y) = \frac{Cov(X, Y)}{\sigma_X \sigma_Y} = \frac{\sigma_{XY}}{\sigma_X \sigma_Y} \qquad (14\text{–}1)$$

정리 14–1 상관계수의 특성

① ρ_{XY}의 범위는 $-1 \le \rho_{XY} \le 1$이다.
② 두 변수가 서로 독립이면 두 변수 간에 상관관계가 없으며, $\rho_{XY} = 0$이 된다.
③ $\rho_{XY} = 0$이면 두 변수 간에 상관관계(선형관계)가 없다. 그러나 비선형관계는 있을 수 있기 때문에 두 변수가 서로 독립이라는 보장은 없다.
④ X와 Y가 정규분포를 따르는 경우, $\rho_{XY} = 0$이면 X와 Y는 독립이다.

표본상관계수는 표본을 통하여 상관계수를 추정하는 통계량으로서, 이를 고안한 수학자의 이름을 따서 Pearson의 상관계수라고도 한다. 두 확률변수 X와 Y의 모집단으로부터 n쌍의 확률표본 $(X_1, Y_1), (X_2, Y_2), \cdots, (X_n, Y_n)$을 얻었을 때, X와 Y의 **표본상관계수**(sample correlation coefficient)는 다음과 같이 정의된다.

$$r_{XY} = \frac{S_{XY}}{\sqrt{S_{XX} S_{YY}}} \qquad (14\text{–}2)$$

$$S_{XX} = \sum_{i=1}^{n} (X_i - \overline{X})^2 = \sum_{i=1}^{n} X_i^2 - \frac{(\sum_{i=1}^{n} X_i)^2}{n} \qquad (14\text{–}3)$$

$$S_{YY} = \sum_{i=1}^{n} (Y_i - \overline{Y})^2 = \sum_{i=1}^{n} Y_i^2 - \frac{(\sum_{i=1}^{n} Y_i)^2}{n} \qquad (14\text{–}4)$$

$$S_{XY} = \sum_{i=1}^{n} (X_i - \overline{X})(Y_i - \overline{Y}) = \sum_{i=1}^{n} X_i Y_i - \frac{(\sum_{i=1}^{n} X_i)(\sum_{i=1}^{n} Y_i)}{n} \qquad (14\text{–}5)$$

정리 14-2 표본상관계수의 특성

① r_{XY} 의 범위는 $-1 \le r_{XY} \le 1$ 이다.

② r_{XY} 의 값이 $+1$ 또는 -1 에 가까울수록 산점도 상의 점들이 직선에 가깝게 위치한다.

③ r_{XY} 의 값이 $+1$ 또는 -1 인 경우에는 산점도 상의 모든 점이 직선상에 놓이게 된다.

예제 14-1 학생 20명의 1, 2 학기 과목별 성적이 다음과 같을 때, 여섯 가지 데이터 쌍의 산점도를 작성하고 상관계수를 구하여 비교하시오. (exa14_1)

(a) 국어		(b) 영어		(c) 수학		(d) 사회		(e) 과학		(f) 예체	
1	2	1	2	1	2	1	2	1	2	1	2
53.4	58.1	69.5	43.2	51	60.3	62.9	54.5	53.4	58.1	56.7	35.3
55	58.9	59.9	56.6	52	64.9	64.3	58.9	55	58.9	81.2	54.2
53.6	57.3	58.9	54.6	53	67	60.7	65.8	53.6	57.3	46	22.6
67	66.8	76.6	53.9	54	64.9	47.1	51.6	67	66.8	48.1	36.6
69.1	62.9	53.4	71.8	55	67.5	56.2	56.5	69.1	62.9	71.8	30.8
65.7	66	69	59.7	56	66.9	60	57.1	45	80	64.5	54.9
72.3	70.8	56.2	62.4	57	66.8	49.3	69.5	72.3	70.8	53.7	38.6
49.4	47	51.4	82.2	58	68.2	59.4	56.2	49.4	47	65.2	31.2
48.9	55.3	52.9	50.3	59	68.5	56.9	53.7	48.9	55.3	56.8	42.3
51.5	51.2	43.1	64.5	60	71.5	67.3	46.3	79	46	58.4	34.9
61.5	61.7	66.1	44.9	61	68.6	54	62.4	61.5	61.7	73.4	100.4
53.3	50.4	76.2	50.7	62	69.9	66.3	56.1	53.3	50.4	28.7	58.5
64.9	73.3	56.8	63.9	63	66.7	70.5	58.3	64.9	73.3	60.2	77.4
67.9	64.5	48	77.3	64	66.6	42.6	50.2	67.9	64.5	55.6	74.2
66	71.3	58	52.3	65	69.8	58.6	73.1	66	71.3	73	93.7
75.5	80.8	56.6	61.3	66	64.7	57.5	62.9	75.5	80.8	69.5	82.1
58.7	56	65.7	47.8	67	67.7	52.5	58.4	58.7	56	59.3	78.3
75.5	73.9	47.1	73.8	68	62.5	63.6	58.2	75.5	73.9	77.6	93.2
61.9	66.4	48.7	66.1	69	58.3	49.8	59.3	61.9	66.4	54.1	76.3
55.7	47.2	53.4	52.8	70	63.4	70.1	57.1	55.7	47.2	63.6	91

| 풀이 |

위와 같이 짝지어진 데이터 쌍이 나열된 데이터세트에 대해서는 Rstat의 corr.mplot() 함수를 사용하면 쉽게 상관계수를 구할 수 있다.

```
# 저장된 데이터(exa14_1)를 불러옴
data(exa14_1)
# 과목별 1, 2학기 점수를 각각 리스트로 할당
과목 = c("국어", "영어", "수학", "사회", "과학", "예체능")
```

```
xd = list()
for (k in 1:6) xd[[k]] = cbind(exa14_1[[2*k-1]], exa14_1[[2*k]])
# 함수 corr.mplot() 실행 (단계 1~2) ⇒ [그림 14-1]
corr.mplot(X=xd, item=과목, xl="1학기", yl="2학기", step=1:2)
[Step 1] Scatter plot for prior investigation of data -------------
[Step 2] Estimate correlation coefficients -----------------
국어    Corr(X1,X2) = 70.1804 / √(72.1509 × 88.1715) = 0.8799  # 강한 양의 상관관계
영어    Corr(X1,X2) = -67.332 / √(89.6209 × 117.15) = -0.6571   # 음의 상관관계
수학    Corr(X1,X2) = -2.5447 / √(35 × 10.5256) = -0.1326       # 약한 음의 상관관계, 곡선 관계
사회    Corr(X1,X2) = -2.8873 / √(58.5238 × 39.2394) = -0.0603  # 미미한 상관관계
과학    Corr(X1,X2) = 33.1638 / √(96.3996 × 111.5222) = 0.3198  # 약한 양의 상관관계, 이상치
예체능  Corr(X1,X2) = 117.5582 / √(148.3022 × 638.1062) = 0.3821 # 양의 상관관계, 두 개의 층
```

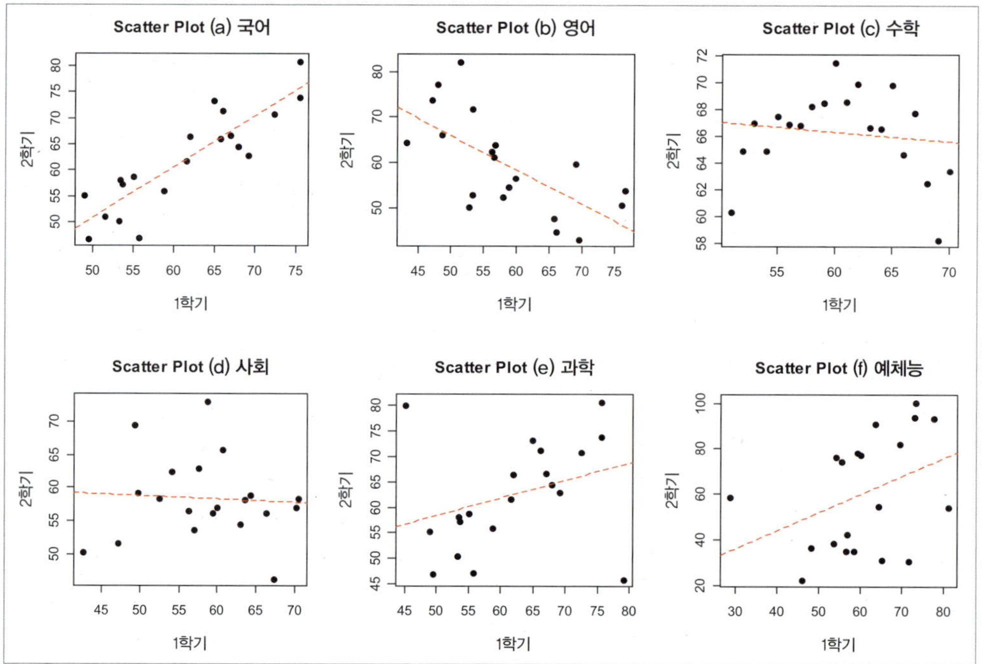

[그림 14-1] 여섯 가지 경우의 산점도 예시

14.1.2 상관관계 유무에 대한 검정

두 변수 간에 상관관계가 있는지에 대한 검정에서 귀무가설은 "두 변수 간에 상관관계가 없다"로 설정된다. 즉, 귀무가설 $H_0 : \rho_{XY}=0$을 검정하는 것이며, 다음과 같이 검정한다.

정리 14-3 상관관계 유무에 대한 검정

귀무가설 $H_0 : \rho_{XY}=0$, 검정통계량: $T_0 \equiv r_{XY}\sqrt{\dfrac{n-2}{1-r_{XY}^2}} \sim t(n-2)$ (14-6)

대립가설 $H_1 : \rho_{XY}>0 \Rightarrow$ 기각역: $T_0 > t_{1-\alpha;n-2}$

대립가설 $H_1 : \rho_{XY}<0 \Rightarrow$ 기각역: $T_0 < t_{\alpha;n-2} = -t_{1-\alpha;n-2}$

대립가설 $H_1 : \rho_{XY} \neq 0 \Rightarrow$ 기각역: $|T_0| > t_{1-\alpha/2;n-2}$

예제 14-2 학생 20명의 1, 2학기 과목별 성적이 [예제 14-1]과 같을 때, 각 과목별로 유의수준 5%에서 1학기 성적과 2학기 성적 간에 상관관계가 있다고 할 수 있는지 검정하시오.

| 풀이 |

corr.mplot() 함수에서 step=3:5로 지정하면, 상관관계 검정, 상관계수의 신뢰구간, 검정 결과의 그래프 등을 동시에 구할 수 있다.

```
# [예제 14-1]에 이어서 단계 3~5 실행, t-검정 그래프 (단계 5) ⇒ [그림 14-2]
corr.mplot(X=xd, item=과목, xl="1학기", yl="2학기", step=3:5)
[Step 3] Correlation tests ------------------------
국어    Corr = 0.8799   t-Stat = 7.8563    P-v = 0        # 강한 양의 상관관계
영어    Corr = -0.6571  t-Stat = -3.6986   P-v = 0.0016   # 음의 상관관계
수학    Corr = -0.1326  t-Stat = -0.5675   P-v = 0.5774   # 약한 음의 상관관계
사회    Corr = -0.0603  t-Stat = -0.2561   P-v = 0.8008   # 미미한 상관관계
과학    Corr = 0.3198   t-Stat = 1.4322    P-v = 0.1692   # 약한 양의 상관관계
예체능  Corr = 0.3821   t-Stat = 1.7545    P-v = 0.0964   # 양의 상관관계
[Step 4] Confidence intervals for correlation coefficients --------------------
국어    95% CI = [0.7163, 0.9518]
영어    95% CI = [-0.8519, -0.3026]
수학    95% CI = [-0.5432, 0.3293]
사회    95% CI = [-0.4897, 0.3927]
과학    95% CI = [-0.1429, 0.6678]
예체능  95% CI = [-0.0727, 0.7054]
[Step 5] T-test plot ------------------------

# [참고] 기본함수 cor.test() 사용 방법
out=list()
for (k in 1:6) out[[k]]=cor.test(xd[[k]][,1], xd[[k]][,2])
for (k in 1:6) cat(과목[k], out[[k]]$est, out[[k]]$stat, out[[k]]$p.val, out[[k]]$conf, "\n")
결과 생략...
```

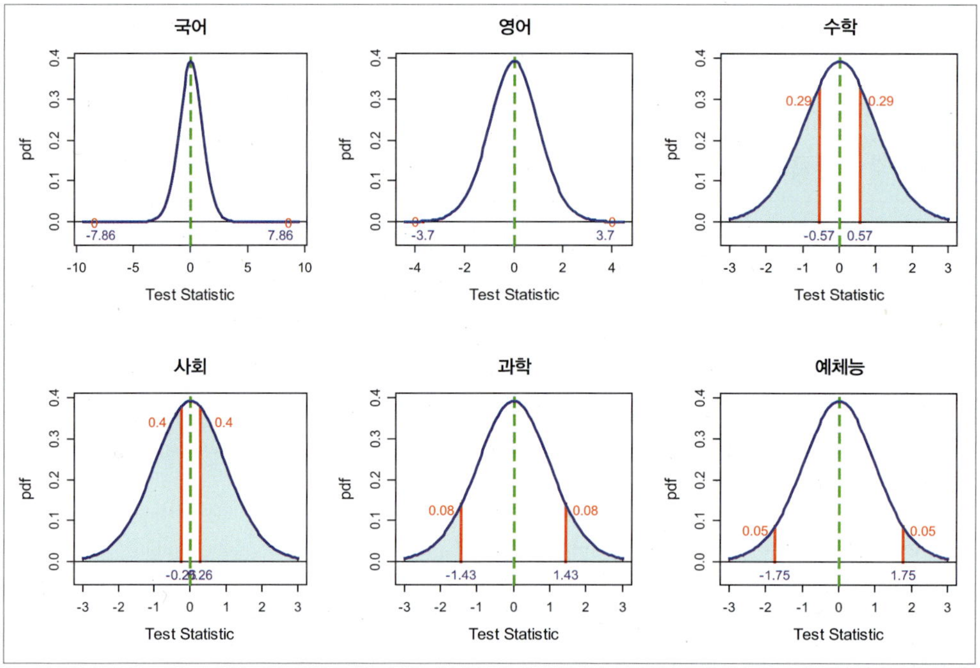

[그림 14-2] 상관관계 유무에 대한 검정 결과 예시

예제 14-3 한 수출기업에서 원-달러 환율과 수출액(억 원) 간의 관계를 분석하기 위하여 한 지점의 최근 10개월간의 데이터를 수집한 결과가 다음과 같다. 유의수준 5%에서 원-달러 환율과 수출액 간에 상관관계가 있다고 할 수 있는지 검정하시오.

월	1	2	3	4	5	6	7	8	9	10
환율	1095	1110	1086	1074	1098	1105	1163	1124	1088	1064
수출액	49	52	48	49	50	51	50	51	49	48

| 풀이 |

귀무가설 $H_0 : \rho_{XY}=0$, 대립가설 $H_1 : \rho_{XY} \neq 0$을 설정한다. 원-달러 환율을 X, 월 수출액을 Y라 하고, 다음과 같이 표본상관계수를 계산한다.

$$S_{XX}=\sum_{i=1}^{n} X_i^2 - \frac{\left(\sum_{i=1}^{n} X_i\right)^2}{n} = 12,122,411 - \frac{(11,007)^2}{10} = 7,006.1$$

$$S_{YY}=\sum_{i=1}^{n} Y_i^2 - \frac{\left(\sum_{i=1}^{n} Y_i\right)^2}{n} = 24,717 - \frac{(497)^2}{10} = 16.1$$

$$S_{XY}=\sum_{i=1}^{n} X_i Y_i - \frac{\left(\sum_{i=1}^{n} X_i\right)\left(\sum_{i=1}^{n} Y_i\right)}{n} = 547,242 - \frac{11,007 \times 497}{10} = 194.1$$

따라서 $r_{XY}=\frac{S_{XY}}{\sqrt{S_{XX}S_{YY}}}=\frac{194.1}{\sqrt{7006.1\times 16.1}}\doteq 0.578$

$T_0=0.578\times\sqrt{\frac{10-2}{1-0.578^2}}\doteq 2.003 < t_{0.975;8}\doteq 2.306$ 이므로 귀무가설을 채택한다. 즉, 유의수준 5%에서 원–달러 환율과 수출액 간에 상관관계가 존재한다는 충분한 증거가 없다.

```
# 데이터 입력 및 함수 corr.reg1() 실행 (단계 1~4) (산점도 그래프 생략)
x = c(1095, 1110, 1086, 1074, 1098, 1105, 1163, 1124, 1088, 1064)
y = c(49, 52, 48, 49, 50, 51, 50, 51, 49, 48)
corr.reg1(x, y, step=1:4)
[Step 1] Scatter plot for prior investigation ------------------------
[Step 2] Estimate correlation coefficients ------------------------
Sxx = 12122411 - (11007)²/ 10 = 7006.1
Syy = 24717 - (497)²/ 10 = 16.1
Sxy = 547242 - (11007 × 497) / 10 = 194.1
Cor(xy) = 194.1 / √(7006.1 × 16.1) = 0.5779
[Step 3] Correlation tests ------------------------
Sample Correlation Coefficient = 0.5779
t-statistic = 0.5779 × √(8/(1-0.5779²)) = 2.003
p-value = P(|T8| > 2.003) = 0.0801
[Step 4] Confidence intervals for correlation coefficients -------------------
95% Confidence Interval = [-0.0813, 0.8854]
# ⇒ p-값이 0.0801로서 유의수준 0.05보다 크므로 귀무가설 채택

# [참고] R 기본함수 cor.test() 함수를 사용하여 상관관계 검정
cor.test(x, y)
        Pearson's product-moment correlation
data:  x and y
t = 2.003, df = 8, p-value = 0.08014
alternative hypothesis: true correlation is not equal to 0
95 percent confidence interval:
 -0.08126975  0.88538280
sample estimates:
      cor
0.5779289
```

14.1.3 상관계수에 대한 검정

두 변수 간의 상관계수가 특정한 값과 같은지 판단해야 하는 경우가 있다. 이때의 검정통계량은 다음 정리와 같이 귀무가설 하에서 근사적으로 표준정규분포를 따른다.

정리 14-4 상관계수에 대한 검정

귀무가설: $H_0 : \rho_{XY} = \rho_0$

검정통계량: $Z_0 \equiv \sqrt{n-3}\left[\frac{1}{2}\ln\left(\frac{1+r_{XY}}{1-r_{XY}}\right) - \frac{1}{2}\ln\left(\frac{1+\rho_0}{1-\rho_0}\right)\right] \overset{a}{\sim} N(0,1)$ (14-7)

대립가설 $H_1 : \rho_{XY} > \rho_0 \Rightarrow$ 기각역: $Z_0 > z_{1-\alpha}$

대립가설 $H_1 : \rho_{XY} < \rho_0 \Rightarrow$ 기각역: $Z_0 < z_\alpha = -z_{1-\alpha}$

대립가설 $H_1 : \rho_{XY} \neq \rho_0 \Rightarrow$ 기각역: $|Z_0| > z_{1-\alpha/2}$

예제 14-4 [예제 14-3]에서 환차손익을 배제하기 위해 수출액 단위를 '억 원'이 아닌 '10만USD'로 바꾸어 데이터를 분석하기로 하였다. (유의수준 5%)

(1) 원-달러 환율과 수출액 간에 상관관계가 있다고 할 수 있는지 검정하시오.

(2) 원-달러 환율과 수출액 간의 상관계수가 0.9라고 할 수 있는지 검정하시오.

월	1	2	3	4	5	6	7	8	9	10
환율	1095	1110	1086	1074	1098	1105	1163	1124	1088	1064
수출액	53.655	57.72	52.128	52.626	54.9	56.355	58.15	57.324	53.312	51.072

| 풀이 |

(1) $S_{XX} = 12,122,411 - \frac{11,007^2}{10} = 7,006.1$, $S_{YY} = 30,005.160 - \frac{547.242^2}{10} \doteq 57.779$

$S_{XY} = 602,909.922 - \frac{11,007 \times 547.242}{10} \doteq 560.653$

$\Rightarrow$ 표본상관계수 $r_{XY} = \frac{S_{XY}}{\sqrt{S_{XX}S_{YY}}} = \frac{560.653}{\sqrt{7006.1 \times 57.779}} \doteq 0.881$

$T_0 = r_{XY}\sqrt{\frac{n-2}{1-r_{XY}^2}} \doteq 0.881 \times \sqrt{\frac{10-2}{1-0.881^2}} \doteq 5.267 > t_{0.975;8} \doteq 2.306$ 이므로 귀무가설을 기각한다.

즉, 유의수준 5%에서 원-달러 환율과 수출액 간에 상관관계가 존재한다는 증거가 있다.

(2) 귀무가설 $H_0 : \rho_{XY} = 0.9$, 대립가설 $H_1 : \rho_{XY} \neq 0.9$ 로 놓고, 검정통계량을 계산한다.

$Z_0 \doteq \sqrt{10-3}\left[\frac{1}{2}\ln\left(\frac{1+0.881}{1-0.881}\right) - \frac{1}{2}\ln\left(\frac{1+0.9}{1-0.9}\right)\right] \doteq \sqrt{7}(1.380 - 1.472) \doteq -0.243$

$|Z_0| < z_{0.975} = 1.96$ 이므로 귀무가설을 채택한다. 즉, 유의수준 5%에서 원-달러 환율과 수출액 간의 상관계수가 0.9와 다르다는 충분한 증거가 없다.

```
# 수출액을 10만 달러 단위로 변환 (앞의 예에 이어서)
(y2 = y*x/1000)
[1] 53.655 57.720 52.128 52.626 54.900 56.355 58.150 57.324 53.312 51.072
# (1) 상관관계 검정 (단계 1~4) (산점도 그래프 생략)
corr.reg1(x, y2, step=1:4)
[Step 1] Scatter plot for prior investigation -----------------------
[Step 2] Estimate correlation coefficients -----------------------
Sxx = 12122411 - (11007)²/ 10 = 7006.1
Syy = 30005.1597 - (547.242)²/ 10 = 57.7791
Sxy = 602909.922 - (11007 × 547.242) / 10 = 560.6526
Cor(xy) = 560.6526 / √(7006.1 × 57.7791) = 0.8812
[Step 3] Correlation tests -----------------------
Sample Correlation Coefficient = 0.8812
t-statistic = 0.8812 × √(8/(1-0.8812²)) = 5.272
p-value = P(|T8| > 5.272) = 8e-04
[Step 4] Confidence intervals for correlation coefficients ------------------
95% Confidence Interval = [0.5651, 0.9717]
# ⇒ p-값이 유의수준 0.05보다 작으므로 귀무가설 기각
# (2) 상관계수 검정 (단계 3~4, ρ0=0.9)
corr.reg1(x, y2, r0=0.9, step=3:4)
[Step 3] Correlation tests -----------------------
Sample Correlation Coefficient = 0.8812
Z-statistic = √(7) × 0.5 × (log((1+0.8812)/(1-0.8812))-log((1+0.9)/(1-0.9))) = -0.2411
p-value = P(|Z| > 0.2411) = 0.8094
[Step 4] Confidence intervals for correlation coefficients ------------------
95% Confidence Interval = [0.5651, 0.9717]
# ⇒ p-값이 유의수준 0.05보다 크므로 귀무가설 채택 (95% 신뢰구간이 0.9를 포함)
```

14.2 회귀분석의 개념

회귀분석에서는 원인이 되는 변수와 결과로 나타나는 변수를 구분한다. 결과에 영향을 미칠 것으로 예상되는 변수를 **독립변수**, **설명변수** 또는 **예측변수**라 한다. 반면에, 독립변수의 영향을 받는 변수를 **종속변수** 또는 **반응변수**라 한다.

회귀분석에서는 경험이나 예비실험을 통하여 독립변수와 종속변수 간의 함수관계(또는 모형)를 수립한다. 이를 회귀식이라 하며, 개념적으로 $Y=f(X)$로 나타낼 수 있다. 다음으로 실험이나 관측을 통해 얻은 확률표본을 통하여 회귀식의 모수 값을 추정한다. 예컨대 $Y=f(X)=a+bX$ 라면, 회귀계수 a와 b를 추정하는 것이다. 추정된 회귀식을 사용하여 독립변수가 종속변수에 미치는 영향을 분석하고, 독립변수의 값으로 종속변수의 값을 예측하며, 다양한 통계적 추론을 수행한다.

예제 14-5 [예제 14-4]의 데이터로부터 산점도를 작성하고, 직선 회귀식을 표시하시오.

| 풀이 |

```
# 앞의 예에 이어서 산점도 작성 (단계 6) ⇒ [그림 14-3]
corr.reg1(x, y2, xl="환율", yl="수출액", step=6)
[Step 1] Scatter plot for prior investigation ------------------------
[Step 6] Display the simple regression line ------------------------
```

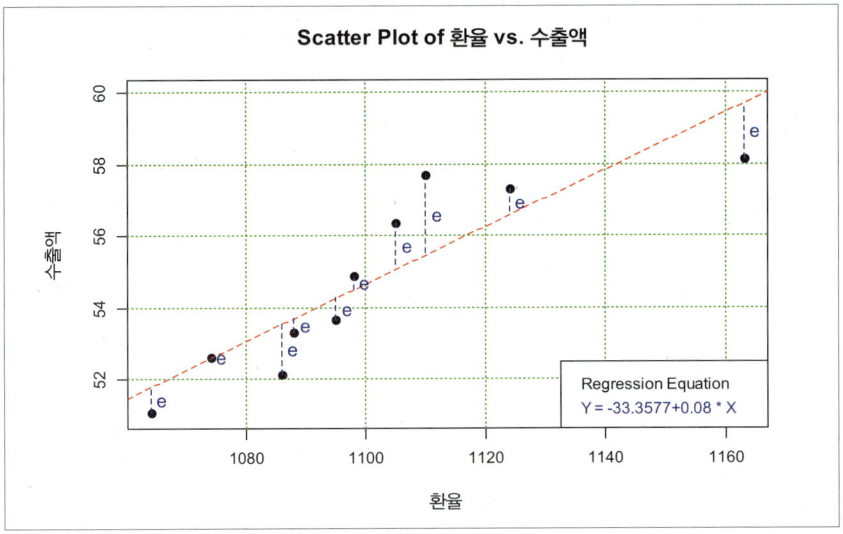

[그림 14-3] 산점도와 단순회귀모형 예시

위 그림에서 보듯이 환율이 높을수록 이 회사의 수출액도 증가하는 경향을 볼 수 있으며 붉은색 점선으로 표시된 회귀식 $Y=-33.3577+0.08X$ 로 설명된다. 그러나 두 변수의 관계가 완벽한 직선관계는 아니며, 차이(그림에서 e)가 발생한다. 이런 종속변수의 관측치와 예측치와의 차이를 잔차라 하며, 잔차가 작을수록 더 적합한 회귀식이라 할 수 있다.

회귀분석의 유형은 매우 다양하지만, 기본적인 유형은 다음과 같이 구분할 수 있다.

① **단순회귀분석**(simple regression analysis): 하나의 독립변수로 하나의 종속변수를 설명하는 모형으로서, 아버지의 키로 한 자녀의 키를 설명하는 경우에 해당한다.

② **다중회귀분석**(multiple regression analysis): 두 개 이상의 독립변수로 하나의 종속변수를 설명하는 모형으로서, 부모의 키로 한 자녀의 키를 설명하는 경우에 해당한다.

③ **곡선회귀분석**(cuvilinear regression analysis): 독립변수와 종속변수의 관계를 2차 이상의 함수로 설명하는 모형으로서, $y=a+bx+cx^2$ 과 같은 함수관계의 예를 들 수 있다.

④ **다변량회귀분석**(multivariate regression analysis): 두 개 이상의 종속변수를 사용하는 모형으로서, 부모의 키로 두 자녀의 키를 설명하는 경우에 해당한다.

14.3 단순회귀분석

단순회귀에서는 독립변수의 수준 $x_1, x_2, \cdots, x_n$ 에서 측정되는 종속변수 $y_1, y_2, \cdots, y_n$ 에 대하여 아래의 단순선형회귀 모형이 성립한다고 가정한다.

$$y_i = \beta_0 + \beta_1 x_i + \epsilon_i, \quad i=1, 2, \cdots, n \qquad (14-8)$$

여기서 절편 β_0 와 기울기 β_1 을 **회귀계수**(regression coefficient)라 하며, 오차항(error term) ϵ_i 들은 서로 독립이고 $N(0, \sigma^2)$ 분포를 따른다고 가정한다. 단순선형회귀 모형으로부터 다음과 같은 특성을 찾아볼 수 있으며, 이를 그림으로 나타내면 [그림 14-4]와 같다.

① $E(\epsilon_i)=0$ 이므로 $E(y_i)=E(\beta_0+\beta_1 x_i+\epsilon_i)=\beta_0+\beta_1 x_i$

② $Var(y_i)=Var(\beta_0+\beta_1 x_i+\epsilon_i)=Var(\epsilon_i)=\sigma^2$

③ ϵ_i 들이 서로 독립이므로 y_i 들도 서로 독립이다.

④ 종합하면, 종속변수 y_i 들은 독립적으로 $N(\beta_0+\beta_1 x_i, \sigma^2)$ 분포를 따른다.

회귀계수 β_0, β_1 의 추정치를 $\hat{\beta}_0, \hat{\beta}_1$ 이라 하면, 다음과 같은 추정 모형을 얻는다.

$$y_i = \hat{y}_i + e_i = \hat{\beta}_0 + \hat{\beta}_1 x_i + e_i, \quad i=1, 2, \cdots, n \qquad (14-9)$$

여기서 e_i 들은 **잔차**(residual)라 하며, 오차의 관측치에 해당한다. 잔차들의 특성을 분석하면 오차에 대한 가정이 타당한지 판단할 수 있다.

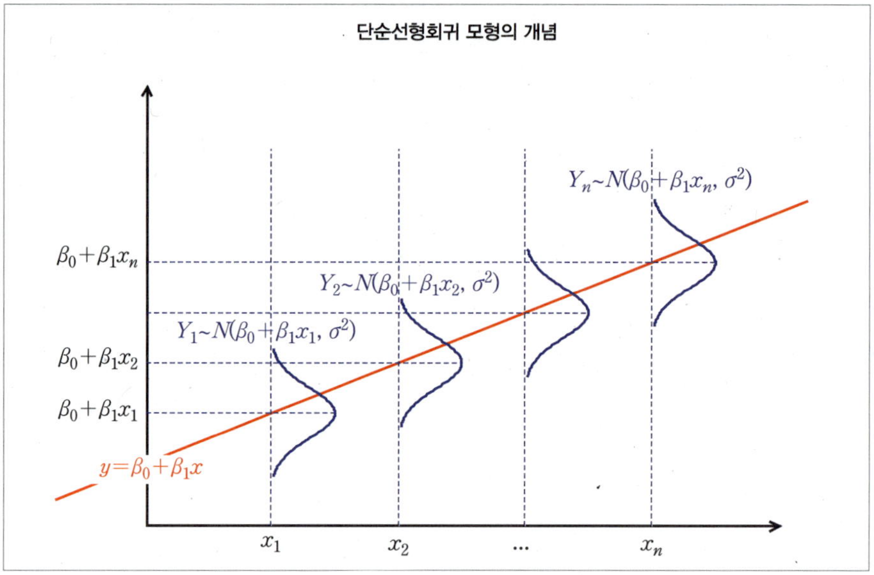

[그림 14-4] 단순선형회귀 모형의 개념

14.3.1 회귀계수의 추정

회귀계수의 추정에 보편적으로 사용되는 방법은 **최소제곱법**(least square estimation; LSE)으로서, 오차의 제곱합을 최소화하는 회귀계수의 값을 구하는 방법이다. 오차의 제곱합을 Q라 하면, 식 (14-9)로부터

$$Q=\sum_{i=1}^{n}\epsilon_i^2=\sum_{i=1}^{n}[y_i-(\beta_0+\beta_1 x_i)]^2=\sum_{i=1}^{n}(y_i-\beta_0-\beta_1 x_i)^2 \tag{14-10}$$

식 (14-10)을 최소로 하는 추정치 $\hat{\beta}_0, \hat{\beta}_1$은 Q를 β_0, β_1로 각각 편미분한 값을 0으로 놓은 방정식을 연립하여 풀면 다음의 해를 구할 수 있다.

$$\hat{\beta}_1=\frac{n\sum_{i=1}^{n}x_i y_i-\left(\sum_{i=1}^{n}x_i\right)\left(\sum_{i=1}^{n}y_i\right)}{n\sum_{i=1}^{n}x_i^2-\left(\sum_{i=1}^{n}x_i\right)^2}=\frac{S_{XY}}{S_{XX}} \tag{14-11}$$

$$\hat{\beta}_0=\overline{y}-\hat{\beta}_1\overline{x} \tag{14-12}$$

정리 14-5 단순선형회귀 모형의 최소제곱추정

단순선형회귀 모형: $y_i=\beta_0+\beta_1 x_i+\epsilon_i,\ i=1, 2, \cdots, n$

최소제곱추정치(LSE): $\hat{\beta}_1=S_{XY}/S_{XX},\ \hat{\beta}_0=\overline{y}-\hat{\beta}_1\overline{x}$

추정 회귀식: $\hat{y}=\hat{\beta}_0+\hat{\beta}_1 x$

잔차의 특성: $\sum_{i=1}^{n} e_i=0,\ \sum_{i=1}^{n} x_i e_i=0$

예제 14-6 [예제 14-4]에서 환율을 독립변수, 수출액을 종속변수로 놓고, 단순선형회귀 모형 $y_i=\beta_0+\beta_1 x_i+\epsilon_i,\ i=1, 2, \cdots, n$에서 회귀계수의 최소제곱 추정치를 구하시오.

| 풀이 |

먼저 관측 데이터의 평균과 변동을 계산하면,

$$\overline{x}=\sum_{i=1}^{n} x_i/n=11,007/10=1100.7,\ \overline{y}=\sum_{i=1}^{n} y_i/n=547.242/10 \doteq 54.724$$

$$S_{XX}=\sum_{i=1}^{n} x_i^2-\left(\sum_{i=1}^{n} x_i\right)^2/n=12,122,411-(11,007)^2/10=7,006.1$$

$$S_{XY}=\sum_{i=1}^{n} x_i y_i-\left(\sum_{i=1}^{n} x_i\right)\left(\sum_{i=1}^{n} y_i\right)/n \doteq 602,909.922-11,007\times 547.242/10 \doteq 560.653$$

따라서 $\hat{\beta}_1=S_{XY}/S_{XX} \doteq 560.653/7006.1 \doteq 0.080$

$$\hat{\beta}_0=\overline{y}-\hat{\beta}_1\overline{x} \doteq 54.724-0.080\times 1100.7= -33.332$$

추정된 회귀식은 $\hat{y}=\hat{\beta}_0+\hat{\beta}_1 x \doteq -33.332+0.080x$ 가 된다.

```
# 앞의 예제에 이어서 단계 7 실행
corr.reg1(x, y2, step=7)
[Step 7] Estimate simple regression coefficients ------------------
Sxx = 12122411 - (11007)²/ 10 = 7006.1
Sxy = 602909.922 - (11007 × 547.242) / 10 = 560.6526
Slope = 560.6526 / 7006.1 = 0.08
Intersection = 54.7242 - 0.08 × 1100.7 = -33.3577
Regression Equation : y = -33.3577 + 0.08 x
# 회귀계수 추정치 β̂1 의 반올림 오차로 인하여 절편 추정치에서 다소의 차이가 발생하였음
```

14.3.2 모형의 적합성 검정(분산분석)

회귀식을 추정한 후 모형의 타당성을 확인하기 위해 종속변수의 전체 변동을 회귀식에 의해 설명되는 변동과 설명되지 않는 변동으로 분해하여 비교하는 분산분석을 실시한다.

총편차(total deviation)는 각각의 표본 데이터(y_i)와 전체 평균($\overline{y}$)과의 차이로서, [그림 14-5]에서 보는 바와 같이 총편차는 다음과 같이 두 개 편차의 합으로 나타낼 수 있다.

$$(y_i-\overline{y})=(\hat{y}_i-\overline{y})+(y_i-\hat{y}_i) \qquad (14-13)$$

위의 식에서 $(\hat{y}_i-\overline{y})$는 회귀직선에 의하여 설명이 되는 편차인 반면, $(y_i-\hat{y}_i)$는 추정된 회귀직선에 의하여 설명되지 않는 잔차(residual)이다. 회귀식이 완벽하다면, 모든 관측치들은 회귀직선상에 위치하게 되므로, 모든 잔차는 0이 된다.

총편차를 제곱하여 모두 더하면 총제곱합을 얻는데, 다음 정리와 같이 분해된다.

정리 14-6 단순선형회귀 모형의 제곱합 분해

총제곱합: $SS_T=\sum_{i=1}^{n}(y_i-\overline{y})^2=\sum_{i=1}^{n}y_i^2-\frac{(\sum_{i=1}^{n}y_i)^2}{n}=SS_R+SS_E$ (14-14)

회귀제곱합: $SS_R=\sum_{i=1}^{n}(\hat{y}_i-\overline{y})^2=\hat{\beta}_1^2\sum_{i=1}^{n}(x_i-\overline{x})^2=S_{XY}^2/S_{XX}$ (14-15)

오차제곱합: $SS_E=\sum_{i=1}^{n}(y_i-\hat{y}_i)^2=SS_T-SS_R$ (14-16)

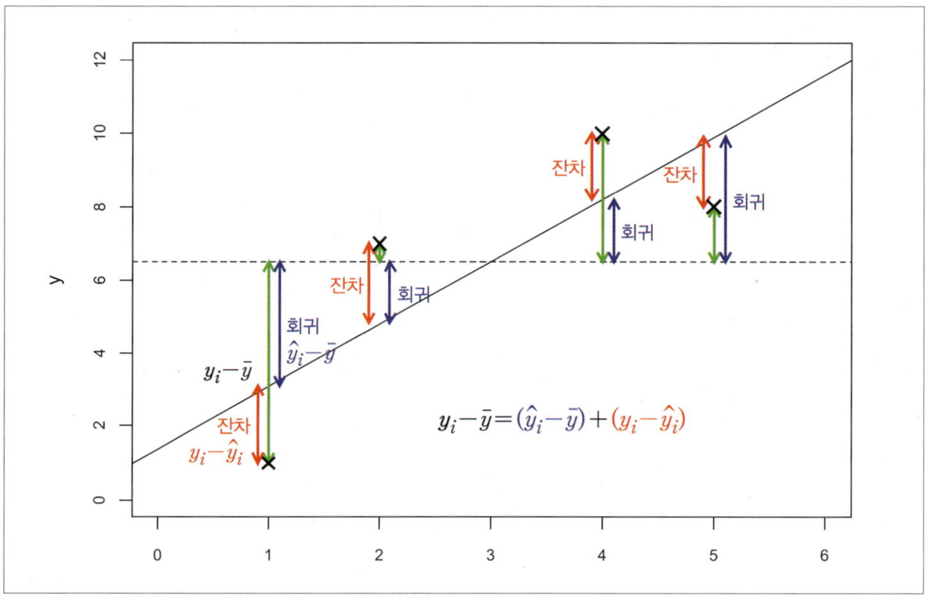

[그림 14-5] 총편차의 분해

총제곱합 SS_T의 자유도는 $\phi_T=n-1$이 된다. 회귀제곱합 SS_R의 자유도는 회귀계수의 개수 2에서 1을 제하여 $\phi_R=1$이 된다. 절편의 추정치는 $\hat{\beta}_0=\overline{y}-\hat{\beta}_1\overline{x}$로 구해지므로 독립적인 모수의 개수는 1개뿐이기 때문이다. 오차제곱합 SS_E의 자유도는 n개의 항 중에 추정된 모수의 개수 2만큼 제약이 발생하므로 $\phi_E=n-2$가 된다. 따라서 다음 식이 성립한다.

$$\phi_T=n-1=1+(n-2)=\phi_R+\phi_E \qquad (14-17)$$

단순선형회귀 모형의 적합성을 검정하기 위해 귀무가설을 "회귀식은 무의미하다"로 설정하면 이는 $H_0:\beta_1=0$로 나타낼 수 있다. 만약 귀무가설이 참이라면 회귀식의 기울기는 0에 가깝게 나타나서 회귀제곱합(SS_R)이 작아지고, 총제곱합(SS_T)에서 오차제곱합(SS_E)이 차지하는 비중이 커지게 될 것이다. [그림 14-6] 왼쪽과 같이 회귀식에 의해 설명되는 편차(빨간색 선분)에 비해 잔차(파란색 선분)의 크기가 상대적으로 큰 경우로서, 귀무가설이 채택될 가능성이 높다.

반대로 회귀식이 의미를 갖는다면 표본 데이터가 회귀직선으로 잘 설명되어 총제곱합(SS_T)에서 회귀제곱합(SS_R)이 차지하는 비중이 클 것이다. [그림 14-6] 오른쪽과 같이 회귀식에 의해 설명되는 편차(빨간색 선분)가 잔차(파란색 선분)에 비해 상대적으로 큰 경우로서, 귀무가설이 기각될 가능성이 높다. 따라서 회귀모형의 적합성에 대한 검정은 회귀제곱합(SS_R)과 오차제곱합(SS_E)의 상대적인 크기를 비교하여 결정한다.

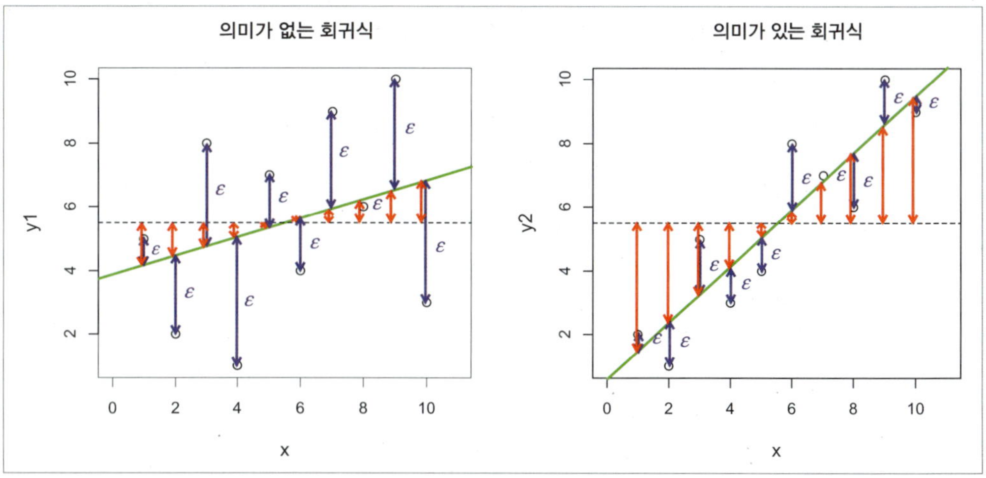

[그림 14-6] 회귀식의 유의성에 대한 분산분석의 원리

제곱합을 자유도로 나눈 값을 **평균제곱**(mean square)이라 하는데, 회귀평균제곱(MS_R)과 오차평균제곱(MS_E)의 비율은 귀무가설 하에서 자유도 1과 $n-2$를 갖는 F-분포를 따른다. 만약 $F_0=MS_R/MS_E>F_{1-\alpha;(1,n-2)}$이면 귀무가설 $H_0:\beta_1=0$을 기각하고 대립가설 $H_1:\beta_1\neq0$을 채택한다. 귀무가설이 기각되면 기울기 β_1이 의미가 있으므로 회귀직선이 적합한 모형이라는 증거가 있다고 판단할 수 있다. 이상을 요약하면 다음과 같다.

〈표 14-1〉 단순회귀분석의 분산분석표

요인	제곱합(SS)	자유도	평균제곱(MS)	검정통계량	기각역
회귀	SS_R	1	$MS_R=SS_R$	$\frac{MS_R}{MS_E}$	$F_{1-\alpha;(1,n-2)}$
잔차	SS_E	$n-2$	$MS_E=\frac{SS_E}{n-2}$		
계	SS_T	$n-1$			

총 변동 중에서 회귀모형에 의하여 설명되는 변동이 차지하는 비율을 **결정계수**(coefficient of determination)라 하며, 다음과 같이 계산된다.

$$R^2=\frac{SS_R}{SS_T}=1-\frac{SS_E}{SS_T} \tag{14-18}$$

단순선형회귀 모형의 결정계수는 표본상관계수의 제곱과 같다.

정리 14-7 표본상관계수와 결정계수의 관계

$$r_{XY}^2=R^2 \tag{14-19}$$

예제 14-7 [예제 14-6]에 이어서 환율을 독립변수, 수출액을 종속변수로 놓고, 단순선형회귀 모형 $y_i=\beta_0+\beta_1x_i+\epsilon_i$의 적합성 검정을 위한 분산분석을 수행하고 결정계수를 구하시오.

| 풀이 |

$$SS_T=\sum_{i=1}^{n}y_i^2-\left(\sum_{i=1}^{n}y_i\right)^2/n\doteq30,005.160-(547.242)^2/10\doteq57.779$$

$$SS_R=\hat{\beta}_1^2S_{XX}=S_{XY}^2/S_{XX}=(560.653)^2/(7,006.1)\doteq44.865$$

$$SS_E=\sum_{i=1}^{n}(y_i-\hat{y}_i)^2=SS_T-SS_R\doteq12.914$$

결정계수는 $R^2=\frac{SS_R}{SS_T}\doteq\frac{44.865}{57.779}\doteq0.776$ 으로서, 수출액의 총변동 중 회귀식에 의해 약 77.6%가 설명된다는 의미를 갖는다. 분산분석표에서 $F_0\doteq27.797>F_{0.95;(1,8)}\doteq5.318$ 이므로 $H_0:\beta_1=0$을 기각한다. 즉, 단순선형회귀 모형이 의미가 있다는 증거가 있다.

요인	제곱합(SS)	자유도	평균제곱(MS)	검정통계량	기각역
회귀	44.865	1	44.865	27.797	$F_{0.95;(1,8)}=5.318$
잔차	12.914	8	1.614		
계	57.779	9			

분산분석에서 오차평균제곱 MS_E는 추후 분석에서 오차 분산에 대한 추정치로 계속 사용되므로 가능한 정확하게 구할 필요가 있다.

```
# 앞의 예제에 이어서 단계 8 실행
corr.reg1(x, y2, xl="환율", yl="수출액", step=8)
[Step 8] ANOVA table by calculating sum of squares -------------------
SST = 30005.1597 - (547.242)²/ 10 = 57.7791
SSR = (560.6526)²/ 7006.1 = 44.8654
SSE = 57.7791 - 44.8654 = 12.9137
--------------- ANOVA table ---------------------
          Sum of Sq. df Mean Sq. F-value    p-value
Regress     44.8654   1  44.8654   27.794 0.00075346
Residual    12.9137   8   1.6142
Total       57.7791   9
F-test critical value = 5.3177
R-square = 44.8654 / 57.7791 = 0.7765
# ⇒ p-값이 매우 작으므로 회귀식은 의미가 있음
```

```
# [참고] 기본함수 lm()과 anova()를 사용하여 직접 구하는 방법 ------------------------
# 회귀모형 적합
rg1 = lm(y2 ~ x)
# 분산분석 ⇒ p-값이 매우 작으므로 회귀식은 의미가 있음
anova(rg1)
Analysis of Variance Table
Response: y2
          Df  Sum Sq  Mean Sq  F value    Pr(>F)
x          1  44.865   44.865   27.794 0.0007535  ***
Residuals  8  12.914    1.614
# 결정계수
summary(rg1)$r.sq
[1] 0.776499
```

14.3.3 회귀계수에 대한 추론

앞 절에서와 설명한 분산분석 방법은 전체 회귀모형의 적합성에 대한 검정을 위한 것인데, 여기서는 각 회귀계수에 대한 검정과 구간추정 방법을 설명한다.

(1) 기울기 β_1 에 관한 검정과 신뢰구간

단순회귀모형의 기울기 β_1 에 대한 $100(1-\alpha)\%$ 신뢰구간은 다음과 같다.

$$\left[\hat{\beta}_1 \pm t_{1-\alpha/2;n-2}\sqrt{\frac{MS_E}{S_{XX}}}\right] \tag{14-20}$$

귀무가설 $H_0 : \beta_1 = b_1$ 에 대한 검정통계량은 아래와 같이 구하여 t–검정을 실시한다.

$$T_0 \equiv \frac{\hat{\beta}_1 - b_1}{\sqrt{MS_E/S_{XX}}} \sim t(n-2) \,\Big|\, H_0 \tag{14-21}$$

(2) 절편 β_0 에 관한 검정과 신뢰구간

단순선형회귀 모형의 절편 β_0 에 대한 $100(1-\alpha)\%$ 신뢰구간은 다음과 같다.

$$\left[\hat{\beta}_0 \pm t_{1-\alpha/2;n-2}\sqrt{MS_E\left(\frac{1}{n}+\frac{\overline{x}^2}{S_{XX}}\right)}\right] \tag{14-22}$$

귀무가설 $H_0 : \beta_0 = b_0$ 에 대한 검정통계량은 아래와 같이 구하여 t–검정을 실시한다.

$$T_0 = \frac{\hat{\beta}_0 - b_0}{\sqrt{MS_E\left(\frac{1}{n}+\frac{\overline{x}^2}{S_{XX}}\right)}} \sim t(n-2) \,\Big|\, H_0 \tag{14-23}$$

정리 14-8 단순회귀 모형의 회귀계수에 대한 검정

$H_0 : \beta_1 = b_1$ 에 대한 검정통계량: $T_0 \equiv \dfrac{\hat{\beta}_1 - b_1}{\sqrt{MS_E/S_{XX}}}$

$H_0 : \beta_0 = b_0$ 에 대한 검정통계량: $T_0 \equiv \dfrac{\hat{\beta}_0 - b_0}{\sqrt{MS_E\left(\frac{1}{n}+\frac{\overline{x}^2}{S_{XX}}\right)}}$

① $H_1 : \beta_1 > b_1$(혹은 $\beta_0 > b_0$) $\Rightarrow$ 기각역: $T_0 > t_{1-\alpha;n-2}$

② $H_1 : \beta_1 < b_1$(혹은 $\beta_0 < b_0$) $\Rightarrow$ 기각역: $T_0 < t_{\alpha;n-2} = -t_{1-\alpha;n-2}$

③ $H_1 : \beta_1 \neq b_1$(혹은 $\beta_0 \neq b_0$) $\Rightarrow$ 기각역: $|T_0| > t_{1-\alpha/2;n-2}$

예제 14-8 [예제 14-7]에 이어서 환율을 독립변수, 수출액을 종속변수로 놓고, 단순선형 회귀 모형 $y_i = \beta_0 + \beta_1 x_i + \epsilon_i$의 기울기와 절편에 대한 95% 신뢰구간을 구하고, 기울기와 절편이 각각 0과 다르다고 할 수 있는지 유의수준 5%에서 검정하시오.

| 풀이 |

앞에서 구한 $\hat{\beta}_1 \doteq 0.080$, $S_{XX} \doteq 7,006.1$, $MS_E \doteq 1.614$, $t_{0.975;8} \doteq 2.306$이므로, 기울기 β_1에 대한 95% 신뢰구간은 $[0.080 \pm 2.306 \times \sqrt{1.614/7006.1}] \doteq [0.080 \pm 0.035] = [0.045, 0.115]$

$\overline{x} = 1100.7$, $\hat{\beta}_0 \doteq -33.332$로부터, β_0에 대한 95% 신뢰구간은

$$\left[-33.332 \pm 2.306 \times \sqrt{1.614 \times \left(\frac{1}{10} + \frac{1100.7^2}{7006.1}\right)}\right] \doteq [-33.332 \pm 38.533] = [-71.865, 5.201]$$

기울기에 대한 귀무가설 $H_0 : \beta_1 = 0$

$$T_0 \doteq \frac{0.080}{\sqrt{1.614/7006.1}} \doteq 5.271 > t_{0.975;8} = 2.306 \Rightarrow \text{유의수준 5%에서 귀무가설 기각}$$

절편에 대한 귀무가설 $H_0 : \beta_0 = 0$

$$|T_0| \doteq \frac{33.332}{\sqrt{1.614 \times \left(\frac{1}{10} + \frac{1100.7^2}{7006.1}\right)}} \doteq 1.995 < t_{0.975;8} \doteq 2.306 \Rightarrow \text{귀무가설 채택}$$

```
# 앞의 예제에 이어서 단계 9 실행
corr.reg1(x, y2, xl="환율", yl="수출액", step=9)
[Step 9] Confidence intervals & significance tests for regression coefficients
95%CI(b1) = [0.08 ± 2.306 × 0.0152] = [0.08 ± 0.035] = [0.045, 0.115]
95%CI(b0) = [-33.3577 ± 2.306 × 16.7123] = [-33.3577 ± 38.5386] = [-71.8963, 5.181]
    Significance tests for regression coefficient -----------------------
T1 = 0.08 / 0.0152 = 5.272        P-val = P(|T8| > 5.272) = 8e-04
T0 = -33.3577 / 16.7123 = -1.996          P-val = P(|T8| > 1.996) = 0.081
# ⇒ 기울기에 대한 p-값은 0.00075, 절편에 대한 p-값은 0.081

# [참고] 기본함수 lm(), confint(), summary()를 사용하여 직접 구하는 방법 -----------
# 회귀모형 적합 ⇒ 신뢰구간 및 가설검정
rg1 = lm(y2 ~ x)
confint(rg1, level=0.95)
                  2.5 %    97.5 %
(Intercept)  -71.89630070 5.1809814
x              0.04502077 0.1150262
summary(rg1)$coef
                Estimate  Std. Error   t value      Pr(>|t|)
(Intercept)  -33.35765964 16.71230353 -1.995994 0.0810174196
x              0.08002349  0.01517895  5.272004 0.0007534639
```

14.3.4 회귀식의 활용

(1) 독립변수의 특정한 값에서 종속변수 기댓값의 신뢰구간

추정된 단순선형회귀 모형에서 독립변수가 x_0 라는 값을 가질 때 종속변수의 기댓값 $E(y \mid x_0)$ 에 대한 $100(1-\alpha)\%$ 신뢰구간은 아래와 같다.

$$\left[(\hat{\beta}_0+\hat{\beta}_1 x_0) \pm t_{1-\alpha/2;n-2}\sqrt{MS_E\left(\frac{1}{n}+\frac{(x_0-\overline{x})^2}{S_{XX}}\right)}\right] \quad (14\text{–}24)$$

(2) 미래 반응치에 대한 예측구간

만약 독립변수의 특정한 값(x_0 라 하자)에서 추가로 1회의 실험 또는 관측을 통해 얻어지는 미래 반응치에 대한 $100\times(1-\alpha)\%$ 예측구간은 아래와 같이 구한다.

$$\left[(\hat{\beta}_0+\hat{\beta}_1 x_0) \pm t_{1-\alpha/2;n-2}\sqrt{MS_E\left(1+\frac{1}{n}+\frac{(x_0-\overline{x})^2}{S_{XX}}\right)}\right] \quad (14\text{–}25)$$

예제 14-9 [예제 14-8]에 이어서 환율이 1,200일 때 예상되는 수출액에 대한 95% 신뢰구간과 95% 예측구간을 구하시오. 또한 단순선형회귀 모형에 대한 95% 신뢰구간과 예측구간을 도시하시오.

| 풀이 |

앞에서 구한 $\hat{\beta}_0 \doteq -33.332$, $\hat{\beta}_1 \doteq 0.080$, $S_{XX} \doteq 7006.1$, $MS_E \doteq 1.614$, $t_{0.975;8} \doteq 2.306$ 으로부터 $E(y \mid x_0=1,200)$ 의 $100(1-\alpha)\%$ 신뢰구간과 예측구간은 아래와 같이 계산된다.

$$\left[(-33.332+0.080\times 1,200) \pm 2.306\times\sqrt{1.614\times\left(\frac{1}{10}+\frac{(1,200-1,100.7)^2}{7006.1}\right)}\right]$$

$$\doteq[62.668\pm 3.600]=[59.068, 66.268]$$

$$\left[(-33.332+0.080\times 1,200) \pm 2.306\times\sqrt{1.614\times\left(1+\frac{1}{10}+\frac{(1,200-1,100.7)^2}{7006.1}\right)}\right]$$

$$\doteq[62.668\pm 4.642]=[58.026, 67.310]$$

```
# x=1200에서의 반응치의 기댓값에 대한 신뢰구간
# 앞의 예제에 이어서 단계 10 실행
corr.reg1(x, y2, xl="환율", yl="수출액", step=10, x0=1200)
[Step 10-1] Confidence interval for E[Y|x0] -------------
95%CI E(Y|1200) = [62.6705 ± 2.306 × 1.5599] = [62.6705 ± 3.5971] = [59.0734, 66.2677]
[Step 10-2] Prediction interval for Y|x0 --------------------
95%PI (Y|1200) = [62.6705 ± 2.306 × 2.0118] = [62.6705 ± 4.6393] = [58.0312, 67.3098]
```

```
# 반응치의 기댓값에 대한 신뢰밴드와 예측밴드 (단계 11) ⇒ [그림 14-7]
corr.reg1(x, y2, xl="환율", yl="수출액", step=11, x0=1200, xrng=c(1050, 1200), by=5)
[Step 11] Plot confidence bands and prediction bands -----------------------

# [참고] 기본함수 lm()과 predict()를 사용하여 직접 구하는 방법 ---------------------
rg1 = lm(y2 ~ x)
# predict( ) 함수를 사용하려면 데이터를 데이터프레임 형태로 저장해야 함
new = data.frame(x=1200)
predict(rg1, new, interval="confidence")
       fit      lwr      upr
1 62.67053 59.0734 66.26767
# x=1200에서의 예측치에 대한 예측구간
predict(rg1, new, interval="prediction")
       fit       lwr      upr
1 62.67053 58.03123 67.30984
```

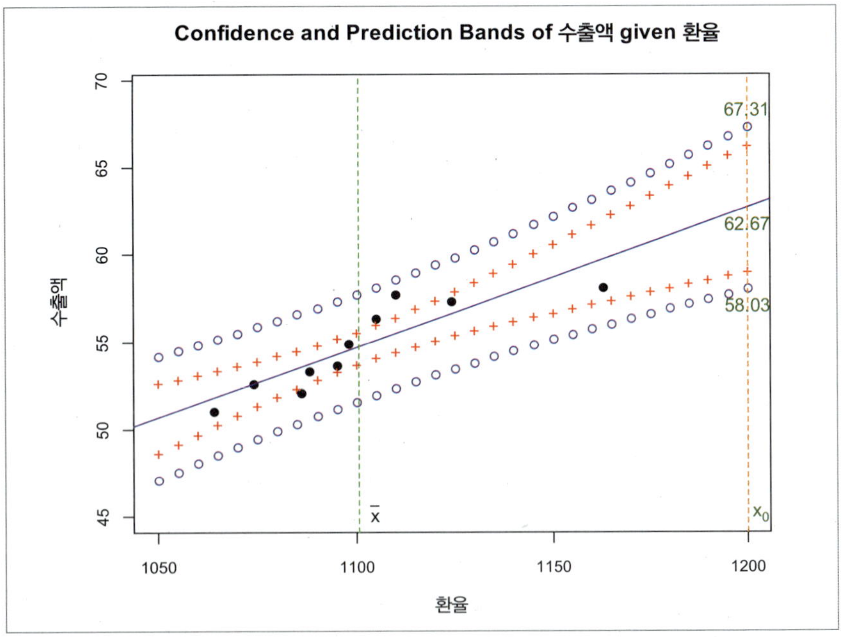

[그림 14-7] 단순선형회귀 모형의 신뢰구간과 예측구간

- 신뢰구간과 예측구간의 폭이 가장 좁아지는 점은 $x_0=\bar{x}$ 임을 알 수 있다.
- $x_0=\bar{x}$ 일 때 신뢰구간의 폭은 $2.306\times\sqrt{1.614/10}\doteq0.926$ 이며, 예측구간의 폭은 $2.306\times\sqrt{1.614\times(1+1/10)}\doteq3.073$ 이 된다.

14.4 다중회귀분석*

본 절에서는 두 개 이상의 독립변수가 하나의 종속변수를 설명하는 다중회귀분석에 대하여 행렬 벡터 이론을 이용하여 살펴본다.

일반적으로 k개의 독립변수를 갖는 다중회귀모형에서는 각 독립변수의 i번째 수준 $x_{1i}, x_{2i}, \cdots, x_{ki}$에서 측정되는 종속변수 y_i에 대하여 아래 모형을 가정한다.

$$y_i = \beta_0 + \beta_1 x_{1i} + \beta_2 x_{2i} + \cdots + \beta_k x_{ki} + \epsilon_i,\ \ i = 1, 2, \cdots, n \tag{14-26}$$

여기서 $\beta_0, \beta_1, \beta_2, \cdots, \beta_k$를 회귀계수라 하며, β_i는 x_i를 제외한 나머지 독립변수들의 수준을 고정시킨 상태에서 x_i를 한 단위 증가시켰을 때 y가 변화하는 양을 나타낸다.

식 (14-26)을 모든 $y_1, y_2, \cdots, y_n$에 대해 나열하면, 아래의 행렬식으로 나타낼 수 있다.

$$\begin{bmatrix} y_1 \\ y_2 \\ \vdots \\ \vdots \\ y_n \end{bmatrix} = \begin{bmatrix} 1 & x_{11} & x_{21} & \cdots & x_{k1} \\ 1 & x_{12} & x_{22} & \cdots & x_{k2} \\ \vdots & \vdots & \vdots & \cdots & \vdots \\ \vdots & \vdots & \vdots & \cdots & \vdots \\ 1 & x_{1n} & x_{2n} & \cdots & x_{kn} \end{bmatrix} \begin{bmatrix} \beta_0 \\ \beta_1 \\ \vdots \\ \beta_k \end{bmatrix} + \begin{bmatrix} \epsilon_1 \\ \epsilon_2 \\ \vdots \\ \vdots \\ \epsilon_n \end{bmatrix} \tag{14-27}$$

위 식을 기호로 나타내면 아래와 같다.

$$\boldsymbol{y} = \boldsymbol{X\beta} + \boldsymbol{\epsilon} \tag{14-28}$$

14.4.1 회귀계수의 추정

단순회귀분석에서와 마찬가지로 최소제곱법을 사용하면, 다음의 정리를 얻는다.

정리 14-9 다중회귀 모형의 최소제곱추정

다중회귀 모형: $y_i = \beta_0 + \beta_1 x_{1i} + \beta_2 x_{2i} + \cdots + \beta_k x_{ki} + \epsilon_i,\ \ i = 1, 2, \cdots, n$

최소제곱추정량(LSE): $\hat{\boldsymbol{\beta}} = (\boldsymbol{X}^T \boldsymbol{X})^{-1} \boldsymbol{X}^T \boldsymbol{y}$ (14-29)

추정 회귀식: $\hat{\boldsymbol{y}} = \boldsymbol{X}\hat{\boldsymbol{\beta}}$

잔차의 특성: $\boldsymbol{X}^T \boldsymbol{e} = \boldsymbol{0}$

예제 14-10 한 고등학교에서 국어성적에 영향을 주는 요인을 분석하기 위해 16명의 학생들을 랜덤하게 선택하여 일주일 평균 국어 학습시간과 독서시간을 조사하였다. 이 학생들의 기말 국어성적을 산출한 결과가 다음 표와 같다. 다중회귀모형을 수립하고 회귀계수를 추정하시오.

표본	1	2	3	4	5	6	7	8	9	10	11	12	13	14	15	16
학습시간	9	7	5	6	11	10	8	4	8	6	5	3	12	7	6	5
독서시간	8	5	3	4	9	6	5	12	7	4	2	10	8	9	4	8
국어성적	91	72	65	69	89	85	73	93	88	80	62	86	89	81	72	78

| 풀이 |

다중회귀모형은 $y_i = \beta_0 + \beta_1 x_{1i} + \beta_2 x_{2i} + \epsilon_i$ (국어성적 y, 학습시간 x_1, 독서시간 x_2)

```
# 저장된 데이터(exa14_10)를 불러옴
data(exa14_10); attach(exa14_10)
xd = data.frame(국어, 독서); form = 성적 ~ 국어 + 독서
# 함수 corr.mreg() 실행 (단계 0~1) ⇒ 데이터 사전조사([그림 14-8]) 및 회귀계수 추정
corr.mreg(xd, 성적, form, step=0:1)
[Step 0] Scatter matrix plot for prior investigation of data ------------------
[Step 1] Estimate multiple regression coefficients -----------------------
X'X matrix ----------
      const  국어  독서
const    16   112   104
국어     112   880   736
독서     104   736   794
Equation : b = inv(X'X) (X'y) ----------
b 0       0.871271  -0.068714  -0.050426    1273    51.975
b 1      -0.068714   0.010476  -0.00071     9056    1.2708
b 2      -0.050426  -0.00071    0.008523    8624    2.8757
# [참고] 기본함수 lm()을 사용하여 직접 회귀분석 수행 ---------------------
(rg2 = lm(성적 ~ 국어 + 독서))
```

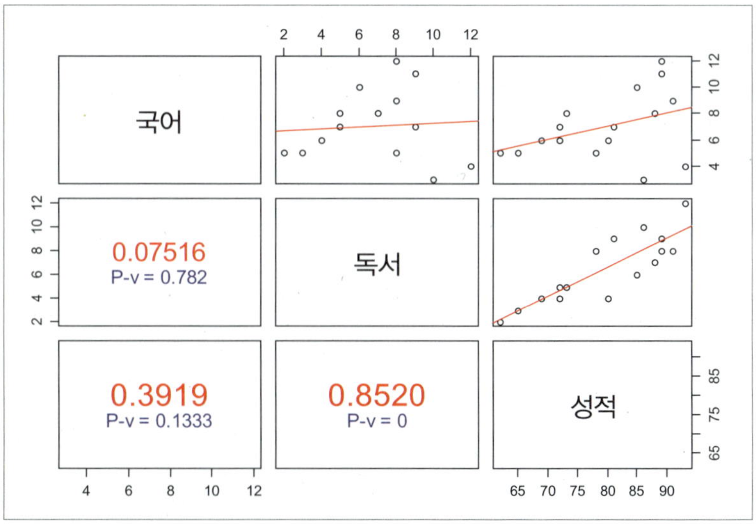

[그림 14-8] 다중회귀모형 사전 조사

14.4.2 모형의 적합성 검정(분산분석)

다중회귀모형의 적합성을 검정에서, 귀무가설과 대립가설은 다음과 같이 설정된다.

$H_0 : \beta_1=\beta_2=\cdots=\beta_k=0$

H_1 : 모든 β_i가 0은 아니다. 즉, 적어도 한 개는 0이 아니다.

다중회귀분석의 적합성 검정은 단순회귀와 유사하게 총제곱합(SS_T)을 회귀제곱합(SS_R)과 잔차제곱합(SS_E)으로 분해하여 분산분석을 실시한다. 단, 보정항 $CT=\left(\sum_{i=1}^{n} y_i\right)^2/n$

정리 14-10 다중회귀 모형의 제곱합 분해

총제곱합 : $SS_T=\sum_{i=1}^{n}(y_i-\overline{y})^2=\sum_{i=1}^{n}y_i^2-\left(\sum_{i=1}^{n}y_i\right)^2/n=\boldsymbol{y}^T\boldsymbol{y}-CT$ (14-30)

회귀제곱합: $SS_R=\sum_{i=1}^{n}(\hat{y}_i-\overline{y})^2=\hat{\boldsymbol{\beta}}^T\boldsymbol{X}^T\boldsymbol{y}-CT$ (14-31)

잔차제곱합 : $SS_E=\sum_{i=1}^{n}(y_i-\hat{y}_i)^2=\boldsymbol{y}^T\boldsymbol{y}-\hat{\boldsymbol{\beta}}^T\boldsymbol{X}^T\boldsymbol{y}$ (14-32)

〈표 14-2〉 다중회귀의 분산분석표

구분	제곱합	자유도	평균제곱	검정 통계량	기각역
회귀	SS_R	k	$MS_R=\dfrac{SS_R}{k}$	$\dfrac{MS_R}{MS_E}$	$F_{1-\alpha;(k;\,n-k-1)}$
잔차	SS_E	$n-k-1$	$MS_E=\dfrac{SS_E}{n-k-1}$		
합계	SS_T	$n-1$			

다중회귀모형이 종속변수를 설명되는 정도를 나타내는 결정계수는 단순선형회귀와 동일하게 $R^2=\dfrac{SS_R}{SS_T}$로 정의된다. 다중회귀에서는 독립변수의 수가 늘어남에 따라 독립변수의 기여도에 관계없이 회귀제곱합의 크기는 증가하고, 이에 따라 결정계수의 값이 커지게 된다. 이를 보완하기 위하여 **수정결정계수**(adjusted R^2)를 아래와 같이 정의하여 사용한다.

$$R^2_{Adj}=1-\frac{SS_E/(n-k-1)}{SS_T/(n-1)}=1-\left(\frac{n-1}{n-k-1}\right)(1-R^2) \quad (14-33)$$

예제 14-11 [예제 14-10]의 다중회귀모형에 대하여 분산분석을 수행하여 적합성을 검정하고, 결정계수와 수정결정계수를 구하시오.

| 풀이 |

```
# 앞의 예에 이어서 단계 2 실행
corr.mreg(xd, 성적, form, step=2)
[Step 2] ANOVA table by calculating sum of squares ---------------------
SST = 102709 - (1273)²/ 16 = 1425.9375
SSR = (51.975 1.2708 2.8757).(1273 9056 8624) - (1273)²/ 16 = 1189.323
SSE = 1425.9375 - 1189.323 = 236.6145
------ Analysis of Variance Table-----------------------
           Sum of Sq.  df  Mean Sq.  F-value    p-value
국어          219.0104  1  219.0104  12.0328 0.00415518
독서          970.3126  1  970.3126  53.3106   5.99e-06
Regression    1189.323  2  594.6615  32.6717    8.5e-06
Residual      236.6145 13   18.2011
Total        1425.9375 15
F-test critical value = 3.8056
R-square = 1189.323 / 1425.9375 = 0.8341
Adj R-sq = 1 - (236.6145 / 13) / (1425.9375 / 15) = 0.8085
# R에서는 각 독립변수에 대하여 분산분석 결과를 보여줌. 두 독립변수 모두 유의하나, 독서
  에 대한 p-값이 더 작으므로 독서가 더 유의한 설명력을 갖는다고 볼 수 있음.

# [참고] 기본함수 lm()과 anova()를 사용하여 직접 분산분석 ---------------------
anova(rg2)
Analysis of Variance Table
Response: 성적
          Df  Sum Sq  Mean Sq F value     Pr(>F)
국어        1  219.01   219.01  12.033   0.004155  **
독서        1  970.31   970.31  53.311  5.991e-06  ***
Residuals 13  236.61    18.20
Signif. codes:  0 '***' 0.001 '**' 0.01 '*' 0.05 '.' 0.1
# F-통계량
summary(rg2)$fstat
  value    numdf     dendf
32.6717   2.0000   13.0000
# 결정계수, 수정결정계수
summary(rg2)$r.sq; summary(rg2)$adj.r
[1] 0.8340639
[1] 0.8085353
```

14.4.3 회귀계수에 대한 추론

다중회귀모형 전체의 적합성 뿐 아니라, 각각의 독립변수가 종속변수에 대한 설명력을 갖는지 검정할 필요가 있다. 독립변수 x_j의 유의성에 대한 검정은 귀무가설 $H_0 : \beta_j = 0$, 대립가설 $H_1 : \beta_j \neq 0$로 놓고 실시한다.

정리 14-11 다중회귀 모형의 회귀계수에 대한 검정

$H_0 : \beta_j = b_j$에 대한 검정통계량 : $T_0 \equiv \dfrac{\hat{\beta}_j - b_j}{S.E.(\hat{\beta}_j)}$ (14-34)

① $H_1 : \beta_j > b_j \Rightarrow$ 기각역: $T_0 > t_{1-\alpha;\, n-k-1}$

② $H_1 : \beta_j < b_j \Rightarrow$ 기각역: $T_0 < t_{\alpha;\, n-k-1} = -t_{1-\alpha;\, n-k-1}$

③ $H_1 : \beta_j \neq b_j \Rightarrow$ 기각역: $|T_0| > t_{1-\alpha/2;\, n-k-1}$

식 (14-34)에서 $S.E.(\hat{\beta}_j)$는 회귀계수 추정량 $\hat{\beta}_j$의 표준오차로서, 다음과 같이 구해진다.

$$S.E.(\hat{\beta}_j) = \sqrt{MS_E \times c_{jj}} \quad (14\text{-}35)$$

여기서 c_{jj}는 행렬 $(\boldsymbol{X}^T\boldsymbol{X})^{-1}$의 대각선에 있는 원소 중 β_j에 해당하는 값으로서, 절편 항 (β_0)이 있으므로 $j+1$번째 대각 원소에 해당된다.

예제 14-12 [예제 14-10]의 다중회귀모형에 대하여 각 회귀계수의 유의성을 검정하시오.

| 풀이 |

```
# 앞의 예에 이어서 단계 3 실행
corr.mreg(xd, 성적, form, step=3)
[Step 3-1] Confidence intervals for regression coefficients -------------------
       Estimate Tolerance Lower limit Upper limit
const   51.9750    8.6031     43.3719     60.5780
국어     1.2708    0.9433      0.3274      2.2141
독서     2.8757    0.8509      2.0248      3.7266
[Step 3-2] Significance tests for regression coefficients ---------------------
       Estimate  Std Error   T-stat      P-value
const   51.9750     3.9822  13.0517   0.00000001
국어     1.2708     0.4367   2.9102   0.01216703
독서     2.8757     0.3939   7.3014   0.00000599
# ⇒ 국어 학습시간 회귀계수의 p-값은 0.0122로서 유의함.
# ⇒ 독서시간 회귀계수의 p-값은 약 6e-6으로서 매우 유의함.
```

```
# [참고] 기본함수 summary()를 이용하여 직접 검정 ---------------------------
summary(rg2)
Call:
lm(formula = 성적 ~ 국어 + 독서)
Residuals:
   Min      1Q Median      3Q     Max
-5.752 -2.938  -1.593  1.857  8.898
Coefficients:
            Estimate Std.  Error   t value    Pr(>|t|)
(Intercept)     51.9750  3.9822     13.052    7.58e-09   ***
국어             1.2708  0.4367      2.910      0.0122   *
독서             2.8757  0.3939      7.301    5.99e-06   ***
---
Signif. codes:  0 '***' 0.001 '**' 0.01 '*' 0.05 '.' 0.1 ' ' 1
Residual standard error: 4.266 on 13 degrees of freedom
Multiple R-squared:  0.8341,    Adjusted R-squared:  0.8085
F-statistic: 32.67 on 2 and 13 DF,  p-value: 8.504e-06
# anova() 함수보다 summary() 함수가 더욱 자세한 결과를 보여줌.
```

예제 14-13 [예제 14-10] 다중회귀모형에 대하여 (1) 국어 학습시간 5, 독서시간 5일 때, 기말 성적에 대한 95% 신뢰구간과 예측구간을 구하시오. (2) 국어 학습시간과 독서시간 각각에 대하여 기말 성적의 95% 신뢰밴드와 예측밴드 그래프를 작성하시오.

| 풀이 |

```
# (1) 앞의 예에 이어서 단계 6 실행
nd= data.frame(국어=5, 독서=5)
corr.mreg(xd, 성적, form, step=6, newd=nd)
[Step 6] Confidence intervals and prediction intervals at x=newd ------------
  국어 독서
1    5    5
95% Confidence intervals -------------
      fit      lwr      upr
1 72.7074 69.5237 75.8911
95% Prediction intervals -------------
      fit      lwr      upr
1 72.7074 62.9563 82.4585
# (2) 국어: 95% 신뢰밴드와 95% 예측밴드 (단계 7) ⇒ [그림 14-9]
corr.mreg(xd, 성적, form, step=7, xrng=c(0, 15), pvx=1, nx=30)
# (2) 독서: 95% 신뢰밴드와 95% 예측밴드 (단계 7) ⇒ [그림 14-10]
corr.mreg(xd, 성적, form, step=7, xrng=c(0, 15), pvx=2, nx=30)
```

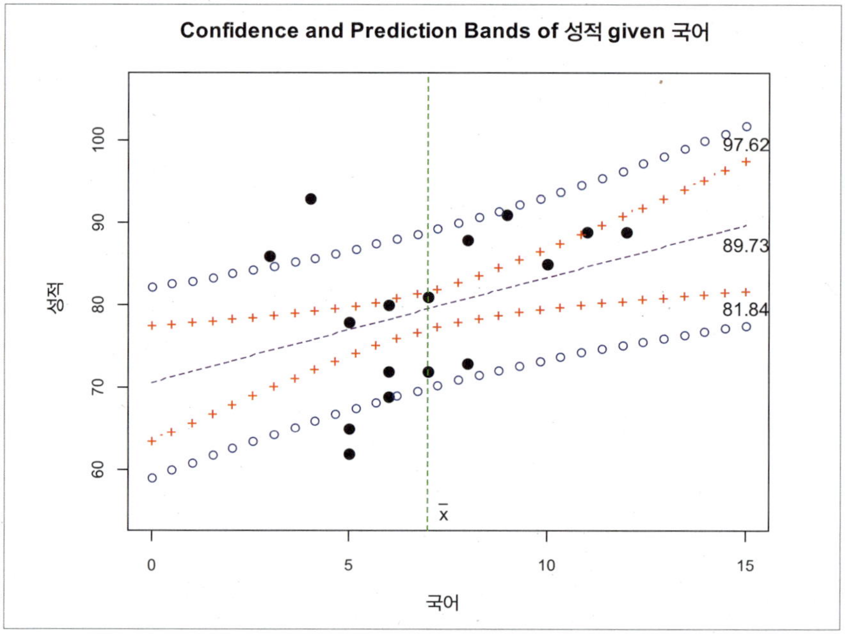

[그림 14-9] 국어 : 성적의 95% 신뢰밴드와 95% 예측밴드

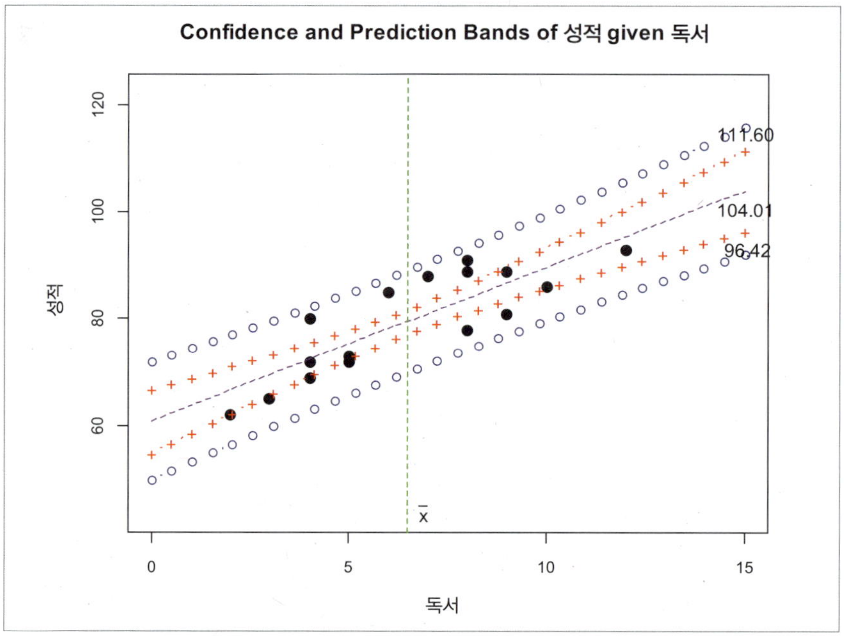

[그림 14-10] 독서 : 성적의 95% 신뢰밴드와 95% 예측밴드

14.5 회귀모형 진단*

본 절에서는 R-패키지를 활용하여 회귀분석을 수행하고, 잔차 분석을 통하여 결과를 진단하는 방법을 소개한다. [예제 14-10]의 다중회귀모형에 추가하여 다음과 같이 상호작용을 포함한 모형을 설정하고, 회귀분석 과정을 단계별로 수행하여 회귀모형을 진단하는 방법에 대하여 예시한다.

예제 14-14 [예제 14-10]의 데이터를 사용하여 다음의 다중회귀모형을 비교하고, 선택된 모형에 대하여 진단하시오.

[모형1] $y_i = \beta_0 + \beta_1 x_{1i} + \beta_2 x_{2i} + \epsilon_i,\ i=1,2,\cdots,n$

[모형2] $y_i = \beta_0 + \beta_1 x_{1i} + \beta_2 x_{2i} + \beta_{12} x_{1i} x_{2i} + \epsilon_i,\ i=1,2,\cdots,n$

| 풀이 |

```
# 앞의 예에 이어서 수행 ("+"=선형모형, "*"=상호작용 포함 모형)
xd2 = data.frame(국어, 독서, 국어.독서=국어*독서)
form2 = 성적 ~ 국어 * 독서
# 모형 2 회귀분석 단계 4 실행 ⇒ [그림 14-11]
corr.mreg(xd, 성적, form, xd2, form2, step=4)
[Step 4] Analysis of model 2 (redo step 0~3) ------------------------
[Step 4-0] Scatter plot matrix for model 2 ------------------
[Step 4-1] Regression equation for model 2 -----------------------
이하 줄임...
[Step 4-2] ANOVA table of model 2 -----------------------
이하 줄임...
[Step 4-3-1] Confidence intervals for regression coefficients --------
이하 줄임...
# 회귀모형 진단 (단계 5) ⇒ [그림 14-12], [그림 14-13]
corr.mreg(xd, 성적, form, xd2, form2, step=5)
[Step 5-1] Compare regression models (analysis of variance) -------------
Analysis of Variance Table
Model 1: 성적 ~ 국어 + 독서
Model 2: 성적 ~ 국어 * 독서
  Res.Df    RSS Df Sum of Sq      F Pr(>F)
1     13 236.62
2     12 216.69  1    19.927 1.1036 0.3142
[Step 5-2] Diagnose regression model 1 -------------
[Step 5-3] Diagnose regression model 2  -------------
# ⇒ p-값이 0.3142로 작지 않으므로, 모형2가 모형1에 비해 설명력이 더 있다는 증거 불충분
# 모형1=[그림 14-12], 모형2=[그림 14-13] ⇒ 모형1이 모형2에 비해 상대적으로 안정적임
```

```
# [참고] R 기본함수를 이용하여 직접 수행하는 방법 ----------------------------
# 회귀분석 수행 ("+"=선형모형, "*"=상호작용 포함 모형)
rg2 = lm(성적 ~ 국어+독서)
rg3 = lm(성적 ~ 국어*독서)
# 회귀계수 추정치만 출력
coefficients(rg3)
(Intercept)        국어        독서   국어:독서
 38.3833558   3.6927202   4.4481873  -0.2952851
# 분산분석표 출력 (이하 출력은 생략함)
anova(rg3)
# 회귀계수의 신뢰구간 출력
confint(rg3, level=0.95)
# 회귀분석 결과 요약 출력 (회귀계수 유의성 검정)
summary(rg3)
# 회귀모형 비교 (분산분석)
anova(rg2, rg3)
# 회귀모형 진단 그림 ⇒ [그림 14-12], [그림 14-13]과 같음
par(mfrow=c(2,2)); plot(rg2); plot(rg3)
```

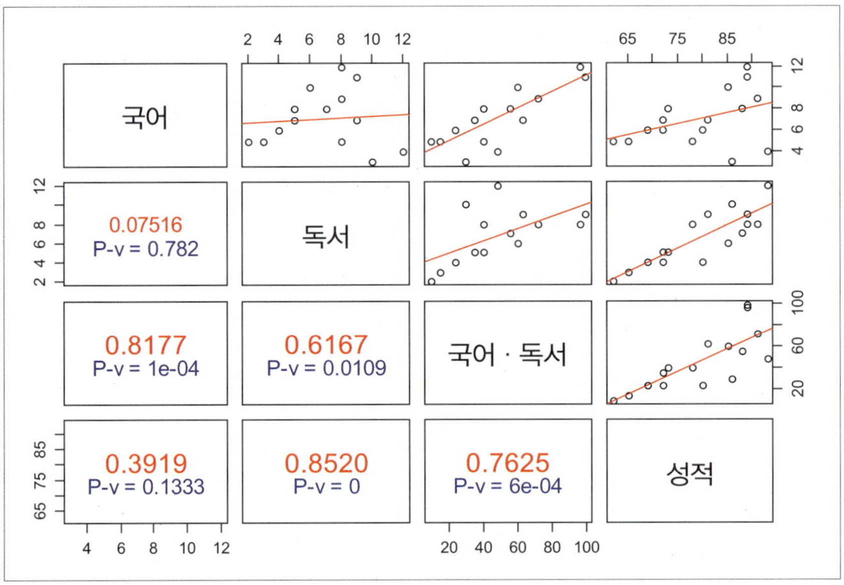

[그림 14-11] 다중회귀모형2 사전 조사

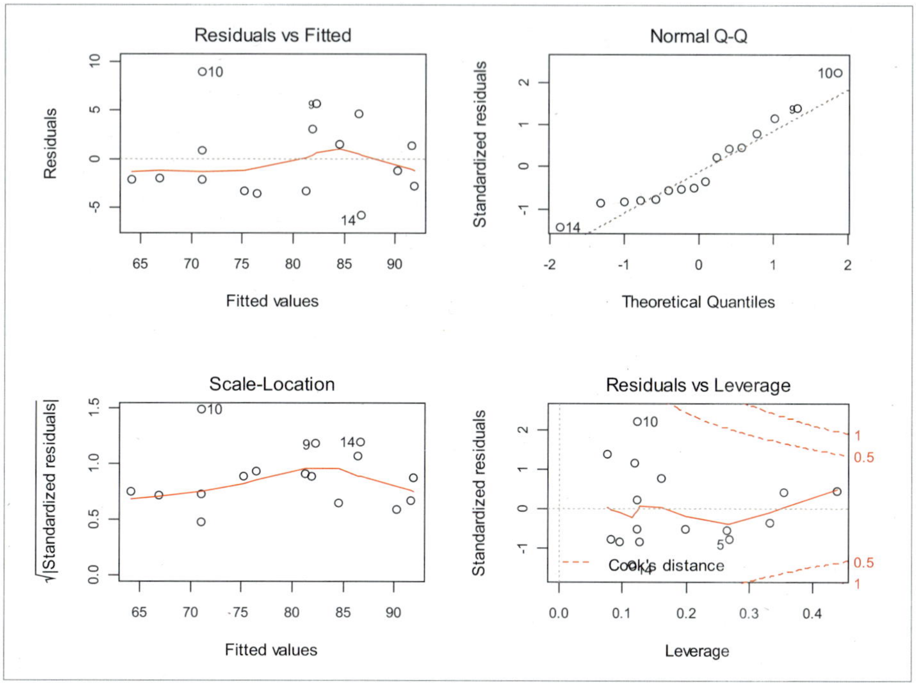

[그림 14-12] 회귀모형 진단 그림(모형1)

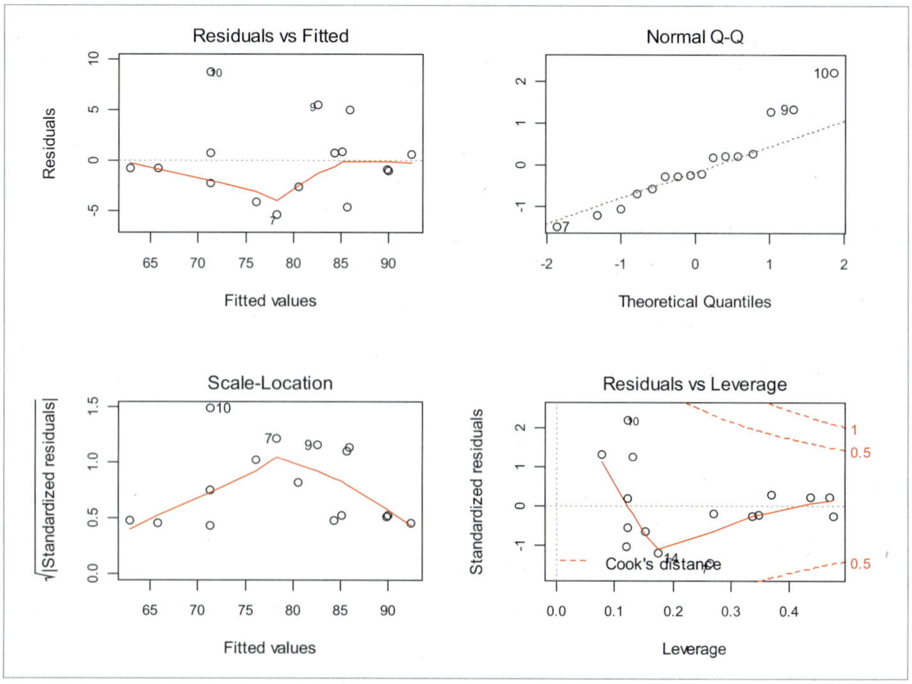

[그림 14-13] 회귀모형 진단 그림(모형2)

연습문제

1 S대학 신입생 10명의 전공만족도와 1학년 평균학점(GPA) 데이터가 다음과 같다. (데이터 ex14_1) (유의수준 5%)

전공만족도(x)	4	7	2	9	1	3	6	10	8	5
1학년 GPA(y)	3.1	4.0	2.8	3.5	2.1	3.8	3.0	4.3	3.9	3.4

(1) 산점도를 작성하여 두 변수의 대략적인 관계를 설명하시오.
(2) 두 변수 간의 상관계수를 추정하고, 상관관계의 유의성을 검정하시오.
(3) 단순선형회귀모형의 기울기와 절편의 최소제곱추정치를 구하시오.
(4) 추정된 회귀모형에 대한 분산분석표를 완성하고 유의성을 검정하시오.
(5) 결정계수 R^2 을 구하고, 결정계수가 의미하는 바를 설명하시오.
(6) 각 회귀계수에 대한 95% 신뢰구간을 구하고 유의성을 검정하시오.
(7) 전공만족도가 5일 때, GPA의 기댓값에 대한 95% 신뢰구간과 예측구간을 구하시오.
(R1) 산점도에 추정된 회귀직선을 나타내시오.
(R2) 추정된 회귀직선에 대한 95% 신뢰구간과 예측구간을 도시하시오.
(R3) 추정된 회귀모형의 잔차를 분석하여 진단하시오.

2 S대학 신입생 10명의 주당 근로시간과 1학년 평균학점(GPA) 데이터가 다음과 같다. (데이터 ex14_2) (유의수준 5%)

근로 시간(x)	12	4	10	15	16	4	18	8	6	4
1학년 GPA(y)	3.1	4.0	2.8	3.5	2.1	3.8	3.0	4.3	3.9	3.4

(1) 산점도를 작성하여 두 변수의 대략적인 관계를 설명하시오.
(2) 두 변수 간의 상관계수를 추정하고, 상관관계의 유의성을 검정하시오.
(3) 단순선형회귀모형의 기울기와 절편의 최소제곱추정치를 구하시오.
(4) 추정된 회귀모형에 대한 분산분석표를 완성하고 유의성을 검정하시오.
(5) 결정계수 R^2 을 구하고, 결정계수가 의미하는 바를 설명하시오.
(6) 각 회귀계수에 대한 95% 신뢰구간을 구하고 유의성을 검정하시오.
(7) 주당 근로시간이 10시간일 때, GPA의 기댓값에 대한 95% 신뢰구간과 예측구간을 구하시오.

(R1) 산점도에 추정된 회귀직선을 나타내시오.

(R2) 추정된 회귀직선에 대한 95% 신뢰구간과 예측구간을 도시하시오.

(R3) 추정된 회귀모형의 잔차를 분석하여 진단하시오.

3 S대학 신입생 10명의 전공만족도, 주당 근로시간과 1학년 평균학점(GPA) 데이터가 다음과 같다. (데이터 ex14_3) (유의수준 5%)

전공만족도(x_1)	4	7	2	9	1	3	6	10	8	5
근로 시간(x_2)	12	4	10	15	16	4	18	8	6	4
1학년 GPA(y)	3.1	4.0	2.8	3.5	2.1	3.8	3.0	4.3	3.9	3.4

(1) 전공만족도와 주당 근로시간과의 산점도를 작성하여 관계를 설명하시오.

(2) 전공만족도와 주당 근로시간 간의 상관계수를 추정하고 유의성을 검정하시오.

(3) 다중회귀모형을 세우고, 회귀계수들의 최소제곱추정치를 구하시오.

(4) 추정된 회귀모형에 대한 분산분석표를 완성하고 유의성을 검정하시오.

(5) 결정계수 R^2 을 구하고, 결정계수가 의미하는 바를 설명하시오.

(6) 각 회귀계수에 대한 95% 신뢰구간을 구하고 유의성을 검정하시오.

(R1) 전공만족도가 5, 주당 근로시간이 10시간일 때, GPA의 기댓값에 대한 95% 신뢰구간과 예측구간을 구하시오.

(R2) 추정된 회귀모형의 잔차를 분석하여 진단하시오.

R1 S대학 졸업생 20명의 GPA(x_1), 외국어능력(x_2), 자기소개서 점수(x_3)와 초임 연봉(y: 백만 원)을 조사한 데이터가 아래와 같다. (데이터 ex14_r1) (유의수준 5%)

x1	3.4	3.1	3.5	3.7	3.2	3.0	2.8	3.3	3.6	3.5	2.9	3.1	3.3	3.9	3.4	3.5	3.3	2.9	3.6	3.4
x2	82	78	91	89	88	92	85	86	79	84	93	90	94	87	80	77	83	95	87	88
x3	4	2	1	0	2	1	0	2	3	0	5	4	0	6	3	4	1	0	2	5
y	32	28	29	30	26	24	22	30	34	23	33	29	25	41	31	33	27	26	29	32

(1) 산점도를 작성하여 네 변수간의 대략적인 관계를 설명하시오.

(2) 네 변수간의 상관계수를 추정하고, 유의성을 검정하시오.

(3) 다중선형회귀모형 회귀계수의 최소제곱추정치를 구하시오.

(4) 각 회귀계수에 대한 95% 신뢰구간을 구하고 유의성을 검정하시오.

(5) 추정된 회귀모형에 대한 분산분석표를 완성하고 유의성을 검정하시오.

(6) 결정계수 R^2 을 구하고, 결정계수가 의미하는 바를 설명하시오.

(7) GPA 3.8, 외국어점수 90, 자기소개서 점수 7점일 때, 초임 연봉에 대한 95% 신뢰구간과 예측구간을 구하시오.

(8) 산점도에 추정된 회귀직선을 나타내시오.

(9) 추정된 회귀직선에 대한 95% 신뢰구간과 예측구간을 도시하시오.

(10) 추정된 회귀모형의 잔차를 분석하여 진단하시오.

R2 R에 내장된 'mtcars' 데이터에 대해 다음을 수행하시오. (유의수준 5%)

(1) y=mpg, x=(hp, wt, qsec) 네 변수간의 산점도를 작성하여 해석하시오.

(2) 네 변수간의 상관계수를 추정하고 유의성을 검정하시오.

(3) 다중선형회귀모형 회귀계수의 최소제곱추정치를 구하시오.

(4) 각 회귀계수에 대한 95% 신뢰구간을 구하고 유의성을 검정하시오.

(5) 회귀모형의 적합성을 검토하는 분산분석표를 완성하고 유의성을 검정하시오.

(6) 결정계수 R^2 을 구하고, 결정계수가 의미하는 바를 설명하시오.

(7) hp=300, wt=5, qsec=20일 때, mpg에 대한 95% 신뢰구간과 예측구간을 구하시오.

(8) 산점도에 추정된 회귀직선을 나타내시오.

(9) 추정된 회귀직선에 대한 95% 신뢰구간과 예측구간을 도시하시오.

(10) 추정된 회귀모형의 잔차를 분석하여 진단하시오.

CHAPTER 15

비모수적 방법

Rstat

contents

15 비모수적 방법

지금까지 설명한 통계적 추론은 대부분 모집단이 정규분포를 따른다는 가정 하에서 이루어졌다. 그러나 현실에서는 도저히 정규분포로 볼 수 없는 경우도 종종 발생한다. 예로써 12장에서 설명한 범주형 자료는 정규분포를 따른다고 할 수 없는 경우에 해당한다. 15장에서는 이러한 데이터에 적용할 수 있는 방법들에 대해 학습한다. 먼저 15장에서 사용할 함수를 다음과 같이 정의한다.

```
# R 아이콘을 더블클릭하여 실행
# 패키지 'Rstat'을 불러옴
library(Rstat)

# 15장 함수 정의 (번역) (번호를 입력하면 해당 함수의 사용법 확인 가능)
ch15.man()
[1] norm.diag            데이터 정규성 검토
[2] signtest.plot        부호 검정 (이항 검정)
[31] runs.dist           런 검정 분포 함수
[32] runstest.plot       런 검정 실행 함수
[4] corr.spear           Pearson 상관계수 & Spearman 상관계수
[51] ranksum.dist        Wilcoxon 순위합 검정통계량 분포
[52] ranksum.plot        Wilcoxon 순위합 검정
[61] signrank.dist       Wilcoxon 부호 있는 순위 검정 통계량 분포
[62] signrank.plot       Wilcoxon 부호 있는 순위 검정
[7] kruswall.plot        Kruskal Wallis 검정
[8] friedman.plot        Friedman 검정
```

15.1 모수적 방법의 한계

모집단 분포를 정규분포, 지수분포 등 모수를 갖는 함수 형태의 분포로 가정하고 접근하는 통계적 방법을 모수적(parametric) 방법이라 하며, 반대로 모집단 분포에 대한 가정 없이 접근하는 통계적 방법을 **비모수적 방법**(nonparametric method)이라 한다.

모수적 방법은 비모수적 방법에 비해 더 효율적이기 때문에 가능하면 모수적 방법을 사용한다. 대표적인 사례가 중심극한정리를 이용하여 표본평균의 분포를 근사적으로 정규분포라 하고 접근하는 방식이다. 그러나 모집단의 분포를 무리하게 모수적 분포로 가정하면, 잘못된 결론을 얻을 수 있으므로 주의할 필요가 있다. 비모수적 방법은 모수적 방법에 비해 비효율적이지만, 다음과 같은 장점이 있다.

① 최소한의 가정만을 사용하므로, 모수적 가정이 어긋나서 생기는 오류의 가능성이 적다.
② 범주형 자료와 같은 순위척도 데이터에 적용할 수 있다.
③ 적합도 검정과 같이 모수적 가정에 대한 검정 방법을 제공한다.
④ 순위(rank)나 부호(sign)에 기초한 방법 위주이기 때문에, 이상치(outlier)의 영향을 덜 받는다.

예제 15-1 S대학에서는 고학년 학생 20명을 무작위로 선택하여 1점~10점 척도로 대학에 대한 만족도를 조사하여 다음과 같은 결과를 얻었다. S대학에서 설정한 만족도 목표치는 7점을 달성했는지 유의수준 5%에서 검정하시오.

점수(x_i)	1	2	3	4	5	6	7	8	9	10	계
도수(f_i)	1	1	0	0	1	0	1	7	5	4	20

| 풀이 |

가설을 $H_0: \mu=7,\ H_1: \mu>7$로 설정하고 정규 모집단 가정에 기초한 t-검정을 실시한다.

표본평균과 표본분산은 각각 $\overline{x}=\sum_{i=1}^{10} x_i f_i / \sum_{i=1}^{10} f_i = 156/20 = 7.8$

$s^2=\left[\sum_{i=1}^{10} x_i^2 f_i - \left(\sum_{i=1}^{10} x_i f_i\right)^2/20\right]/19 = (1,332-156^2/20)/19 \doteq 6.0632$

$t_0=\dfrac{\overline{x}-7}{\sqrt{s^2/n}} \doteq \dfrac{7.8-7}{\sqrt{6.0632/20}} \doteq 1.453 < t_{0.95;\,19} \doteq 1.729$ 이므로 귀무가설을 채택한다.

즉, S대학에서 설정한 만족도 목표치를 달성했다는 충분한 증거가 없다.

➲ 이 결과만 놓고 보면 S대학 당국은 망연자실하게 될 것이다. 만족도 조사 집계 표를 보면 대다수인 16명의 학생들이 7점보다 높은 점수를 주었기 때문에 이런 결과를 예상할 수 없기 때문이다. 위와 같은 분석 방법의 문제점을 정리하면 다음과 같다.

① 만족도 점수의 분포가 정규분포라는 가정에 문제가 있다. [그림 15-1]에서 보듯이 표본자료의 분포는 정규분포와 거리가 멀다. (히스토그램이 심하게 비대칭)

② 만족도 점수는 엄밀하게는 연속적인 자료라고 볼 수 없으며, 서열척도의 성격을 갖고 있어 t-검정을 적용하기에 적합하지 않다.

```
# 데이터 입력 및 함수 norm.diag() 실행 ⇒ [그림 15-1]
(x = c(1,2,5,7, rep(8,7), rep(9,5), rep(10,4)))
 [1]  1  2  5  7  8  8  8  8  8  8  8  9  9  9  9  9 10 10 10 10
norm.diag(x)
Normality Test (Shapiro-Wilk's Test) -----
Test Statistic = 0.7435          P-value = 0.000139067
# ⇒ p-값이 매우 작으므로 정규분포로 볼 수 없음
# 히스토그램이 심하게 비대칭이며, 정규확률도의 점들이 직선에서 크게 벗어나 있음.
# [참고] 데이터 정규성 검토 함수 norm.diag() 사용법
ch15.man(1)
```

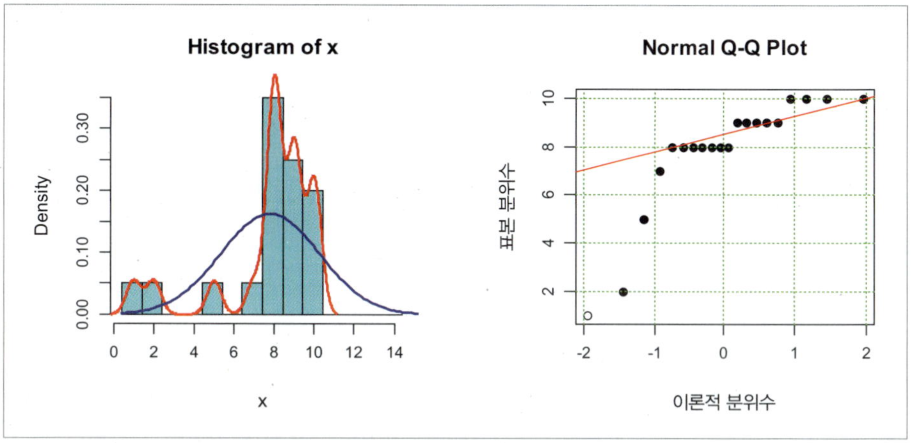

[그림 15-1] 대학 만족도 점수 분포의 정규성 검토

15.2 부호 검정

부호 검정(sign test)은 분포의 중앙값(median)에 대하여 검정하는 기법으로서, 귀무가설은 $H_0 : \mu = \mu_0$로 설정된다. 표본자료에 대하여 μ_0보다 큰 것에는 +부호, 작은 것에는 −부호를 부여하여, +부호의 개수와 −부호의 개수가 비슷하면 μ_0에 대해 대칭이므로 귀무가설을 채택하고, 개수의 차이가 크면 귀무가설을 기각한다. 단, 표본 중에서 μ_0와 같은 값을 갖는 데이터는 분석에서 제외시킨다.

귀무가설 $H_0: \mu=\mu_0$ 가 참이라면, 중앙값 μ_0 를 중심으로 분포가 반반씩 나누어지므로 + 부호와 −부호가 나올 확률이 0.5가 된다. n개의 부호 중 +부호의 개수를 X라 하면, X는 이항분포 $B(n, 0.5)$ 을 따른다. $X=x$ 일 때, 대립가설의 유형에 따라 다음과 같이 검정한다.

정리 15-1 부호 검정(sign test)

모집단 분포의 중심위치(중앙값)에 대한 검정, $H_0: \mu=\mu_0$

검정통계량: μ_0 보다 큰 데이터의 개수, $X=x$

① $H_1: \mu>\mu_0$ 인 경우, $p_0=P(X\geq x \mid p=0.5)\leq\alpha$ 이면 귀무가설 기각

② $H_1: \mu<\mu_0$ 인 경우, $p_0=P(X\leq x \mid p=0.5)\leq\alpha$ 이면 귀무가설 기각

③ $H_1: \mu\neq\mu_0$ 인 경우, $x<n/2 \Rightarrow p_0=2P(X\leq x \mid p=0.5)\leq\alpha$ 이면 귀무가설 기각

$x\geq n/2 \Rightarrow p_0=2P(X\geq x \mid p=0.5)\leq\alpha$ 이면 귀무가설 기각

예제 15-2 [예제 15-1]의 만족도 데이터를 근거로 S대학의 만족도 목표치 7점 이상을 달성했는지 유의수준 5%에서 검정하시오.

| 풀이 |

가설 $H_0: \mu=7$, $H_1: \mu>7$ 로 놓고, 표본자료 중 만족도 점수가 7인 데이터 하나를 제외하여 $n=19$, 만족도가 7보다 큰 표본이 16개이므로 다음과 같이 p-값이 계산된다.

$$p_0=P\left(X\geq 16 \mid p=\frac{1}{2}\right)=\sum_{x=16}^{19}\frac{19!}{x!(19-x)!}\left(\frac{1}{2}\right)^x\left(\frac{1}{2}\right)^{19-x}\doteq 0.0018+0.0003+0+0=0.0021$$

만족도가 7보다 높은 학생의 비율이 $p=0.5$ 라 할 때(귀무가설이 참일 때), 19명의 학생 중 16명 이상의 만족도가 7보다 클 확률이 0.0021로서, 나오기 힘든 확률이다. 따라서 유의수준 0.05에서 귀무가설을 기각하며, 만족도가 7보다 높다는 증거가 있다.

```
# 데이터 입력 ⇒ [예제 15-1]과 같음
x = c(1,2,5,7, rep(8,7), rep(9,5), rep(10,4))
# 함수 signtest.plot() 실행 ⇒ [그림 15-2] 검정통계량의 확률분포함수와 p-값 표시
signtest.plot(x=x, mu0=7, side="up")
Total number of data = 20
Number of data except 7 = 19
Number of data greater than 7 = 16
Exact p-value (binomial distribution) = 0.0022
Normal approx. p-value (continuity correction) = 0.003
# ⇒ p-값은 약 0.0022로서, 귀무가설 기각
# 표본개수가 작으므로, 정규근사(연속성 보정) 방법은 부정확함

# [참고] 부호 검정 (이항 검정) signtest.plot() 사용법
ch15.man(2)
```

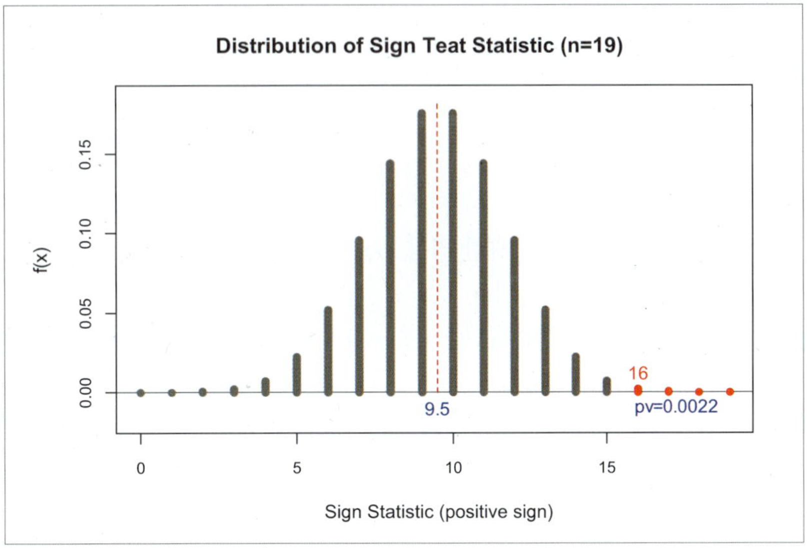

[그림 15-2] 부호 검정통계량 분포와 기각역

- 평균이 $\mu_X = \frac{n}{2}$, 분산이 $\sigma_X^2 = \frac{n}{4}$ 이므로, n이 크면 정규분포로 근사하여 통계량 $Z_0 = \frac{X - n/2}{\sqrt{n/4}}$ 을 이용하여 검정할 수 있으나, 정확하진 않다.

15.3 런 검정

관측된 표본이 어떤 패턴이나 경향이 없이 랜덤하게 구성되었다는 귀무가설을 검정하기 위하여 **런(run) 검정**을 사용한다. 예를 들어, 어떤 동전을 던지는데 10회 연속 앞면이 나왔다면, 이 동전이 정상적인지 의심해볼 수 있다. 정상적인 동전에서 10회 연속 앞면이 나올 확률은 $2^{-10} \doteq 0.00098$ 에 불과하기 때문이다.

만약 동전을 20회 던져서 'H H T T H T H H H H T H H T T T T T H T'라는 결과를 얻었다고 하자. 이 때 연속된 앞면(H), 혹은 뒷면(T)의 결과를 '런'이라 한다. 결과를 다시 정리하면, 'HH, TT, H, T, HHHH, T, HH, TTTTT, H, T'이므로 10개의 런이 나오고, 가장 긴 런의 길이는 5가 된다. 런의 개수가 너무 적거나 너무 많을 때 표본의 임의성(randomness)을 의심하게 된다.

런 검정에서는 표본 데이터를 2개의 범주로 나누어 접근한다. 예를 들어, 불량품과 양품, 동전의 앞면과 뒷면, 홀수와 짝수, 중앙값보다 큰 수와 작은 수 등으로 나눌 수 있다.

표본자료를 두 개의 범주로 나누어 하나의 범주에 속하는 표본자료의 개수를 n_1이라 하고 다른 범주에 속하는 자료의 개수를 n_2라 하자. 런의 개수가 n_1과 n_2에 따라 결정되는 하한치 이하이거나 상한치 이상이면 귀무가설을 기각한다.

정리 15-2 런 검정(runs test)

표본 데이터의 랜덤성에 대한 검정, H_0 : 확률표본이다.

검정통계량: 런의 개수 $\equiv R$

H_1 : 양의 상관관계 $\Rightarrow$ $R \le c_\alpha$ 이면 귀무가설 기각

H_1 : 음의 상관관계 $\Rightarrow$ $R \ge c_{1-\alpha}$ 이면 귀무가설 기각

H_1 : 상관관계 있음 $\Rightarrow$ $R \le c_{\alpha/2}$ 이거나 $R \ge c_{1-\alpha/2}$ 이면 귀무가설 기각

런의 평균 $\mu_R = \dfrac{2n_1n_2}{n_1+n_2}+1$, 분산 $\sigma_R^2 = \dfrac{2n_1n_2(2n_1n_2-n_1-n_2)}{(n_1+n_2)^2(n_1+n_2-1)}$ 이며, n_1, n_2가 각각 10보다 클 경우에는 $Z_0 = \dfrac{\text{런의 수} - \mu_R}{\sigma_R}$ 의 정규근사 방법으로 검정할 수 있다.

예제 15-3 (1) 런 검정통계량의 하한, 상한 기각치 표를 작성하시오. $(n_1, n_2 = 2, 3, \cdots, 20)$
(2) $(n_1, n_2) = (5,5)$, $(5,20)$, $(20,5)$, $(20,20)$에 대해 런 검정통계량의 확률분포 그래프를 작성하시오.

| 풀이 |

```
# 라이브러리 호출 (설치되지 않은 경우, install.packages("randomizeBE")로 설치)
library(randomizeBE)
# (1) 런 검정 분포 함수 runs.dist() 실행
runs.dist(n1=2:20, n2=2:20)
Lower (two-sided) Critical Value (Level of significance = 5 %) ----------
    2  3  4  5  6  7 8 9 10 11 12 13 14 15 16 17 18 19 20
2  NA NA NA NA NA NA 2 2  2  2  2  2  2  2  2  2  2  2  2
3  NA NA NA  2  2  2 2 2  3  3  3  3  3  3  3  3  3  3  3
이하 줄임...
# (2) 그래프 출력 ⇒ [그림 15-3]
runs.dist(n1=c(5,5,20,20), n2=c(5,20,5,20), tab=FALSE, plot=TRUE)

# [참고] 런 검정 분포 함수 runs.dist() 사용법
ch15.man(31)
```

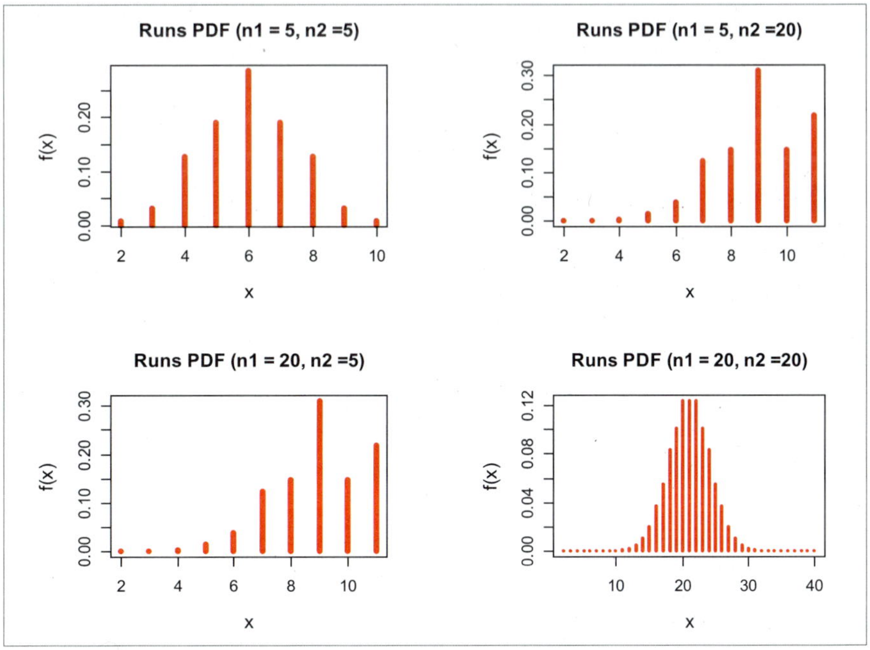

[그림 15-3] 런의 확률분포 예시

앞의 그림을 보면, n_1과 n_2가 같은 경우 대칭이며, n_1과 n_2의 순서를 바꾸더라도 런 분포의 차이는 없다. n_1과 n_2의 차이가 커지면, 우측으로 치우치는 현상이 심화되고, 봉우리도 2개 이상이 된다(증가하다가 감소하다가 다시 증가함).

예제 15-4 동전을 20회 던져서 'H H T T H T H H H H H H H T T T T T T T'라는 결과를 얻었다고 하자. 이 표본이 랜덤하게 얻어진 것이라고 할 수 있는지 유의수준 5%에서 검정하시오.

| 풀이 |

전체 20개의 표본 중 앞면이 10회, 뒷면이 10회 나왔으므로 $n_1=n_2=10$이다. 데이터를 분류하면 'HH, TT, H, T, HHHHHHH, TTTTTTT'이므로, 런의 개수는 $R=6$이 된다. 임계치는 하한치 $c_{0.025}=6$, 상한치 $c_{0.975}=16$이고, $R \leq c_{0.025}$이 되어 귀무가설을 기각한다. 즉, 유의수준 5%에서 이 표본은 랜덤하게 얻어진 것이 아니라는 증거가 있다.

```
# 라이브러리 호출
library(randomizeBE)
# 데이터 입력
x = c(1,1,0,0,1,0,rep(1,7), rep(0,7))
```

```
runs.dist(10,10) # 임계치 6과 16을 구함
Lower (two-sided) Critical Value (Level of significance = 5 %) ----------
    6
Upper (two-sided) Critical Value (Level of significance = 5 %) ----------
   16
# 런 검정 함수 runstest.plot() 실행 ⇒ [그림 15-4]
runstest.plot(x)
Runs test (n1=10,  n2=10) : Two-sided
Number of Runs = 6        p-value = 0.037
E(R) = 11                Var(R) = 4.7368
Normal appr. (cont. corr.)       Z0 = -2.0676    p-value = 0.0387
# ⇒ p-값이 유의수준보다 작으므로 귀무가설 기각
```

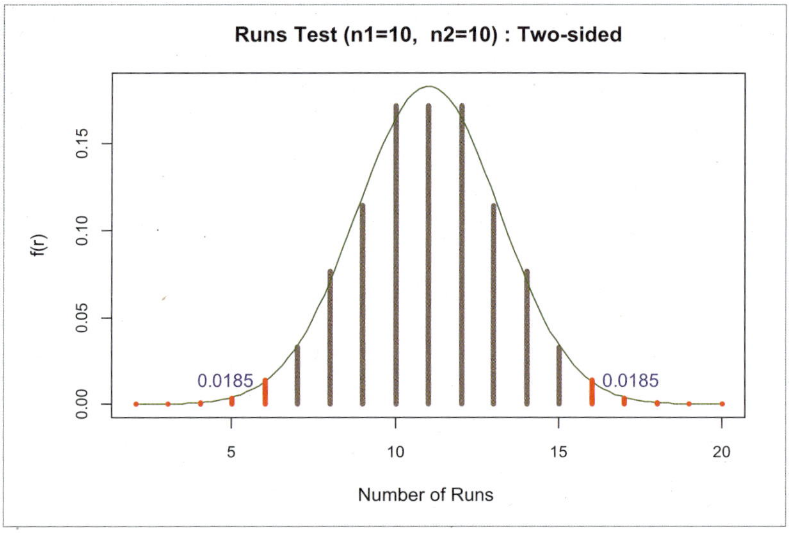

[그림 15-4] 런 검정(양측) p-값 예시

```
# [참고] 'randomizeBE' 패키지의 함수 pruns.exact()를 이용하여 p-값을 계산하는 방법
(pv = pruns.exact(r=6, n1=10, n2=10))
[1] 0.03704345
# [참고] 'randomizeBE' 패키지의 함수 runs.pvalue()를 이용하여 p-값을 계산하는 방법
runs.pvalue(x, pmethod="ex")
[1] 0.03704345

# [참고] 런 검정 실행 함수 runstest.plot() 사용법
ch15.man(32)
```

예제 15-5 왕홈런 선수의 최근 50타수 기록이 다음과 같이 20회 안타(○), 30회 아웃(×)이었다. 안타가 랜덤하게 나온다고 볼 수 있는지 유의수준 5%에서 검정하시오.

○○×××	××○○○	×××××	×○○××	○××××
○○×○○	○××××	○○×××	○○○○×	×××○×

| 풀이 |

데이터를 정리하면, $n_1=20$, $n_2=30$, 런의 개수 $R=18$이다. 표본의 크기가 크므로 연속성을 보정한 정규 근사를 시도해본다.

$$\frac{2\times20\times30}{20+30}+1=25,\ \sigma_R^2=\frac{2\times20\times30\times(2\times20\times30-20-30)}{(20+30)^2(20+30-1)}\doteq11.2653$$

$Z_0=\dfrac{R+0.5-\mu_R}{\sigma_R}\doteq\dfrac{18+0.5-25}{\sqrt{11.2653}}\doteq-1.937>-z_{0.975}\doteq-1.96$ 이므로 귀무가설을 채택한다. 즉, 왕홈런 선수의 안타가 랜덤하게 나오지 않는다는 충분한 증거가 없다.

그러나 대립가설을 H_1:'양의 상관관계' 로 설정하면, $Z_0\doteq-1.937<-z_{0.95}\doteq-1.645$ 이므로 귀무가설을 기각한다. 즉, 왕홈런 선수는 안타를 몰아치는 경향이 있다.

```
# 저장된 데이터(exa15_5)를 불러옴
data(exa15_5); x = exa15_5
# 런 검정 함수 runstest.plot() 실행 ⇒ [그림 15-5]
runstest.plot(x)
Runs test  (n1=30,  n2=20)  : Two-sided
Number of Runs = 18       p-value = 0.051
E(R)  = 25               Var(R)  = 11.2653
Normal appr. (cont. corr.)        Z0  =  -1.9366     p-value  = 0.0528
# ⇒ 정확한 p-값은 0.051, p-값이 유의수준보다 크므로 귀무가설 채택

# [참고] 'randomizeBE' 패키지의 함수 runs.pvalue()를 이용하여 p-값을 계산하는 방법
runs.pvalue(x, pmethod="ex")
[1] 0.0527932
# runs.pvalue( ) 함수는 n>30, n1>12, n2>12의 경우, 연속성 보정 정규근사 사용

# [응용] 단측 검정의 경우 (그래프 생략) ⇒ p-값이 유의수준보다 작으므로 귀무가설 기각
runstest.plot(x, side="low")
Runs test  (n1=30,  n2=20)  : One-sided (positive correlation)
Number of Runs = 18       p-value = 0.0264
E(R)  = 25               Var(R)  = 11.2653
Normal appr. (cont. corr.)        Z0  =  -1.9366     p-value  = 0.0264
```

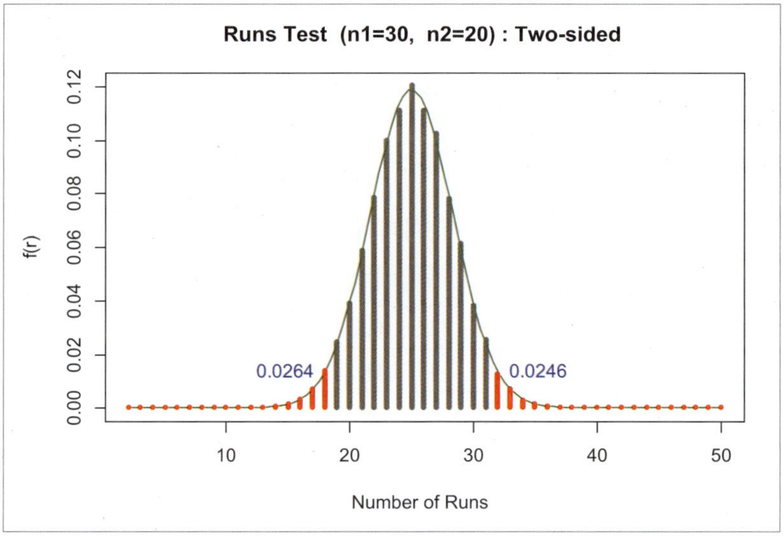

[그림 15-5] 런 검정 (양측) p-값 예시

15.4 Spearman의 순위 상관계수

Spearman의 순위 상관계수는 Pearson의 상관계수에 대응하는 비모수적인 상관계수이다. 효율성은 Pearson의 상관계수에 비해 떨어지지만, 모집단 분포에 대한 가정이 필요 없고, 순서척도 데이터에도 적용 가능하며, 이상치의 영향을 적게 받는 장점이 있다.

대응되는 두 확률변수 (X, Y)의 표본 데이터에 대해서 $x_1, x_2, \cdots, x_n$을 크기순으로 순위 $r(x_1), r(x_2), \cdots, r(x_n)$를 구하고 $y_1, y_2, \cdots, y_n$에 대해서도 크기순으로 순위 $r(y_1), r(y_2), \cdots, r(y_n)$를 구하여 **Spearman의 순위 상관계수**를 다음과 같이 계산한다.

$$r_s = \frac{S_{r(X)r(Y)}}{\sqrt{S_{r(X)r(X)}S_{r(Y)r(Y)}}} \qquad (15-1)$$

예제 15-6 한 고등학교에서 랜덤하게 선택된 16명의 학생들을 대상으로 주 당 사교육 투자 시간과 기말 성적을 조사한 결과가 다음과 같다. Pearson의 상관계수와 Spearman의 순위 상관계수를 각각 구하여 결과를 비교하시오.

표본	1	2	3	4	5	6	7	8	9	10	11	12	13	14	15	16
사교육	10	7	0	1	5	2	8	6	4	9	3	0	2	4	6	8
성적	75	77	91	64	79	81	90	86	82	76	89	93	80	87	83	78

| 풀이 |

주 당 사교육 투자 시간을 X, 기말 성적을 Y라 하면,

$S_{XX}=505-75^2/16=153.4375,\ S_{YY}=108,241-1,311^2/16=820.9375$

$S_{XY}=6,055-75\times1,311/16=-90.3125$ 이므로, $r=\dfrac{-90.3125}{\sqrt{(153.4375)(820.9375)}}\doteq-0.254$

Spearman의 순위 상관계수를 구하기 위해, 아래와 같이 변수별로 순위를 부여한다.

표본	1	2	3	4	5	6	7	8	9	10	11	12	13	14	15	16
순위1	16	12	1.5	3	9	4.5	13.5	10.5	7.5	15	6	1.5	4.5	7.5	10.5	13.5
순위2	2	4	15	1	6	8	14	11	9	3	13	16	7	12	10	5

주 당 사교육 투자 시간의 순위를 $r(X)$, 기말 성적 순위를 $r(Y)$라 하면,

$S_{r(X)r(X)}=1,493.5-136^2/16=337.5,\ S_{r(Y)r(Y)}=1,496-136^2/16=340.0,$

$S_{r(X)r(Y)}=1,008.5-136\times136/16=-147.5,\ r_s=\dfrac{-147.5}{\sqrt{(337.5)(340.0)}}\doteq-0.435$

```
# 저장된 데이터(exa15_6)를 불러옴
data(exa15_6)
# 함수 corr.spear() 실행 (단계 1,2,3) ⇒ [그림 15-6]
with(exa15_6, corr.spear(x, y, r0=0, xl="사교육", yl="성적", step=1:3))
[Step 1-1] Pearson Correlation Coefficient -----------------------
Sxx = 505 - 75² / 16 = 153.4375
Syy = 108241 - 1311² / 16 = 820.9375
Sxy = 6055 - (75 × 1311) / 16 = -90.3125
Corr(x,y) = -90.3125 / √(153.4375 × 820.9375) = -0.2545
[Step 1-2] Pearson Correlation Test -----------------------
T-stat = -0.2545 × √(14 / (1 - 0.2545²)) = -0.9845
P-value = P(|T14| > 0.9845) = 0.3416
95% Confidence Interval = [-0.6661, 0.2761]
[Step 2-1] Spearman correlation coefficient -----------------------
Srx.x = 1493.5 - 136² / 16 = 337.5
Sry.y = 1496 - 136² / 16 = 340
Srx.y = 1008.5 - (136 × 136) / 16 = -147.5
Corr(rx,ry) = -147.5 / √(337.5 × 340) = -0.4354
[Step 2-2] Spearman correlation test -----------------------
T-stat = -0.4354 × √(14 / (1 - 0.4354²)) = -1.8098
P-value = P(|T14| > 1.8098) = 0.0918
95% Confidence Interval = [-0.7658, 0.0769]
[Step 3] Scatter plot -----------------------
# ⇒ (Pearson 상관계수 p-값 = 0.3416) > (Spearman 상관계수 p-값 = 0.0918)

# [참고] Pearson 상관계수 & Spearman 상관계수 함수 corr.spear() 사용법
ch15.man(4)
```

```
# [참고] R 기본함수 cor.test()를 사용하여 직접 계산하는 방법 --------------------
x = exa15_6$x; y = exa15_6$y
cor.test(x, y)  # Pearson의 상관계수를 사용한 추정 및 검정
cor.test(x, y, method = "spearman")  # 순위 상관계수를 사용한 추정 및 검정
```

아래의 그림을 보면, 원 데이터간의 산점도에 비해 순위간의 산점도가 이상치의 두드러짐이 덜하며, 회귀선의 기울기도 더 뚜렷하다.

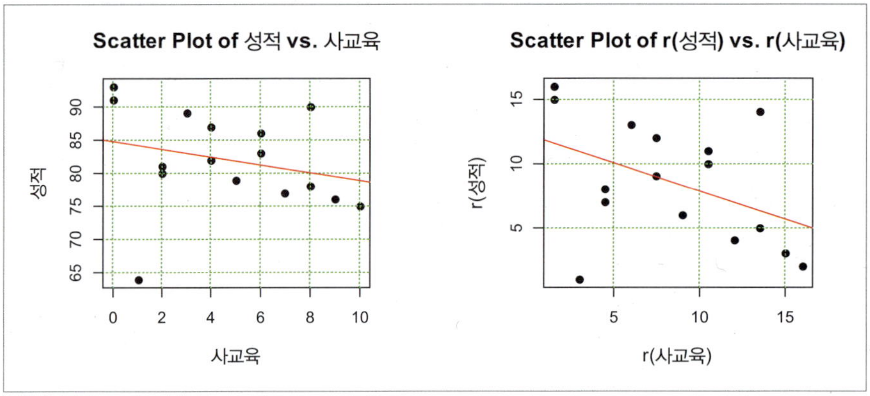

[그림 15-6] 원 데이터간의 산점도와 순위간의 산점도

15.5 Wilcoxon 순위합 검정

두 모집단의 중앙값을 각각 μ_1, μ_2라 할 때, 귀무가설 $H_0: \mu_1 = \mu_2$에 대하여 비모수적으로 검정하는 방법을 Wilcoxon **순위합 검정**, 혹은 Mann-Whitney **검정**이라고도 한다. 두 모집단의 분포에 대해서는 아무런 가정도 하지 않으나, 두 모집단은 서로 독립이어야 한다.

첫 번째 모집단에서 n_1개의 표본, 두 번째 모집단에서 n_2개의 표본을 추출했다고 하자. 전체 표본의 수는 $n_1 + n_2$이 되며, 이를 크기순으로 나열하여 가장 작은 것에 순위 1을, 가장 큰 것에 순위 $n_1 + n_2$를 부여한다. 같은 값의 표본들이 있으면 평균순위 값을 부여한다. 예를 들어, 순위 5~8이 동일한 값을 가지면 각각 평균 순위 6.5를 부여한다.

첫 번째 표본에 속하는 데이터의 순위합을 R_1, 두 번째 표본에 속하는 자료의 순위합을 R_2라 하면, 아래와 같이 $U_1 = u_1$, $U_2 = u_2$, 그리고 최소치 $u \equiv \min(u_1, u_2)$를 계산한다. 다음의 정리와 같이 가설을 검정한다.

$$U_1=R_1-\frac{n_1(n_1+1)}{2} \qquad (15\text{-}2)$$

$$U_2=R_2-\frac{n_2(n_2+1)}{2} \qquad (15\text{-}3)$$

정리 15-3 Wilcoxon 순위합 검정(rank sum test)

두 모집단 분포의 중앙값 차이에 대한 검정, $H_0:\mu_1=\mu_2$

검정통계량: U_1, U_2, $U\equiv\min(U_1, U_2)$

① $H_1:\mu_1>\mu_2$ 인 경우, $p_0=P(U\le u_2\mid n_1, n_2)\le\alpha$ 이면 귀무가설 기각

② $H_1:\mu_1<\mu_2$ 인 경우, $p_0=P(U\le u_1\mid n_1, n_2)\le\alpha$ 이면 귀무가설 기각

③ $H_1:\mu_1\ne\mu_2$ 인 경우, $p_0=2\times P(U\le \min(u_1, u_2)\mid n_1, n_2)\le\alpha$ 이면 귀무가설 기각

➲ n_1 과 n_2 가 모두 충분히 크면 정규분포로 근사할 수 있으며, 이때 평균이 $\mu_U=\frac{n_1n_2}{2}$, 분산이 $\sigma_U^2=\frac{n_1n_2(n_1+n_2+1)}{12}$ 이 되므로, 표준화 통계량 $Z_0=\frac{U-\mu_U}{\sigma_U}$ 을 이용하여 검정할 수 있다. 그러나 가급적이면 정확한 분포를 사용한다.

예제 15-7 Wilcoxon 순위합 검정통계량의 누적분포표를 작성하시오. ($n_2=3, 4, \cdots, 10$; $n_1=1, 2, \cdots, n_2$)

| 풀이 |

```
# 함수 ranksum.dist() 실행 ⇒ 누적분포표 작성
ranksum.dist(n2=3:10)
n2=3     n1=1 n1=2 n1=3
U=0 0.05 0.05 0.05
U=1 0.10 0.10 0.10
U=2 0.20 0.20 0.20
U=3 0.35 0.35 0.35
# 이하 줄임...
# 확률분포 그래프 (n2=10, n1=2,4,6,8) ⇒ [그림 15-7]
ranksum.dist(n1=c(2,4,6,8), n2=10, tab=FALSE, plot=TRUE)
# ⇒ 검정통계량의 분포는 대칭이며, n2가 일정할 때, n1이 증가함에 따라 검정통계량의 기댓
  값과 산포는 증가하며, 정규분포 형태를 갖게 됨.

# [참고] Wilcoxon 순위합 검정통계량 분포 함수 ranksum.dist() 사용법
ch15.man(51)
```

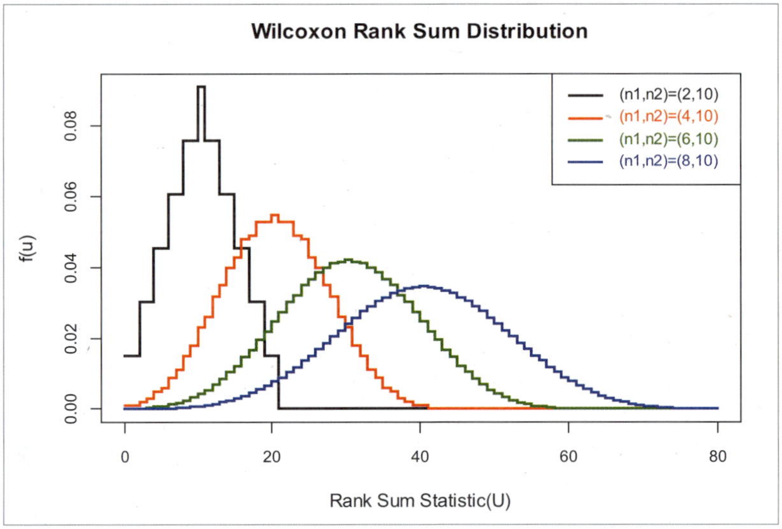

[그림 15-7] Wilcoxon 순위합 검정통계량의 분포

예제 15-8 [예제 15-1]에서 인문계열 학생(7명)의 만족도와 자연계열 학생(13명)의 만족도를 분류한 결과가 아래 표와 같다. 이를 근거로 인문계열 학생의 만족도와 자연계열 학생의 만족도 간에 차이가 있는지 유의수준 5%에서 검정하시오.

점수(x_i)	1	2	3	4	5	6	7	8	9	10
인문계열	1	0	0	0	1	0	1	3	1	0
자연계열	0	1	0	0	0	0	0	4	4	4

| 풀이 |

우선 두 집단을 함께 섞어서 크기순으로 배열하고, 순위를 부여한다.

순위	1	2	0	0	3	0	4	8	14	18.5
인문계열	1	0	0	0	1	0	1	3	1	0
자연계열	0	1	0	0	0	0	0	4	4	4

모집단별로 데이터의 순위합을 구하고, 이들을 통해 검정통계량 값을 구한다.

$R_1=1+3+4+8+8+8+14=46$, $R_2=2+8\times4+14\times4+18.5\times4=164$

$U_1=46-\frac{7\times8}{2}=18$, $U_2=164-\frac{13\times14}{2}=73$, 따라서 $U=18$

R을 사용하여 구한 $p-$값이 $0.0297<0.05$이므로, 귀무가설 $H_0:\mu_1=\mu_2$를 기각한다. 즉, 유의수준 5%에서 인문계열 학생의 만족도와 자연계열 학생의 만족도 간에 차이가 있다는 증거가 있다.

```
# 데이터 입력
x = c(1,5,7,8,8,8,9)
y = c(2,8,8,8,8,9,9,9,9,10,10,10,10)
# Wilcoxon 순위합 검정 함수 ranksum.plot() 실행 ⇒ [그림 15-8]
ranksum.plot(x, y)
n1=7      n2=13    U1=18    U2=73
U-stat=18         P-value=0.0297
Normal appr.      E(U)=45.5         Var(U)=159.25
Z0=-2.1792        appr. p-value =0.0293

# [참고] Wilcoxon 순위합 검정 함수 ranksum.plot() 사용법
ch15.man(52)

# [참고] R 기본함수 pwilcox()와 wilcox.test()를 사용하여 검정하는 방법 ---------
# 통계량을 사용하는 경우
2*pwilcox(18, 7, 13)
[1] 0.02969556
# 데이터를 직접 사용하는 경우 (동순위가 있는 경우 부정확함)
wilcox.test(x, y)
W = 18, p-value = 0.02695
```

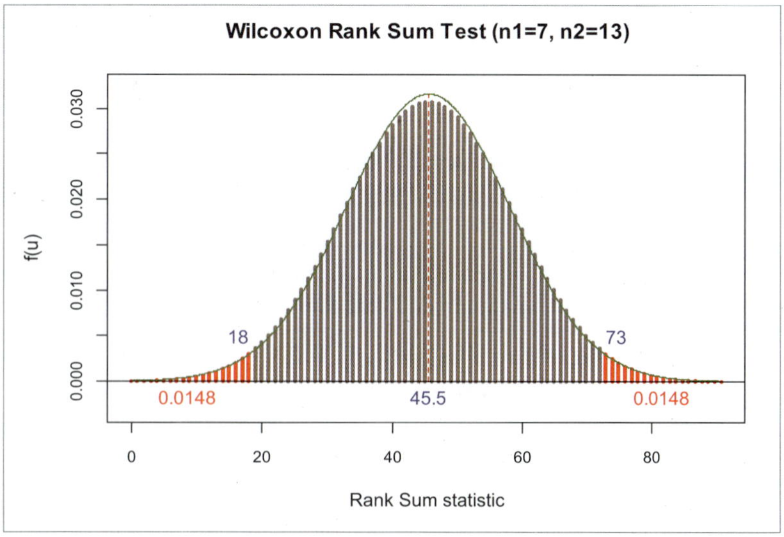

[그림 15-8] Wilcoxon 순위합 검정 기각역 예시

15.6 Wilcoxon 부호 있는 순위 검정

두 모집단이 독립이 아니라 일대 일로 대응되는 경우, 두 모집단 중앙값의 차이에 대한 비모수적 검정 방법으로 Wilcoxon **부호 있는 순위 검정**을 사용한다. 이 방법은 쌍체(pairwise) t-검정에 대응되는 비모수적 방법이다. 두 모집단으로부터 n개의 자료 쌍을 추출하여 각 쌍의 차이에 절댓값을 취하고 차이가 0인 경우는 제외하고 차이의 절댓값 오름차순으로 순위를 부여한다. 동일한 값이 나오면 순위의 평균을 부여한다.

원래의 차이가 +부호인 순위합을 W_+, −부호인 순위합을 W_-로 놓고, 작은 값을 W로 놓는다. 귀무가설 $H_0: d=\mu_1-\mu_2=0$에 대하여 다음과 같이 가설검정을 수행한다.

정리 15-4 Wilcoxon 부호 있는 순위 검정(signed ranks test)

대응되는 두 모집단 분포의 중앙값 차이에 대한 검정, $H_0: d\equiv\mu_1-\mu_2=0$

검정통계량 : W_-, W_+, $W\equiv\min(W_-, W_+)$

① $H_1: d>0$ 인 경우, $W_-\le c_1$ (단측 검정의 기각역)이면 귀무가설 기각
② $H_1: d<0$ 인 경우, $W_+\le c_1$ (단측 검정의 기각역)이면 귀무가설 기각
③ $H_1: d\ne 0$ 인 경우, $W\le c_2$ (양측 검정의 기각역)이면 귀무가설 기각

유효 표본개수 n이 충분히 크면 정규분포로 근사할 수 있으며, 이때 평균 $\mu_W=\frac{n(n+1)}{4}$, 분산 $\sigma_W^2=\frac{n(n+1)(2n+1)}{24}$이 되므로, 표준화 통계량 $Z_0=\frac{W-\mu_W}{\sigma_W}$을 이용하여 검정할 수 있다. 간편한 방법이지만, 정확성은 떨어진다.

예제 15-9 Wilcoxon 부호 있는 순위 검정통계량의 분위수 표를 $p=0.005, 0.01, 0.025, 0.05, 0.95, 0.975, 0.99, 0.995$에 대하여 작성하시오. ($n=5, 6, \cdots, 50$)

| 풀이 |

```
# 함수 signrank.dist() 실행
signrank.dist(nv=5:50)
       0.005 0.01 0.025 0.05 0.95 0.975 0.99 0.995
n=5      0    0     0    1   14    15   15    15
n=6      0    0     1    3   18    20   21    21
n=7      0    1     3    4   24    25   27    28
이하 줄임...
```

```
# 확률분포함수 그래프(n=5,7,10,20) ⇒ [그림 15-9] ⇒ n이 커질수록 정규분포에 가까워짐
signrank.dist(nv=c(5,7,10,20), tab=FALSE, plot=TRUE)

# [참고] Wilcoxon 부호 있는 순위 검정 함수 signrank.dist() 사용법
ch15.man(61)
```

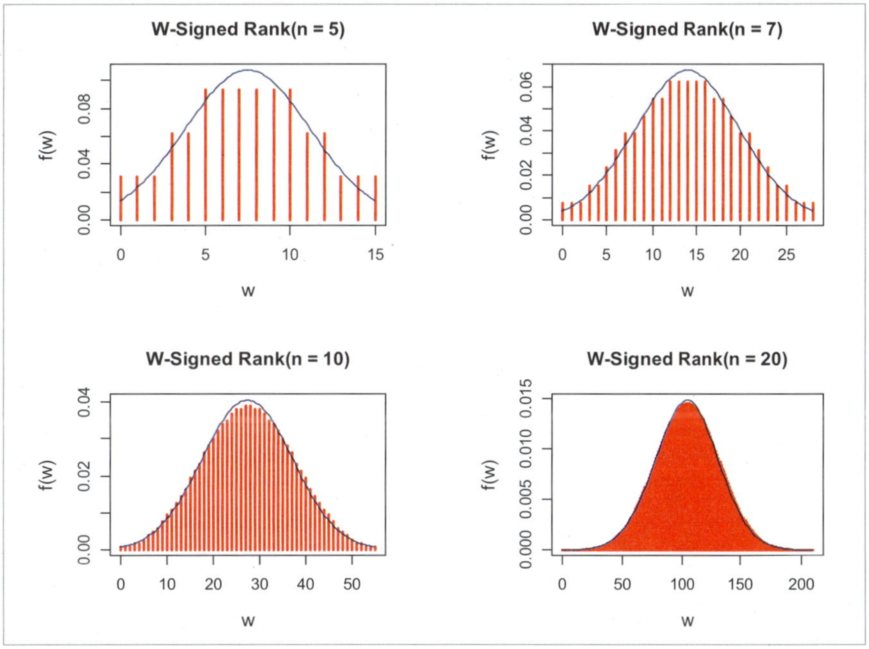

[그림 15-9] Wilcoxon 부호 있는 순위 검정통계량의 확률분포

예제 15-10 10명의 임상 피실험자들에게 간질환 예방약을 2개월간 투여한 결과, 다음과 같은 SGOT 수치를 얻었다. 이를 근거로 이 예방약이 SGOT 수치를 낮추는 효과가 있는지 유의수준 5%에서 검정하시오.

표본	1	2	3	4	5	6	7	8	9	10
투약 전	38	26	34	5	68	30	35	19	33	69
투약 후	28	21	31	11	59	28	28	23	32	38

| 풀이 |

가설 $H_0 : \mu_1 = \mu_2$, $H_0 : \mu_1 > \mu_2$ 로 설정한다. 투약전과 투약후의 차이를 구하고, 절댓값의 순위를 구하여 다음과 같은 표를 작성한다.

표본	1	2	3	4	5	6	7	8	9	10
차이	10	5	3	−6	9	2	7	−4	1	31
절대 순위	9	5	3	6	8	2	7	4	1	10

위의 표에서 원래 −부호를 가지는 쌍의 순위합 $W_{-}=6+4=10$ 임을 알 수 있다. 단측검정, $n=10$, 유의수준 0.05에서 임계점이 11이므로 기각역은 $W_{-}\leq 11$로 주어진다. 따라서 귀무가설을 기각하게 되므로, 이 예방약이 SGOT 수치를 낮추는 효과가 있다고 할 수 있다.

```
# 임계치 계산
signrank.dist(10)
     0.005  0.01  0.025  0.05  0.95  0.975  0.99  0.995
n=10     4     6      9    11    44     46    49     51
# 데이터 입력
x = c(38, 26, 34, 5, 68, 30, 35, 19, 33, 69)
y = c(28, 21, 31, 11, 59, 28, 28, 23, 32, 38)
# 정규성 검정: 기본함수 shapiro.test() 사용
d = x-y; shapiro.test(d)
        Shapiro-Wilk normality test
data:  d
W = 0.8435, p-value = 0.04858
# p-값<0.05이므로 귀무가설 기각 ⇒ 정규성 가정이 성립하지 않으므로 비모수 방법 사용
# Wilcoxon 부호 있는 순위 검정 함수 signrank.plot() 실행 ⇒ [그림 15-10]
signrank.plot(x=x, y=y, side="up")
n=10      effe. n=10       W1=45    W2=10
W-stat=45          P-value=0.042
E(W)=27.5          Var(W)=96.25
Normal appr. (cont. corr.) Z0=1.7328      p-value=0.0416
# ⇒ p-값이 0.0420으로서 유의수준 0.05보다 작으므로 귀무가설 기각.

# [참고] Wilcoxon 부호 있는 순위 검정 함수 signrank.plot() 사용법
ch15.man(62)

# [참고] R 기본함수 wilcox.test()를 사용하여 직접 검정하는 방법 -------------------
wilcox.test(x, y, paired=TRUE, alt="g")
        Wilcoxon signed rank test
data:  x and y
V = 45, p-value = 0.04199
alternative hypothesis: true location shift is greater than 0
```

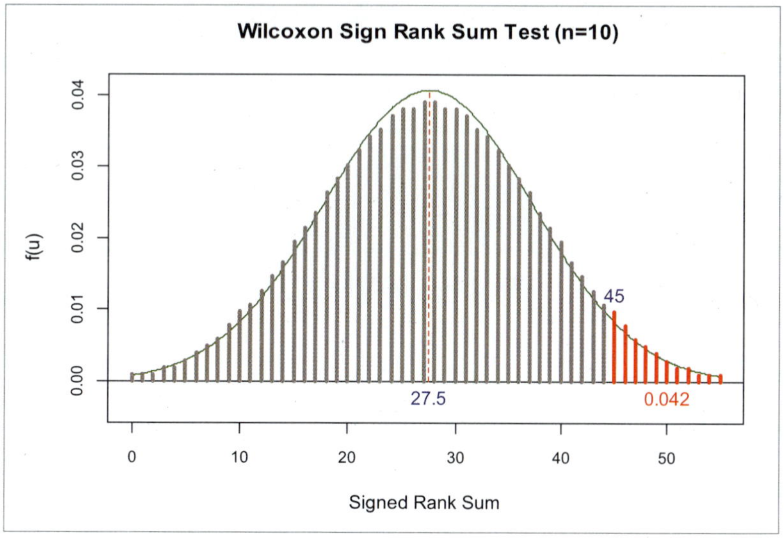

[그림 15-10] Wilcoxon 부호 있는 순위 검정 기각역 예시

15.7 Kruskal-Wallis 검정

Kruskal-Wallis **검정**은 일원배치법에 대응하는 비모수 검정으로서, 3개 이상의 모집단을 비교하는데 사용된다. 모집단이 정규모집단인 경우에는 평균의 동일성 $(H_0 : \mu_1 = \mu_2 = \cdots = \mu_k)$을 검정하기 위해 F-통계량을 사용하였으나, 정규분포로 가정할 수 없는 경우에는 Kruskal-Wallis 검정통계량을 사용한다.

모집단 i로부터 얻은 표본크기를 $n_i(i=1, 2, \cdots, k)$라 하면, 전체 표본의 크기는 $n=n_1+n_2+\cdots+n_k$가 된다. 이 전체 표본을 크기순으로 나열하여 순위를 부여한다. 이때 동일한 값을 가진 표본이 있으면 순위의 평균값을 각각 부여한다. 각 모집단 i의 표본에 대응하는 순위의 합을 R_i라고 하면, Kruskal-Wallis 검정은 다음과 같이 정리할 수 있다.

정리 15-5 Kruskal-Wallis 검정

3개 이상의 모집단 중앙값 차이에 대한 검정

$H_0 : \mu_1 = \mu_2 = \cdots = \mu_k$ $\quad$ H_1 : 적어도 하나 이상의 μ_i는 다르다.

$$H \equiv \frac{12}{n(n+1)} \sum_{i=1}^{k} \frac{R_i^2}{n_i} - 3(n+1) \qquad (15-4)$$

검정통계량 $H \geq \chi^2_{1-\alpha; k-1}$ 이면 귀무가설 기각

예제 15-11 네 곳의 회사에서 납품한 전자부품의 수명이 다음과 같이 측정되었다. 네 회사의 전자부품 수명분포가 동일한지 유의수준 5%에서 Kruskal–Wallis 방법으로 검정하시오. (데이터 exa15_11)

A회사	4.6	10.6	8.0	25.0	7.1
B회사	2.9	10.1	3.2	3.8	6.6
C회사	6.8	9.4	26.5	12.8	8.3
D회사	3.4	3.9	6.0	8.6	5.0

| 풀이 |

모든 데이터를 합하여 나열한 후 순위를 구하면 다음과 같다.

구분	통합 순위					합계
A회사	6	17	12	19	11	65
B회사	1	16	2	4	9	32
C회사	10	15	20	18	13	76
D회사	3	5	8	14	7	37

$H=\frac{12}{20(20+1)}\left(\frac{65^2}{5}+\frac{32^2}{5}+\frac{76^2}{5}+\frac{37^2}{5}\right)-3(20+1)\doteq 7.823>\chi^2_{0.95;3}\doteq 7.815$ 이므로 귀무가설을 기각한다. 즉, 네 회사 전자부품의 수명분포가 다르다는 증거가 있다.

```
# 저장된 데이터(exa15_11)를 가져옴
data(exa15_11); x = exa15_11$x; y = exa15_11$y
# Kruskal Wallis 검정 함수 kruswall.plot() 실행 ⇒ [그림 15-11] ⇒ 귀무가설 기각
kruswall.plot(x, y, plot=TRUE)
Rank Sums for each Group -----------
        1  2  3  4  5 Sum
Group1  6 17 12 19 11  65
Group2  1 16  2  4  9  32
Group3 10 15 20 18 13  76
Group4  3  5  8 14  7  37
Kruskal Wallis Test ----------
H = (12 / 20 / 21) × 2478.8 - 3 × 21 = 7.8229
df=3      p-value=0.0498

# [참고] R 기본함수 kruskal.test()를 사용하여 직접 검정하는 방법 -------------------
kruskal.test(x ~ y)
        Kruskal-Wallis rank sum test
data:  x by y
Kruskal-Wallis chi-squared = 7.8229, df = 3, p-value = 0.04982
# ⇒ 동일한 검정통계량 값과 p-값을 얻지만, 계산 과정은 알 수 없음
```

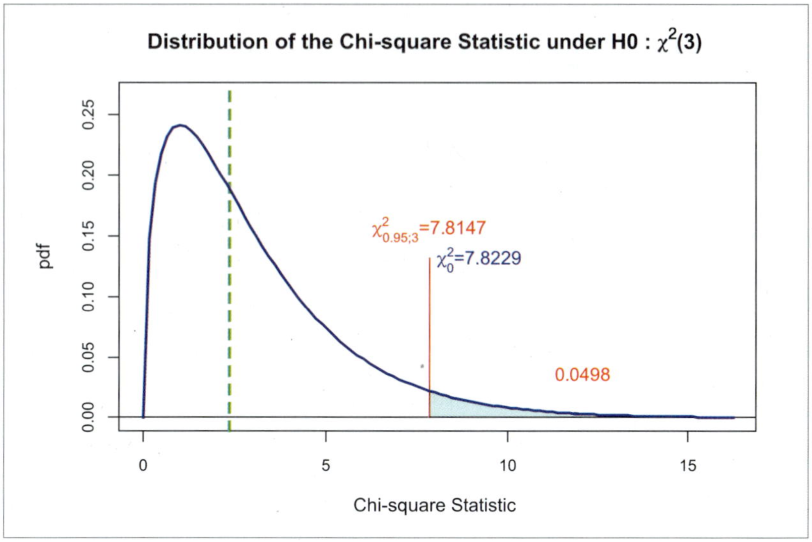

[그림 15-11] Kruskal-Wallis 검정 결과 예시

```
# [참고] Kruskal Wallis 검정 함수 kruswall.plot() 사용법
ch15.man(7)

# [참고] 모수적 방법과 비교 : 정규성 가정 하의 일원 분산분석 (오류)
anova(lm(x~as.factor(y)))
Analysis of Variance Table
Response: x
             Df Sum Sq Mean Sq F value  Pr(>F)
as.factor(y)  3 222.40  74.134  2.0775  0.1436
Residuals    16 570.96  35.685
# p-값이 0.1436으로서 유의수준보다 크므로 귀무가설 채택 (오류)
# 이상치로 인하여 오차 분산이 커졌기 때문임.
```

15.8 Friedman 검정

Friedman **검정**은 Kruskal-Wallis 검정의 확장으로서, 이원배치법 실험에서 얻어진 자료를 비모수적인 방법으로 검정한다. 단, 두 요인 간에 교호작용이 없는 경우에 사용된다. 여기서 관심의 대상이 되는 요인을 A라 하고, 실험 환경의 차이를 나타내는 요인, 즉 블록 인자를 B라 한다. 이러한 실험계획을 **난괴법**(randomized block design)이라 한다.

요인 A의 수준 수를 k, 요인 B의 수준 수를 r이라 하자. 요인 B의 각 수준 내에서 데이터를 크기순으로 나열하여 순위를 부여하고, 각 수준별 순위 합계를 구한다. 이때 동일한 값을 가진 표본이 있으면 순위의 평균값을 각각 부여한다. 요인 A의 i번째 수준에서 순위의 합계를 R_i라고 할 때, 요인 A의 수준에 따라 구별되는 k개 모집단의 동일성을 검정하기 위해서 다음의 정리와 같이 Friedman 검정을 사용한다.

정리 15-6 Friedman 검정

3개 이상의 모집단 중앙값 차이에 대한 검정

$H_0 : \mu_1 = \mu_2 = \cdots = \mu_k$ H_1 : 적어도 하나 이상의 μ_i는 다르다.

$$F \equiv \frac{12}{k(k+1)r} \sum_{i=1}^{k} R_i^2 - 3r(k+1) \tag{15-5}$$

검정통계량 $F \geq \chi^2_{1-\alpha;k-1}$ 이면 귀무가설 기각

귀무가설 하에서 검정통계량 F는 $k \geq 4$ 인 경우에는 근사적으로 자유도 $k-1$ 인 카이제곱분포를 따른다는 것이 알려져 있다. 따라서 F의 값을 계산하여 유의수준 α 일 때의 카이제곱분포의 꼬리값 $\chi^2_{1-\alpha;k-1}$ 보다 크면 귀무가설을 기각한다.

예제 15-12 한 외식 프랜차이즈 회사에서는 새로 개점한 4곳의 가맹점에 대한 평판도 (A_1, A_2, A_3, A_4)에 차이가 있는지를 알아보기 위하여 5명의 전문가$(B_1, B_2, B_3, B_4, B_5)$를 위촉하여 100점 만점으로 평가를 실시하였다. 4곳의 가맹점의 평판도에 차이가 있다고 할 수 있는지를 유의수준 5%에서 검정하시오. (데이터 exa15_12)

	전문가1	전문가2	전문가3	전문가4	전문가5
가맹점1	71	77	75	79	88
가맹점2	70	94	74	74	83
가맹점3	72	95	77	80	90
가맹점4	94	64	76	76	89

| 풀이 |

전문가마다 평가에 차이가 있을 수 있으므로, 이를 상쇄하기 위해서 전문가별로 가맹점 평판도의 순위를 부여한다.

	전문가1	전문가2	전문가3	전문가4	전문가5	합계
가맹점1	2	2	2	3	2	11
가맹점2	1	3	1	1	1	7
가맹점3	3	4	4	4	4	19
가맹점4	4	1	3	2	3	13

$$F=\frac{12}{k(k+1)r}\sum_{i=1}^{k}R_i^2-3r(k+1)=\frac{12}{4(4+1)5}\times(11^2+7^2+19^2+13^2)-3\times5(4+1)=9.0$$

검정통계량 값이 $\chi^2_{0.95;3}\doteq7.815$ 보다 크므로 귀무가설을 기각한다. 즉, 4곳 가맹점의 평판도에 차이가 있다는 증거가 있다.

```
# 저장된 데이터(exa15_12)를 가져옴
data(exa15_12)
x = exa15_12[[1]]; a = exa15_12[[2]]; b = exa15_12[[3]]
# Friedman 검정 함수 friedman.plot() 실행 ⇒ [그림 15-12]
friedman.plot(x, a, b, plot=TRUE)
Rank Sum within each Group -----------
       1 2 3 4 5 Sum
Group1 2 2 2 3 2  11
Group2 1 3 1 1 1   7
Group3 3 4 4 4 4  19
Group4 4 1 3 2 3  13
Friedman Test ----------
F = (12 / 4 / 5 / 5) × 700 - 3 × 5 × 5 = 9
df=3     p-value=0.0293

# [참고] Friedman 검정 함수 friedman.plot() 사용법
ch15.man(8)
```

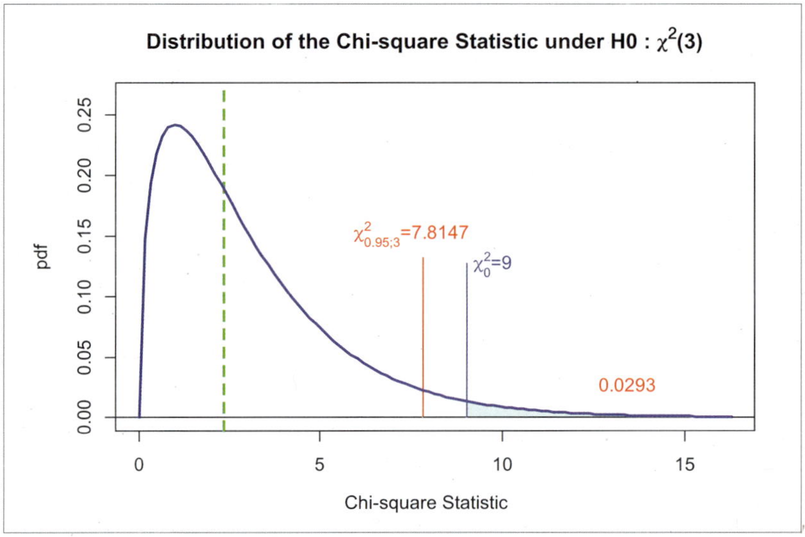

[그림 15-12] Friedman 검정 결과 예시

```
# [참고] R 기본함수 friedman.test()를 사용하여 직접 검정하는 방법 -------------------
friedman.test(x ~ a | b)
        Friedman rank sum test
data:  x and a and b
Friedman chi-squared = 9, df = 3, p-value = 0.02929
# friedman.test(x, a, b)도 같은 결과를 냄.
friedman.test(x, a, b)

# [참고] 모수적 방법과 비교 : 정규성을 가정한 분산분석 (오류)
af = as.factor(a); bf = as.factor(b)
anova(lm(x ~ af + bf))
Analysis of Variance Table
Response: x
          Df Sum Sq Mean Sq F value Pr(>F)
af         3   64.2  21.400  0.2440 0.8640
bf         4  403.3 100.825  1.1498 0.3801
Residuals 12 1052.3  87.692
# ⇒ p-값이 크게 나옴 ⇒ 요인 A, B 모두 유의하지 않음 (오류)
# 이상치로 인하여 오차 분산이 커졌기 때문임.
```

연습문제

1 S백화점에서는 고객 30명을 무작위로 선택하여 10점 척도로 백화점에 대한 만족도를 조사하여 다음과 같은 결과를 얻었다. (데이터 ex15_1)

점수(x_i)	1	2	3	4	5	6	7	8	9	10
도수(f_i)	2	1	1	1	1	2	3	8	6	5

(1) S백화점에서 설정한 만족도 목표치는 7점으로서, 이를 달성했는지 유의수준 5%에서 검정하시오.

(2) 만족도가 7.5점 이상이라고 말할 수 있는지 유의수준 5%에서 검정하시오.

2 A기업에서 새로운 기획안에 대하여 20명 임직원의 평가를 모은 결과, 5점 7명, 4점 5명, 3점 4명, 2점 2명, 1점 2명이 나왔다.

(1) 이 기획안의 평점이 3점보다 높다고 할 수 있는지 유의수준 5%에서 검정하시오.

(2) 이 기획안의 평점이 3.5점 이상이라고 할 수 있는지 유의수준 5%에서 검정하시오.

3 C고등학교에서 남학생과 여학생 각각 10명씩 주 평균 용돈 지출(단위: 만원)을 조사하였다. 남학생과 여학생 용돈 지출이 다르다고 할 수 있는지 유의수준 5%에서 검정하시오. (데이터 ex15_3)

남학생	5.3	2.5	1.8	12.5	3.5	3.0	4.5	2.0	15.0	6.2
여학생	6.0	6.5	4.8	5.0	4.0	18.0	7.0	6.3	8.0	20.0

4 1번 문제에서 외국인의 만족도와 내국인의 만족도를 분류한 결과가 아래 표와 같다. 이를 근거로 외국인과 내국인의 만족도 간에 차이가 있는지 유의수준 5%에서 검정하시오. (데이터 ex15_4)

점수(x_i)	1	2	3	4	5	6	7	8	9	10
도수(f_i)	2	1	1	1	1	2	3	8	6	5
외국인	1	1	1	1	0	1	2	1	1	1
내국인	1	0	0	0	1	1	1	7	5	4

5 B중학교에서 10명의 학생을 대상으로 영어와 수학 과목의 주간 학습시간을 조사하였다. 학생들의 영어와 수학의 학습시간이 다르다고 할 수 있는지 유의수준 10%에서 검정하시오. (데이터 ex15_5)

학생	1	2	3	4	5	6	7	8	9	10
영어	5	10	35	10	20	5	17	12	2	3
수학	13	17	2	12	24	14	18	18	5	8

6 B중학교에서 랜덤하게 선택된 12명의 학생들을 대상으로 주 평균 독서시간과 국어성적을 조사한 결과가 다음과 같다. Pearson의 상관계수와 Spearman의 순위 상관계수를 각각 구하여 결과를 비교하시오. (데이터 ex15_6)

학생	1	2	3	4	5	6	7	8	9	10	11	12
독서시간	12	7	2	3	8	25	4	6	10	9	24	1
국어성적	98	75	66	64	77	94	68	70	89	90	92	60

7 S대학 D학부에서는 금년에 취업한 남학생과 여학생을 랜덤하게 선택하여 초임(단위: 천만 원)을 조사하였다. 남학생 초임보다 여학생의 초임이 더 높은지 유의수준 5%에서 검정하시오. (데이터 ex15_7)

남학생	3.5	1.7	1.5	1.6	3.6	3.4	2.9	3.3	3.2	3.1
여학생	1.9	1.8	3.8	3.7	4.2	3	3.9	4.1		

8 네 곳의 회사에서 4회씩 납품한 부품의 불량률(%)이 다음과 같이 측정되었다. 네 회사의 부품 불량률이 다른지 유의수준 5%에서 Kruskal-Wallis 방법으로 검정하시오. (데이터 ex15_8)

A회사	0.22	0.31	0.89	0.43
B회사	0.24	0.25	0.38	0.35
C회사	0.18	0.29	0.21	0.15
D회사	0.17	0.20	0.16	0.14

9 D프랜차이즈 회사는 가맹점 세 곳의 월 매출(단위: 천만 원)을 6개월간 조사하였다. 세 곳 가맹점의 월 매출이 다른지 유의수준 5%에서 검정하시오. (데이터 ex15_9)

월	1	2	3	4	5	6
가맹점1	2.4	2.6	2.8	5.2	4.9	3.5
가맹점2	2.8	2.5	2.9	5.9	5.5	3.6
가맹점3	2.6	2.7	3.1	5.4	5.2	3.8

10 이대리 부부의 최근 25일간 부부싸움 기록이 다음과 같이 10회 평화(○), 15회 전쟁(×)이었다. 이대리 집안의 부부싸움이 랜덤하게 발생하지 않는다고 볼 수 있는지 유의수준 5%에서 검정하시오.

○○××× ×○○○○ ××××× ××○○○ ○××××

11 최근 75일간 S회사 주가가 다음과 같이 35회 상승(○), 40회 하락(×)이었다. S회사 주가의 상승과 하락이 랜덤하게 발생하지 않는다고 볼 수 있는지 유의수준 5%에서 검정하시오. (데이터 ex15_11)

○○××○ ○○○×× ×××○○ ××○○○ ○××××
×××○○ ×××○○ ○○××× ××○○○ ○○×××
○○××× ×○○○○ ○×××× ××○○× ××○○○

R1 다음의 경우에 대하여 Wilcoxon 순위합 검정통계량의 확률분포 그래프를 작성하시오.

$((n_1, n_2)=(2, 5), (5, 5), (5, 10), (10, 10))$

R2 다음의 경우에 대하여 런 검정통계량의 확률분포 그래프를 작성하시오.

$((n_1, n_2)=(5, 5), (5, 10), (5, 15), (5, 20))$

참고문헌

다음의 R 입문용 참고문헌은 인터넷에서 무료로 다운받아 공부할 수 있다.

John Verzani, **simpleR – Using R for Introductory Statistics**
[https://cran.r-project.org/doc/contrib/Verzani-SimpleR.pdf]

J H Maindonald, (2001) **Using R for Data Analysis and Graphics An Introduction**
[https://cran.r-project.org/doc/contrib/usingR.pdf]

다음의 참고문헌은 예제에서 사용한 R package들에 대한 매뉴얼이다. 역시 인터넷에서 무료로 다운받아 공부할 수 있지만, 다소 어려울 수 있으며 영어 독해 실력이 필요하다.

G. Jay Kerns, (2015) **Package 'prob'**
[https://cran.r-project.org/web/packages/prob/prob.pdf]

Gregory R. Warnes, Ben Bolker, Lodewijk Bonebakker, Robert Gentleman, Wolfgang Huber Andy Liaw, Thomas Lumley, Martin Maechler, Arni Magnusson, Steffen Moeller, Marc Schwartz, Bill Venables, (2016) **Package 'gplots'**
[https://cran.r-project.org/web/packages/gplots/gplots.pdf]

Yihui Xie, (2016) **Package 'animation'**
[https://cran.r-project.org/web/packages/animation/animation.pdf]

Uwe Ligges, Martin Maechler, Sarah Schnackenberg, (2016) **Package 'scatterplot3d'**
[https://cran.r-project.org/web/packages/scatterplot3d/scatterplot3d.pdf]

David Meyer, Achim Zeileis, Kurt Hornik, Florian Gerber, Michael Friendly, (2016) **Package 'vcd'**
[https://cran.r-project.org/web/packages/vcd/vcd.pdf]

D. Labes, (2015) **Package 'randomizeBE'**
[https://cran.r-project.org/web/packages/randomizeBE/randomizeBE.pdf]

찾아보기

ㅂ

ㅅ

ㅇ

ㅈ

ㅊ

ㅋ

ㅌ

ㅍ